网络安全原理　　作者简介

叶　清　1978年出生，工程博士，海军工程大学信息安全系副教授，硕士生导师，中国计算机学会会员。主要研究方向为无线传感网络安全关键技术。一直以来承担专业主干课程——网络安全原理的教学任务，具有丰富、宝贵的一手教学经验。近年来，在无线传感器网络安全路由协议、安全认证协议、密钥协商方案等方面进行了系统深入的研究，主持承担了多项科研项目，曾获得多项军队科技进步奖，在国际国内重要学术刊物和会议上发表论文30余篇。

高等学校信息安全专业规划教材

网络安全原理

主 编 叶 清
副主编 黄高峰 严 博 付 伟
主 审 吴晓平

INFORMATION SECURITY INFORMATION SECURITY INFORMATION SECURITY

WUHAN UNIVERSITY PRESS
武汉大学出版社

图书在版编目(CIP)数据

网络安全原理/叶清主编. —武汉:武汉大学出版社,2014.5
高等学校信息安全专业规划教材
ISBN 978-7-307-12982-5

Ⅰ.网…　Ⅱ.叶…　Ⅲ.计算机网络—安全技术—高等学校—教材
Ⅳ.TP393.08

中国版本图书馆 CIP 数据核字(2014)第 054450 号

责任编辑:方慧娜　　　责任校对:鄢春梅　　　版式设计:马　佳

出版发行:**武汉大学出版社**　　(430072　武昌　珞珈山)
　　　　　(电子邮件:cbs22@whu.edu.cn　网址:www.wdp.com.cn)
印刷:武汉中科兴业印务有限公司
开本:787×1092　1/16　印张:19　字数:482 千字　插页:1
版次:2014 年 5 月第 1 版　　2014 年 5 月第 1 次印刷
ISBN 978-7-307-12982-5　　定价:39.00 元

前　言

网络信息安全问题自网络诞生之初，就一直是个困扰网络建设者和使用者的难题。随着网络应用的不断普及以及新兴网络技术的发展，再加上网络自身所具有的开放性和自由性等特点，人们在不断提高网络应用广泛性、便利性的同时，对网络平台的安全提出了更高的要求。网络信息安全已经越来越成为网络社会中的关键问题，是网络研究的重点和热点。

本书以培养网络安全方面的应用型人才为目标，将重点放在对网络安全基础知识的了解和对各种网络安全技术的应用之上，将理论、技术、应用融为一体，同时也兼顾到教材的先进性、实用性和可读性。

本书特点主要体现在以下三个方面。

首先，通俗易懂。计算机网络的技术性很强，网络安全技术本身也比较晦涩难懂，本书力求以通俗的语言和清晰的叙述方式，向读者介绍计算机网络安全的基本理论、基本知识和实用技术。

其次，突出实用。通过阅读本书，读者可掌握网络安全的基础知识，并了解设计和维护网络及其应用系统安全的基本手段和方法。本书在编写形式上突出了应用的需求，在每章结尾都附有练习题，部分章节还配有相关实训题，从而为教学和自主学习提供了方便。

再次，选材新颖。计算机应用技术和网络技术的发展是非常迅速的，本书在内容组织上力求靠近新知识、新技术的前沿，以使本书能较好地反映新理论和新技术。

本书共分9章，第1章介绍了一般性的网络安全概念，包括网络安全分析、网络安全威胁类型、网络安全措施、网络安全策略、网络安全技术的发展等，使读者能够对网络安全有一个整体的了解和认识。第2章介绍了有关网络安全通信协议的内容，比较系统地介绍了TCP/IP协议簇的安全架构以及传输层、应用层等协议层的常用经典安全通信协议，同时阐述了安全协议的主要形式化分析方法——BAN逻辑。第3章主要介绍了网络身份认证技术、公钥基础设施(PKI)等知识内容，包括网络身份认证基础、网络身份认证技术方法以及PKI提供的安全服务、体系结构和信任模型。第4章介绍了主要网络服务如DNS、WEB、Email、FTP、即时通信等服务的安全隐患与安全解决方案。第5章主要介绍了网络安全漏洞检测与防护，包括网络安全漏洞的基本内容、网络安全漏洞扫描技术与网络安全漏洞防护技术。第6章主要介绍了虚拟专用网(VPN)的基础知识、关键技术与解决方案。第7章介绍了防火墙知识，包括防火墙的基础知识、防火墙采用的关键技术、防火墙使用的体系结构以及防火墙的发展趋势。第8章介绍了入侵检测技术，包括入侵检测的基本概念、入侵检测系统分类、典型入侵检测技术、新型入侵检测技术，重点阐述了模式串匹配算法(单模式匹配、多模式匹配)及其在实际系统中的运用。第9章主要介绍了网络安全技术的新发展，包括云计算技术及其安全问题、物联网技术及其安全问题、P2P技术及其安全问题。

本书由叶清担任主编，黄高峰、严博、付伟担任副主编。其中第1、2、8章由叶清编写，第3、7章由严博编写，第4、6章由黄高峰编写，第5、9章由付伟编写，全书由叶清统稿、定稿。

由于编者水平有限，书中难免存在一些疏漏和不足，敬请广大读者指正。

编　者

2014 年 2 月

目　录

高等学校信息安全专业规划教材

第1章　网络安全概述

计算机网络安全不仅关系到国计民生，还与国家安全密切相关；不仅涉及国家政治、军事和经济各个方面，而且还影响到国家的安全和主权。因此，现代网络技术中最关键的也最容易被忽视的安全性问题，已经成为各国关注的焦点，也是热门研究和人才需求的新领域。只有在法律、管理、技术、道德各个方面采取切实可行的有效措施，共同努力，才能确保实现网络安全。

1.1　网络安全简介

1.1.1　网络安全概念

什么是网络安全？网络安全是指利用网络管理控制和技术措施，保证在网络环境中数据的机密性、完整性、网络服务可用性和可审查性受到保护。保证网络系统的硬件、软件及其系统中的数据资源得到完整、准确、连续的运行和服务不受到干扰破坏和非授权使用。网络安全问题实际上包括网络的系统安全和信息安全，而保护网络的信息安全是网络安全的最终目标和关键，因此，网络安全的实质是指网络的信息安全。

计算机网络安全是一门涉及计算机科学、网络技术、信息安全技术、通信技术、应用数学、密码技术和信息论等多学科的综合性学科，是信息安全学科的重要组成部分。

随着信息技术的发展与应用，信息安全的内涵在不断地延伸和变化，从最初的信息保密性发展到信息的完整性、可用性、可控性和不可否认性，进而又发展为"攻击、防御、检测、控制、管理、评估"等多方面的基础理论和实施技术。

1.1.2　网络安全脆弱性与重要性

网络安全问题与计算机、网络的脆弱性密切相关，其脆弱性主要体现在以下几个方面。

(1) 人为操作失误。主要包括操作人员对其安全配置不当造成的安全漏洞、用户安全意识不强、用户口令选择不慎、用户将自己的账号随意转借他人或与别人共享等。

(2) 操作系统漏洞。操作系统结构体制本身不可避免地拥有漏洞。例如，可以远程创建和激活进程；一般操作系统都提供远程过程调用(RPC)服务，而提供的安全验证功能却很有限；对于操作系统安排的无口令入口，是为系统开发人员提供的边界入口，但这些入口也可能被黑客利用；操作系统还有隐藏的信道，也存在潜在的危险；尽管操作系统的缺陷可以通过版本的不断升级来克服，但系统的某一个安全漏洞就会使系统的所有安全控制变得毫无价值。

(3) 网络。使用 TCP/IP 协议的网络所提供的 FTP、E-mail、RPC 和 NFS 都包含许多不安全因素，存在着许多漏洞。同时，网络的普及使信息共享达到了一个新的层次，也使信息被泄露的机会大大增多。特别是 Internet 网络就是一个不设防的开放大系统。另外，数据处理的可访问性和资源共享的目的性是一对矛盾体，它使得计算机系统保密性难以保证。

（4）数据库。当前，大量的信息存储在各种各样的数据库中，然而，这些数据库系统在安全方面的考虑却很少。而且数据库管理系统安全必须与操作系统的安全相配套，但实际上有时却不是这样，造成了数据库不安全因素的存在。

1.1.3 网络安全目标

网络安全目标主要表现在系统的保密性、完整性、可靠性、可用性、不可抵赖性和可控性等方面。

（1）机密性。机密性是指网络信息不被泄露给非授权的用户、实体或过程，或供其利用的特性，即防止信息泄露给非授权个人或实体，信息只为授权用户所使用的特性。机密性是在可靠性和可用性的基础之上，保障网络信息安全的重要手段。常用的保密技术包括：防侦听（使对手侦听不到有用的信息）、防辐射（防止有用信息以各种途径辐射出去）、信息加密（在密钥的控制下，用加密算法对信息进行加密处理，即使对手得到了加密后的信息，也会因为没有密钥而无法读懂有效信息）、物理保密（利用各种物理方法，如限制、隔离、掩蔽、控制等措施，保护信息不被泄露）。

（2）完整性。完整性是网络信息未经授权不能进行改变的特性，即网络信息在存储或传输过程中保持不被偶然或蓄意地删除、修改、伪造、乱序、重放、插入等破坏和丢失的特性。完整性是一种面向信息的安全性，它要求保持信息的原样，即信息的正确生成、正确存储和正确传输。完整性与保密性不同，保密性要求信息不被泄露给未授权的人，而完整性则要求信息不受到各种原因的破坏。影响网络信息完整性的主要因素包括：设备故障、误码（传输、处理和存储过程中产生的误码；定时的稳定度和精度降低造成的误码；各种干扰源造成的误码）、人为攻击、计算机病毒等。

（3）可靠性。可靠性是网络信息系统能够在规定条件下和规定时间内完成规定功能的特性。可靠性是系统安全的最基本要求之一，也是所有网络信息系统的建设和运行目标。可靠性主要表现在硬件可靠性、软件可靠性、人员可靠性、环境可靠性等方面。硬件可靠性最为直观和常见。软件可靠性是指在规定的时间内，程序成功运行的概率。人员可靠性是指人员成功地完成工作或任务的概率。人员可靠性在整个系统可靠性中扮演着重要的角色。因为系统失效的大部分原因是人为差错造成的，而人的行为要受到生理和心理、技术熟练程度、责任心和品德等方面的影响，因此，人员的教育、培养、训练、管理以及合理的人机界面是提高可靠性重要方面。环境可靠性是指在规定的环境内，保证网络成功运行的概率。这里的环境主要是指自然环境和电磁环境。

（4）可用性。可用性是网络信息可授权实体访问并按需求使用的特性，即网络信息服务在需要时，允许授权用户或实体使用的特性，或者是网络部分受损或需要降级使用时，仍能为授权用户提供有效服务的特性。可用性是网络信息系统面向用户的安全性能。网络信息系统最基本的功能是向用户提供服务，而用户的需求是随机的、多方面的，有时还有时间要求。可用性一般用系统正常使用时间和整个工作时间之比来度量。同时，可用性还应该满足以下要求：身份识别与确认、访问控制、业务流控制、路由选择控制、审计跟踪。

（5）不可抵赖性。不可抵赖性也称作不可否认性，在网络信息系统的信息交互过程中，确保参与者的真实同一性，即所有参与者都不能否认或抵赖曾经完成的操作和承诺。利用信息资源证据可以防止发信方不真实地否认已发送信息，利用递交接收证据可以防止收信方事后否认已经接收了信息。

（6）可控性。可控性是对网络信息的传播及内容具有可控制能力的特性。

概括地说，网络安全目标是通过计算机、网络、密码技术和安全技术，保护在公用网络系统中传输、交换和存储的消息的保密性、完整性、真实性、可靠性、可用性、不可抵赖性等。

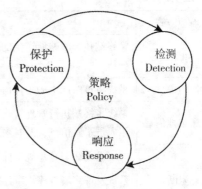

图 1-1　P2DR 安全模型

1.1.4　网络安全模型

1. P2DR 模型

P2DR 模型是由美国国际互联网安全系统公司提出的一个自适应的安全模型（Adaptive Network Security Model），如图 1-1 所示。

P2DR 模型包括 4 个主要部分，分别是：

（1）策略（Policy）。安全策略是整个 P2DR 模型的核心，所有的防护、检测、响应都是依据安全策略而实施的，安全策略为安全管理提供管理方向和支持手段。策略体系的建立包括安全策略的制订、评估、执行等。制定可行的安全策略取决于对网络信息系统的了解程度。不同的网络需要不同的策略，在制定策略以前，需要全面考虑网络有哪些安全需求，分析网络存在哪些安全风险，了解网络的结构、规模，了解应用系统的用途和安全要求等。对这些问题做出详细回答，明确哪些资源是需要保护的，需要达到什么样的安全级别，并确定采用何种防护手段和实施办法，这就是针对网络的一份完整的安全策略。策略一旦制定，应当作为整个网络安全行为的准则。

（2）保护（Protection）。保护就是采用一切可能的手段来保护网络系统的保密性、完整性、可用性、可靠性和不可否认性。保护是预先组织可能引起攻击的条件产生，让攻击者无懈可击，良好的防护可以避免大多数入侵事件的发生。在安全策略的指导下，根据不同等级的系统安全要求来完善系统的安全功能和安全机制。通常采用传统的静态安全技术来实现。

（3）检测（Detection）。检测是动态响应和加强防护的依据，是强制落实安全策略的工具，通过不断检测和监控网络及系统来发现新的威胁和弱点，并利用循环反馈来及时左右有效的响应。网络安全风险是实时存在的，检测的对象主要针对系统自身的脆弱性及外部威胁，利用检测工具了解和评估系统的安全状态。

（4）响应（Response）。在检测到安全漏洞之后必须及时做出正确的响应，从而把系统调整到安全状态。对危及安全的时间、行为、过程，及时做出处理，杜绝危害进一步扩大，使系统尽快恢复到能提供正常服务的状态。常用响应方式如表 1-1 所示。

P2DR 模型是一种基于时间的安全理论，由于信息安全相关的所有活动，如攻击行为、防护行为、检测行为和响应行为等都要消耗时间，因此可以用时间来衡量一个体系的安全性和安全能力，继而可以用典型的数学公式来表达系统的安全性。

（1）Pt>Dt+Rt；Pt：系统为了保护安全目标设置各种保护的防护时间；Dt：系统能够检测到攻击所花费的时间；Rt：系统针对攻击做出响应的时间。从以上公式可以推出，如果防护时间 Pt 大于检测时间 Dt 与响应时间 Rt 之和，则认为系统是安全的，因为它在黑客攻击危害系统之前就能够检测到并进行处理。

表1-1   常用的响应方式表

响应方式	响 应 规 则
记录	将终端执行策略所产生的事件信息写入数据库，审计操作人员对事件响应信息进行查询分析
发送邮件	系统将策略产生的事件信息以邮件的方式发送给管理员
发送本地消息	系统将终端执行管理策略产生的事件信息以消息的方式发送给终端使用人员，以便让使用人员了解信息，及时采取相应的解决措施
关机	系统发现终端有违规事件发生时，强制关闭终端主机
阻断	系统发现终端有违规事件发生时，启用内置防火墙阻断终端与其他主机的通信
报警	系统将终端执行策略产生的事件信息发送到指定的报警服务器上，让管理员及时了解代理主机的使用状态

(2) $Et=Dt+Rt$，if $Pt=0$；Et：系统暴露在攻击状态的时间。假定系统的防护时间 Pt 为 0，如果系统突然遭受到破坏，则希望系统能够快速检测到威胁并迅速调整到正常状态，系统的检测时间 Dt 和响应时间 Rt 之和就是系统的暴露时间 Et。很显然，该时间越少越好，系统就越安全。

按照 P2DR 的观点，一个良好完整的动态安全体系，不仅需要恰当的防护，而且需要动态的检测机制，在发现问题时还需要及时做出响应，这样的一个体系需要在统一、一致的安全策略的指导下实施，由此形成一个完备的、闭环的动态自适应安全体系。然而，在现实应用中 P2DR 模型并没有完成其应有的功能，模型中的安全策略没有实质的内涵，策略的真正指导作用存在缺陷。这导致 P2DR 动态安全模型中的各种安全组件仍然是相互独立的功能模块，只能依赖人为因素的参与来实现动态的安全循环。更深入地考虑 P2DR 动态安全模型的缺陷，可以总结出以下 3 点：

(1) 策略核心没有相应的策略部署、实施平台给予支撑，无法实现真正意义上的基于策略的网络安全管理；

(2) 对动态网络安全的支持不足，自动化程度很低，安全事件的响应过程总是需要人为参与，响应速度慢、效率低、准确度差；

(3) 由于没有统一的管理平台，对大规模分布式系统的管理开销过高导致其可实现性很差，并且不能实现安全体系内部的信息共享和协作。

针对以上缺陷，可从以下 3 个方面对 P2DR 模型进行改进：

(1) 构建策略部署、管理体系结构，在结构中实现策略的自动分发、自动执行和运行时的自管理，使策略核心能够实现用户的操作行为和系统管理动作，满足用户意图及真正指导各安全组件的行为，实现基于策略的网络安全管理。

(2) 引入策略自适应管理、策略联动和安全事件关联分析的思想，满足网络安全的动态性，主要表现在 3 个方面：①依靠策略联动和安全事件关联分析的方法，实现由防护、检测和响应组成的动态安全循环，从而来保障网络安全；②网络安全的目标是动态变化的，支持部分或者全网范围内安全级别的动态调整；③安全目标实现所依赖的网络物理环境是动态可调整的，网络的安全策略要能够迅速、方便地做出调整以适应新环境下的安全需求。

（3）添加统一管理控制台，实现对分布的被管对象和安全策略进行管理；统一定制安全策略，统一收集各被管对象的安全事件信息，并引入"域"的概念，有效地组织被管对象，实现被管系统的伸缩性，同时，实现了安全体系内部信息的高度共享和协作。

2. PDRR 模型

PDRR 是另一个常用的安全模型，也是得到较多认可的一个安全保障模型。它是美国国防部提出的"信息安全保护体系"中的重要内容，概括了网络安全的整个环节。PDRR 模型由 Protection（防护）、Detection（检测）、Response（响应）、Recovery（恢复）组成。

从工作机制上看，这四个部分是一个顺次发生的过程：首先采取各种措施对需要保护的对象进行安全防护，然后利用相应的检测手段对安全保护对象进行安全跟踪和检测以随时了解其安全状态。如果发现安全保护对象的安全状态发生改变，特别是由安全变为不安全，则马上采取应急措施对其进行处理，直至恢复安全保护对象的安全状态。

PDRR 模型如图 1-2 所示。按照这个模型，网络的安全建设是这样的一个有机的过程：在信息网络安全政策的指导下，通过风险评估，明确需要防护的信息资源、网络基础设施和资产等，明确要防护的内容及其主次等，然后利用入侵检测系统来发现外界的攻击和入侵，对已经发生的入侵，进行应急响应和恢复。

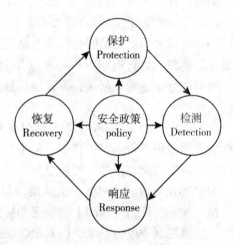

图 1-2　PDRR 安全模型

3. APPDRR 模型

网络的发展是动态的，不断有新的协议、操作系统、应用软件发布和应用，伴随着出现大量新的漏洞、病毒、攻击程序，因此相应的网络安全模型也必须是动态的，新的安全问题的出现需要新的技术来解决。为了发现网络服务器和设备中的新漏洞，不断查明网络中存在的安全风险和威胁，要求网络是一个自适应性的、动态的网络，即系统具有防护功能、实时入侵监控功能、漏洞扫描功能、系统安全决策功能和风险分析功能。由此，经典的自适应性动态网络安全模型——APPDRR 模型便产生了，APPDRR 模型如图 1-3 所示。

（1）风险分析（Analysis）就是分析威胁发生的可能性和系统易于受到攻击的脆弱性，并估计可能由此造成的损失和影响的过程。主要包括风险确认、风险预测和风险评估三个方面。风险确认主要是及时发现网络系统中可能存在的风险，并对其进行分类。风险预测主要是预测风险发生时的直接损失和间接损失。风险评估主要是确定风险对整个网络系统的影响程度，从而确定需要优

图 1-3　APPDRR 模型

先处理的风险因素。通过风险分析可以判定网络是否遵从了安全策略。由此可见,风险分析决定了安全策略的选取。

(2)安全策略(Policy)是APPDRR安全模型的核心,所有的防护、检测、响应都是依据安全策略实施的,企业安全策略为安全管理提供管理方向和支持手段。策略体系的建立包括安全策略的制订、评估、执行,制订可行的安全策略取决于对网络信息系统的了解程度。

(3)安全防护(Protection)通常采用防火墙技术为系统提供加密、访问控制等安全性防护功能。这是典型的静态防御技术,它能抵御多数黑客的攻击,大大提高黑客发动成功进攻的门槛。

(4)安全检测(Detection)是动态响应和加强防护的依据,它也是落实安全策略的有力工具,可以通过动态的性能监控、入侵检测、入侵诱骗和对整个网络的扫描来发现新的威胁和弱点、网络是否受到攻击以及网络中是否存在漏洞,通过循环反馈来及时做出有效的响应。网络的安全风险是实时存在的,所以检测对象应该主要针对构成安全风险的两个部分:系统自身的脆弱性及外部威胁。

(5)应急响应(Response)在安全系统中占有最重要的地位,是解决安全潜在性最有效的办法。它要求对检测出的安全行为和隐患做出迅速反应,迅速反应可以阻断攻击、隔离故障或是设置陷阱,进行追踪。从某种意义上讲,安全问题就是要解决紧急响应和异常处理问题。要解决好紧急响应问题,就要制订好紧急响应的方案,做好紧急响应方案中的一切准备工作。

(6)灾难恢复(Recovery)是实现动态网络安全的保证。当发现外部攻击或系统漏洞时,系统应采用数据备份、容灾容错、可生存性等方法,并利用系统升级、软件升级和打补丁等手段及时恢复遭到攻击的重要信息。

APPDRR可适应性网络安全模型即根据网络安全的动态性特征,在对网络安全风险进行分析、预测、评估的基础上,制定相应的安全策略,以此安全策略为核心,综合采用加密技术,访问控制手段为系统提供安全性保护,通过入侵检测、入侵诱骗、漏洞扫描等技术及时发现系统潜在的安全问题,为系统快速响应提供依据,从而使系统从静态防护转化为动态防护,当发现系统有异常时,根据系统安全策略快速做出响应。

1.2 网络安全分析

1.2.1 物理安全分析

网络的物理安全是整个网络系统安全的前提。在校园网工程建设中,由于网络系统属于弱电工程,耐压值很低。因此,在网络工程的设计和施工中,必须优先考虑保护人和网络设备不受电、火灾和雷击的侵害;考虑布线系统与照明电线、动力电线、通信线路、暖气管道及冷热空气管道之间的距离;考虑布线系统和绝缘线、裸体线以及接地与焊接的安全;必须建设防雷系统,防雷系统不仅考虑建筑物防雷,还必须考虑计算机及其他弱电耐压设备的防雷。总体来说物理安全的风险主要有:地震、水灾、火灾等环境事故;电源故障;人为操作失误或错误;设备被盗、被毁;电磁干扰;线路截获;高可用性的硬件;双机多冗余的设计;机房环境及报警系统、安全意识等,因此要尽量避免网络的物理安全风险。

1.2.2 网络结构的安全分析

网络拓扑结构设计也直接影响到网络系统的安全性。假如在外部和内部网络进行通信时，内部网络的机器安全就会受到威胁，同时也影响在同一网络上的许多其他系统。通过网络传播，还会影响到连上 Internet/Intrant 的其他的网络；影响所及，还可能涉及法律、金融等安全敏感领域。因此，我们在设计时有必要将公开服务器(WEB、DNS、EMAIL 等)和外网及内部其他业务网络进行必要的隔离，避免网络结构信息外泄；同时还要对外网的服务请求加以过滤，只允许正常通信的数据包到达相应主机，其他的请求服务在到达主机之前就应该遭到拒绝。

1.2.3 系统的安全分析

所谓系统的安全是指整个网络操作系统和网络硬件平台是否可靠且值得信任。目前恐怕没有绝对安全的操作系统可以选择，无论是 Microsoft 的 Windows NT 或者其他任何商用 UNIX 操作系统，其开发厂商必然有其 Back-Door。因此，我们可以得出如下结论：没有完全安全的操作系统。不同的用户应从不同的方面对其网络作详尽的分析，选择安全性尽可能高的操作系统。因此不但要选用尽可能可靠的操作系统和硬件平台，并对操作系统进行安全配置。而且，必须加强登录过程的认证(特别是在到达服务器主机之前的认证)，确保用户的合法性；其次应该严格限制登录者的操作权限，将其完成的操作限制在最小的范围内。

1.2.4 应用系统的安全分析

应用系统的安全跟具体的应用有关，它涉及面广。应用系统的安全是动态的、不断变化的。应用的安全性也涉及信息的安全性，它包括很多方面。

(1)应用系统的安全是动态的、不断变化的。应用的安全涉及方面很多，以目前 Internet 上应用最为广泛的 E-mail 系统来说，其解决方案有 Sendmail、Netscape Messaging Server、Software Com Post. Office、Lotus Notes、Exchange Server、SUN CIMS 等不下二十多种，其安全手段有 LDAP、DES、RSA 等各种方式。应用系统是不断发展且应用类型是不断增加的。在应用系统的安全性上，主要考虑尽可能建立安全的系统平台，而且通过专业的安全工具不断发现漏洞，修补漏洞，提高系统的安全性。

(2)应用的安全性涉及信息、数据的安全性。信息的安全性涉及机密信息泄露、未经授权的访问、破坏信息完整性、假冒、破坏系统的可用性等。在某些网络系统中，涉及很多机密信息，如果一些重要信息遭到窃取或破坏，它的经济、社会影响和政治影响将是很严重的。因此，对用户使用计算机必须进行身份认证，对于重要信息的通讯必须授权，传输必须加密。采用多层次的访问控制与权限控制手段，实现对数据的安全保护；采用加密技术，保证网上传输的信息(包括管理员口令与账户、上传信息等)的机密性与完整性。

1.2.5 管理的安全风险分析

管理是网络安全中最重要的部分。责权不明、安全管理制度不健全以及缺乏可操作性等都可能引起管理安全的风险。当网络出现攻击行为或网络受到其他一些安全威胁时(如内部人员的违规操作等)，无法进行实时的检测、监控、报告与预警。同时，当事故发生后，也无法提供黑客攻击行为的追踪线索及破案依据，即缺乏对网络的可控性与可审查性。这就要求我们必须对站点的访问活动进行多层次的记录，及时发现非法入侵行为。

建立全新网络安全机制，必须深刻理解网络并能提供直接的解决方案，因此，最可行的做法是制定健全的管理制度和严格管理相结合。保障网络的安全运行，使其成为一个具有良好的安全性、可扩充性和易管理性的信息网络便成为了首要任务。一旦上述的安全隐患成为事实，所造成的对整个网络的损失都是难以估计的。因此，网络的安全建设是校园网建设过程中重要的一环。

1.3　网络安全威胁类型

网络安全威胁千差万别。在考察网络威胁的时候不但要注意到传统的各种网络威胁类型，同时还要重视一些不断出现的、动态变化的各种网络威胁类型。网络安全威胁可来自于内部和外部的许多方面，归纳起来，可以概括为四大类型：一是逻辑攻击，二是资源攻击，三是内容攻击，四是管理缺陷。其中，许多具体的攻击威胁同时兼具多种攻击属性，属于复合式安全威胁。其他如自然灾害、人为错误则属于安全威胁的一种特殊类型。自然灾害虽然多数来自不可抗力，但很多情况下是可以预防、避免和减少的，因此也应当纳入人为的管理缺陷范畴。

1.3.1　逻辑攻击

逻辑攻击的攻击对象可以是各个方面，它是寻找和利用现有系统或应用中的逻辑缺陷和漏洞，通过技术手段获取系统控制权限，获取非法的访问权限，影响系统性能或系统功能，导致系统崩溃等。

此类攻击中，最为公众所熟悉的就是针对操作系统的漏洞的各种攻击，如 Windows PnP 服务中的堆栈溢出、Ping of death(死亡之 ping)攻击、红色代码攻击、震荡波攻击、熊猫烧香病毒攻击等，这类攻击都是借助了系统的漏洞来展开的。

针对 TCP/IP 等网络协议的缺陷的攻击也属于逻辑攻击类型，如利用半开连接耗费服务器资源的 ARP 欺骗、DNS 劫持等，这些攻击技术上是"合法"的，但行为上是非法的。

常见的针对 WEB 服务器的数据库展开的注入(Inject)式攻击也是利用 WEB 服务程序设计上的漏洞展开的逻辑攻击。

其他如木马、间谍程序、密码扫描攻击等，也大多要利用到系统或应用的缺陷来展开攻击。

1.3.2　资源攻击

资源攻击的主要攻击对象是目标的系统资源或网络资源，如大量耗费服务器 CPU 和内存、大量耗费带宽或连接数、大量耗费存储空间等。此类攻击中最典型的是拒绝服务攻击，如各种 DoS(拒绝服务)、DDoS(分布式拒绝服务)。目前已经出现的僵尸程序或僵尸网络攻击则在此基础上得到发展，可同时进行多种效果的资源攻击。病毒的恶意资源占用也是资源攻击中的重要表现，其他如垃圾邮件、过度的网络广告等不但浪费网络带宽和存储空间，增加系统内存占用，而且还会大量浪费用户的工作时间，还可能夹带病毒攻击等。

1.3.3　内容攻击

内容攻击是针对攻击目标的信息内容采取的删除、修改、窃取、欺骗、淹没、挖掘等。

其中针对目标系统的信息挖掘是一种非常隐蔽的攻击类型。

传统的内容攻击有网络监听、网络报文嗅探等。近年来开始流行一些针对面更广泛的内容攻击，如 IP 地址欺骗，它并不更改原有正确 IP 对应的内容，而是采取欺骗的方式，通过技术手段诱骗访问请求者得到错误的反馈结果。

网络钓鱼利用用户的心理弱点，使用相似的域名、IP 转向以及其他诱骗手段，让用户得到错误的访问页面，并取得访问者的信任，从而窃取访问者的口令等敏感信息。一些针对应用层的攻击也属于内容攻击类型，如恶意（流氓）软件会窃取用户隐私、收集用户习惯数据、强行推送非请求性内容等，同时会大量耗费用户的系统资源和工作时间。

垃圾邮件也在内容攻击中占有重要地位，它不但强行推送非请求信息，浪费带宽、用户时间和存储空间，而且同时可能带有欺骗、病毒等攻击行为。

被动信息收集式攻击是首次提出的内容攻击的特殊新类型，它可以不对用户采取任何破坏性操作，而是主要通过各种方式收集海量的用户信息碎片，通过数据挖掘技术，从中统计归纳出对攻击者可用的新的情报信息。典型的如搜索引擎、各种近年出现的免费网络输入法等，这类攻击最为隐蔽，也最难防范，同时对公众甚至国家安全构成极大威胁。

1.3.4　管理缺陷

与其他攻击类型的攻击源来自外部不同，管理缺陷则是因自身有意或无意的管理缺陷、错误等而让信息系统处于安全威胁之下，如管理不善的系统中的内部信息窃取、安全措施部署不到位或部署错误导致其他攻击的得逞等，这些管理缺陷客观上导致信息系统受到攻击。

对攻击类型进行分类主要是为了考察分析的方便，实际的安全研究中，各种安全威胁是错综复杂的，因此我们必须以无差异标识未知因素思想来看待这些问题，以弹性闭合式结构思想来解决问题。

1.4　网络安全措施

网络安全问题是极其庞杂的，现在没有任何一种单一的网络安全技术和网络安全产品能解决所有的问题。所以，网络安全建设要从体系结构的角度，用系统工程的方法，根据具体的网络环境及其应用需求提出综合处理的安全解决方案和措施。下面分析一些常见的网络安全措施。

1.4.1　加密与解密

加密与解密是通信安全最重要的机制，它能保护传输中的信息不被恶意获取。重要文件加密后，则可以保证存储信息的安全性。然而，密码系统并不区分合法用户和非法用户，无论哪种用户访问加密文件都必须出示正确的密码。因此，加密解密本身并不提供安全措施，它们必须由密钥控制并将系统作为整体来管理。

1.4.2　防杀病毒软件

防杀毒软件是网络安全程序的必备部分。如果能正确地配置和执行，可减少恶意程序对计算机网络的危害。然而，防杀毒软件并不是对所有的恶意程序的防护都有效，尤其对新出现的病毒就更无能为力了。而且，它既不能防止入侵者利用合法程序得到系统的访问，也不能防止合法用户企图得到超出其权限的访问。

1.4.3 网络防火墙

网络防火墙是用于网络的访问控制设备,有助于帮助保护组织内部的网络,以防外部攻击。本质上讲网络防火墙是边界安全产品,存在于内部网络和外部网络的边界。因此,只要配置合理,网络防火墙是必需的安全设备。然而,网络防火墙不能防止攻击者使用合理的连接来攻击系统。例如,一个 Web 服务器允许来自外部的访问,攻击者可以利用 Web 服务器软件的漏洞,这时网络防火墙将允许这个攻击进入,因为 Web 服务器是应该接受这个 Web 连接的。对于内部用户,网络防火墙也没有防备作用,因为用户已经在内部网中。

1.4.4 访问权限控制

网络内的每一个计算机系统具有基于用户身份的访问权限的控制。假如系统配置正确,文件的访问许可权配置合理,则文件访问控制能限制合法用户进行超出权限的访问,但是不能阻止一些人利用系统的漏洞,得到像管理员一样的权限来访问系统及读写系统的文件。访问控制系统甚至允许跨域进行系统访问控制的配置,对访问控制系统而言,这样的攻击看起来类似于一个合法的管理员试图访问账户或允许访问的文件。

1.4.5 入侵检测

作为一种动态地保证计算机系统中信息资源的机密性、完整性与可用性的安全技术,入侵检测系统能够通过对(网络)系统的运行状态进行监视来发现各种攻击企图、攻击行为或攻击结果。入侵检测系统具有比各类防火墙系统更高的智能,并可以对由用户局域网内部发动的攻击进行检测。同时,入侵检测系统可以有效地识别攻击者对各种系统安全漏洞进行利用的尝试,从而在破坏形成之前对其进行阻止。将系统工作的实时状态纳入其监测的范围之后,入侵检测系统还可以通过识别其异常来有效地检测出未知种类的入侵。由于上述特性,入侵检测系统已经成为网络安全机制中的一个不可或缺的组成部分。

综上所述,网络安全是一个系统工程,如果想较好地解决网络安全问题,必须从多方面、多角度来考虑。只有采用多样化的安全措施,从整体上对网络进行联动保护,才能使网络处于最大限度的安全之中。

1.5 网络安全策略

当考虑网络信息系统的安全问题时,必须依据信息系统安全工程学的理论和方法,构造一个全方位的防御机制。

1.5.1 物理安全策略

物理安全策略的目的是保护计算机系统、网络服务器、打印机等硬件实体和通信链路免受自然灾害、人为破坏和搭线攻击;验证用户的身份和使用权限,防止用户越权操作;确保计算机系统有一个良好的电磁兼容工作环境;建立完备的安全管理制度,防止非法进入计算机控制室和各种偷窃、破坏活动的发生。抑制或防止电磁泄露(即 TEMPEST 技术)是物理安全策略的一个主要问题。目前主要防护措施有两类:一类是对传导发射的保护,主要采取对电源线和信号线加装性能良好的滤波器，减少传输阻抗和导线间的交叉耦合；另一类是对辐射的保护。

1.5.2　访问控制策略

访问控制是网络安全防范和保护的主要策略，其主要任务是保证网络资源不被非法使用和非法访问。它也是维护网络系统安全、保护网络资源的重要手段。各种安全策略必需相互配合才能真正起到保护作用，可以说访问控制是保证网络安全的核心策略之一。

(1)入网访问控制。入网访问控制为网络访问控制提供了第一层访问控制。它用来控制哪些用户能够登录到服务器并获取网络资源，控制准许用户入网时间和准许在哪个工作站入网。用户的入网访问控制可分为三个步骤：用户名的识别与验证、用户口令的识别与验证、用户账号的默认限制检查。只要三道关卡有任何一关未过，该用户便不能进入该网络。

(2)网络权限控制。网络的权限控制是针对网络非法操作所提出的一种安全保护措施。用户和用户组被赋予一定的权限。网络权限控制着用户和用户组可以访问哪些目录、子目录、文件和其他资源，指定用户对这些文件、目录、设备执行哪些操作。根据访问权限可以将用户分为特殊用户(即系统管理员)、一般用户(系统管理员根据实际需要为他们分配操作)、审计用户(负责网络的安全控制与资源使用情况的审计)3 类。用户对网络资源的访问权限可以用一个访问控制表来描述。

(3)网络服务器安全控制。网络允许在服务器控制台上执行一系列操作，如进行装载和卸载模块、安装和删除软件等操作。网络服务器的安全控制包括：可以设置口令锁定服务器控制台，以防止非法用户修改、删除重要信息或破坏数据；可以设定服务器登录时间限制、非法访问者检测和关闭的时间间隔。

(4)网络监测或锁定控制。网络管理员应对网络实施监控，服务器应记录用户对网络资源的访问。对非法的网络访问，服务器应以图形、文字或声音等形式报警，以引起网络管理员的注意。如果非法之徒试图进入网络，网络服务器应能自动记录企图尝试进入网络的次数，如果非法访问的次数达到设定数值，那么该账户将被自动锁定。

1.5.3　数据加密策略

数据加密作为主动网络安全技术，是提高网络系统数据的保密性、防止秘密数据被外部破译所采用的主要技术手段，是许多安全措施的基本保证。加密后的数据能保证在传输、使用和转换时不被第三方获取。加密算法主要有以下几类。

(1)对称性加密算法。使用单个密钥对数据进行加密或解密，其特点是计算量小、加密效率高。但是此类算法在分布式系统上使用较为困难，主要是密钥管理困难，使用成本较高，保密性能也不易保证。这类算法的代表是在计算机专网系统中广泛使用的 DES(数字加密标准)算法。

(2)不对称加密算法。不对称加密算法也称为公钥算法，其特点是有两个密钥(即公用密钥和私有密钥)，只有两者搭配使用才能完成加密和加密全过程。由于不对称算法拥有两个密钥，它特别适用于分布式系统中的数据加密，在 Internet 中得到了广泛的应用。其中公用密钥在网上公布，为数据源对数据加密使用，而用于解密的相应私有密钥则由数据的接收方妥善保管。在网络系统中得到应用的不对称加密算法有 RSA 算法和美国国家标准局提出的 DSA(数字签名算法)。不对称加密算法在分布式系统中应用时，需要注意的问题是如何管理和确认公钥的合法性。

（3）不可逆加密算法。不可逆加密算法的特征是加密过程不需要密钥，并且经过加密的数据无法被解密，只有同样的输入数据经过同样的不可逆加密算法才能得到相同的加密数据。不可逆加密算法不存在密钥保管和分发问题，适合在分布式网络系统上使用，但是其加密计算工作量相当大，所以通常用于数据量有限的情形下的加密，如计算机系统中的口令就是利用不可逆算法加密的。近年来随着计算机系统性能的不断改善，不可逆加密算法的应用逐渐增多。

1.5.4 网络安全管理策略

在网络安全中，除了采用上述技术措施之外，加强网络的安全管理、制定有效的规章制度，对于确保网络的安全、可靠运行，将起到十分有效的作用。网络的安全管理策略包括：确定安全管理等级和安全管理范围；制定有关网络操作使用规程和人员出入机房管理制度；制定网络系统的维护制度和应急措施等。一个完整的网络安全解决方案所考虑的问题应是非常全面的。保证网络安全需要靠一些安全技术，但是，最重要的是要有详细的安全策略和良好的内部管理。在确定网络安全的目标和策略后，还要确定实施网络安全应付出的代价，然后选择切实可行的技术方案，方案实施完成之后最重要的是要加强管理，制定培训技术和网络安全管理措施。完整的安全解决方案应覆盖网络的各个层次，并且与安全管理相结合。

1.6 网络安全技术的发展

1.6.1 第一代网络安全技术

当设计和研究信息安全措施时，人们最先想到的是"保护"，这样的技术称为第一代网络安全技术。它假设能够划分明确的网络边界并能够在边界上阻止非法入侵。比如，通过口令阻止非法用户的访问；通过存取控制和权限管理让某些人看不到敏感信息；通过加密使别人无法读懂信息的内容；通过等级划分使保密性得到完善等。其技术基本原理是保护和隔离，通过保护和隔离达到真实、保密、完整和不可否认等安全目的。

第一代网络安全技术解决了很多安全问题，但是，并不是在所有情况下都能够清楚地划分并控制边界，保护措施也并不是在所有情况下都有效。当 Internet 逐步扩展的时候，人们发现这些保护技术在某些情况下无法起作用。例如，在正常的数据中夹杂着可能使接收系统崩溃的参数；在合法的升级程序中夹杂着致命的病毒；黑客冒充合法用户进行信息窃听；利用系统漏洞进行攻击等。随着信息空间的增大，边界保护的范围必须迅速扩大，保护技术在现代网络环境下已经没有能力全面保护网络的信息安全。

1.6.2 第二代网络安全技术

在以第一代安全技术为主的年代，为了保护网络，人们尽量多修一些不同类型的"墙"。比如，在系统存储控制的基础上，发明了各种类型的防火墙，希望这些"高墙"能够堵住原来系统中的缺口。然而，实际情况往往比设计者和评估者想象的要复杂得多，许多著名的安全协议和系统都发现存在着某种漏洞。仅仅依靠保护技术已经没有办法挡住所有敌方的入侵。于是第二代网络安全技术就随着美国政府对信息保障的重视而诞生了。信息保障是包括了保护、检测、响应并提供信息系统恢复能力的，保护和捍卫信息系统的可用性、完整性、真实性、机密性以及不可否认性的全部信息操作行为。尽管信息保障本身比"信息安全"有更宽的含义，但由于同时代的技术是以检测和恢复为主要代表的第二代网络安全技术，所以就把这一代安全技术称为"信息保障技术"。

信息保障技术的基本假设是：如果挡不住敌方，但至少能发现敌方和敌方的破坏。比如，能发现系统死机、系统被扫描、网络流量异常等。通过发现，可以采取一定的相应措施，当发现严重情况时，可以采用恢复技术，恢复系统的原始状态。信息保障技术就是以检测技术为核心，以恢复技术为后盾，融合了保护、检测、响应、恢复 4 大技术，针对完整生命周期的一种安全技术。检测技术是第二代网络安全技术的代表和核心，因此，检测技术成了该阶段的研究热点，随着基于知识学习、推理、遗传免疫的入侵检测技术的不断涌现，入侵检测产品也成了信息安全产业的一个增长点。在信息保障兴起的年代，许多其他技术也一起成长起来，如 PKI 等，尽管它们仍属于保护技术的范畴，但有时也被称为第二代网络安全技术。

在信息保障中，由于所有的响应甚至恢复都是依赖于检测结论，检测系统的性能就成为信息保障技术中最为关键的部分，但是，检测系统要发现全部的攻击是不可能的，准确区分正常数据和攻击数据、正常系统和有木马的系统、有漏洞的系统和没有漏洞的系统也是不可能的。正因为如此，检测技术有不可逾越的识别困难，使得信息保障技术仍没能解决所有的安全问题。同时信息保障中的恢复技术也很难在短时间内达到效果。即使不断地恢复系统，但恢复成功的系统仍旧是原来有漏洞的系统，仍旧会在已有的攻击下继续崩溃。

1.6.3　第三代网络安全技术

如果说第二代网络安全技术是关于发现病毒以及如何消除病毒的，那么第三代网络安全技术就是关于增强免疫能力的技术，也被称为"信息生存技术"。它假设不能完全正确地检测系统的入侵，比如，当一个木马程序在系统中运行时隐蔽得很好，或者检测系统不能保证在一定时间内得到正确的答案。然而，关键系统不能等到检测技术发展好了再去建设和使用，关键设施也不能容忍长时间的等待，所以，需要新的安全技术来保证关键系统的服务能力。所谓"生存技术"，就是系统在攻击、故障和意外事故已经发生的情况下，在限定的时间内完成使命的能力。

当故障和意外发生的时候，可以利用容错技术来解决系统的生存问题，如远程备份技术和 Byzantine 容错技术。然而，容错技术不能解决全部的信息生存问题，主要基于以下几个原因：

（1）并不是所有的破坏都是由故障和意外导致的，如攻击者的有意攻击，因而容错理论并不是针对专门攻击设计的。

（2）并不是所有攻击都表现为信息和系统的破坏，如把账户金额改得大一点或把某个数据加到文件中，这种攻击本身不构成一种显式的错误，容错就无法解决这类问题。

（3）故障错误是随机发生的而攻击者却是有预谋的，这比随机错误更难预防。

所以，生存技术中最重要的并不是容忍错误，而是容忍攻击。容忍攻击的含义是：在攻击者到达系统，甚至控制部分子系统时，系统不能丧失其应该有的机密性、完整性、真实性、可用性和不可否认性。解决了入侵容忍，也就解决了系统的生存问题，所以入侵容忍系统一定是错误容忍系统。入侵容忍技术就成为第三代网络安全技术的代表和核心，也就直接被称为第三代网络安全技术。

1.6.4　网络安全技术发展趋势

有了第三代网络安全技术——入侵容忍技术，安全技术本身是不是就到了尽头了？可以看到，入侵容忍技术仍旧有一些不能解决的问题。一个 Byzantine 容忍的系统也不能容忍多数系统被敌方占领，入侵容忍技术不仅不能替代而且过于依赖第一代和第二代网络安全技术。过去的安全技术以有效性和相对更低的成本优势，仍旧具有广泛的应用前景，各种新的保护、检测、响应和恢复技术对整个信息网络的发展具有重要的意义，并具有非常巨大的发展空间。入侵容忍技术的实现需要的成本是很高的，入侵检测技术、冗余技术、多样化技术需要的硬件和软件资源是相当浩大的。

网络安全技术发展趋势是智能化的，网络服务自生成技术是其代表。网络服务自生成技术主要依靠拓扑技术和网络自生成技术来支撑整个服务的运行。网络自生成技术是由一些计算机服务器节点组成的一个临时的自治系统，在任一时刻，节点之间通过通信链路形成一个任意网络的拓扑结构。节点可以任意创建或撤销，这时网络拓扑结构也随之变化，而要求提供的服务并没有太大的降级。在这种环境中，由于每个节点终端的覆盖范围有限，所以无法直接通信的用户终端可以借助其他终端的分组转发进行数据通信。它可以在没有或不变利用现有的网络基础设施的情况下提供一种通信支持环境。网络自生成技术是一种无中心的分布式控制网络。

总之，网络安全技术的发展是随着社会需求的发展而发展的，任何一代安全技术的存在都是有其理由的，只有将各种安全技术系统地组织和运用，才能使网络更加安全。

1.7　本章小结

本章对网络安全基础知识进行了简要介绍，从物理安全、网络结构安全、系统安全、应用系统安全、管理安全等方面阐述了网络安全分析应当包括几个层面，分析了网络安全威胁类型（主要包括逻辑攻击、资源攻击、内容攻击以及管理缺陷）与网络安全措施（加解密、防杀病毒、网络防火墙、访问权限控制、入侵检测等），介绍了物理安全策略、访问控制策略、数据加密策略以及网络安全管理策略，并阐述了网络安全技术的发展历程及趋势。

习　题

1. 请简述网络安全概念以及网络安全目标，如何通过技术手段实现网络安全中的各目标？
2. 请简述 P2DR 模型、PDRR 模型、APPDRR 模型。
3. 网络安全分析应包括哪几个部分？请分别简述之。
4. 网络安全可能遭受到的威胁有哪些？如何通过硬件技术与软件技术实现网络安全？
5. 网络安全策略包括哪些内容？请简述之。
6. 网络安全的发展趋势是什么？

第2章 网络安全通信协议

网络安全研究的对象是计算机网络，计算机网络以通信为手段来达到资源共享的目的，而只有依靠协议才能实现通信。因此，在网络环境和分布计算环境中，通信协议起着至关重要的作用。

安全协议又称为密码协议、安全通信协议，是实现信息安全交换和某种安全目的的通信协议。用于计算网络的安全协议又称为网络安全通信协议，是网络安全体系结构中的核心问题之一。它是将密码技术应用于网络安全系统的纽带，是确保网络信息系统安全的关键。安全协议是否存在安全漏洞即是否完备成为它能否提供网络安全保障的关键，安全协议的安全性不仅依赖于所采用的密码算法强度，而且与算法的应用环境（通信行为的规则和格式）密切相关。一个不安全的安全协议可以使入侵者不用攻破密码而得到信息或产生假冒。

因此，"密码和安全协议是网络安全核心"已成为网络及信息安全界的共识。研究网络安全通信协议及其完备性是网络安全这个问题的关键所在。采用各种技术手段或方法设计安全协议并分析其安全性已成为人们研究的重要课题之一。

目前，数据链路层的点对点隧道协议（Point to Point Tunneling Protocol，PPTP）、第二层隧道协议（Layer 2 Tunneling Protocol，L2TP）以及网络层安全通信协议 IPSEC 协议在虚拟专用网（Virtual Private Network）应用较为广泛，这几个协议的有关知识将在第 6 章中进行具体介绍。

2.1 TCP/IP 协议簇安全性分析

网络的不安全正是由于存在一系列的风险，其中风险主要来源于协议与系统漏洞，而协议的漏洞又是最主要的。TCP/IP 出现在 20 世纪 70 年代，20 世纪 80 年代被确定为 Internet 的通信协议。到了今天，TCP/IP 已经成为网络世界中使用最广泛、最具有生命力的通信协议，并成为事实上的网络互联工业标准。由于 TCP/IP 协议簇早期的设计过程中是以面向应用为根本目的，未能全面考虑到安全性以及协议自身的脆弱性、不完备性等，导致网络中存在着许多可能遭受攻击的漏洞。这些潜在的隐患使得恶意者可以利用存在的漏洞来对相关目标进行恶意连接、操作，从而可以达到获取相关重要信息，提升相应控制权限，耗尽资源甚至使主机瘫痪等目的。总的来说，使用 TCP/IP 协议簇的网络系统目前面临的威胁和攻击主要有欺骗攻击、否认服务、拒绝服务、数据截取和数据篡改等。

2.1.1 概 述

TCP/IP 协议簇的协议由不同的层次组成，是一套分层的通信协议。在 OSI 中，对 TCP/IP 协议簇的层次结构并没有十分明确的划分规定，但通常划分为 4 个层次，从下到上依次是链路层、网络层、传输层和应用层。TCP/IP 协议簇的分层结构如图 2-1 所示。

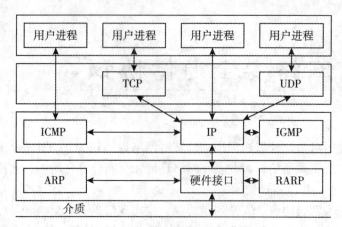

图 2-1 TCP/IP 协议簇的分层结构

在 TCP/IP 协议簇体系层次结构中，每层负责不同的网络通信功能。

1. 链路层

链路层也成为数据链路层或网络接口层，是 TCP/IP 协议的最底层，它负责接收来自网络层的 IP 数据报，并把数据报发送到指定的网络上，或从网络上接收物理帧，抽出网络数据层数据报，交给网络层。链路层通常包括操作系统中的设备驱动程序和计算机中对应的网络接口卡。它们一起处理与电缆(或其他任何传输介质)的物理接口细节及数据帧(Frame)的组装。链路层可能由一个设备驱动程序组成，也可能由一个设备驱动程序组成，也可能是一个子系统，且子系统使用自己的链路协议。

地址解析协议(Address Resolution Protocol，ARP)和逆地址解析协议(Reverse Address Resolution Protocol，RARP)是某些网络接口(如以太网和令牌环网)使用的特殊协议，用来转换 IP 层和网络接口层使用的地址。

2. 网络层

网络层也称为网际互联层，用于处理分组(Packet，又称"包")在网络中的活动，例如分组的选路。网络层是异构网络互联的关键，解决了计算机之间的通信问题。它接收传输层的请求，把来自传输层的报文分组封装在一个数据报中，并加上报头，然后按照路由算法来确定是直接交付数据报，还是先把它发送给某个路由器，再交给相应的网络接口，并发送出去。反过来，对于接收到的数据报，网络层要校验其有效性，然后根据路由算法确定数据报应该在本地处理还是转发出去。如果数据报的目的主机处于本机所在的网络，则网络层相关协议就会去除报头，再选择适当的传输层协议来处理分组。

此外，网络层还处理局域网络互联和拥塞避免等事务，概括来说，网络层具有向传输层提供服务、路由选择、流量控制、网络互联 4 个主要功能。在 TCP/IP 协议簇中，网络层协议包括 IP 协议、ICMP 协议及 IGMP 协议。

IP 是网络层上的主要协议，同时被 TCP 和 UDP 使用。一般情况下，TCP 和 UDP 的每组数据都是通过端系统和每个中间路由器中的 IP 层在互联网中进行传输的。

因特网控制消息协议(Internet Control Message Protocol，ICMP)属于 IP 协议的附属协议。网络层利用它来与其他主机或路由器交换错误报文和其他重要信息。使用该协议的典型例子是 Ping 操作。

因特网组管理协议(Internet Group Management Protocol, IGMP)是用来把一个 UDP 数据报多播到多个主机。

3. 传输层

传输层的基本任务是提供应用程序之间的通信服务,负责为两台互联主机上的应用程序提供端到端的通信。当一个源主机上运行的应用程序要和目的主机联系时,它就向传输层发送消息,并以数据包的形式送达目的主机。传输层不仅要管理信息的流动,还要提供可靠的端到端的传输服务,以确保数据到达无差错,无乱序。为了达到这个目的,传输层协议软件要提供确认和重发的功能。

在 TCP/IP 协议簇中,传输层有两个最为著名的协议:传输控制协议(Transfer Control Protocol, TCP)和用户数据报协议(User Datagram Protocol, UDP)。二者都使用 IP 作为网络层协议。TCP 虽然使用不可靠的 IP 服务,但它却提供一种可靠的传输层数据通信服务,是一个面向连接的协议。它允许从一台主机发出的报文无差错地发往互联网上的其他机器。它的主要工作包括把应用程序交给它的数据分成合适大小的段(Segment),交付网络层,确认接收到分组报文,设置发送的最后确认分组的超时时钟,等等。UDP 为应用层提供非常简单的服务,为应用程序发送和接收数据报(Datagram)分组。一个数据报是指从发送方传输到接收方的一个信息单元(例如,发送方指定的一定字节数的信息)。但是与 TCP 不同的是,UDP 是不可靠的、无连接的协议,它不能保证数据报能安全无误地达到最终目的地。它主要用于不需要 TCP 排序和流量控制而是自己完成这些功能的应用程序;它也被广泛地应用于只用一次的客户-服务器模式的呼叫-应答查询,以及快速递交比准确递交更重要的应用程序,如传输语音或视频、图像。

4. 应用层

负责处理特定的应用程序细节。应用层是 TCP/IP 体系的最高层,对应于 OSI 参考模型的应用层、表示层、会话层,与这 3 层综合起来的功能相似。在此层,网络向用户提供各种服务,用户则调用相应的程序并通过 TCP/IP 网络来访问可用的服务。应用层的协议主要有文件传输协议(FTP)、超文本传输协议(HTTP)、简单远程终端协议(TELNET)、简单邮件传输协议(SMTP)、简单网络管理协议(SNMP)、域名服务协议(DNS)等,它们分别为用户提供了文件传输、网页浏览、远程登录、电子邮件、网络管理、域名解析等服务。

2.1.2 TCP/IP 协议簇

1. TCP 协议

由于在底层的计算机通信网络提供的服务是不可靠的分组传输,当传输过程中出现错误时,在网络硬件失效或网络负载太大时,数据包可能丢失,数据可能被破坏。TCP 协议可为应用程序提供了完整的传输服务。TCP 是一个可靠的流传输端到端协议。术语"流"表示面向连接。在传输两端可以传输数据之前必须先建立连接,通过创建连接,TCP 在发送者和接收者之间建立了一条虚电路,而且虚电路在整个传输过程中都是有效的。TCP 通过警告接收者即将有数据达到(连接建立)来开始一次传输,同时通过连接中断来结束连接。通过这种方法,接收者就知道所期望的是整个传输,而不仅仅是一个包。

TCP 协议具有 5 个特征:面向数据流、虚电路连接、有缓冲的传输、元结构的数据流和全双工连接。在每个传输的发送端,TCP 将长传输划分为段,并封装为帧,每个数据单元都包括一个用来在接收后重新排序的顺序号,以及确认 ID 编号和一个用于滑动窗口中窗口大小域。段将包含在 IP 数据报中，通过网络链路传输。在接收端，TCP 收集每个到来的数据报，然后基于顺序号对传输重新排序。

TCP 报文格式如图 2-2 所示。TCP 报文头中每个域的简要描述如下：

（1）源端口：定义了源计算机上的应用程序。

报文头	数据

源端口16bit							目标端口16bit
顺序编号32bit							
确认编号32bit							
报文头长度4bit	保留6bit	U R G	A C K	P S H	R S T	S Y N	F I N	窗口大小16bit
校验和16bit							紧急指针16bit
选项和填充							

图 2-2 TCP 报文格式

（2）目标端口：定义了目标计算机上的应用程序。

（3）顺序编号：从应用程序来的数据流可以被划分为两个或更多 TCP 段。顺序编号域显示了数据在原始数据流中的位置。

（4）确认编号：32bit 的确认编号是用于确认接收其他通信设备数据的。确认编号只有在控制域中的 ACK 位设置之后才有效。在这种情况下，它定义了下一个期望到来的顺序编号。

（5）报文头长度（HLEN）：4bit 的 HLEN 域指出了 TCP 报文头的长度，长度是以 32bit 的字为单位的，4bit 可以定义 15 个字，这个数字乘以 4 以后就可以得到报文头中总共的字节数。因此，报文头中最多可以是 60 个字节。由于报文头最小需要 20 个字节，那么 40 个字节可以保留给选项域使用。

（6）保留：6bit 的域保留给将来使用。

（7）控制：6bit 的控制域中每个比特都有独立的功能。它或者可以定义为某个段的用途，或者可以作为其他域的有效标记。当 URG 位置被设置时，它确认了紧急指针域的有效性。这个位和指针一起指明了段中的数据是紧急的。当 ACK 位被设置时，它确认了顺序编号域的有效性。这两者结合后，根据段类型的不同将具有不同的功能。PSH 用来通知发送者需要一个更高的产生率。如果可能的话，数据应用更高的产生率发送入通道之中。重置位用在顺序编号发生混淆的时候，进行连接重置。SYN 位在以下三种类型的段中用来进行顺序编号同步：连接请求、连接确认（ACK 位被设置）、确认回应（ACK 位被设置）。FIN 位使用在三种类型段的连接中止：终止请求、终止确认（ACK 位被设置）以及终止确认的回应（ACK 位被设置）。

（8）窗口大小：窗口是一个 16bit 的域，定义了滑动窗口的大小。

（9）校验和：校验和使用在差错检测中的 16bit 域。

（10）紧急指针：这是报文头中所必需的最后一个域。它的值只有在控制域的 URG 位被设置之后才有效。在这种情况下，发送者通知接收者段中的数据部分是紧急数据。指针定义了紧急数据的结束和普通数据的开始。

(11)选项和填充：TCP 报头中的剩余部分定义了可选域。它们是用来传送额外信息给接收者，或者用在定位中。

2. UDP 协议

用户数据报协议(UDP)与 TCP 协议同处于传输层，它是一个简单的协议，提供给应用程序的服务是一种不可靠的、无连接的分组传输服务。UDP 协议与 TCP 协议不同的是它不能保证分组传输的可靠性。如果发送端发往接收端的分组在传输过程中丢失，UDP 不会做出任何的检测和重发。因此，UDP 是不可靠传输协议。

虽然 UDP 是不可靠的协议，但是它具有 TCP 所没有的优势，就是传输速度比 TCP 快。因为 TCP 在实现中加入了各种考虑安全的功能，使得它对系统的开销比较大，这会给传输速度带来严重的影响。而 UDP 则不包含保证分组可靠的机制，由应用层来完成排序和安全问题，这就降低了执行时间，从而提高速度。UDP 的特性保证了它可以进行组播的功能，这也是 TCP 不能实现的。

从安全角度来考虑，UDP 的报文可能会出现丢失、重复、延迟以及乱序，使用 UDP 的应用程序必须处理这些问题。它基本上是在 IP 基础上增加了一个端口号。它包含从一个应用程序传输到另外一个应用程序所需的最小的信息量。

UDP 数据报格式如图 2-3 所示，各个域的简要用途描述如下：

(1)源端口：发送端为该 UDP 对应的应用分配的端口号。

(2)目标端口：接收端为该 UDP 对应的应用分配的端口号。

(3)总长度：是报文头结构 8bytes 与数据长度之和。如果分组不包含用户数据，则长度为 UDP 报文头长度。

(4)校验和：对 IP 报文头、UDP 报文头、数据信息报文头进行取反之后再取反得到的校验和值。用在差错控制中的 16bit。

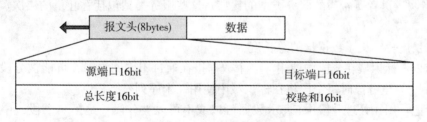

图 2-3　UDP 数据报格式

3. IP 协议

网际协议(Internet Protocol，IP)是网络层所使用的最主要的通信协议，是 TCP/IP 的协议簇中最为核心的协议，它提供了一种高效、不可靠、无连接的传输方式，其任务是解决机器之间的通信问题。所有的 TCP、UDP、ICMP 以及 IGMP 数据都以 IP 数据报的格式传输。具体来说，IP 提供了 3 个重要的功能定义：①IP 定义了在整个计算机网络上数据传输的基本单元，它规定了互联网络上传输数据的格式；②IP 完成路由选择的功能，选择一个数据发送的路径；③除了数据格式和路由选择的精确而正式的定义外，IP 还包括一组嵌入了不可靠分组投递思想的规则，这些规则指明了主机和路由器应该如何处理分组、何时和如何发出错误信息以及在什么情况下可以放弃数据报。

IP 数据报的格式如图 2-4 所示。数据报是一个可变长度的包(可以长达 65536 字节)，包含有两个部分：报文头和数据。报文头可以从 20 个字节到 60 个字节，包括那些对路由和传输来说相当重要的信息。

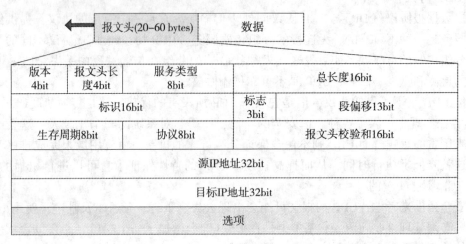

图 2-4 IP 数据报

每个域的简要描述如下：

(1)版本：定义了 IP 的版本号。目前的版本是 4(IPv4)，它的二进制表示为 0100。IPv6 也正流行开来。

(2)报文头长度(HLEN)：定义了报文头的长度，它是以 4 字节为单位。这 4bit 可以表示从 0~15 的数字。将这个数字乘以 4，可以获得最大为 60 字节的报文头长度。

(3)服务类型：定义了数据报应该如何被处理。它包括了定义数据报优先级的比特。同时也包括指明发送者所希望的服务类型的比特。这些服务类型包括吞吐量的层次、可靠性以及延时。

(4)总长度：定义了数据报的总长度。

(5)标识：标识域在分段中使用。一个数据报在通过不同网络时，可能被分段以适应网络帧的大小。发生分段时每个段将在标识域中使用一个序列号来识别。

(6)标记：用在处理分段中(表示数据可以或不可以被分段，是第一个段、中间段还是最后一个段等。)

(7)段偏移：显示数据在原始数据报中的偏移(如果被分段的话)。

(8)生存周期：定义了数据报在被丢失之前可以进行的跨越次数。源站点在创建数据报的时候，将这个域设置为一个初始值，然后，当数据报沿着 Internet 一个路由器接一个地进行传输的时候，每个路由器都将值减 1，如果在数据报到达它的最终目的之前，这个值就已经被减为 0，那么该数据报将会被丢弃。这将防止数据报在路由器之间反复不断地被传输。

(9)协议：定义了封装在数据报中的是哪一种上层协议数据(TCP、UDP、ICMP 等)。

(10)源地址：指明了数据报的初始地址。

(11)目标地址：指明了数据报的最终目标地址。

(12)选项：该域为 IP 数据报提供了更多的功能。它可以运送用来控制路由、时序、管理和定位的域。

IP 协议是不可靠的协议，因为它主要用于寻址和路由，并提供任何错误纠正和流量控制的方法，也不能确认数据报是否按顺序发送或者没有被破坏。高层的 TCP 和 UDP 服务在接收数据报时通常假定 IP 数据报中的源地址是有效的。换句话说，IP 地址形成了许多服务的认证基础，这些服务相信数据报是从一个有效的主机发送过来的，实际上主机可以说是谁就是谁。同时，IP 数据报中包含一个选项，叫做 IP 源路由，可以用来指定一条源地址和目标地址之间的直接路径，这条路径可以包括通常不被用来传输数据报的主机或路由。对于一些 TCP 和 UDP 的服务来说，使用了该选项的 IP 数据报好像是从路径上的最后一站传来的，而不是从它的真实源地址传来。虽然这个选项是为测试而存在的，但是暴露它可以被用来欺骗系统以进行平常不被允许的连接。因此，许多依靠 IP 源地址确认的服务将产生问题并且会被非法进入。

4. ICMP 协议

ICMP（Internet Control Message Protocol）与 IP 位于同一层，它被用来传输 IP 的控制消息，主要是有关通向目标地址的路径信息。它主要提供 3 种服务：①提供差错报告传输机制；②传输 IP 的控制消息；③发送呼叫-应答报文。

ICMP 的差错报告都是采用路由器向源主机报告模式。在差错报文中，有目标不可达报文（报文类型为 3）、超时报文（报文类型为 11）以及参数错误报文（报文类型为 12）等。ICMP 控制报文主要用于拥塞控制和路由服务，即提供有关通向目标地址的路径信息。在 ICMP 控制报文中采用报源抑制技术即抑制源主机节点发送数据报速率的办法来进行网络中的拥塞控制。ICMP 的 Redirect（报文类型为 5）消息则通知主机通向其他系统的更准确的路径，通常，该项服务报文只能在同一网络中的源主机与路由器之间使用。ICMP 呼叫-应答报文主要分为 3 种，即回送呼叫-应答报文、时间戳呼叫-应答报文和屏蔽码呼叫-应答报文。回送呼叫-应答报文主要用于测试网络目标节点的可达性，时间戳呼叫-应答报文主要用于估算源和目标主机之间的报文往返时间，屏蔽码呼叫-应答报文用于源节点获取所在网络的 IP 地址屏蔽码信息。Ping 是最常用的基于 ICMP 的呼叫-应答报文服务的用户命令。

值得注意的是，ICMP 的 Redirect 消息可以用来欺骗主机和路由器，使它们使用假路径，这些假路径可以直接通向攻击者的系统而不是一个合法的可信任的系统。这会使攻击者获得系统的访问权，而通常系统是不允许攻击者与系统或网络进行连接的。还有 Unreachable 消息，可用来欺骗源主机（被信任主机）不再发送数据，从而使攻击者得以冒充。

2.1.3　TCP/IP 协议簇安全性分析

网络的不安全正是由于存在一系列的风险，其中风险主要来源于协议与系统漏洞，而协议的漏洞又是最主要的。由于 TCP/IP 协议簇早期的设计过程中是以面向应用为根本目的的，未能全面考虑到安全性以及协议自身的脆弱性、不完备性等，导致网络中存在着许多可能遭受攻击的漏洞。这些潜在的隐患使得恶意攻击者可以利用存在的漏洞来对相关目标进行恶意连接、操作，从而可以达到获取相关重要信息，提升相应控制权限，耗尽资源甚至使主机瘫痪等目的。总的来说，使用 TCP/IP 协议簇的网络系统目前面临的威胁和攻击主要有欺骗攻击、否认服务、拒绝服务、数据截取和数据篡改。

1. 传输层协议的安全隐患

（1）TCP 协议的安全隐患

TCP 协议是基于连接的协议，所以，要在互联网络间传送 TCP 数据，必须先应用协议所要求的三次握手过程建立一个 TCP 连接，在完成三次握手过程中，有时可能会出现服务器的一个异常线程等待。如果大量发生这种情况，服务器端就会为了维持大量的半连接列表而耗费相当多的资源。如果已达到 TCP 处理模块连接的上限，TCP 就会拒绝所有连接请求来处理部分链路，表现为服务器失去了响应。

另外，每当两台计算机按照 TCP 协议连接在一起时，该协议都会产生一些初始序列号（ISN）。ISN 可以提供计算机网络设备间的连接信息，但这些序列号并不是随机产生的，有许多平台可以计算出这些序列号，而且精确度非常高。既然能够精确地算出这些序列号，黑客就可以利用这一漏洞控制互联网或企业内部网上基于 TCP 协议的连接，并对计算机网络实施多种类型的攻击。

（2）UDP 协议的安全威胁

由于 UDP 协议是一种不可靠的传输层协议，它依赖于 IP 协议传送报文，且不确认报文是否达到，不对报文排序，也不进行流量控制，对于顺序错误或丢失的包，它不作纠错或重传。UDP 协议没有建立初始化连接，因此，欺骗 UDP 包比欺骗 TCP 包更容易，与 UDP 相关的服务面临着更大的危险。

2. 网络层协议的安全隐患

（1）IP 协议的安全威胁

IP 协议不能为数据提供完整性、机密性保护，缺少基于 IP 地址的身份认证机制，容易遭到 IP 地址欺骗攻击。IP 地址假冒是 IP 协议中的主要问题。由于使用 TCP/IP 协议簇的主机假设所有以合法 IP 地址发送的数据报都是有效的。理论上一个 IP 数据报是否来自真正的源地址，IP 协议并不作任何可靠保障。这就意味着任何一台计算机都可以发出包含任意源地址的数据报，IP 数据报中的源地址是不可信的。这样就造成了恶意主机可以通过特定的程序发送虚假的 IP 数据报来建立 TCP 连接，即通过 IP 地址的伪装技术使一台主机能否伪装成为互联网上的另一台目标主机来进行连接，其结果是未授权的远端用户进入带有防火墙的主机系统，从而造成了极大的安全隐患。

IP 协议中的另一个安全问题是利用源路由选项进行攻击。源路由指定了 IP 数据报必须经过的路径，可以测试某一特定网络路径的吞吐率，或使 IP 数据报选择一条更安全、更可靠的路由。但源路径选项使得入侵者能够绕开某些网络措施而通过对方没有防备的路径攻击目标主机。

此外，IP 协议还存在着一种称为重组 IP 分段包的威胁。IP 头中的数据报长度域只有 16bit，这样就限制了 IP 数据报的长度最大为 65535 字节。如果到来的 IP 分段的累加长度大于 65535 字节，而 IP 又没有进行检查，IP 会溢出而处于崩溃或不能继续提供服务的状态。黑客就可以利用这样的隐患对网络发送攻击，黑客向被攻击主机发送呼叫-应答报文，而这些呼叫-应答报文是由黑客手工生成的一系列 IP 分段数据报构成，并且这一系列分段数据报的累加长度大于 65535 字节。其目的是造成目标主机的 IP 对这些分段数据报进行重新组合，使其面对如何处理大于 65535 字节的 IP 数据报这一不正常情况。例如，著名的 ping 攻击就是利用这一安全隐患进行攻击的。

（2）ICMP 协议的安全隐患

ICMP 协议存在的主要安全缺陷是黑客可以利用 ICMP 重定向报文破坏路由和利用不可达报文对某一服务器发起拒绝服务攻击。

ICMP 协议用于差错控制和拥塞控制它在 IP 主机和路由器之间传递控制消息，包括网络是否连通、主机是否可达、路由是否可用等网络本身的消息。这些控制消息虽然并不传输用户数据，但是对用户数据的传递起着重要的作用。由于 ICMP 没有认证机制，黑客可以利用 ICMP 进行拒绝服务攻击、数据报截取以及其他类型的攻击。

早期许多操作系统基于 TCP/IP 对 ICMP 报的大小规定为 64KB，在读取报的标题头后，要根据标题头中信息为有效载荷生成缓冲区。一旦产生出载荷尺寸超出上限的畸形报，就会出现内存分配错误，导致 TCP/IP 堆栈崩溃，从而使内存出现溢出，造成系统瘫痪，最终造成对正常服务的拒绝。

利用 ICMP 消息也能截取数据报。只要主机认为目标主机不在本网段内，它就要利用网关选择路由，网关发出 ICMP“重定向”消息通知主机有关路由的选择情况。如果攻击者伪造 ICMP“重定向”消息，就能使其他主机发送的数据报经过自己。发送这种攻击的条件是要保证相关主机之间存在连接的同时，攻击者与有关主机必须在同一个局域网内。

综上所述，网络层面临的风险主要分为两种：①传输风险：包括窃听、篡改、伪造。②攻击风险：包括地址假冒、非法访问、黑客攻击(重放、拒绝服务等)。

3. 链路层协议的安全隐患

(1)ARP 协议的安全隐患

ARP 协议通常用来将 IP 地址转换成物理地址，主要通过使用映射表进行工作。假设网络上主机 A 欲解析主机 B 的地址 MAC_Add(B)。A 首先广播一个 ARP 请求报文，请求 IP 地址为 IP_Add(B)的主机回答其物理地址。网络上所有主机(包括 B)都将回应 ARP 请求，但只有 B 识别出自己的 IP_Add(B)地址，并作出响应：向 A 发回一个 ARP 响应，回答自己的物理地址 MAC_Add(B)。ARP 使用 Cache 技术来存放最近获得的<IP 地址—物理地址>映射表。Cache 中的数据几分钟后就会过期，如果伪造 IP 地址，一旦 Cache 中的数据过期，就可能有恶意主机入侵被信任服务器。

(2)PPP 协议的安全隐患

PPP 协议定义了一种在链路层对多协议分组进行点对点传输的方法，但不能对其所有封装的数据进行完整性和机密性保护。

(3)CSMA/CD 协议的安全隐患

CSMA/CD 协议在以太网接口检测数据帧。当检测到的数据帧不属于自己时，就把它忽略，不会把它发送到上层协议。如果对其稍作设置或修改，就可以使一个以太网接口接收不属于它的数据帧。

4. 应用层协议的安全隐患

应用层协议的安全性主要存在于两个方面：一是大部分以超级管理员的权限运行，一旦这些程序存在安全漏洞且被黑客利用，则黑客极有可能取得整个系统的控制权。二是许多协议采用简单的身份认证方式，并且在网络中以明文方式传播。

(1)Telnet 协议的安全隐患

Telnet(网络终端协议)协议允许任何主机之间进行通信，给用户提供了一种通过其联网的终端登录远程服务器的方式。该协议最大的安全威胁来自于登录期间对 Telnet 会话的初始化，由于这种登录过程中以字节流传输信息，并且账号和口令以明文形式在网络传播，任何在网上对 Telnet 登录包的监视都可以捕获这些信息，非常容易被“窃听”，一般情况下均可以使用会话劫持方式获得相关的账号和口令。

(2)FTP 协议的安全隐患

FTP(文件传输协议)是典型的工作在被动模式下的协议。在这种模式下，目录树结构下载于客户端后断开连接，但客户程序周期性地和服务器保持联系，因此，端口始终是打开的。由于 Web 管理员的特定权限，需要配置不同的 FTP 服务器，极容易被利用不合理的文件服务管理来获取用户的敏感信息和提升管理权限。

总结 FTP 协议存在的安全威胁有：

①对 FTP 服务不适当的管理。例如，一个组织使用了一个公共的 FTP 服务，而没有把敏感的信息独立划分出来。FTP 服务应该限制在某些被有效管理的文件区域中。

②与 Telnet 一样，标准的 FTP 同样不加密用户登录系统时所需的口令，因此，存在很高的风险性，因为口令可能被任何侦听网络的人获取。同时，FTP 站点还可被作为盗版软件的传输基地。

(3)SMTP 协议的安全隐患

SMTP(简单邮件传输协议)是通过网络传输电子邮件的标准，经常会被用来为邮件炸弹进行拒绝服务攻击，同时也可作为网络蠕虫的传播者；另外，如果未能对基于 SMTP 的邮件服务器进行合理配置，将会导致敏感信息泄露。该协议主要包括 8 种命令：Hello、Mail、RQT、Data、Quit、VRFY 和 Turn。在这些命令中主要存在两种威胁：拒绝服务和信息收集。

①拒绝服务：基于 SMTP 的拒绝服务攻击是向网络或计算机发送大量的 E-mail 消息来阻止合法的使用，大多数情况下，有些计算机无法处理大于 1MB 的消息或者在同一时间接收大量消息，这些消息将影响系统的使用，或者消耗计算机的存储空间。

②信息收集：这种攻击可为"攻击者"提供基于计算机系统及其用户的有用信息。例如，VRFY 命令有时会把用户邮件别名转换为注册名，这样就会被用于识别更多的有希望攻击的账户。

(4)SNMP 协议的安全隐患

SNMP(简单网络管理协议)通常用来管理网络设备并获取设备信息。SNMP 主要包括管理站与代理两个部分。用户使用管理站管理 SNMP，使用共同体字符串和代理之间进行授权认证。SNMP 的绑定功能可以在符合条件的 UNIX 系统上生成 rhosts 文件，进而获得权限并进行其他操作；或者可能被利用特定的借口程序发送 GET 请求从而造成 SNMP 服务器崩溃。

(5)DNS 协议的安全隐患

DNS(域名服务)协议通常完成 IP 地址到域名之间的互相转换。从 DNS 服务器返回的响应一般为 Internet 上所有主机所信任。如果以虚假 IP 地址来响应域名请求，危害 DNS 服务器并确定更改<主机名—IP 地址>映射表，进一步改变 DNS 服务器上的转换表数据库，从而控制一个 DNS 服务器，就可以向用户提供相应的虚假数据、虚假伪造 IP 地址，最后导向非法链接服务器，产生更大的安全问题。

(6)路由协议的安全隐患

Internet 采用动态路由，路由协议存在的安全缺陷主要是许多路由协议使用未加密的非一次性口令来认证数据中的路由信息，容易遭到非法窃听，攻击者通过伪造非法路由器或者其他手段发送伪造路由信息，扰乱合法路由器的路由表，同时由于 BGP 通过 TCP 传送数据，对 TCP 的攻击也是影响 BGP 安全的一个重要因素。

(7)NFS 协议的安全隐患

NFS(网络文件系统)协议提供了共享通过网络的文件的透明远程处理能力，并且被设计为使用于不同的机制、操作系统、网络体系结构以及传输协议。所有在 NFS 服务器上的文件和目录都是通过被称为文件句柄的唯一字符串进行标识。如果一个客户端程序在安装时获得并保留了一个根文件句柄，就会带来威胁。一旦成功进入文件系统，就有可能改变文件处理控制，创建破坏程序并把它们放置在搜索路径中，使得真正的程序无法使用。

（8）WWW 中安全威胁

WWW 服务是 Internet 中最常用的一种服务，存在的主要安全威胁有：①改变 web 站点中的数据；②接入 web 服务器的操作系统；③窃听客户机与服务器之间的通信；④模仿另一个 web 服务器。

（9）应用程序的安全隐患。建立在 TCP/IP 协议上的应用程序有 E-mail、Telnet、FTP、WWW、SMTP、POP3、DNS、R-命令、SNMP、Remote Bootp 等。这些应用程序大都以守护进程的形式用 root 权限运行，且代码较大，可能出现安全漏洞，黑客利用漏洞就有可能取得系统控制权并攻入系统内部；同时它们都采用简单的身份认证方式，且信息以明文的方式在网络中传输，容易被黑客窃取，非法访问各种资源和数据，从而危及整个系统的安全性。

2.1.4　TCP/IP 协议簇安全架构

为了解决 TCP/IP 协议簇的安全性问题，弥补 TCP/IP 协议簇在设计之初对安全功能的考虑不足，以 Internet 工程任务组(IETF)为代表的相关组织不断通过对现有协议的改进和设计新的安全通信协议来给现有的 TCP/IP 协议簇提供相关的安全保证，在 Internet 安全性研究方面取得了积极进展。由于 TCP/IP 协议各层提供的功能不同，面向各层提供的安全保证也不同，人们在协议的不同层次设计了相应的安全通信协议，用来保障网络各个层次的安全，从而形成了由各层安全通信协议构成 TCP/IP 协议簇的安全架构，具体如图 2-5 所示。

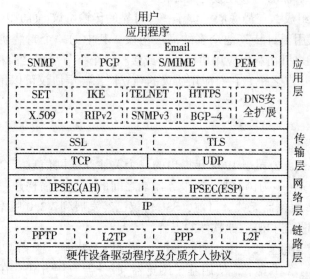

图 2-5　TCP/IP 协议簇的安全架构

目前，在 TCP/IP 协议簇的安全架构中，从链路层、网络层、传输层到应用层，已经出现了一系列相应的安全通信协议。

数据链路层安全通信协议负责提供通过专用通信链路连接起的主机或路由器之间的安全保证，该层安全通信协议主要有 PPTP、L2TP 等，主要优点是效率高，主要缺点是不通用，扩展性不强。

网络层安全通信协议主要是解决网络层通信的安全问题，对于 TCP/IP 协议来说，就是解决 IP 协议的安全问题。现阶段 IPSEC 是最为主要的网络层安全通信协议，其优点是对网络层以上各层透明性好，缺点是很难提供不可否认服务。

传输层安全通信协议主要是实现传输层的安全通信，主要有 SSL 和 TLS 等。传输层的安全只可在端系统实现，可以提供基于进程对进程的安全通信，但其缺点是需要对应用程序进行修改，提供安全的透明性不好。

应用层安全通信协议主要是根据诸如电子邮件、电子交易等特定应用的安全需求及其特点而设计的安全协议，主要有 S/MIME、PGP、SET、SNMP、S-HTTP 等。这些应用层的安全措施必须在端系统及主机上实现。其主要优点是可以更紧密地结合具体应用的安全需求和特点，提供针对性更强的安全功能和服务，但主要缺点也由此引起，它针对每个应用都需要单独设计一套安全机制。

至于需要在哪一层采用什么安全通信协议，则应综合考虑应用对安全保密的具体需求、每一层实现安全功能的特点以及其他有关因素。

2.2 SSL 协议

SSL 协议(安全套接层协议)是 Netscape 公司提出的基于公钥密码机制的网络安全协议，用来实现 Internet 上信息传送的安全性和保密性。它包括服务器认证、客户认证、数据完整性和数据保密性五个部分。SSL 提供的面向连接的安全性作用具有 3 个基本功能：①连接是秘密的；②连接是可认证的；③连接是可靠的。

SSL 协议由两层组成，在最底层，位于一些可靠的传输协议(如 TCP 协议)之上的是 SSL 记录层协议，该协议用于封装其他众多的高层协议。其中的一个封装协议就是 SSL 握手协议，允许服务器与客户机在利用应用协议传送或接收首个字节数据之前相互认证并协商加密算法和密钥。SSL 的优点之一是它对应用协议的独立性，高层协议可以透明地工作在 SSL 协议之上。

2.2.1 概述

SSL 协议是 Netscape 公司于 1994 年提出的一个关注互联网信息安全的信息加密传输协议，其目的是为客户端(多为浏览器)到服务器端之间的信息传输构建一个加密通道，此协议与操作系统和 Web 服务器无关。目前，SSL 协议已经发展到 V3.0 版本，成为一个国际标准，并得到了所有浏览器和服务器软件的支持。

随着信息化浪潮席卷全球，传统的商务模式受到巨大冲击，越来越多的企业和个人消费者在 Internet 开放的网络环境下，使用基于浏览器/服务器应用方式。在互联网上，信息在源-宿的传递过程中会经过其他计算机，一般情况下中间的计算机不会监听路过的信息，但在使用网上银行或者进行信用卡交易的时候就有可能被监视，从而导致个人隐私的泄露。随着网上支付的不断发展，人们对电子商务网站中的信息安全要求越来越高，为了保护敏感数据在传送过程中的安全，全球许多知名企业都采用了 SSL 加密机制。

SSL 协议因为运行在 TCP/IP 层之上、应用层之下，为应用程序提供加密数据通道，并采用 RC4、MD5 及 RSA 等加密算法，所以适用于商业信息的加密。SSL 协议在 Web 上获得广泛应用后，IETF（互联网工程任务组）对 SSL 作了标准化，即 RFC2246，并将其称为 TLS（Transport Layer Security）。从技术上讲，TLS1.0 与 SSL3.0 的差别非常微小。

如图 2-6 所示，SSL 协议分为两层，下层是 SSL 记录协议，上层是 SSL 握手协议层。握手协议层允许通信双方在应用协议传送数据之前相互验证、协商加密算法、生成密钥（keys）、Secrets、初始向量（Ivs）等。记录层封装各种高层协议，具体实施压缩/解压缩、加密/解密、计算/校验 MAC 等与安全有关的操作。

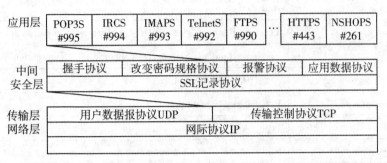

图 2-6　协议栈中 SSL 所处的位置

（1）SSL 记录协议建立在可靠的传输层协议（如 TCP）之上，提供消息源认证、数据加密以及数据完整性服务（包括重放保护）。

（2）在 SSL 记录协议之上的 SSL 各子协议对 SSL 会话和管理提供支持。

在 SSL 子协议中，最重要的是 SSL 握手协议。它是认证、交换协议，也对 SSL 会话、连接的任一端的安全参数以及相应的状态信息进行协商、初始化和同步。握手协议执行完后，应用数据就根据协商好的状态参数信息通过 SSL 记录协议发送。

SSL 协议定义了两个通信主体：客户和服务器。其中客户是协议的发起者。SSL 协议中有两个重要的概念：

（1）连接。连接是指提供一种合适服务的传输，一个 SSL 连接是瞬时的，每个连接与一个 SSL 会话关联。连接状态包括了如下元素：服务器随机数和客户随机数、服务器写 MAC Secrets、客户写 MAC Secrets、服务器写密钥、客户写密钥、初始向量、序列号。

（2）会话。会话是指客户和服务器间的关联。会话由握手协议创建，它定义了一套安全加密参数，这套加密参数可以被多个连接共享。会话状态包含标识会话特征的信息和握手协议的协商结果等，它包括如下元素：会话 ID、同等实体证书、压缩算法、密码规格（Cipherspec）、主密码（Master-secret）、是否可恢复标志（用于确定会话是否可用于初始化新连接的标志）。

2.2.2　握手协议

SSL 握手协议是位于 SSL 记录协议之上的最重要的子协议，也是 SSL 协议中最复杂的部分。该协议允许服务器和客户机相互验证，协商加密和 MAC 算法以及保密密钥，用来保护在 SSL 记录中发送的数据。握手协议是在任何应用程序的数据传输之前使用的。

1. 握手协议的消息

握手协议由一系列客户机与服务器的交换消息组成，每个消息都有 3 个字段：

（1）类型（1 字节）：表示消息类型，SSL 握手协议中规定了 10 种消息。

（2）长度（3字节）：消息的字节长度。

（3）内容（≥1字节）：与该消息有关的参数。

握手消息共有10种类型，表2-1列出了各种消息的参数。

表2-1   SSL 握手协议的消息类型

消息类型	参 数
Hello_Request	Null
Client_Hello	Version，Random，SessionID，CipherSuite，Compression method
Server_Hello	Version，Random，SessionID，CipherSuite，Compression method
Certificate	一连串的 X. 509 v3 证书
Server_Key_Exchange	Parameters，Signature
Certificate_Request	Type，Authorities
Server_Hello_Done	Null
Certificate_Verify	Signature
Client_Key_Exchange	Parameters，Signature
Finished	Hash Value

下面对每一种消息的作用进行分析。

（1）Hello_Request 消息：利用 Hello_Request 消息可以在客户端和服务器端之间交换设计安全的属性内容。当一个新的会话开始时，加密规则中的加密算法、散列算法以及压缩算法均初始化为空。

（2）Client_Hello 消息：当客户端第一次与服务器连接时，第一个发送的消息即为 Client_Hello 消息，该消息也可能是在初始化的同时发送的，其目的是为一个已存在的连接设置相应的安全属性。Client_Hello 消息包括了客户端支持的加密算法，优先级高的算法排列在表头以便于选择，其结构如下：

```
struct{
    ProtocolVersion client_version;              //客户端采用的协议版本
    Random random;                               //随机结构
    SessionID session_id;                        //会话标识
    CipherSuite cipher_suites<2..2^16-1>         //密码组表
    CompressionMethod compression_methods<1..2^8-1>  //压缩算法
}ClientHello;
```

客户端在发送了 Client_Hello 消息后，将等待服务器的回应，仅当服务器返回相应的 Hello 消息才能连接成功，除此之外接收到服务器的任何响应都认为连接不成功。

（3）Server_Hello 消息：服务器在处理客户端 Hello 消息之后，可能有两种结果：连接错误或返回服务器端 Hello 消息。服务器端 Hello 消息的结构类似客户端 Hello 消息：

```
struct{
    ProtocolVersion server_version;              //服务器端采用的协议版本
```

```
    Random random;                                    //随机结构
    SessionID session_id;                             //会话标识
    CipherSuite cipher_suites<2..2^16-1>              //密码组表
    CompressionMethod compression_methods<1..2^8-1>   //压缩算法
|ServerHello;
```

（4）Certificate 消息：一般来说，服务器总能得到确认，在此情况下，服务器会在发送了 Hello 消息后立即发出其证书。证书类型必须与所选择的密码组中密钥交换算法相一致，证书通常为 X. 509v3 类型。客户在响应服务器发出的 Certificate_Request 消息时也会使用这种类型的证书。

（5）Server_Key_Exchange 消息：若服务器没有证书或有一个仅用于签名的证书时，它将发送服务器密钥交换消息，例如为匿名、短暂的 Diffie-Hellman 或仅用于签名的 RSA 证书等。如果服务器用固定的 Diffie-Hellman 参数已经发送了证书或未用到 RSA 交换，则不需要此消息。

（6）Certificate_Request 消息：没有使用匿名 Diffie-Hellman 的服务器要送客户机请求证书。该消息包括两个参数：证书类型和证书权威机构。证书类型指出了公钥的算法及其用途，第二个参数则是可接受的证书权威机构列表。

（7）Server_Hello_Done 消息：服务器端发出 Hello 完成消息及标识服务器端对 Hello 及其相关消息处理完毕，其后的工作就是等待客户端的响应。

（8）Certificate_Verify 消息：客户机有可能需要为了验证客户机的证书而送 Certificate_Verify 消息，其目的是为了验证客户机私钥的所有权。

（9）Client_Key_Exchange 消息：客户端发出的密钥交换，具体的实现取决于所选择的公共密钥算法。

（10）Finished 消息：如果更改密码规格消息（在更改密码规格协议中）已经证实密钥交换以及认证过程成功，客户端将立即发送完成消息，并由刚刚改变后得到的算法、密钥及保密密钥确保其安全性，完成消息不需要回应，通信双方将在此消息发送直接开始交换数据。

2. 握手协议工作过程

客户机与服务器要建立一个会话，就必须进行握手过程。SSL 会话由 SSL 握手协议创建或恢复。图 2-7(a) 所示为创建一个会话的握手过程，图 2-7(b) 所示为恢复一个会话的握手过程。

下面主要介绍创建会话时的握手过程。

（1）Hello 阶段。握手协议从 Client 发出的第 1 道信息 Client Hello 开始。

①Client Hello 和 Server Hello，用于协商安全参数，包括协议版本号、会话识别码（Session Id）、时间戳、密码算法协商（Cipher Suit）、压缩算法、两个 28 字节随机数（ClientHello. random 和 ServerHello. random）。

②Certificate，密钥交换信息。在要验证 Server 时发出。

③Server Key Exchange，送出 Client 可以计算出共享秘密的参数，包含 Server 临时公钥。这些信息一般包含在 Certificate 中。只在下列情况下才由 Server 发出：a) 不需要验证 Server；b) 要求验证 Server，但 Server 无证书或 Server 证书是用于签名。

④Certificate Request，Server 要求验证 Client 时发出。

⑤Server Hello Done，表示双方握手过程的 Hello 阶段结束。

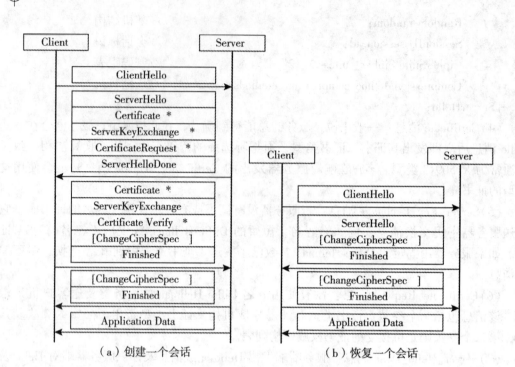

图 2-7　握手协议过程

这时，Server 等待 Client 回音。

（2）加解密参数传输。

①Certificate，回答 Server 的 Certificate Request 要求的信息。Server 无要求时，不发。

②Client Key Exchange，对 Client Hello 和 Sewer Hello 密钥交换算法的回复；以 Server Key Exchange 所选的算法进行，让双方可以共享秘密。

③Certificate Verify，对此前 Server 送来的所有信息（Client Hello、Server Hello、Certificate 和 Server Key Exchange）产生的签名进行验证，让 Server 进一步确定 Client 的正确性。

④Exchange Cipher Spec，SSL 更改密码说明协议消息。

⑤用协商好的算法和密钥加密的 Finished 消息，握手完成消息。

（3）Server 确认。

①Exchange Cipher Spec，回复 Client 的 Exchange Cipher Spec 消息。

②用协商好的算法和密钥加密的 Finished 消息，握手完成消息。

（4）会话数据传输。传输应用数据。恢复一个已经存在的会话时，握手过程一般只需要 Hello 阶段。

握手协议的主要任务是实现客户方与服务器方之间的密钥交换和身份验证。SSL 支持 3 种认证方式：双方认证、服务器方认证（不认证客户方）和双方匿名（均不需要认证）。对于双方认证，具有很强的抗冒充攻击能力，因为任何一方都要向对方提供一个证书，并且都要检验对方证书的有效性。对于服务器方认证，客户方要求服务器方提供经过签名的服务器证书，并且其证书消息必须提供一个有效的证书链，能够连接到一个可以接受的认证中心。如果双方都是匿名的，则容易受到冒充和欺骗的攻击，因为匿名服务器不能获取客户特征信息（如经过客户签名的证书）来确认客户方。

密钥交换的目的是产生一个只有双方知道的预控制密码，由预控制密码产生控制密码，再通过控制密码产生密钥、MAC 密码以及 Finished 消息。如果一方接收到了 Finished 消息，就说明对方已经知道了正确的预控制密码。

2.2.3 更改密码规格协议

该协议由单个 Change_Cipher_Spec 消息组成，消息中只包含一个值为 1 的单个字节。该消息的唯一作用就是使未决状态的 Ciper Spec（密码规格）复制为当前状态的 Ciper Spec，即将预生效的密码规格赋值为现行密码规格，更新用于当前连接的密码组。

客户和服务器都有各自独立的读状态（Read State）和写状态（Write State）。读状态中包含解压缩、解密、验证 MAC 的算法和解密密钥等；写状态中包含压缩、加密、计算 MAC 的算法和加密密钥等。

在 SSL 中定义了两种状态：

（1）未决状态（The Pending State）。包含了当前握手协议协商好的压缩、加密、计算 MAC 算法以及密钥等。

（2）当前操作状态（The Current Operating State）。包含了记录层正在实施的压缩、加密、计算 MAC 算法以及密钥等。

客户/服务器接收到 Change_Cipher_Spec 消息后，立即把待定状态中的内容复制至当前读状态；客户/服务器在发送了 Change_Cipher_Spec 消息后，立即把待定写状态的内容复制至当前写状态。

2.2.4 警告协议

警告协议用来为对等实体传递 SSL 的相关警告。当其他应用程序使用 SSL 时，根据当前状态的确定，警告消息同时被压缩和加密。

该协议的每条消息有两个字节。第一个字节有两个值：1 和 2，分别为警告和错误。如果是错误级，SSL 立即终止该连接。同一会话的其他连接也许还能继续，但该会话中不会再产生新的连接。如果是警告级，接收方将判断按哪一个级别来处理这个消息。而错误级的消息只能按照错误级来处理。消息的第二个字节包含了指示特定警告的代码。首先列出错误级警告：

（1）Unexpected_Message：接收到不恰当的消息。

（2）Bad_Record_Mac：接收到错误 MAC。

（3）Decompression_Failure：解压缩函数的输入不合适（例如，不能解压缩或超过最大允许长度的解压缩）。

（4）Handshake_Failure：发送方不能产生可接受的安全参数组使选择可行。

（5）Illegal_Parameter：握手消息的某个超过值域或与其他的不相符。

其余警告如下：

（1）Close_Notify：通知接收方发送方在本连接中不会再发送任何消息。在关闭连接的写端前，每一方都需要发送一个 close_notify 警告。

（2）No_Certificate：如果没有合适的证书可用，可以发出无证书警告以响应证书请求。

（3）Bad_Certificate：接收到的证书已经被破坏（例如包含未经验证的签名）。

（4）Unsupported_Certificate：不支持接收的证书类型。

（5）Certificate_Revoked：证书已经被其签署者撤销。

（6）Certificate_Expired：证书已经过期。

（7）Certificate_Unknown：在实现证书时产生一些不确定的问题，使证书无法接收。

2.2.5 记录协议

在 SSL 体系中，当上层（应用层或表示层）的应用要选用 SSL 协议时，上层（握手警告、更改密码说明、HTTP 等）协议信息，会通过 SSL 记录子协议使用一些必要的程序将加密码、压缩码、MAC 等封装成若干数据包，再通过其下层（基本上都是从呼叫 socket 接口层）传送出去。

记录协议的封装过程如图 2-8 所示。

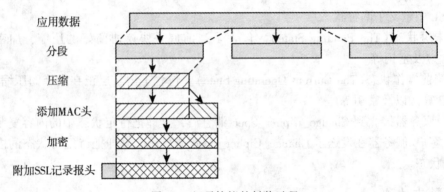

图 2-8　记录协议的封装过程

（1）分段：每一个来自上层的消息都要被分段成 2^{14} 字节或更小的块。

（2）选择压缩：每个 SSL 记录都要按协商好的压缩算法进行压缩处理，其压缩算法是在当前会话状态中定义的，压缩必须是无损压缩。经过压缩处理后，在 SSL 记录中会增加一些压缩状态信息，但增加部分的长度不能超过 1024 字节。在解压处理时，如果解压缩（去掉有关压缩状态信息）后的数据长度超过了 2^{14} 个字节，则会产生一个解压缩失败的警告。此外，解压函数保证不会发生内部缓冲区溢出。

（3）给压缩数据计算 MAC。计算的定义如下（其中"‖"为连接符）：

Hash(MAC _ write _ secret ‖ pad _ 2 ‖ hash (MAC _ write _ secret ‖ pad _ 1 ‖ seq _ num ‖ SSLCompressed. type ‖ SSLCompressed. length ‖ SSLCompressed. fragment))

其中：

Hash：加密散列算法，如 MD5 或 SHA-1；

MAC_write_secret：共享的保密密钥；

pad_2：字节 0x5c（01011100）对 MD5 重复 48 次，对 SHA-1 重复 40 次；

pad_1：字节 0x36（00110110）对 MD5 重复 48 次，对 SHA-1 重复 40 次；

seq_num：消息的序列号；

SSLCompressed. type：用于处理分段的高级协议；

SSLCompressed. length：压缩分段的长度；

SSLCompressed. fragment：压缩分段（如果没有使用压缩，就是明文分段）。

（4）记录加密：经过压缩的 SSL 记录还要按协商好的加密算法和 MAC 算法进行加密和完整性认证保护，其加密算法和 MAC 算法是在当前 CipherSpec 中定义的。SSL 支持流加密算法（如 RC4 算法）和分组加密算法（如 RC2、IDEA 和 DES 算法等），认证算法支持 MD5 和 SHA 算法。

（5）生成一个 SSL 记录报头，如图 2-9 所示。

图 2-9　SSL 记录格式

①内容类型（8bit）：定义了实现封装分段的高层协议，内容类型定义为 change_cipher_spec、alert、handshake 和 application_data。注意，没有根据使用 SSL 的不同应用程序（如 HTTP）进行区分，因为这些应用程序产生的数据类型对于 SSL 来说是不透明的。

②主版本（8bit）：定义了使用 SSL 的主要版本号。

③次版本（8bit）：定义了使用 SSL 的次要版本号。

④压缩长度：定义了原文分段的字节长度，最大值为 $2^{14}+2048$。对于 SSL3.0 来说，主要版本为 3，次要版本为 0。

CipherSpec 初始时为空，不提供任何安全性。一旦完成了握手过程，通信双方都建立了密码算法和密钥，并记录在当前的 CipherSpec 中。在发送数据时，发送方从 CipherSpec 中获取密码算法对数据加密，并计算 MAC，将 SSL 明文记录转换成密文记录。在接收数据后，接收方从 CipherSpec 中获取密码算法对数据解密，并验证 MAC，将 SSL 密文记录转换成明文记录。

在 SSL 记录层，为了防止信息被回放或篡改，上层数据要使用 MAC 进行保护，MAC 是由 MAC 密码、序列号、信息长度、信息内容和两个固定字符串计算出来的。由于客户方和服务器方分别使用独立的 MAC 密码，因而保证了从一方得到的信息不会从另一方输出出去。同样，服务器方写密钥和客户方写密钥也是独立的，流加密密钥只能使用一次。

由于 MAC 是加密传输的，因而攻击者必须首先要破解加密的密钥，然后才有可能破解 MAC 密码，并且 MAC 密码长度要大于加密密钥。因此，在加密密钥被破解后，仍然能够防止篡改信息。

2.2.6　SSL 协议中的加密和认证算法

1. 加密算法和会话密钥

SSL2.0 和 SSL3.0 支持的加密算法包括 RC4、RC2、IDEA 和 DES，而加密算法所用的主密钥由消息散列函数 MD5 产生。RC4、RC2 是由 RSA 定义的，其中 RC2 用于块加密，RC4 用于流加密。

共享主密码是通过安全密钥交换生成的临时 48 位组值。生成过程分为两步。第一步，交换 pre_master_secret。第二步，双方计算 master_secret。对于 pre_master_secret 交换，有两种可能性。

(1) RSA：客户机生成 48 字节的 pre_master_secret，用服务器的公共 RSA 密钥加密后，发送到服务器。服务器用私钥解密密码以恢复 pre_master_secret。

(2) Diffie-Hellman：客户机和服务器都生成 Diffie-Hellman 公钥。交换后，双方都用 Diffie-Hellman 算法生成共享的 pre_master_secret。双方的 master_secret 计算如下：

$$master\_secret = MD5\ (pre\_master\_secret\ \|\ SHA\ ('A'\ \|\ pre\_master\_secret\ \|\ ClientHello.Random\ \|\ ServerHello.Random))\ \|\ MD5(pre\_master\_secret\ \|\ SHA('BB'\ \|\ pre\_master\_secret\ \|\ ClientHello.Random\ \|\ ServerHello.Random))\ \|\ MD5\ (pre\_master\_secret\ \|\ SHA('CCC'\ \|\ pre\_master\_secret\ \|\ ClientHello.Random\ \|\ ServerHello.Random))$$

其中，ClientHello.Random 和 ServerHello.Random 是初始化 Hello 消息中的两个临时交换值。

2. 认证算法

SSL 中认证采用 X.509 公钥证书标准，通过 RSA 或 DSS 算法进行数字签名来实现。

(1) 服务器的认证。在握手协议的服务器身份认证和密钥交换阶段，服务器发往客户机的 Server_Key_Exchange 消息中包含了用自己私钥加密的数字签名。具体方法是：先计算散列值 hash(ClientHello.Random ‖ ServerHello.Random ‖ ServerParams)。在此散列值中，不但有 Diffie-Hellman 或 RSA 参数，而且包含了随机数，这确保了对重放攻击和误传的防范。在 DSS 签名的情况下，采用 SHA-1 散列算法；在 RSA 签名的情况下，可采用 MD5 或 SHA-1 散列算法。计算之后的散列值用服务器的私钥进行签名。

(2) 客户的认证。只有用正确的客户方私钥加密的内容才能被服务器方用相应的公钥正确地解密。当客户方收到服务器方发出的 Request_Certificate 消息时，客户将回复 Certificate_Verify 消息，在该消息中，客户首先使用 MD5 散列函数计算消息的摘要，然后使用自己的私钥加密摘要形成数字签名，从而使自己的身份被服务器认证。

3. 会话层的密钥分配协议

IETF 要求对任何 TCP/IP 都要支持密钥分配，目前已有的 3 个主要协议是：

(1) SKEIP：由公钥证书来实现两个通信实体间长期单钥交换。证书通过用户数据协议 UDP 得到。

(2) Photuris：SKEIP 的主要缺陷是缺乏完美向前保密性(PFS)，假设某人能得到长期 SKEIP 密钥，他可以解出所有以前使用此密钥加密的消息，而 Photuris 就无此问题。但 Photuris 没有 SKEIP 效率高。

(3) ISAKMP：只提供密钥管理的一般框架，而不限定密钥管理协议，也不限定密码算法或协议因而在使用和策略上更为灵活。

2.2.7 SSL 协议的应用

在企业内部网中，业务信息系统、管理信息系统以及办公自动化系统等一般采用基于 Web 的浏览器/服务器(B/S)结构，用户在客户机上使用浏览器来访问 Web 服务器及其信息

资源。在企业内部网中，并非所有的信息资源都是开放的，一般分成开放信息和内部信息等
类别，分别存放在不同的 Web 服务器上，实施不同的安全策略。

开放信息是企业内部网上所有用户都允许访问的，一般不需要访问授权或身份认证，这
类信息可以存放在一个公共的 Web 服务器(即开放信息服务器)上。

内部信息只允许经过授权的部分用户来访问，这些用户必须以合法的身份来访问，这类
信息必须存放在一个安全的 Web 服务器(即安全信息服务器)上，采取相应的安全策略来保
护信息的安全。在这种网络环境下，可以采用基于 SSL 的安全解决方案来满足上述安全需
求。图 2-10 表示了一种基于 SSL 的安全解决方案，它主要包括以下几个部分：

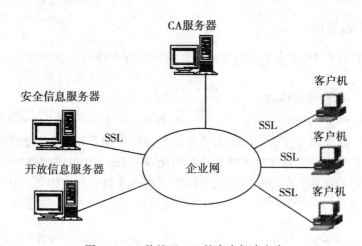

图 2-10　一种基于 SSL 的安全解决方案

(1)基于 PKI 的 CA 以及实现系统。主要负责数字证书的签发、认证和管理，可以采用
一个 CA 服务器来实现。在 CA 服务器的体系结构上，应当采用高可用性和高安全性技术来
实现；在 CA 服务器的系统功能上，应当提供一个 CA 所必须具备的所有功能。

(2)基于 SSL 的安全信息服务器。它是一个通过 SSL 协议提供安全机制的 Web 服务器，
其信息内容只允许经过授权的用户服务，必须对访问该服务器的用户进行身份认证，并且根
据安全需求可以有选择地对信息的机密性和完整性进行保护。客户机与安全信息服务器之间
通过 SSL 协议和数字证书实现身份认证、访问控制、数据加密和数据认证等安全机制与
服务。

(3)基于 SSL 的客户机。对于每个授权访问的用户，都要持有 CA 签发的证书来访问安
全信息服务器。在访问安全信息服务器之前，首先在客户机的浏览器上加载 SSL 协议，并将
个人证书导入到浏览器中(在 IE 浏览器和 Netscape 浏览器上都集成了 SSL 协议，并提供证书
导入功能)。

可以说，SSL 协议提供了基于数字证书的访问控制机制，利用这种机制可以实现安全的
信息服务功能，客户必须使用数字证书才能访问信息服务器，有效地保证了信息的安全。这
种基于数字证书的身份认证和访问控制机制已成为网络信息安全的关键技术之一。

2.3 SNMP 协议

简单网络管理协议(SNMP)首先是由 Internet 工程任务组织(Internet Engineering Task Force，IETF)为了解决 Internet 上的路由器管理问题而提出的。它的前身为简单网关监控协议(SGMP)，用来对通信线路进行管理。随后，人们对 SGMP 进行了很大的修改，特别是加入了符合 Internet 定义的 SMI 和 MIB 体系结构，改进后的协议就是著名的 SNMP。SNMP 的目标是管理互联网 Internet 上众多厂家生产的软硬件平台，因此 SNMP 协议受 Internet 标准网络管理框架的影响也很大。

2.3.1 SNMP 的发展

SNMP 是目前 TCP/IP 网络中应用最为广泛的网络管理协议，它的发展大致经历了 3 个阶段。

1. 第一代简单网络管理协议

SNMP 网络管理协议最早开始于 20 世纪 70 年代，在对最早的 TCP/IP 网络 ARPANET 的研究实验过程中，人们开发了使用极为简单但是很实用的互联网信息控制协议(ICMP)对其进行简单有效地管理。随着 ARPANET 的民用化以及 Internet 的迅速发展，对网络的主要组成元素——网关的远程监视和配置功能的需求变得越来越迫切。因此，1987 年 11 月发布了简单网关监视协议(SGMP)，用以提供一种直接监控网关的方法，这成为提供专用网络管理工具的起点。

随着对网络管理需求的增长，1988 年 Internet 体系结构委员会(IAB)决定开发 SNMP 协议作为 SGMP 的增强版本，并确定 OSI 模型的 CMIP/CMIS 作为网络管理的最终解决方案；1990 年 5 月，Internet 工程任务组(IETF)发布了 SNMP 系列协议(现在称为 SNMPvl)；

由于 SNMP 简单实用的优点，SNMP 很快就成为 Internet 上的网络管理协议准则。由于 CMIS/CMIP 自身的一些缺点，SNMP 逐渐放弃了将其作为最终解决方案的想法，从而摆脱了过渡者的角色以及与 OSI 模型相兼容的束缚，进而取得了更显著的发展，即 SNMP 最重要的：远程网络监控(Remote Monitoring，RMON)能力的开发与安全功能的完善。

2. 第二代简单网络管理协议

远程网络监控 RMON 为网络管理者提供了监控整个子网，而不仅是监控单独设备的能力。1991 年 11 月发布的远程网络监视协议定义了一组支持远程监视功能的管理对象，利用这些对象使 SNMP 的代理不仅能提供代理设备的有关信息，同时还能收集关于代理设备所在广播网络的流量统计，使得管理站能够获得单个子网整体活动的情况。在 RMON 的设计中允许网络管理站限制和停止一个监视器的轮询操作，这在一定程度上减少了 SNMP 的轮询机制带来的网络拥塞。

随着网络管理的深入，安全问题就凸显了出来。当 SNMP 用于复杂的大型网络时，安全方面的缺点极为明显。1992 年 7 月，四名 SNMP 的关键人物提出了被称为 SNMPsec 的安全 SNMP 版本。SNMPsec 主要提供了数据完整性检验、数据源认证、数据保密等安全机制，由于 SNMPsec 与 SNMPv1 之间不兼容，因而应用不多，但是 SNMPsec 为下一代 SNMP 即 SNMPv2 的发展打下了基础。

在 1993 年 IETF 发布了 SNMPv2 系列协议。SNMPv2 吸取了 SNMPsec 以及 RMON 在安全

性能保证和功能优化上的经验，针对 SNMPvl 在管理大型网络上的不足，对 SNMP 协议进行了一系列的扩充。首先加强了数据定义语言，扩展了数据类型。其次增加了集合处理功能，可以实现大量数据的同时传输，提高了效率和性能。并且丰富了故障处理能力，支持分布式网络管理，增加了基于 SNMPsec 安全机制的安全特性。然而，SNMPv2 并没有完全实现预期的目标，经过几年的应用发现 SNMPv2 的安全机制具有严重的缺陷，各设备提供商基本弃用了它的安全机制转而在 SNMPv2 体系中加入各自自定义的安全特性，逐渐形成了 SNMPv2u 及 SNMPv2 ∗ 两个版本的竞争局面，造成了一定的混乱。为统一标准，IETF 不得不在 1996 年对 SNMPv2 进行了修订，发布了 SNMPv2c 版本。在这组修订的文档中，SNMPv2 的大部分特性被保留，但是安全机制方面则完全被放弃，SNMP 协议的发展也倒退回到 SNMPvl 时代。

3. 第三代简单网络管理协议

在第二代简单网络管理协议不利的局面下，IETF 在 1999 年 4 月正式发布了 SNMPv3 版本。这一版本是建立在 SNMPvl 与 SNMPv2 的基础上的最新发展成果，实现了 SNMPv2 未能实现的几个目标：

（1）定义了统一的 SNMP 管理体系结构，体现了模块化的设计思想，可以实现简单的功能增加和修改。

（2）为 SNMP 的文档定义了组织结构，标志着 SNMP 系列协议走向成熟。

（3）总结了网络界对 SNMP 安全特性的需求和发展成果，强调安全与管理必须相互结合。

（4）具有很强的自适应能力，既可以管理最简单的网络，又能满足大型复杂网络的管理需求。

2.3.2　SNMP 网络管理模型

SNMP 的网络管理模型包括 4 个组成部分：管理站（Management Station）、管理代理（Management Agent）、管理信息库（Management Information Station）及管理协议（Management Protocol）。图 2-11 显示了上述 4 个部分的关系。

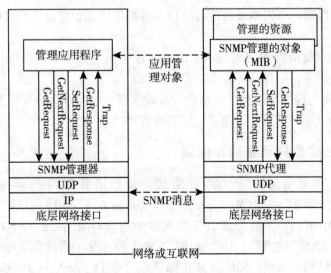

图 2-11　SNMP 的管理模型

（1）管理站。网络管理由管理站完成，它实际上是一台运行特殊管理软件的计算机。管理站运行一个或多个管理进程，它们通过 SNMP 协议在网络上与代理通信，发送命令以及接受应答。该协议允许管理进程查询代理的本地对象的状态，必要时对其进行修改。许多管理站都具有图形用户界面，允许管理者检查网络状态并在需要时采取行动。

（2）管理代理。除了管理站，网络管理系统中的其他活动元素都是管理代理。关键的平台（如主机、路由器、网桥和交换机等）都可能配置了 SNMP，以便管理站进行管理。管理代理对来自管理站的信息查询和动作执行的请求作出响应，同时还可能异步地向管理站提供一些重要的非请求信息。

（3）管理信息库。SNMP 模型的核心是由代理进行管理，由管理站读写的对象集合也就是管理信息库。大多数实际的网络都采用了多个制造商的设备进行通信，因此这些设备保持的信息必须严格定义。SNMP 详细规定了每种代理应该维护的确切信息以及该信息应该如何进行通信。每个设备都具有一个或多个变量来描述其状态，在 SNMP 文档中，这些变量称为对象。网络的所有对象都存放在管理信息库中。

（4）网络管理协议。管理站和代理之间是通过 SNMP 网络管理协议连接的，网络管理协议支持管理进程和代理的信息交换，该协议具有以下关键功能：

①Get：有管理站获取代理的 MIB 对象值。

②Set：有管理站设置代理的 MIB 对象值。

③Trap：使代理能够向管理站通告重要的事件。

具体地讲，Get 功能是通过发送 Get-Request、Get-Response 和 Get-Next-Request 三种消息来实现的；Set 功能是通过发送 Set-Request 消息来实现的。

管理站通过发送 Get-Request 消息从拥有 SNMP 管理代理的网络设备中获取指定对象的信息，而管理代理用 Get-Response 消息来响应 Get-Request 消息。系统描述、系统已运行的时间、系统的网络位置等信息都可以通过这种方式获得。

Get-Next-Request 与 Get-Request 的不同之处在于：Get-Request 是获取一个特定对象，Get-Next-Request 是获取一个表中指定对象的下一个对象。因此，常用它来获取一个表中的所有对象信息。

Set-Request 可以对一个网络设备进行远程参数配置，如设置设备的名称或在管理上关掉某个端口。

Trap 是管理代理发给管理站的非请求消息。这些消息通知管理站发生了特定事件，如端口失败、掉电重启等，管理站可相应地作出处理。

GetBulkRequest 允许管理站有效地检索大量的数据，它特别适合于检索一个表对象的多行内容，InformRequest 则提供了管理站之间的通信能力。

2.3.3 SNMP 协议的体系结构和框架

SNMP 协议的体系结构由三个部分组成：管理信息结构（Structure of Management Information，SMI）、管理信息库（Management Information Base，MIB）以及 SNMP 协议。

管理信息结构 SMI 可以确定管理信息库 MIB 中被管对象的定义和 SNMP 报文的描述规则，它是构成整个 SNMP 的基础；MIB 描述了 SNMP 所用到的管理信息库的结构及其中变量的定义，它以树形结构来表示，SMI 和 MIB 都是采用 OSI 的 ASN.1（Abstract Syntax Notation，抽象语法表示）定义的；SNMP 协议提供在网络管理站和被管代理之间交换管理信息的方法，

高等学校信息安全专业规划教材

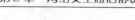

网络管理站和被管代理之间通过发送 SNMP 报文的形式来实现彼此的通信。

1. SNMP 管理信息结构

管理信息结构(SMI)是 SNMP 网络管理框架的重要组成部分之一，它定义了 SNMP 框架所用信息的组织、组成和标识，它还为描述管理信息库(MIB)对象和描述协议之间怎样交换信息奠定了基础。SMI 最基本的一个功能就是定义了 SNMP 所使用的管理对象。

根据定义，管理对象有 3 部分：①名字：每一个管理对象都有一个唯一的对象标识符作为其名字；②语法：每一个管理对象的抽象数据结构用抽象语法表示法来定义；③编码：管理对象的实例也用抽象语法表示法编码、发送和接收的包。

SMI 为 MIB 定义管理对象以及为使用管理对象提供模板。它定义了所用的 ASN.1 (Abstract Syntax Notation One)子集以及 BER 规则在传输和接收 SNMP 信息中如何使用。换句话说，SMI 由以下两个部分组成。

(1) ASN.1 子集

ASN.1，抽象语法表示法，是一种 ISO/ITU T 标准，描述了一种对数据进行表示、编码、传输和解码的数据格式；它提供了一整套模板，用于描述对象的结构，它和数据的存储及编码无关，特别适合表示现代通信应用中那些复杂的、变化的、可扩展的数据结构。ASN.1 广泛使用在 ITU 的国际电信协议的描述中，而与 SNMP 相关的三个主要的 ASN.1 组件是：定义管理对象数据类型的类型记法、描述数据类型值与实例值的符号和发送与接收 ASN.1 编码的信息传送语法规则。SMI 规定被管对象的描述必须包括四个方面的属性：对象类型 SYNTAX、存取方式 ACCESS、状态 STAUS 和对象说明 DESCRIPTION。

SMI 规定的数据类型分为两类：通用类型(Universal Data Type)和泛用数据类型(Application Wide Data Type)，常见的通用类型有：

①INTEGER：数值型，类型是正整数、负整数和 0 的集合。

②OCTET STRING：字符串，是二进制或十六进制数字的串。

③NULL：用在结构中取值可能存在也可能不存在的地方。NULL 类型是在结构中没有取值的地方的一个简单备用取值。

④OBJECT IDENTIFIER：对象标识符，由一列整数构成，用于确定对象，如算法或属性类型、管理信息树节点等。

常见泛用类型：

①网络地址(Network Address)：表示不同类型的网络地址。

②IP 地址(IP Address)：表示由 IP 协议定义的 32 位的网络地址。

③时间变量(Time Ticks)：计算从某一时刻开始以 0.01 秒为单位递增的时间计数值，取值范围为 0 到 $2^{32}-1$。

④模糊变量(Opaque)：一种特殊的数据类型，它把数据转换成 OCTETSTRING，用于记录任意 ASN.1 数据。

(2) 对象信息编码

网络管理系统和网管代理进程之间的通信必须对对象信息进行统一编码，SMI 规定了对象信息的编码采用基本编码规则 BER(Basic Encoding Rules)。

BER 编码有三个字段：

①标签(Tag)：存储关于标签和编码格式的消息。

②长度(Length)：记录内容字段的长度。

③内容(Value)：实际的数据。

一个 BER 编码实际上是一个 TLV 三元组(标签、长度、内容)，每个字段都由一个或多个 8 位组成，BER 规定最高位是比特位的第 8 位，在网上传输时从高位开始。

2. SNMP 管理信息库

MIB 是 SNMP 协议的体系结构的第二个部分，描述 SNMP 管理的信息集合，其中每个管理信息元素称为一个对象。

为了指明网络元素所维持的变量(即能够被管理进程查询和设置的信息)，MIB 给出了一个网络中所有可能的被管理对象的集合的数据结构，SMI 引入命名树的概念。使用对象标识符(Object Identifier)来表示，命名树的叶子表示真正的管理信息。对象命名树的顶级对象有三个，即 ISO、ITUT 和这两个组织的联合体。

在 ISO 的下面有 4 个结点，其中的一个(标号 3)是被标识的组织。在其下面有一个美国国防部(Department of Defense)的子树(标号是 6)，再下面就是 Internet(标号是 1)。在 Internet 结点下面的第二个结点是 mgmt(管理)，标号是 2。再下面是管理信息库，原先的结点名是 mib。1991 年定义了新的版本 MIB II，故结点名现改为 mib 2，其标识为 {1.3.6.1.2.1}，或者{Internet(1).2.1}。这种标识为对象标识符 OID。最初的结点 mib 将其所管理的信息分为 8 个类别。现在 demib 2 所包含的信息类别已超过 40 个。

应当指出，MIB 的定义与具体的网络管理协议无关，这对于厂商和用户都有利。厂商可以在产品(如路由器)中包含 SNMP 代理软件，并保证在定义新的 MIB 项目后该软件仍遵守标准。用户可以使用同一网络管理客户软件来管理具有不同版本的 MIB 的多个路由器。当然，一个没有新的 MIB 项目的路由器不能提供这些项目的信息。

MIB 对象的 OID 根据所在 MIB 树(MIB 树结构按照结点的 OID 字典序排列)的位置确定，例如，用来描述系统硬软件类型的 sysDescr 对象，因其位于 MIB 树的 iso(1).org(3). dod(6).internet(1).mgmt(2).mib 2(1).system(1) 子树下，所以其 OID 号为 1.3.6.1.2.1.1.1。图 2-12 给出 SNMP 树形表格结构示意图。

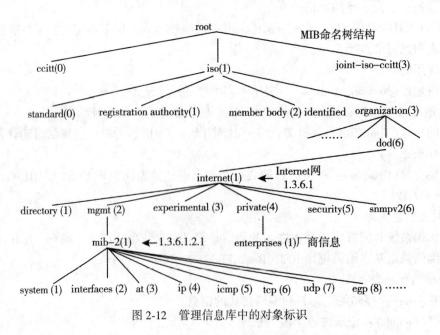

图 2-12　管理信息库中的对象标识

这里要提一下 MIB 中的对象{1.3.6.1.4.1}，即 enterprises（企业），iso（1）. org（3）. dod（6）. internet（1）. private（4）. enterprises（1）子树下，其所属结点数已超过 3000 个。例如 IBM 为{1.3.6.1.4.1.2}，Cisco 为{1.3.6.1.4.1.9}，Novell 为{1.3.6.1.4.1.23}等。

特别地，mgmt（2）子树用于标记定义在 IAB（Internet Architecture Board，互联网架构委员会）文件中的对象。mgmt（2）子树共有 10 个子树，用于描述 IP 的相关信息。因为 SNMP 是 IP 网络管理协议，所以 mgmt 的管理信息库显得十分重要，所有的标准设备代理都需要实现本树所定义的管理信息。MIB II 的对象功能分组如表 2-2 所示。

表 2-2　　　　　　　　　　　　　　　管理对象分组

类　　别	标号	所包含信息
System	1	主机或路由器的操作系统
Interfaces	2	各种网络接口及它们的测定通信量
Address translation	3	地址转换（例如 ARP 映射）
Ip	4	Internet 软件（IP 分组统计）
Icmp	5	ICMP 软件（已收到的 ICMP 消息的统计）
Tcp	6	TCP 软件（算法、参数和统计）
Udp	7	UDP 软件（UDP 通信量统计）
egp	8	EGP 软件（外部网关协议通信量的统计）
Transmission	9	有关每个系统接口的传输模式和访问协议的信息
Snmp	10	提供关于系统中 SNMP 的实现和运行信息

3. SNMP 协议

SNMP 是专门用来管理网络设备的一种标准应用层协议，有 SNMPv1、SNMPv2、SNMPv3 三个不同的版本和一系列的 RFC 文件。下面介绍各个版本的信息。

（1）SNMPv1

TCP/IP 网络管理最初使用的是 1987 年 11 月提出的简单网关监控协议 SGMP，在此基础上改进成简单网络管理协议第一版 SNMPv1。SNMPv1 的标准是下面的几个 RFC 文件：

①RFC1155：提供基于 TCP/IP 的因特网之管理信息结构与标识；

②RFC1212：提供 MIB 定义；

③RFC1213：提供 MIB 2 定义；

④RFC1157：提供简单网络管理协议（SNMP）；

⑤RFC1902：提供简单网络管理协议 v2（SNMPv2，1996 年）；

⑥RFC2570：提供简单网络管理协议 v3（SNMPv3，1999 年）。

（2）SNMPv2

SNMPv2 既可以支持完全集中的网络管理，又可以支持分布式网络管理，具体地说，SNMPv2 对 SNMPv1 的增强主要体现在以下 3 个方面：

①管理信息结构的扩充；

②管理站和管理站之间的通信能力；

③新的协议操作。

SNMPv2 对定义对象类型的宏进行了扩充，引入了新的数据类型，增强了对对象的表达能力，吸收了 RMON 中有关表增减行的约定，提供了更完善的表操作功能；SNMPv2 还定义了新的 MIB 功能组，包含有关协议操作的通信消息，以及有关管理站和代理系统的配置信息；在协议操作方面，引入了两种新的 PDU，分别用于大块数据的传送和管理站之间的通信。

（3）SNMPv3

由于 SNMPv2 并没有达到商业级别的安全要求（提供数据源标识、报文完整性认证、防止重放、报文机密性、授权和访问控制、远程配置和高层管理能力等），在 1999 年 4 月发布了 SNMPv3 新标准。SNMPv3 的新标准草案（DRAFT STANDARD）如下：

①RFC2570 Internet 标准网络管理框架第 3 版引论；

②RFC2571 SNMP 管理框架的体系结构描述（标准草案，代替 RFC2271）；

③RFC2572 简单网络管理协议的报文处理和调度系统（标准草案，代替 RFC2272）；

④RFC2573 SNMPv3 应用程序（标准草案，代替 RFC2273）；

⑤RFC2574 SNMPv3 基于用户的安全模型（USM）（标准草案，代替 RFC2274）；

⑥RFC2575 SNMPv3 基于视图的访问控制模型（VACM）（标准草案，代替 RFC2275）；

⑦RFC2576 SNMP 第 1、2、3 版的共存问题（标准建议，替代 RFC2089）。

2.3.4　SNMP 消息的发送和接收过程

SNMP 定义了管理进程（Manager）和管理代理（Agent）之间的关系，这个关系称为共同体（Community）。SNMP 网络管理是一种分布式应用，这种应用的特点是管理站和被管理站之间的关系可以是一对多的管理，即一个管理站可以管理多个代理，从而管理多个被管理设备。只有属于同一个管理站和被管理站才能互相作用，发送给不同共同体的报文被忽略。SNMP 的共同体是一个代理和多个管理站之间的认证和访问控制关系。

SNMP 的报文总是来源于每个应用实体，报文中包括该应用实体所在的共同体的名字，这种报文在 SNMP 中称为"有身份标志的报文"，共同体名字是在管理进程和管理代理之间交换管理信息报文时使用的一种标识。

当一个 SNMP 协议实体发送一个报文时执行以下过程传送 5 种 PDU 之一到其他 SNMP 实体：

①按照 ASN.1 结构，构造 PDU，交给认证进程。

②将该 PDU 连同源地址、目的地址和共同体名字一起传送给一个认证服务器。认证服务器执行该交换所需要的格式转换，例如加密或者附加一个认证代码，并且返回这个结果。

③协议实体根据一个版本号，一个公共体名字和认证服务返回来的结果组装成一个 SNMP 报文，建立消息。

④使用基本的编码规则，给新的 ASN.1 对象编码，并传递给传输服务，将报文传输出去。这里，认证并不总是要求的。

当一个 SNMP 协议实体接收一个报文时执行以下过程：

①按照 BER 编码回复 ASN.1 报文，作基本语法检查，如果解析错误则抛弃该报文。

②检验版本号，如不匹配则丢掉此消息。

③协议实体传送用户名，消息的 PDU 部分以及源地址、目标地址到达鉴别服务器，如

果鉴别失败，鉴别服务器会通知 SNMP 协议实体，则该实体产生一个 Trap 消息，并丢弃此消息；如果鉴别成功，则鉴别服务器将以 ASN.1 的形式返回一个 PDU 给 SNMP 协议实体。

④SNMP 协议实体对返回的 PDU 进行基本语法检查，如果 PDU 语法解析成功，则根据共同体名字选择适当的访问策略，对该 PDU 进行相应的处理；若解析失败，则丢弃此 PDU。

2.3.5　SNMP 的安全机制

SNMPv1 对安全仅仅提供有限的能力，即共同体(Community)的概念。SNMP 的共同体是 1 个代理和多个管理站之间定义的认证和访问控制关系。1 个代理可以定义若干共同体，每个共同体使用唯一的共同体名。如图 2-13 所示，SNMPv1 的报文数据格式中，在每条 SNMPv1 信息中都包括 community 字段，在该域中填入共同体名，共同体名起到密码的作用。通过共同体名验证的信息才是有效的。

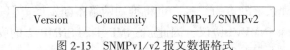

Version	Community	SNMPv1/SNMPv2

图 2-13　SNMPv1/v2 报文数据格式

可以看出，SNMPv1 的安全性很差，仅用共同体名来控制访问权限是不够的。而且报文数据以明文的形式传输，很容易被第三者窃取。如果 SNMP 代理未对访问 IP 进行限制的话，一旦 GetRequest 的共同体名称被攻击者获得，攻击者就可以用此共同体名获得他想知道的任何可以获取的信息，如果用于 Set 请求的共同体名也被获取了，那么远程设备的安全情况就更值得忧虑了。

SNMPv2 只是在 SNMPv1 的基础上对功能做了一些改进，而在安全问题上却未作出任何改进，因此 SNMPv2 与 SNMPv1 具有一样的安全性特点。针对前两个版本的安全缺陷，SNMPv3 增加了很多安全和管理措施，但并没有定义新的 PDU 格式，在新的结构中仍然使用原来的 SNMPv1/SNMPv2 的 PDU 格式，因此在 SNMPv3 的介绍文档中有这样的表述："SNMPv3 等于 SNMPv2 加上安全和管理"。

SNMPv3 不是独立地取代 SNMPv1 或者 SNMPv2 的协议，而是定义为一种安全、能力强而且可与 SNMPv2(首选)或者 SNMPv1 联合使用的协议。另外，RFC2571 定义了所有目前和将来 SNMP 版本的体系结构。在管理站和代理之间，信息以 SNMP 消息的格式进行交换。与安全相关的进程在消息处理层产生。例如，SNMPv3 确定了使用消息报头字段的 USM(User Security Model，用户安全模式)。SNMP 消息的有效负荷是 SNMPvI 或者 SNMv2 的 PDU。

PDU 指出了管理动作的类型(例如，获取和设置管理对象)以及与该动作相关的变量名列表。与 SNMPv1 和 SNMPv2 相比，SNMPv3 增加了三个新的安全机制：鉴别、保密和访问控制。其中，本地处理模块完成访问控制功能，而用户安全模块(User Security Model)则提供身份验证和数据保密服务。鉴别是指代理(管理站)接到信息时首先必须确认信息是否来自有权的管理站(代理)并且信息在传输过程中未被改变的过程。实现这个功能要求管理站和代理必须共享同一密钥。管理站使用密钥计算验证码(它是信息的函数)，然后将其加入信息中，而代理则使用同一密钥从接收的信息中提取出验证码，从而得到信息。保密的过程与身份验证类似，也需要管理站和代理共享同一密钥来实现信息的加密和解密。SNMPv3 使用私钥(privKey)和验证密钥(authKey)来实现身份验证和加密两种功能。

（1）身份验证：RFC2104 中定义了 HMAC，这是一种使用安全哈希函数和密钥来产生信息、验证码的有效工具，在互联网中得到了广泛的应用。SNMP 使用的 HMAC 可以分为两种：HMAC-MD5-96 和 HMAC-SHA-96。前者的哈希函数是 MD5，使用 128 位 authKey 作为输入。后者的哈希函数是 SHA-1，使用 160 位 authKey 作为输入。

（2）加密：USM 使用 DES（Data Encryption Standard，数据加密标准）中的 CBC（cipher block chaining，密码块环）加密。一个 16-8 位组别的 privKey 作为输入提供给加密协议，在 privKey 中的前 8 个 8 位组作为 DES 的密匙。由于 DES 只需要 56 位的密匙，所以每个 8 位组的最低位被忽略。对于 CBC 模式，需要一个 64 位的 IV（Initialization Vector，初始向量）。PrivKey 的最后 3 个 8 位组包含了用于生成这个 IV 的值。

SNMPv3 保持了 SNMPv1 和 SNMPv2 易于理解和实现的特性，同时还增强了网络管理的安全性能，提供了前两个版本欠缺的保密、验证和访问控制等安全管理特性，解决了安全威胁。SNMPv3 正在逐渐扩充和发展，新的管理信息库还在不断增加，能够支持更多的网络应用，它是建立网络管理系统的有力工具，也将推动网络不断发展。但是，由于现有网络路由交换设备大多还不支持 SNMPv3 协议，因此，SNMPv1 和 SNMPv2 的安全问题在短期内仍然是网络安全管理中的一个重要问题。

如何提高 SNMP 网络管理系统的安全性？

首先，防范缓冲区溢出。自行开发的软件的安全性与编程者的水平以及使用的开发包的安全性紧密相连。其中最大的安全威胁是缓冲区溢出。缓冲区溢出指的是一种系统攻击的手段，通过往程序的缓冲区写超出其长度的内容造成缓冲区的溢出从而破坏程序的堆栈使程序转而执行其他指令，以达到攻击的目的。这是一种非常危险、非常普遍的安全漏洞。在各种操作系统、应用软件中广泛存在。

在黑客的攻击技术中，缓冲区溢出攻击一直都是非常重要而且很常用的技术。防范缓冲区溢出要养成比较好的编程习惯，并且要尽量使用最新的第三方开发包。

其次，提高 SNMP 网络配置的安全性。当前，基于网络的攻击和破坏活动越来越多，网络配置的重要性也就凸显出来，安全的网络配置能够保证 SNMP 网络管理的正常进行，保证各网络节点的安全。可以用以下方法来提高 SNMP 应用中网络的安全性：

（1）使用物理隔绝的专网。理论上在物理隔绝的专网中进行 SNMP 网络管理是最安全的。外界根本无法访问专网中的设备，进行攻击和破坏活动也就无从谈起了。

（2）用 SSH 代替 Telnet 登录远程设备。有时候我们需要登录到远程设备（交换机、路由器等）进行一些配置，比如说开启或关闭 SNMP 功能，很多人习惯使用 Telnet 进行远程登录，但是 Telnet 的数据采用明文方式进行传送，用户名和密码很容易被人截获，推荐使用更安全的 SSH 来代替 Telnet。

（3）在管理站和被管理系统之间使用 IPSec 协议。IPSec 协议是为了加强 IP 的安全性而由 IETF 的安全工作组制定的一套协议标准，它可以无缝地为 IP 协议提供安全特性。IPSec 通过扩展标准的 IP 协议头部来提供认证策略、加密机制、完整性和密钥管理。在很多情况下，管理站与被管理系统并不位于一个地方，而是相隔遥远，中间通过公网相连，如果在两者之间构建一个 IPSec 隧道，就可以为网络管理提供足够的安全性保障。

（4）使用防火墙。使用防火墙把来自外界的 SNMP 流量阻挡在外也是一个很好的办法，可以有效地保证 SNMP 网络管理的安全性。

（5）更改设备的默认访问口令。很多设备出厂时具有默认的口令，比如对于 Get 请求默认为 public，对于 Set 请求默认的是 private，很多攻击就是利用这个漏洞来进行的，所以默认口令必须进行更改。

(6)关闭不必要的 Set 功能。许多情况下，我们只需要对远程设备的性能进行监测，而不需对其进行设置，这时可以把没必要的 Set 功能予以关闭，只留下有用的 Get 功能，这样即使被攻击，也只会泄露一些信息，而不会对整个系统带来实质性伤害。

2.4　PGP 协议

2.4.1　PGP 协议概述

电子邮件系统以其方便、快捷的特点成为人们进行信息交流的理想工具。从某种程度上来说，电子邮件已经基本取代了传统的邮局通信方式。现在，除了一些必须通过传统的方式进行邮寄的邮件外，一般的日常交流都可以通过电子邮件的形式来进行。然而，令人担忧的是，在当前使用的大多数电子邮件系统中，电子邮件都是通过明文传输的。当电子邮件中的信息涉及商业秘密、个人隐私等内容时，这些信息很容易被恶意的攻击者所截获和利用，将会因为暴露个人隐私或泄露商业机密而带来无法挽回的损失。另外，发送方可轻松的伪造自己的身份，假冒他人发送电子邮件来进行邮件欺骗；邮件接收人无法确认邮件在传送过程中是否被篡改或破坏。更有胜者，越来越多的病毒也通过电子邮件这条快捷的途径来传播。由于电子邮件系统存在的这些安全问题，因此限制了它在涉密部门，甚至一些企业和用户中的进一步的使用，如政府办公、银行、保险、海关、税务、公安系统等。而且，现在我国法律已经明确规定，电子文档可以作为法律证据。因此如何更好地解决电子邮件的安全性问题得到越来越多研究人员和开发人员的重视。

1991 年 6 月，美国人 Phil Zimmermann 通过他的朋友在互联网的网络新闻上发布一个称为 PGP(Pretty Good Privacy)的安全电子邮件技术，该技术巧妙地将公钥加密体制和对称密钥加密体制结合起来，解决了人们迫切需要的电子邮件保密问题。PGP 是一种混合的密码系统，包含单钥加密算法、公钥加密算法、哈希算法和一个随机数生成算法。每种算法都是 PGP 不可分割的组成部分，系统充分利用了算法的特性，实现了鉴别、加密、压缩等多种服务。

PGP 最初的设计主要是用于邮件加密，如今已经发展到了可以加密整个硬盘、分区、文件、文件夹、集成到邮件软件进行邮件加密，甚至可以对 ICQ 的聊天信息实时加密。因此，PGP 不仅是目前世界上使用最为广泛的邮件加密软件，而且在即时通信、文件下载、论坛等方面都有一席之地。

2.4.2　PGP 提供的安全服务

PGP 安全体制与密钥管理相对，包括五种服务：认证、保密、压缩、电子邮件兼容性和分段。详细描述见表 2-3。

(1)认证

如图 2-14 所示，在该模式下仅能提供数字签名服务。由于 RSA 的强度，接收方可以确信只有匹配私钥的拥有者才能提供签名。由于 SHA-1 的强度，接收方可以确信其他人都不可能生成与该 Hash 编码匹配的新消息，从而确保是原始的签名消息。

功 能	使用的算法	描 述
数字签名	DSS/SHA 或 RSA/SHA	消息的 Hash 码利用 SHA-1 产生,将此消息摘要和消息一起用发送方的私钥按 DSS 或 RSA 加密。
消息加密	CAST 或 IDEA 3DES 或 RSA	将消息用发送方生成的一次性会话密钥按 CAST-128 或 IDEA 或 3DES 加密。用接收方公钥按 Diffie-Hellman 或 RSA 算法加密会话密钥,并与消息一起加密。
压缩	ZIP	消息在传送或存储时可用 ZIP 压缩。
电子邮件兼容性	基数 64 转换	为了对电子邮件应用提供透明性,一个加密消息可以用基数 64 转换为 ASCII 串。
分段	—	为了符合最大消息尺寸限制,PGP 执行分段和重新组装。

表 2-3   **PGP 安全服务**

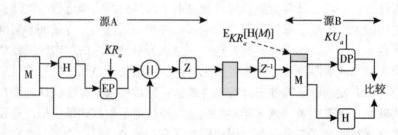

图 2-14   PGP 认证

认证步骤如下:

①发送者创建报文;

②发送者使用 SHA-1 生成报文的 160bit 散列代码(邮件文摘);

③发送者使用自己的私有密钥,采用 RSA 算法对散列代码进行加密,串接在报文的前面;

④接收者使用发送者的公开密钥,采用 RSA 解密和恢复散列代码;

⑤接收者为报文生成新的散列代码,并与被解密的散列代码相比较。如果两者匹配,则报文作为已鉴别的报文而接收。

另外,签名是可以分离的。例如法律合同,需要多方签名,每个人的签名是独立的,因而可以应用到文档上。否则,签名将只能递归使用,第二个签名对文档的第一个签名进行签名,依此类推。

(2)机密性

通过对要传递的消息或要存储的本地文件实施加密,可以提供如图 2-15 所示机密性服务。在两种情况下,可以使用对称加密算法 CAST-128,也可以使用 IDEA 和 3DES。使用 64 位密码反馈模式(CFB)加密。

(3)机密性与认证

如图 2-16 所示,对报文可以同时使用两个服务。首先为明文生成签名并附加到报文首部;然后使用 CAST-128(或 IDEA、3DES)对明文报文和签名进行加密,再使用 RSA(或 ElGamal)对会话密钥进行加密。在这要注意次序,如果先加密再签名的话,别人可以将签名

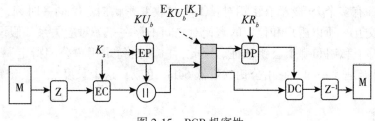

图 2-15　PGP 机密性

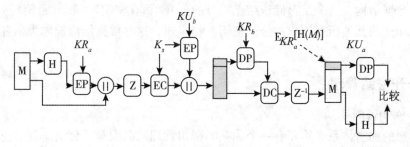

图 2-16　PGP 机密性与认证

去掉后签上自己的签名，从而篡改签名。

（4）分段和重装

电子邮件设施经常受限于最大报文长度（50000 个）八位组的限制。分段是在所有其他的处理（包括 radix-64 转换）完成后才进行的，因此，会话密钥部分和签名部分只在第一个报文段的开始位置出现一次。在接收端，PGP 必须剥掉所在的电子邮件首部，并且重新装配成原来的完整的分组。

（5）电子邮件兼容性

当使用 PGP 时，至少传输报文的一部分需要加密，因此部分或全部的结果报文由任意8bit 字节流组成。但由于很多的电子邮件系统只允许使用由 ASCII 正文组成的块，所以 PGP提供了 radix-64（就是 MIME 的 BASE64 格式）转换方案，将原始二进制流转化为可打印的ASCII 字符。

（6）压缩

PGP 在加密前进行预压缩处理，PGP 内核使用 PKZIP 算法压缩加密前的明文。一方面对电子邮件而言，压缩后再经过 radix-64 编码有可能比明文更短，这就节省了网络传输的时间和存储空间；另一方面，明文经过压缩，实际上相当于经过一次变换，对明文攻击的抵御能力更强。

2.4.3　加密密钥和密钥环

（1）会话密钥的生成

PGP 的会话密钥是个随机数，它是基于 ANSIX.917 的算法由随机数生成器产生的。随机数生成器从用户敲键盘的时间间隔上取得随机数种子。对于磁盘上的随机种子randseed.bin 文件是采用和邮件同样强度的加密。这有效地防止了他人从 randseed.bin 文件中分析出实际加密密钥的规律。

（2）密钥标识符

允许用户拥有多个公开/私有密钥对：①不时改变密钥对；②同一时刻，多个密钥对在不同的通信组交互。所以用户和他们的密钥对之间不存在——对应关系。假设 A 给 B 发信，B 就不知道用哪个私钥和哪个公钥认证。因此，PGP 给每个用户公钥指定一个密钥 ID，这在用户 ID 中可能是唯一的。它由公钥的最低 64bit 组成，这个长度足以使密钥 ID 重复概率非常小。

（3）密钥环

密钥需要以一种系统化的方法来存储和组织，以便有效和高效地使用。PGP 在每个结点提供一对数据结构，一个是存储该结点年月的公开/私有密钥对（私有密钥环）；另一个是存储该结点知道的其他所有用户的公开密钥。相应地，这些数据结构被称为私有密钥环和公开密钥环。

2.4.4 公开密钥管理

1. 公开密钥管理机制

一个成熟的加密体系必然要有一个成熟的密钥管理机制配套。公钥体制的提出就是为了解决传统加密体系的密钥分配过程不安全、不方便的缺点。例如，网络黑客们常用的手段之一就是"监听"，通过网络传送的密钥很容易被截获。对 PGP 来说，公钥本来就是要公开，就没有防监听的问题。但公钥的发布仍然可能存在安全性问题，例如公钥被篡改（Public Key Tampering），使得使用公钥与公钥持有人的公钥不一致。这在公钥密码体系中是很严重的安全问题。因此必须帮助用户确信使用的公钥是与他通信的对方的公钥。

以用户 A 和用户 B 通信为例，现假设用户 A 想给用户 B 发信。首先用户 A 就必须获取用户 B 的公钥，用户 A 从 BBS 上下载或通过其他途径得到 B 的公钥，并用它加密信件发给 B。不幸的是，用户 A 和 B 都不知道，攻击者 C 潜入 BBS 或网络中，侦听或截取到用户 B 的公钥，然后在自己的 PGP 系统中以用户 B 的名字生成密钥对中的公钥，替换了用户 B 的公钥，并放在 BBSL 或直接以用户 B 的身份把更换后的用户 B 的"公钥"发给用户 A。那 A 用来发信的公钥是已经更改过的，实际上是 C 伪装 B 生成的另一个公钥（A 得到的 B 的公钥实际上是 C 的公钥/密钥对，用户名为 B）。这样一来 B 收到 A 的来信后就不能用自己的私钥解密了。更可恶的是，用户 C 还可伪造用户 B 的签名给 A 或其他人发信，因为 A 手中的 B 的公钥是仿造的，用户 A 会以为真是用户 B 的来信。于是 C 就可以用他手中的私钥来解密 A 给 B 的信，还可以用 B 真正的公钥来转发 A 给 B 的信，甚至可以改动 A 给 B 的信息。

2. 信任模型的使用

PGP 确实为公开密钥附加信任和开发信任信息提供了一种方便的方法使用信任。公开密钥环的每个实体都是一个公开的密钥证书。与每个实体相联系的是密钥合法性字段，用来指示 PGP 信任"这是这个用户合法的公开密钥"的程度；信任程度越高，这个用户 ID 与这个密钥的绑定越紧密。这个字段由 PGP 计算。与每个实体相联系的还有用户收集的多个签名。反过来，每个签名都带有签名信任字段，用来指示该 PGP 用户信任签名者对这个公开密钥证明的程度。

密钥合法性字段是从这个实体的一组签名信任字节中推导出来的。最后，每个实体定义了与特定的拥有者相联系的公开密钥，包括拥有者信任字段，用来指示这个公开密钥对其他公开密钥证书进行签名的信任程度（这个信任程度是由该用户指定的）。可以把签名信任字段看成是来自于其他实体的拥有者信任字段的副本。例如正在处理用户 A 的公开密钥环，操作描述如下：

（1）当 A 在公开密钥环中插入了新的公开密钥时，PGP 为与这个公开密钥拥有者相关联的信任标志赋值，插入 KUa，则赋值＝1，终极信任；否则，需说明这个拥有者是未知的、不可任信的、少量信任的和完全可信的等，赋以相应的权重值 1/x、1/y 等。

（2）当新的公开密钥输入后，可以在它上面附加一个或多个签名，以后还可以增加更多的签名。在实体中插入签名时，PGP 在公开密钥环中搜索，查看这个签名的作者是否属于已知的公开密钥拥有者。如果是，为这个签名的 SIGTRUST 字段赋以该拥有者的 OWNERTRUST 值。否则，赋以不认识的用户值。

（3）密钥合法性字段的值是在这个实体的签名信任字段的基础上计算的。如果至少一个签名具有终极信任的值，那么密钥合法性字段的设置为完全；否则，PGP 计算信任值的权重和。对于总是可信任的签名赋以 1/x 的权重，对于通常可信任的签名赋以权重 1/y，其中 x 和 y 都是用户可配置的参数。当介绍者的密钥/用户 ID 绑定的权重总达到 1 时，绑定被认为是值得信任的，密钥合法性被设置为完全。因此，在没有终极信任的情况下，需要至少 x 个签名总是可信的，或者至少 y 个签名是可信的，或者上述两种情况的某种组合。具体如图 2-17 所示。

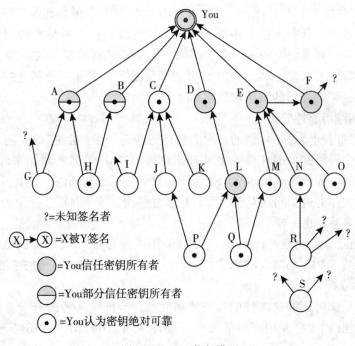

图 2-17 PGP 信任模型

2.4.5 PGP 安全性分析

1. 密钥安全性分析

公匙的篡改和冒充可以说是 PGP 的最大威胁。那么怎样防止公钥的篡改和冒充呢？要点就是：当用别人的公匙时，确信它是直接从对方处得来或是由另一个可信的人签名认证过的。确信没有人可以篡改自己的公匙环文件。保持对自己密钥环文件的物理控制权，尽量存放在自己的个人电脑而不是一个远程的分时系统里。备份自己的密钥环文件。

2. 没有完全删除密钥文件

一般的操作系统在删除文件时都并没有彻底删除文件的数据，当加密明文后将明文删除，可是没有从物理上把明文的数据清除。一些有经验的攻击者可能从磁盘数据块中恢复明文。当然像碎纸机一样，也有从物理上销毁文件的办法，它们是一些工具软件，如果没有，最简单的办法是用无用的信息将明文文件覆盖。在 PGP 后加上 w 参数也可以达到这一目的。不过即使覆盖了所有明文曾占用的磁盘空间，仍然会有微小的剩磁留在磁盘上，专用的设备可以恢复这些数据，只是一般人没有这个条件。

对于使用的密钥环文件同样存在这个问题，特别是私匙环文件，直接关系到的私匙的安全。因此除了专用的个人电脑，最好不要将密钥环拷入其他机器，让它们留在软盘上或许是个安全的办法。

3. 多用户下的泄密

PGP 最初是为 MS-DOS 设计的，它假设本身在用户的直接物理控制下。可是随着 PGP 的普及，多用户系统上也出现了 PGP，这样暴露明文和密钥或口令的可能性就增大了。例如，如果在 Unix 系统下在 PGP 的命令行中使用自己的口令，其他用户将能用 ps 命令直接看到它。同样的问题在连上局域网的 MS-DOS 机器上也有。并不是说在 Unix 上就不能用 PGP，有人将 Unix 系统装在笔记本电脑上，当然可以用 PGP 而不用担心其他用户。多用户系统也有安全的，它们禁得起所有入侵者所能获得的手段的攻击，或者是它的用户都是可以信赖的，要不就是根本没有感兴趣的入侵者。正如下面将要谈到的现实的 PGP 攻击，在多用户系统中泄密的风险要大得多。对此 PGP 作者的建议是：尽量在一个孤立的单用户系统里使用 PGP，而且保证系统处于的直接物理控制之下。

4. PGP 时间戳可靠性分析

PGP 签名上的时间戳是不可信的，因为任何想伪造一个"错误"的时间戳的人都可以通过修改系统时间达到目的。而在商业上又有这种利用 PGP 签名的时间来确认责任的需要，这样第三方的时间公证体系就被建立。很明显，只要公证方在邮件上签上标准的时间，就解决了这个问题。实际上这个问题对于手写的签名也存在，签字时需要一个公证人，用以证明签名的时间，数字签名也一样。

对于对时间可靠性有要求的场合，可以采用国际标准时间戳协议 RFC3161 来解决。RFC3161 描述了基于 PKI 的时间戳协议。这个协议是建立在 TSA 可信的基础上的。

5. 垃圾邮件分析

PGP 安全电子邮件能解决邮件的加密传输问题，验证发送者的身份验证问题，错发用户的收件无效问题(因为需要用密钥解密)。但是，对于垃圾邮件，PGP 安全电子邮件解决技术却无能为力。

常言道：道高一尺，魔高一丈。垃圾邮件愈演愈烈，反垃圾邮件技术也在不断发展。到现在，反垃圾邮件技术发展已经"进化"到第四代了。

6. PGP 信任模型缺陷

保证公钥的真实有效，是正确应用 PGP 的基础。证书为保证公钥的真实性提供了一种有效机制，而在 PGP 中缺乏有效的证书管理体系，证书的管理完全由用户自己来完成。错误的信任假设和管理的不当，会影响到 PGP 的安全性。这里列举了其中的一些薄弱环节，并给出解决办法。

（1）证书的有效性及介绍人信任问题

有效的公钥证书包括两方面含义：公钥是真实的，用户身份是真实的。任何用户在对某一公钥进行签名时，都必须确保这两点。在 PGP 中推荐用两种方式来证实证书的有效性：其一是直接从所有者那里获得磁盘拷贝，其二是通过网络获得拷贝然后与所有者对照指纹。磁盘拷贝的方式不能适用于地理范围较大的场合；而指纹对照的方式只能用于熟人之间，因为要通过用户的声音来辨别真伪，并且对于数量为 n 的用户群体，每个用户都需要进行 n−1 次指纹对照，这样就增加了用户的管理负担。要想获得陌生人的有效公钥，只能通过介绍人。介绍人的引入为获取陌生人的公钥提供了方法，但也带来了新的问题：信任问题。这里的信任指的是一个用户相信另一个用户能够签发有效的公钥证书，信任等级（完全信任、部分信任、不信任）的划分实际上给出了对介绍人信任程度的度量，说明他们所签名公钥的真实程度。但在 PGP 中，却没有任何依据来判断一个人达到什么样的信任等级，用户只能通过直觉来对一个用户的信任度进行设置，如果设置不当就会造成安全隐患。

（2）证书吊销问题

一个密钥总是有自己的生命期，生命期的长短由算法强度、计算能力以及应用策略等方面决定。密钥最好在生命期内总是有效，但在某些情况下，如私钥的泄露、遗失或用户身份的改变，都需要使该密钥无效。在公钥系统中，证书吊销是使公钥无效的有效方式。在 PGP 中提供了两种吊销证书的方式：介绍人吊销和拥有者自行吊销，二者具有同等的效力，均被认为是相关的密钥对无效。但证书吊销问题的真正难点不在于吊销本身，而在于将吊销信息通知每一个潜在的使用者。用户使用被吊销的证书是件很危险的事情，很有可能造成泄密，因此在每次使用证书时都应该确信该证书没有被吊销。PGP 中虽然提供了吊销证书的功能，但没有提供任何将吊销信息通知其他用户的方式，这是 PGP 的一个致命弱点。

（3）信任链较短且信任度粒度较大

由于 PGP 中信任链的长度最多为 2，即最多有一个推荐信任和一个公钥信任，因此不利于信任关系的传播。同时，信任度只分 3~4 个等级，因此衡量信任度的粒度不够。

2.5　安全协议安全性分析

安全协议的目标不仅仅是实现信息的加密传输，更重要的是解决网络的安全问题。密码技术和安全协议是网络安全的核心。因此，安全协议的安全性直接影响网络安全体系的安全性。

安全协议关心主体行为（人、设备、进程等）的授权、客体（报文、数据等）的保密和完整可用。所有安全协议的安全性可以描述如下：如果一个安全协议使得非法用户不可能从协议交换过程获得比协议自身所体现的更多的有用信息，则称该协议是安全的。

安全协议的安全性分析：研究安全协议是否实现预定的安全功能，满足安全要求，称为协议的安全性分析。

安全协议的安全性分析严格意义上说主要关心两个方面，即密码算法安全性和协议逻辑安全性。密码算法安全性和协议逻辑安全性在安全协议的安全性研究中同等重要。但通常人们在进行安全协议设计与分析时，主要关心协议逻辑本身的安全性。究其原因，一是密码算法安全性属于密码学领域长期致力研究的问题；二是密码算法的使用受到各国政府的政策、法规限制；三是安全协议的具体实现中大多采用由专家设计并由政府批准的标准算法。

此外，人们在进行安全协议设计与分析时主要关心协议逻辑本身的安全性，是因为协议逻辑设计上的不当会给攻击者留下漏洞，攻击者可以利用协议上的缺陷来达到他们的目的。尤其要指出的是一个不安全的安全协议可以使入侵者不用攻破密码就能得到信息，或产生假冒。

2.5.1 安全协议安全性分析的基本方法

关于安全协议的安全性分析，应该说主要借鉴了程序正确性证明和协议验证中被认为较为有效的理论和方法，基本方法可以分为非形式化分析方法和形式化分析方法。

(1)非形式化分析方法

非形式化分析方法又称攻击检验方法。这种检验方法主要是根据已知各种攻击方法对协议进行攻击，以检验安全协议是否安全。但实际上，由于攻击方法的演变与发展，存在着许多未知的攻击方法，所以，对安全协议的非形式化分析停留在发现协议中是否存在着已知的缺陷，而不能全面客观地来分析安全协议，容易导致不安全的协议经过分析后被认为是安全的这样错误的结论。这是安全协议早期的主要分析方法。

(2)形式化分析方法

形式化分析方法由于其精练、简洁和无二义性，可通过相应的验证手段对其性能进行分析、测试以及代码半自动生成，所以国际学术界共同认为具有形式化证明的安全协议才有保证。因此，20世纪80年代末90年代初以来，安全协议的形式化分析成为研究热点。

形式化分析方法的目标是将安全协议形式化，而后借助于人工推导甚至计算机的辅助分析，来判别安全协议是否安全可靠，即安全协议是否完备。

形式化分析方法比非形式化分析方法能全面深刻地分析并发现安全协议中细微的漏洞，它不仅能够发现现有的攻击方法对协议构成的威胁，而且通过对安全协议的分析，能发现协议中细微的漏洞，从而可进一步发现对安全协议新的攻击方法。

2.5.2 形式化分析

1. 形式化分析前提

安全协议在被设计之时，就被赋予了一定的前提。设计协议时，首先要对网络环境进行风险分析，做出适当的初始安全假设。例如，各通信主体应该相信它们各自产生的密钥是好的，或者网络中心的认证服务器是可依赖的，或者安全管理员是可信任的，等等。因此，分析安全协议时也必须在这些假设的基础上进行。目前，安全协议形式化分析主要基于如下前提。

(1)完美加密(Perfect Encryption)前提

完美密码假设主要有以下几个方面：一是协议采取的密码系统是完美(perfect)的，不考虑密码系统被攻破的情况；二是必须知道解密密钥才能解密加密数据。

(2)协议的参数实体

参与协议运行的实体既有诚实的合法用户，也有入侵者。诚实的合法用户实体是诚实可信的实体，即不会将密钥泄露给第三方。入侵者也可以是系统的合法用户，拥有自己加密解密的密钥，但入侵者不会按照规定参与协议运行，而是企图知道他不该知道的秘密，或假冒其他诚实的合法用户。

（3）入侵者的知识与能力

入侵者的知识包括 3 个方面：①熟悉现代密码学；②知道参与协议运行的各实体名及其公钥，并拥有自己的加密解密密钥；③每窃听或收到一个消息，即增加自己的知识。

入侵者的能力包括 5 个方面：①可窃听及中途拦截系统中传送的任何消息；②可在系统中插入新的消息或改变收到的明文部分；③可重放他所看到的任何消息（包括他无法解密的内容）；④可解密用他自己的加密密钥加密的消息；⑤可运用他所知的所有知识（如临时值等），并可产生新的临时值。

2. 形式化分析基本方法

1975 年，Needham 和 Sehroede 首次提出了安全协议形式化分析的思想。1951 年 Denning 和 Sacco 指出了 NS 私钥协议的一个漏洞，使得人们开始关注安全协议形式化分析这一领域的研究。Dolev 和 Yao 在该领域进行了开创性的工作，提出了著名的 Dolev-Yao 模型，该模型以完美密码假设为前提，赋予攻击者截获、插入、伪造、假冒的能力。目前，大部分形式化分析方法都是基于 Dolev-Yao 模型的。根据采用的技术的不同，形式化分析的方法通常分为：基于逻辑推理的形式化分析方法、基于模型检测的形式化分析方法以及基于定理证明的形式化分析方法。

（1）基于逻辑推理的形式化分析方法

基于逻辑推理的形式化分析方法是使用广泛的形式化分析方法之一，它是一种基于主体信仰和知识的分析方法，BAN 类逻辑（BAN- like logic）包括 BAN 逻辑，以及在其基础上扩展和改进后的其他 BAN 类逻辑。Burrows 等人在提出 BAN 逻辑之后，成功地应用其找到了 Needham-Schroeder 协议、Kerberos 协议等几个已有的著名安全协议的已知和未知的漏洞。

BAN 逻辑的出现成为了安全协议形式化分析的里程碑。基于逻辑推理的形式化分析方法虽然具有逻辑性强、易于推导、形式简洁等特性，但它并没有考虑代数属性问题，也不能检测秘密属性或其他的一些安全属性。

（2）基于模型检测的形式化分析方法

基于模型检测的形式化分析方法是基于状态空间搜索的思想来自动化地检验一个有穷状态系统是否满足其设计规范。1996 年，英国学者 Gavin Lowe 使用 CSP（通信顺序进程），并结合模型检测技术对安全协议进行分析。同时，利用 CSP 模型和 CSP 模型检测工具 FDR（故障偏差精炼检测器）对著名的 Needham-Schroeder 公钥协议进行了分析。目前，通过基于模型检测的形式化分析方法发现了多个协议的许多以之前没有发现的新的攻击。这种方法验证过程中不需要人工干预，自动化程度较高，而且如果协议有缺陷，该方法还能够自动产生攻击路径。这类方法可以完全自动化，而且即使是不熟悉形式化方法的协议设计人员使用也相对容易，所以这种方法取得了极大的成功。但基于模型检测的形式化分析方法也有其固有的缺点，只能对有限的状态空间进行搜索，所以一般需要限制并行会话的数量，即不能解决无限会话问题。

Sebastian AM 给出了一个基于模型检测的安全协议形式化分析系统，然而模型检测方法固有的缺点就是状态空间爆炸问题：若考虑并行的主体及会话，其状态空间呈指数上升，因此需限制主体数量。在代数属性研究方面，该系统提出了一个处理密码运算的代数属性问题的理论框架。该框架主要基于两个思想：第一个思想是对 DY 攻击者使用模重写来形式化一个一般的等式推演问题。第二个思想给出了两个"深度参数"，限定了消息项中变量的深度及攻击者能分析消息的操作。这个方法涉及模运算下的合一问题，而一般情况下合一问题是不可决定的，因此需要对协议限定某些条件，并不能精确地反映实际协议运行环境。

（3）基于定理证明的形式化分析方法

基于定理证明的形式化分析方法是一个新的研究热点，在这个领域中典型的有由 Abadi 和 Gordon 提出的 spi 演算（Spi Calculus）方法，它用加密算子和解密算子扩展了 pi 演算。证明方法的目的是证明协议满足安全属性，而不是去寻找协议的攻击，在实际应用中，这种对密码协议安全性的正面证明是十分重要的，因为它比任何其他测试性证明更能保障协议的可靠性。然而，但是基于定理证明的形式化分析方法通常不易自动化，工作量较大，需要专家式的人工辅助，它也可以实现部分的自动分析，但也需要一些手动的交换。而且如果证明针对的是有限的协议并行会话，也只能通过证明得到在假设条件下协议是否正确的结论。

（4）混合形式化分析方法

三种形式化分析技术各有优势，但也有各自的缺陷，尤其是基于逻辑推理的形式化分析技术，它需要最初协议的假设作为前提，然而，最初协议的假设并不是通过形式化方式来描述，由该假设推出的逻辑声明的正确性也就值得商榷。因此，这种分析方法越来越受到人们的质疑。

基于定理证明的分析技术优点在于能够证明协议安全，基于模型检测的分析技术则能够完全自动化，而且很容易由不熟悉形式化方法的协议设计人员使用。人们开始尝试设计新的混合分析方法，使其皆具定理证明和模型检测的优点。混合形式化分析技术由于综合了各种形式化分析方法的优点，已经成为安全协议形式化分析领域的研究热点。

著名的 NRL 分析器是最早的专用于安全协议分析的工具之一，于 1996 年由美国海军研究实验室开发完成。这个分析器是一个应用了混合形式化分析技术的安全协议分析系统，同时具有模型检测器和定理证明器的优点。搜索从初始状态开始进行，如果协议经过运行，从初始状态到达了搜索的终点，即不安全状态，那么这就形成了一次攻击。同时，NRL 分析器利用了项重写系统进行推理来证明一些非安全状态是不可达的，即协议是安全的。这个分析器已在实际的协议分析工作中得到了应用，分析了大量的安全协议，并发现了新的漏洞，是安全协议分析的代表性的工具之一。尽管如此 NRL 协议分析器的搜索过程需要大量的人工干预，大大降低了自动化程度。

3. 形式化分析的优点

为了克服安全协议非形式化分析方法引起的歧义性、不精确性等缺陷，必须采用形式化分析方法。形式化的本质在于模型化和抽象化。形式化分析必然要基于某种或者几种数学模型，每种数学模型对应安全协议一定的行为方式和静态属性，例如并发性、不确定性。

模型的选择为安全协议的抽象提供了基础，这种抽象避开了协议具体的细节，可以充分分析各种特性，最终为安全协议分析的自动化和系统化提供良好的基础。形式化分析语言是进行形式化分析的一种规范。由于形式化分析语言具有数学基础，用它描述的安全协议无二义性，同时抽象于具体的实现环境，因此可作为标准的分析语言。

与安全协议的非形式化分析方式相比，形式化分析语言具有以下优点：

（1）基于数学模型，克服了非形式化分析的不精确性和二义性；

（2）程序语言概念，具有形式化的语法和语义；

（3）有利于通过相应的分析工具对协议的安全目标进行自动化分析；

（4）有利于使用自动化工具建立安全协议开发环境。

2.5.3　BAN 逻辑

BAN 逻辑是安全协议形式化分析的一个里程碑，正是由于它的出现，才引发了人们对安全协议形式化研究的热潮。BAN 逻辑主要应用于"认证协议"的分析和验证，BAN 逻辑的作者认为认证协议的主要功能是为通信主体建立共享会话密钥，用以加密通信信道，并且将认证协议分为两类：一类是基于公开密钥算法，通信主体首先分发自己的公钥（通过证书服务器），然后再通过公钥协商出共享会话密钥。另一类是基于共享对称密钥，主体与可信的认证服务器事先存在一个共享对称密钥，然后由认证服务器来生成主体之间的共享会话密钥。

对主体来说，证书服务器和认证服务器都是可信的第三方，BAN 逻辑中有相应的规则涉及这方面的概念。

BAN 逻辑的作者希望安全协议分析者，通过 BAN 逻辑对一个安全协议进行分析，能够回答以下 4 个方面的问题：

(1) 这个安全协议最终能够达成什么安全目标？

(2) 这个安全协议需要比另一个协议需要更多的假设吗？

(3) 安全协议是否存在冗余？比如多余的消息回合，无用的明文消息等。

(4) 安全协议是否加密了一些非关键性信息？

1. BAN 逻辑的前提假设

在介绍 BAN 逻辑之前，我们需要明确一下 BAN 逻辑的理论基础。之前我们提到过，安全协议的形式化分析是以假设"底层密码系统"是安全牢固的为前提的。"安全牢固"这个概念或许有点太宽泛，读者很难有一个直观的印象。那么请看以下几个非形式化的断言：

(1) 如果 Alice 发送给 Bob 一个临时位串 N（很长一段时间以前 Alice 从没发送过 N），随后又收到从 Bob 发来的基于该临时位串 N 的某条消息，那么 Alice 可以确信 Bob 的该条回复消息是生成于不久之前的（并且晚于她自己的消息）。

(2) 如果 Alice 相信只有她和 Bob 知道共享密钥 K，那么 Alice 可以确信任何使用 K 加密的消息，是来自于 Bob 的。

(3) 如果 Alice 相信 K 是 Bob 的公钥，那么她相信任何能够用公钥 K 解密的消息确实是来自 Bob 的。

(4) 如果 Alice 相信只有她和 Bob 知道某个共享秘密 S，那么她相信任何含有共享秘密 S 的密文消息确实是来自 Bob 的。

其中，(2)、(3)、(4) 点建立于密文消息的可识别性和完整性。

所谓可识别性是指，密文消息中存在冗余，主体可以轻易地区分有效消息和无效消息，可能遭到篡改的消息。完整性是指密文的每一位取决于明文的所有位，对明文的任何改动都会使密文面目全非；解密时的过程也一样，对密文的任何改动都会使得到的明文面目全非。

2. 基本概念和符号

为了便于形式化分析，BAN 逻辑需要一系列符号和相应的概念来表示安全协议中具有某些特殊功能的二进制位串。

BAN 逻辑中共有以下几个概念：主体、密钥、表达式（或者称为语句）。使用符号 A、B、S 来表示主体；K_{ab}、K_{as} 和 K_{bs} 表示共享密钥；K_a、K_b 和 K_s 表示公钥，K_a^{-1}、K_b^{-1} 和 K_s^{-1} 表示对应的私钥；N_a、N_b 和 N_c 表示临时位串。

除了以上的几个符号，BAN 逻辑的作者还提出了泛化符号的概念，泛化符号非常类似于编程语言中的"变量"，表示该符号可以表示一类值或者概念。BAN 逻辑中，采用 P、Q 和 S 表示主体；X 和 Y 表示表达式或者语句；K 表示密钥（可以是公钥、私钥、对称密钥）。通过这种方式，BAN 逻辑中使用了两套符号来表示原子和自由变量，这种表示方式非常适合于 Prolog 编程（Prolog 中也有原子值和自由变量的概念）。

值得一提的是，BAN 逻辑中表达式（或者是语句），包括了消息表达式和逻辑语句，即 BAN 逻辑中把这两个概念混淆了。之所以这么做是因为 BAN 逻辑在分析过程中，并不会区分消息表达式和逻辑语句，实际上，BAN 逻辑在对安全协议进行理想化时，它将消息表达式和逻辑语句混杂在了一起。

（1）消息表达式

(X, Y)：表示两个消息表达式的连接，在 BAN 逻辑中连接满足结合性和交换性，有点类似于集合。

$\{X\}_K$：使用密钥 K 对消息表达式进行加密，其中 K 可以是私钥、公钥、对称密钥。

$<X>_Y$：表示消息表达式 X 和 Y 之间的连接，其中 Y 作为一个共享秘密，用以认证发出消息表达式 $<X>_Y$ 的主体。

（2）逻辑语句

$P|\equiv X$：表示主体 P 相信 X 或者 P 有能力相信 X。值得一提的是，这也代表了 P 将表现得好像 X 是真的一样，而不管实际上 X 是否成立；在 BAN 逻辑中，X 既可以是逻辑语句也可以是消息表达式。

$P \lhd X$：表示主体 P 看见 X，也就说在某一主体发送给 P 的消息中包含 X，这也意味着 P 可以解读以及重放 X。

$P|\sim X$：表示主体 P 发送过（说过）X，也就是说主体 P 所发送的消息中包含 X，而不管这条消息是本次会话所发送的还是很久以前的。

$P|\Rightarrow X$：表示主体 P 对 X 有仲裁权。P 对 X 有完全的控制能力，对其可靠性负责，同时相信 X。在实际应用中，P 一般是认证服务器或者是证书服务器，或者其他可信的第三方。

$\#(X)$：表示消息表达式 X 是新鲜的，X 从未在以前的协议会话中担任过新鲜性保证。是实际应用中，随机位串、时间戳都用来保证新鲜性。

$P \xleftrightarrow{K} Q$：表示 K 是 P 与 Q 之间用于通信的一个"好的"会话密钥。所谓"好的"是指：K 只被 P 和 Q 以及他们所信任的第三方所知道。

$\xmapsto{+K} P$：表示 K 是主体 P 的公钥。相应的私钥 K^{-1} 不会被除 P 以及 P 所信任的第三方以外的主体所发现。

$P \xleftrightarrow{X} Q$：表示 X 是一个仅有 P 和 Q 以及他们所信任的第三方所知道的秘密。P 和 Q 可以用 X 来互相认证对方的身份。一般来说，X 既是新鲜的，又是保密的。在实际应用中，X 很有可能是一段密码或者口令。

3. 基本推导规则

BAN 逻辑是一种简略的逻辑方法。BAN 逻辑的作者希望 BAN 逻辑能够解释和提炼绝大多数安全协议的核心和本质，而忽略一些特例以及一些不重要的细节。因此，BAN 逻辑的推导规则简单，其逻辑合理性也非常明了。这里将给出 BAN 逻辑的一些代表性推导规则，全部的规则请自行参阅 BAN 逻辑相关文档。

(1)消息解释规则。该类规则涉及协议消息的解析。假设主体接收到一条使用共享密钥加密的消息，有以下推导规则：

$$\frac{P|\equiv P \xleftrightarrow{K} Q,\ P \triangleleft \{X\}_K}{P|\equiv Q|\sim X}.$$

该规则表示：如果主体 P 相信对称密钥 K 是 P 与 Q 之间通信的好的密钥，且他收到了使用密钥 K 加密的消息 X，那么他可以确信主体 Q 曾经发送过消息 X。这里有两点需要注意：主体 P 不能确信消息 X 是什么时候发送的，即 X 可能是一个"过去的"消息；主体 P 必须确信自己没有发送过 $\{X\}_K$，这点特别重要，主要针对的是反射攻击。除了针对对称密钥的消息解释规则，BAN 逻辑中还有公钥和共享秘密对应的消息解释规则，在此不再复述。

(2)临时值验证规则。BAN 逻辑中假设通信主体都是诚实、公正的。BAN 逻辑的作者给出了"诚实"的解释：主体相信他所说的消息。该假设存在某些问题，一是概念模糊，缺乏完备性；二是实际上协议的攻击者往往有可能是一个"恶意"的合法通信主体，BAN 逻辑的这个假设很有可能使其忽略了某些协议漏洞。下面给出具体推导规则：

$$\frac{P|\equiv \#(X),\ P|\equiv Q|\sim X}{P|\equiv Q|\equiv X}.$$

该规则说明如果主体相信 X 是新鲜的，且主体 Q 说过 X，则根据"主体的诚实性"假设，主体 P 相信主体 Q 相信 X。

(3)仲裁规则。具体的推导规则为：

$$\frac{P|\equiv Q|\Rightarrow X,\ P|\equiv Q|\equiv X}{P|\equiv X}.$$

该规则是说：如果主体 P 相信主体 Q 对 X 拥有仲裁权，那么 P 相信 Q 所相信的 X。

(4)信仰规则。信仰规则基于如下事实：主体 P 相信一组语句当且仅当 P 相信该集合中的所有语句。下面给出具体表达式：

$$\frac{P|\equiv X,\ P|\equiv Y}{P|\equiv (X,\ Y)};\quad \frac{P|\equiv (X,\ Y)}{P|\equiv X};\quad \frac{P|\equiv Q|\equiv (X,\ Y)}{P|\equiv Q|\equiv X}.$$

(5)发送规则。发送规则和信仰规则非常类似，即主体 P 说过一个表达式组，那么相当于 P 说过该组中的每一个表达式。然而相反的结论不能成立，即使主体 P 相信 Q 说过 X 和 Y，他也不能相信 Q 同时说过 X、Y。具体表达式为：

$$\frac{P|\equiv Q|\sim (X,\ Y)}{P|\equiv Q|\sim X}.$$

(6)接收规则。接收规则阐述了主体能够看到的表达式的集合，其推导规则为：

$$\frac{P \triangleleft (X,\ Y)}{P \triangleleft (X)};\quad \frac{P \triangleleft (X)_Y}{P \triangleleft X};\quad \frac{P|\equiv P \xleftrightarrow{K} Q,\ P \triangleleft (X)_K}{P \triangleleft X}$$

$$\frac{P|\equiv \xmapsto{+K} P,\ P \triangleleft (X)_K}{P \triangleleft (X)};\quad \frac{P|\equiv \xmapsto{+K} Q,\ P \triangleleft (X)_{K^{-1}}}{P \triangleleft (X)}.$$

这里需要注意的是，BAN 逻辑假设主体 P 能够忽略自己发送的消息即他能够分辨某一个消息是不是他自己发出的。这一假设看似十分简单，但是在 BAN 逻辑中是一个非常重要的假设，它使 BAN 逻辑能够检测出"反射攻击"和"重放攻击"。但是，令人遗憾的是，BAN

逻辑没有给这个假设赋予明确的语义以及相应的推导规则，因此容易引起混淆。针对这一问题 GNY 逻辑提出了"Not Originated Here"概念，并将这一概念引入到推导规则中，从一定程度上弥补了 BAN 逻辑的缺陷。

(7)新鲜性规则。其表达式为：

$$\frac{P \mid \equiv \#(X)}{P \mid \equiv \#(X,\ Y)}.$$

该规则是指如果主体相信某 X 是新鲜的，那么 P 相信包含 X 的表达式组整体也是新鲜的。事实上，这一推导规则存在一些问题。比如，Y 的来源问题。如果不对 Y 做某些限定，如果滥用该推导规则，主体 P 会得到很多无用的新鲜性信仰。

(8)共享密钥的可交换性。具体表达式为：

$$\frac{P \mid \equiv R \xleftrightarrow{K} R'}{P \mid \equiv R' \xleftrightarrow{K} R};\ \frac{P \mid \equiv Q \mid \equiv R \xleftrightarrow{K} R'}{P \mid \equiv Q \mid \equiv R' \xleftrightarrow{K} R}.$$

该推导规则表示和"好的共享密钥"相关联的主体满足可交换性。

(9)共享秘密的可交换性。具体表达式为：

$$\frac{P \mid \equiv R \xleftrightarrow{X} R'}{P \mid \equiv R' \xleftrightarrow{X} R};\ \frac{P \mid \equiv Q \mid \equiv R \xleftrightarrow{X} R'}{P \mid \equiv Q \mid \equiv R' \xleftrightarrow{X} R}.$$

4. 安全协议的理想化

在实际应用中，安全协议中的消息只是一段段位串。我们需要将其中某些有特殊意义的位串抽象出来，用特殊的符号表示出来。比如假设协议中存在这样的一条消息：

$$P \to Q：message,$$

按照形式化方法，这条消息可能被形式化为：

$$A \to B：\{A,\ K_{ab}\}_{K_{bs}}.$$

表示主体 A 发送给主体 B 一条用 B 和可信服务器 S 的共享密钥 K_{bs} 加密的，包含 A 的标识符和共享密钥 K_{ab} 的消息。在实际应用中，这条消息很有可能是服务器 S 产生的，用来告诉主体 B 共享密钥 K_{ab} 是一个可以与主体 A 进行通信的会话密钥。因此，BAN 逻辑将这条消息进一步理想化为：

$$A \to B：\{A \xleftrightarrow{K_{ab}} B\}_{K_{bs}}.$$

BAN 逻辑理想化的要点：在进行理想化时，规定忽略某些不重要的消息以及消息要素。评判一个消息或要消息要素重要与否的评判标准是该消息或者消息元素是否能帮助主体建立新的信仰。一般来说，BAN 逻辑会忽略触发协议开始的提示性的明文消息。

规定忽略消息的明文部分(包括主体标识符、裸露的新鲜性标识符等)，因为 BAN 逻辑的作者认为协议中的明文是可以捏造的，它对于认证协议中的作用仅仅是提示加密的消息中可能含有哪些消息元素。

规定一个消息 m 可以被解释为一个消息表达式 X，如果消息的接收方 P 能够推断消息的发送方 Q 在发出消息 m 时相信表达式 X，需要注意的是 X 和 m 存在某种程度的关联(正如前面的理想化例子一样)。

通过对一个协议的理想化，分析者可以得到一个与底层密码实现无关的协议表示方式，这一过程是 BAN 逻辑分析的基础。然而，以上的 BAN 逻辑对于理想化描述还是非正式的、含有很多歧义和不明确的地方，这导致了协议分析者需要有足够的经验才能得到一个正确的协议理想化形式。下面是 BAN 逻辑的作者对于协议理想化困难性的一些描述：

对一条协议消息的理想化不能仅仅基于对其所在协议步骤的分析和理解，只有对整个协议的全面的了解，才能正确地建立该消息的理想化表示。

5. BAN 逻辑的推导过程

在介绍 BAN 逻辑的推导过程之前，我们先来介绍几个概念。

断言：指对某一事物或事实所下的结论。在 BAN 逻辑中，断言就是表达式。

注解：BAN 逻辑原文中对应的英文是 annotations，注解是断言的集合。注解的概念其实是手工分析时的产物，分析者在使用 BAN 逻辑进行分析时，需要在纸上的每条协议步骤旁边写上该步骤执行完毕后所能得到的新的断言，这些断言的集合就是注解。

初始化假设：指主体在协议执行之前就已经拥有的信仰以及某些事先存在的安全性保证。

有了以上概念，我们就可以切入正题了：

①将原始协议转换成理想化形式；

②建立安全协议的初始化假设；

③对理想化的协议做一遍初始化注解，作为相应协议步骤执行完毕之后针对协议状态的断言；

④使用推导规则对初始化假设和注解进行推导，从而产生新的断言和注解。步骤④将重复执行直到不再有新的断言产生为止。

BAN 逻辑的作者将安全协议看做由一系列"send 语句" S_1，S_2，…，S_n 组成，每条语句有如下形式：

$$P \rightarrow Q: X \ with \ P \neq Q,$$

注解包含 S_1 之前的断言，以及 S_n 和所有 S_i 之后的断言，断言是如下两种形式的逻辑语句：$P \mid \equiv X$ 和 $P \lhd X$。S_1 之前的断言是初始假设，S_n 之后的断言是推导结果。

下面是该结构的形式化表示：

$$[assumptions]S_1[assert1]\cdots[assumptions_{n-1}]S_n[conclusions].$$

BAN 逻辑的作者指出：如果初始假设和初始注解都成立，那么在协议分析过程中，这两个注解中的断言在一次会话中都成立；同时，新产生的断言在后续分析过程中也始终成立。这意味着，注解和初始假设中的断言集合在给定会话中式单调递增的。在 GNY 逻辑中，将这一特性归结为"表达式"稳定性，即一旦成立在一次会话中始终成立。这样一种分析模型，有效地简化了分析过程，使得一些自动化分析技术成为可能，但是也在某种程度上限制了 BAN 逻辑的适用范围。

6. BAN 逻辑中的认证协议目标

认证协议一般用来在主体之间协商一个合适的会话密钥。因此，绝大多数的认证协议的安全目标是类似的。BAN 逻辑中，将安全目标分为一级信仰和两级信仰。一级信仰为：

$$A \mid \equiv A \xleftrightarrow{K} B, \ B \mid \equiv A \xleftrightarrow{K} B;$$

表示主体 A 与 B 分别都拥有了共享密钥 K_{ab} 并且相信 K_{ab} 是它们之间通信的一个"好的会话密钥"。

二级信仰为：

$$A \mid \equiv B \mid \equiv A \xleftrightarrow{K} B, \ B \mid \equiv A \mid \equiv A \xleftrightarrow{K} B;$$

表示主体 A 相信 B 在本次会话中发送过消息，即 B 是本次协议会话的一个参与主体，通俗一点来讲，就是 B 参与过本次会话。

认证协议的安全目标还有很多种，除了以上"建立共享密钥"以外。还有一些认证协议用于传递数据片段。例如，证书服务器可能会传送公钥 K，使得 $A \mid \equiv \xmapsto{+K} B$。而有一些认证协议用于在主体 A 与 B 之间建立共享秘密，使得 $A \mid \equiv A \xleftrightarrow{N_a} B$。

7. 使用 BAN 逻辑进行协议分析

介绍了 BAN 逻辑的基本符号及其概念、推导规则、协议理想化、协议目标以及协议推导流程之后。我们就可以使用 BAN 逻辑来实际地对安全协议进行分析了。

1987 年 Otway 和 Ress 提出了用于共享密钥建立的认证协议——Otway-Ress 协议，协议涉及两个主体以及一个认证服务器。该协议能够使用较少的步骤提供很好的实时性保护，且协议没有利用同步时钟，而是基于随机位串。在协议中，使用 A、B、S 表示主体，K_{as}、K_{bs} 分别是主体 A、B 与 S 之间的共享密钥；N_a、N_b 是主体 A 与 B 产生的随机位串，M 是一个协议相关的标识符，不具有新鲜性；K_{ab} 是服务器产生的用于 A 与 B 之间通信的会话密钥。Otway-Ress 协议过程如下：

① $A \rightarrow B$: $M, A, B, \{N_a, M, A, B\}_{K_{as}}$;

② $B \rightarrow S$: $M, A, B, \{N_a, M, A, B\}_{K_{as}}, \{N_b, M, A, B\}_{K_{bs}}$;

③ $S \rightarrow B$: $M, \{N_a, K_{ab}\}_{K_{as}}, \{N_b, K_{ab}\}_{K_{bs}}$;

④ $B \rightarrow A$: $M, \{N_a, K_{ab}\}_{K_{as}}$.

在 BAN 逻辑原文中对该协议的描述如下：主体 A 先传送一条消息给 B，其中包含一段只对 S 有用的加密数据 C_A（包括 A、B 的标识符，M，以及 A 产生的随机位串）。B 产生类似的加密数据 C_B 连同 C_A 一起发送给 S。S 检查两段加密消息内的 M、A、B 是否一致，如果一致的话，就产生一个可靠的会话密钥 K_{ab}，将该密钥分别与 A、B 的随机位串连接后用对应的共享密钥加密后一起发送给 B，由 B 来转发给 A。协议的最后，A 与 B 解密消息，通过其中的 K_{ab} 来加密后续的会话。

（1）协议理想化。基于协议理性化准则，BAN 逻辑原文中忽略了 Otway-Ress 中的明文部分，同时将 M、A、B 整合为一个标识符 N_c，在③、④条消息中加入了形如 $P \mid \sim N_c$ 的表达式，这些表达式没有对应实际协议的任何部分，而是表达了如下事实：主体在发送该消息时，相信该表达式。协议理想化的具体过程如下：

① $A \rightarrow B$: $\{N_a, N_c\}_{K_{as}}$;

② $B \rightarrow S$: $\{N_a, N_c\}_{K_{as}}, \{N_b, N_c\}_{K_{bs}}$;

③ $S \rightarrow B$: $\{N_a, A \xleftrightarrow{K_{ab}} B, B \mid \sim N_c\}_{K_{as}}, \{N_b, A \xleftrightarrow{K_{ab}} B, A \mid \sim N_c\}_{K_{bs}}$;

④ $B \rightarrow A$: $\{N_a, A \xleftrightarrow{K_{ab}} B, B \mid \sim N_c\}_{K_{as}}$.

值得一提的是，原协议中的 K_{ab} 被替换为 $A \xleftrightarrow{K_{ab}} B$，假设主体 A 收到 N_a 和 K_{ab}，他能够推断出 K_{ab} 是用来与 B 通信的会话密钥。因为 A 通过第一条消息，将 N_a 与主体 B 建立起某种联系，当它收到和 N_a 同时出现在一条消息中的 K_{ab} 时，它能够推断出上述结论。

（2）初始化假设。初始化假设的过程见下面的信仰表达式。前面的①~④组信仰是关于主体和服务器之间的共享密钥；第⑤组表示服务器 S 相信由其产生的 K_{ab} 是主体 A 与 B 之间用于通信的好的密钥；中间的⑥～⑨组表示主体 A 和 B 对于服务器 S 产生一个好的会话密钥以及诚实转发消息的信仰；最后的⑩～⑫组是关于临时值新鲜性的信仰。

$$①A \mid \equiv A \xleftrightarrow{K_{as}} S;$$
$$②B \mid \equiv B \xleftrightarrow{K_{bs}} S;$$

$$③S \mid \equiv A \xleftrightarrow{K_{as}} S;$$
$$④S \mid \equiv B \xleftrightarrow{K_{bs}} S;$$

$$⑤S \mid \equiv A \xleftrightarrow{K_{ab}} B;$$
$$⑥A \mid \equiv (S \mid \Rightarrow A \xleftrightarrow{K_{ab}} B);$$

$$⑦B \mid \equiv (S \mid \Rightarrow A \xleftrightarrow{K_{ab}} B)$$
$$⑧A \mid \equiv (S \mid \Rightarrow (B \mid \sim X));$$

$$⑨B \mid \equiv (S \mid \Rightarrow (A \mid \sim X));$$
$$⑩A \mid \equiv \#(N_a);$$

$$⑪B \mid \equiv \#(N_b);$$
$$⑫A \mid \equiv \#(N_c)。$$

（3）协议分析。主体 A 将第一条消息发送给 B。现在 B 能看到密文消息 C_A，但是不能理解其含义，具体过程见下式：

$$B \triangleleft \{N_a, N_c\}_{K_{as}}.$$

B 根据第一条消息的明文产生类似于 C_A 的密文 C_B，并将它们一并发送给服务器 S。S 解密消息，并产生新的信仰：

$$S \mid \equiv A \mid \sim \{N_a, N_c\} \quad S \mid \equiv B \mid \sim \{N_b, N_c\}.$$

随后服务器 S 产生一个新的会话密钥 K_{ab}，并将其封装在两段密文消息中，分别发送给 A 和 B。主体 A，B 解密消息后，利用消息含义规则、临时值验证规则和仲裁规则产生以下信仰：

$$A \mid \equiv A \xleftrightarrow{K_{ab}} B; \quad B \mid \equiv A \xleftrightarrow{K_{ab}} B;$$
$$A \mid \equiv B \mid \equiv N_c; \quad B \mid \equiv A \mid \sim N_c.$$

经过分析，Otway-Ress 协议成功地得到了关于共享密钥 K_{ab} 的一级信仰，但没能得到相应的二级信仰。BAN 逻辑的作者认为主体 A 处在一个相对有利的地位，她确信 B 确实发送过 N_c 且 A 相信 N_c 是新鲜的，这使得 A 有理由相信 B 确实参与了本次会话。然而，这个结论是存在一定问题的。

协议分析者在使用 BAN 逻辑进行分析时，可以知道哪些前提假设可以推得相同的协议目标，这也意味着分析者可以通过削弱初始假设和协议强度来得到相同的安全目标。在 Otway-Ress 协议中，作者认为使用 N_c 就可以代替 N_a 来达成同样的功能，即协议中可以省略掉 N_a；且在第二条消息中 N_b 没有必要放在加密块中，完全可以以明文的形式发送出去。

2.6　本章小结

网络协议的安全是保证在网络上传输的数据安全的基本手段，研究网络安全通信协议及其完备性是网络安全这个问题的关键所在。本章从链路层、网络层、传输层、应用层分别阐述了 TCP/IP 协议簇协议的安全隐患，对其安全性进行逐一分析，并对几种典型的安全协议，如 SSL 协议、SNMP 协议、PGP 协议进行了较为详细的介绍，同时介绍了安全协议安全性分析的基本方法，较为系统地阐述了一种典型的形式化分析方法——BAN 逻辑分析法。

高等学校信息安全专业规划教材

习　题

1. 在 TCP/IP 协议簇中，IP 协议主要提供哪些功能？TCP 协议、UDP 协议、IP 协议存在哪些隐患？

2. 简述 SSL 协议提供了哪些安全服务？

3. 简述 SSL 协议的体系结构。

4. 在 SSL 协议中，什么是会话？什么是连接？二者有何关系？

5. SSL 的记录协议提供了哪些安全服务？

6. 请描述 SSL 记录协议的工作过程。

7. SSL 握手协议中客户机和服务器之间建立连接分为哪几个阶段？

8. SSL 协议中如何实现对服务器、客户的身份认证？

9. SNMP 的网络管理模型由哪几个部分组成？

10. 网络管理协议有什么样的功能？

11. 分析 SNMP 引擎实现发送和接收消息的过程，包括认证、加解密消息及访问控制。

12. 分析 SNMPv3 的安全性及存在的问题。

13. 简述 PGP 中加密和解密过程。

14. 简述 PGP 中签名及认证的过程。

15. PGP 中先签名后加密有什么优点？

16. PGP 中在签名之后加密之前进行压缩有什么优点？

17. 简述 PGP 中公钥环和私钥环的作用。

18. 简述 PGP 中签名及验证消息时使用密钥环的过程。

19. 简述 PGP 中加密及解密消息时使用密钥环的过程。

20. 为保证 PGP 中用户公钥的可靠性，可以采取哪些措施？

21. 安全协议的安全性分析主要包括哪两个方面？

22. 什么是 BAN 逻辑？简述 BAN 逻辑分析安全协议的步骤。

23. 分析 BAN 逻辑分析存在的优缺点以及存在的主要问题。

第 3 章 | 网络身份认证技术

网络身份认证指的是在计算机网络中指定用户系统出示自己身份的证明过程，通常是获得系统服务所必需的第一道关卡。在计算机网络这样一个开放的环境中，各种信息系统遭受的攻击，例如消息窃听、身份伪装、消息伪造与篡改、消息重放等，很多是建立在入侵者获得已经存在的通信通道或伪装身份与用户建立通信通道的基础上实施的。为了实施对系统的攻击，攻击者必须首先通过各种身份欺诈行为，伪装成合法用户进入到系统中。因此，身份认证技术对于计算机网络中各种信息系统的安全性尤为重要，是最直接也是最前沿的一道防线。

3.1　网络身份认证基础

3.1.1　身份认证系统概述

在计算机网络中，用户在登录安全系统前，必须首先向身份认证系统表明自己的身份。身份认证系统首先验证用户的真实性，然后根据授权数据库中用户的权限设置确定其是否有权访问所申请的资源。身份认证系统在整个安全系统中的地位极其重要，是最基本的安全服务，访问控制和审计系统等其他安全服务都要依赖于身份认证系统提供的信息——用户的身份。课件身份认证系统是整个安全系统中的基础设施，是最基本的安全服务。一旦身份认证系统被攻破，那么系统的所有安全措施将形同虚设。

一个身份认证系统一般由三方组成：一方是出示证件的人，称作示证者(Prover)，又称作申请者(Claimant)，提出某种要求；另一方为验证者(Verifier)，检验示证者提出的证件的正确性和合法性，决定是否满足其要求；第三方是攻击者，可以窃听和伪装示证者骗取验证者的信任。认证系统在必要时也会有第四方——可信赖者参与调解纠纷。称此类技术为身份认证技术，又称作识别(Identification)、实体认证(Entity Authentication)、身份证实(Identity Verification)等。

一般来说，对身份认证系统有如下要求：

(1)验证者正确识别合法示证者的概率极大化；

(2)不具可传递性(Transferability)，验证者 A 不可能重用示证者 B 提供给他的信息来伪装示证者 A，而成功地骗取其他人的验证，从而得到信任；

(3)攻击者伪装示证者欺骗验证者成功的概率要小到可以忽略的程度，特别是要能抵抗已知密文攻击，即能抵抗攻击者在截获示证者多次通信下伪装示证者欺骗的验证者；

(4)计算有效性，为实现身份认证所需的计算量要小；

(5)通信有效性，为实现身份认证所需通信次数和数据量要小；

(6)秘密参数能安全存储；

（7）交互识别，有些应用中要求双方能互相进行身份认证；

（8）第三方的实时参与，如在线公钥检索服务；

（9）第三方的可信赖性；

（10）可证明安全性。

（7）～（10）是有些身份认证系统提出的要求。

3.1.2 实现身份认证的基本途径

在现实世界，对用户的身份认证基本方法可以分为以下三种：

（1）根据你所知道的信息来证明你的身份（what you know，你知道什么），假设某些信息只有某个人知道，比如暗号等，通过询问这个信息就可以确认这个人的身份；

（2）根据你所拥有的东西来证明你的身份（what you have，你有什么），假设某一个东西只有某个人拥有，比如印章等，通过出示这个东西也可以确认个人的身份；

（3）直接根据独一无二的生物特征来证明你的身份（who you are，你是谁），比如指纹、面貌等。

在网络环境下，根据被认证方赖以证明身份的秘密不同，身份认证可以基于如下一个或几个因子实现：

（1）所知（Knowledge）。双方共享的数据，如密码、口令等，它利用的是 what you know 方法；

（2）所有（Possesses）。被认证方拥有的外部物理实体，如智能安全存储介质，它利用的是 what you have 方法；

（3）个人特征（Characteristics）被认证方所持有的生物特征，如指纹、声纹、虹膜、脸型等，它利用的是 who you are 方法。

在实际使用中，根据安全水平、系统通过率、用户可接受性、成本等因素，可以结合使用两种或三种身份认证因子来设计实现一个自动化的身份认证系统，如图 3-1 所示。

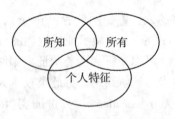

图 3-1 网络环境中身份认证的基本途径

身份认证系统的质量指标包括合法用户遭拒绝的概率，即拒绝率（False Rejection Rate，FRR）或续保率（Ⅰ 型错误率）；非法用户伪造身份成功的概率，即漏报率（False Acceptance Rate，FAR）（Ⅱ 型错误率）。为了保证系统有良好的服务质量，要求其 Ⅰ 型错误率要足够小；为了保证系统的安全性，要求其 Ⅱ 型错误率要足够小。这两个指标常常是相悖的，要根据目标信息系统不同的用途、安全性需求、经济型、用户的方便性等进行适当的折中选择。

3.1.3 身份认证系统的分类

可以按照以下方式对身份认证系统进行分类。

（1）按身份认证系统采用的认证技术分类

目前，实现身份认证的技术主要包括口令（通行字）认证、密码学认证和生物特征识别三类。口令认证是指认证系统通过比较用户输入的口令与系统内部存储的口令是否一致来判断用户的身份，它实现简单灵活，是最常见的一种认证方式，但存在口令容易泄露、以明文形式传输、存储在认证系统中等问题；密码学认证在密码学技术的基础上，设计一种身份认证协议，规定通信双方为了进行身份认证甚至建立会话密钥所需要进行交换的消息格式和次序，从而可有效抵抗口令猜测、地址假冒、中间人攻击、重放攻击等常见的网络攻击手段；生物特征识别利用个人的生理特征来实现，其不可复制性非常适用于面对面的身份验证，但由于计算机网络中一切信息都是由一组特定的数码来表示，计算机只能识别用户的数字身份，所以生物特征识别的不可复制性失去意义，网上传递可能存在重放攻击。

（2）按身份认证系统的认证目标分类

按身份认证系统的认证目标，可将当前的身份系统分为两类。第一类是以身份验证（Identity Verification）为目标的身份认证，即回答"你是否是你所声称的你？"，只对个人身份进行肯定或否定。一般方法是输入个人信息，经公式和算法运算所得的结果，与从卡上或库中保存的信息经公式和算法运算所得的结果进行比较，得出身份认证结论。第二类是以身份识别（Identity Recognition）为目标的身份认证，即回答"我是否知道你是谁"。一般方法是输入个人信息，经处理提取成模板信息，试着在存储数据库中搜索找出一个与之匹配的模板，然后得出身份认证结论。例如，确定一个人是否有前科的指纹验证系统。显然，身份识别要比身份验证在技术实现上有更大的难度。

（3）按身份认证系统是否具备仲裁人分类

根据系统是否具备仲裁人，可将认证系统分为有仲裁人认证系统和无仲裁人认证系统。传统的认证系统只考虑了通信双方互相信任，共同抵御敌方的主动攻击的情形，此时系统中只有参与通信的发送方和接收方以及发起攻击的敌方，而不需要裁决方。因此，称之为无仲裁人的身份认证系统。但在现实生活中，常常遇到的情形是通信双方并不互相信任，比如，发送方发送了一个消息后，否认曾发送过该消息；或者接收方接收到发送方发送的消息后，否认曾接收到发送方发送的信息或宣称接收到了自己伪造的不同于接收到的信息的另一个消息。一旦这种情况发生，就需要一个仲裁方来解决争端。这就是有仲裁人的身份认证系统的含义。有仲裁人的认证系统又可分为单个仲裁人认证系统和多个仲裁人认证系统。

此外，还可以根据系统是否具备数据加密传输功能，分为有保密功能的认证系统和无保密功能的认证系统，在此不详细叙述。

3.2　网络身份认证技术方法

3.2.1　基于口令的身份认证

1. 口令认证

基于口令的身份认证方法是最简单也是被广泛使用的一种身份认证方法。用户的口令可由用户在注册阶段自己设定，也可由系统通过某种安全的渠道提供给用户（邮寄、电子邮件等），系统在其数据库中保存用户的信息列表（用户名 ID+口令 Password）。当用户登录认证时，将自己的用户名和口令上传给服务器，服务器通过查询用户信息数据库来验证用户上传的认证信息是否和数据库中保存的用户列表信息相匹配。如果匹配则认为用户是合法用户，否则拒绝服务，并将认证结果回传给客户端。具体过程如图 3-2 所示。

对于基于口令的身份认证系统，最大的威胁就是口令泄露。通常来说，导致口令泄露的途径有以下几种：

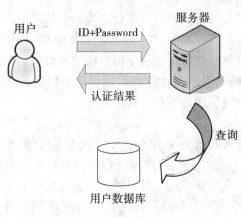

图3-2 基于口令的身份认证过程

（1）用户口令保存不当。用户为了防止忘记口令，常常会将口令记录在笔记本或者便条上，这就存在许多安全隐患，极易造成口令泄露。

（2）口令在用户端被窃取。用户在登录系统时，以明文方式输入口令，攻击者通过植入木马等恶意软件等手段，窃取用户的口令。

（3）在传输过程中被截获。大量的通信协议如 Telnet、FTP、HTTP 等都使用明文传输，这意味着网络中的窃听者只需使用协议分析器就能查看到认证信息，从而分析出用户的口令。即使用户在传输认证信息时先进行了加密处理，虽然能防止攻击者直接获得用户的认证信息，攻击者还是可以通过重放攻击，在新的登录请求中将截获的信息提交给服务器，也可以冒充该用户登录。

（4）口令在系统端被窃取。系统中所有用户的口令以文件形式存储在认证方，攻击者可以利用系统中存在的漏洞窃取系统的口令文件。

（5）字典或穷举攻击。许多用户为了防止口令遗忘，经常会采用生日、电话号码、人名等容易被他人猜到的有意义的字符串作为口令，这样很容易通过字典攻击来猜测到用户的口令。此外，如果用户口令较短，攻击者就会使用字符串的全集作为字典，来对用户口令进行穷举攻击，它是字典攻击的一种特殊形式。

（6）仿造服务器攻击。由于很多系统只能进行单向认证，即系统可以认证用户，而用户无法对系统进行认证，这样攻击者就可以通过伪造服务器来骗取用户的认证信息，然后冒充用户进行正常登录，也被称为网络钓鱼。

（7）不同级别口令重复。用户在访问多个不同安全级别的系统时，都要求用户提供口令，用户为了记忆的方便，往往采用相同的口令。而低安全级别系统的口令更容易被攻击者获得，从而用来对高安全级别系统进行攻击。

（8）系统内部人员泄露。系统内部工作人员可通过合法授权取得用户口令而非法使用。

显然，基于口令的身份认证技术存在非常多的安全隐患，需要对其加以改进。为此，人们提出了挑战/响应认证、一次性口令认证、动态口令认证等很多安全性增强的口令认证技术。

2. 挑战握手认证

图3-2 所示的是基于口令的身份认证方式，也称为 PAP（Password Authentication Protocol）认证。PAP 不是强身份认证协议，口令随用户的 ID 一起被发送至服务器端，对于窃听、重放或重复尝试和错误攻击没有任何保护，仅适用于对网络安全要求相对较低的环境。对 PAP 的改进产生了挑战握手认证协议（Challenge Handshake Authentication Protocol，CHAP），它采用"挑战/响应"（Challenge-Response）的方式，通过三次握手对被认证对象的身份进行周期性的认证。CHAP 的认证过程为：

（1）当用户需要访问系统时，先想系统发起连接请求，系统要求对用户进行 CHAP 认证，如果用户同意认证，并不是像 PAP 验证方式那样直接由用户输入密码，而首先由系统向用户发送一个作为身份认证请求的随机数，并同时将用户 ID 附带上一起作为挑战信息

（Challenge）发送给用户，如图 3-3 所示。

图 3-3　CHAP 的第一次握手

（2）用户得到系统的挑战信息后，便根据此报文用户 ID 和自己的用户表查找对应用户 ID 口令。如找到用户表中与验证方提供的相同的用户 ID，便利用接收到的随机数和该用户的口令，以 Hash 算法生成响应信息（Response），随后将响应信息和自己的用户 ID 发送给验证方，如图 3-4 所示。

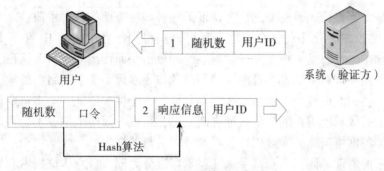

图 3-4　CHAP 的第二次握手

（3）验证方接到此响应信息后，利用对方的用户 ID 在自己的用户表中查找自己系统中保留的口令，找到后再用自己的口令和随机数，以 Hash 算法生成结果，与被验证方应答比较。验证成功验证服务器会发送一条 ACK 报文（Success），身份认证得到承认，否则会发送一条 NAK 报文（Failure），并切断服务连接，如图 3-5 所示。

（4）经过一定的随机间隔，系统发送一个新的挑战信息给用户，重复步骤 1 到步骤 3。

使用 CHAP 认证的安全性除了本地口令存储的安全性外，网络上的安全性则在于挑战信息的长度、随机数的随机性和单向 Hash 算法的可靠性。

CHAP 身份认证的优点是：只在网络上传输用户名，而不直接传输用户口令，Hash 算法不可逆，响应信息即使被捕获到也无法破解，因此它的安全性要比 PAP 高；CHAP 认证方式使用不同的挑战信息，每个信息都是不可能预测的唯一值，这样就可以防范重放攻击。不断重复挑战可以限制了单个攻击的暴露时间和认证者可控制挑战的频度；虽然该认证是单向的，但是在两个方向都进行 CHAP 协商，同一密钥可以很容易的实现交互认证。

CHAP 身份认证的缺点是：口令必须是明文信息进行保存，而且不能防止中间人攻击；在大型系统中不适用，因为每个可能的密钥由链路的两端共同维护；过程繁琐，耗费带宽。

3. 动态口令认证

动态口令（Dynamic Password）认证也被称为一次性口令（One-Time Password，OTP）认证，

高等学校信息安全专业规划教材

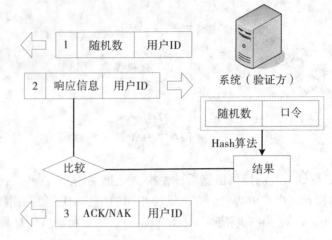

图 3-5 CHAP 的第三次握手

是一种强认证技术，是增强目前静态口令认证的一种非常方便的技术手段。

通过监听 TCP/IP 网络中的信息，攻击者可以获得用户登录用的 ID 和口令，这些信息不管是否经过加密，都有助于攻击者发动对系统的攻击。而使用动态口令认证，网络中传送的用户口令只使用一次后就销毁，且用户使用的源口令永远不会在网络上传输，这样就可以保护用户口令不会因此而被攻击者窃取，提高系统的安全性。因此，动态口令认证技术被认为是目前能够最有效解决用户的身份认证方式之一，可以有效防范黑客木马盗窃用户账户口令、假网站等多种网络问题，导致用户的财产或者资料的损失。

根据所采用的原理不同，动态口令认证技术可以分为同步口令认证技术和异步口令认证技术两种，其中同步口令认证又可分为时间同步和事件同步。

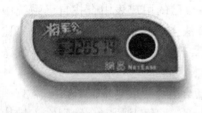

图 3-6 动态口令生成器

基于时间同步的动态口令认证是把时间作为变动因子，一般以 60 秒作为变化单位。所谓"同步"是指用户动态口令生成器所产生的口令在时间上必须和认证服务器同步，不然产生的动态口令无法令用户完成身份认证。因此，要求认证服务器能够十分精准地保持正确的时钟，同时对其口令生成器的晶振频率有严格的要求。在实际使用中，保持口令生成器和认证服务器的时间完全相同有一定的困难，所以通常允许存在一定的时间差异，比如 5 分钟。图 3-6 为网易公司时间同步动态口令认证系统所采用的动态口令生成器产品。

基于事件同步的动态口令认证时把已经生成动态口令次数(即事件序列)作为动态口令生成器和认证服务器计算动态口令的一个运算因子，与动态口令生成器和认证服务器上的共同密钥产生动态口令。其运算机理决定了其整个工作流程同时钟无关，不受时钟的影响。由于算法的一致性，其口令是预先可知的，通过口令生成器，认证双方都可以预先知道今后的多个口令，存在口令泄露的风险，且用户多次无目的的生产动态口令后，会导致口令生成器和服务器之间失去同步。

异步口令认证技术又被称为挑战/响应方式的认证技术，在进行身份认证时，系统产生一个挑战码(随机数)发送给用户，客户端通过单向 Hash 算法将用户的口令和挑战码进行运算，并把结果发送给认证系统，系统用同样的方法对结果进行验证。由于每个用户的口令不同，不同的用户对同样的挑战值计算出的结果也不同，且这个结果只能使用一次，所以能保证很高的安全性。目前在实际应用中，最典型也是最广泛使用的异步口令认证技术是 S/Key 认证，下面对 S/Key 认证做一个详细的介绍。

S/Key 认证系统的组成一般包括两部分，即客户端和 S/Key 服务器。客户端用于为用户提供登录进程，并在得到服务器的挑战信息(Challenge)时，获取用户口令，并调用口令模块形成本次认证的响应信息(Response)，然后发送给 S/Key 服务器。S/Key 服务器则用于产生挑战信息，随后检验客户端的一次性口令响应。

从理论上说，S/Key 身份认证很容易实现，主要有以下几个步骤：

(1)在初始化阶段，选取一个口令 pw、一个数 n 以及一个 Hash 算法 f，S/Key 服务器会同时给客户端发送一个种子 $seed$，这个种子往往是以明文的形式传输。口令计算模块会通过 n 次应用 Hash 算法 f，计算 $y = f^n(pw+seed)$，y 的值将通过客户端发送并存储在 S/Key 服务器上。

(2)用户在首次登录时，利用口令计算模块计算 $y' = f^{n-1}(pw+seed)$，客户端将 y' 的值作为响应信息发送至 S/Key 服务器，服务器计算 $z = f(y')$，并与 S/Key 服务器上存储的 y 值进行比较，若 $z = y$，则验证成功，允许用户正常的访问系统，n 值减 1，并用 y' 的值取代服务器上的 y 的值，否则的话，服务器就会拒绝用户登录。

(3)用户下次登录时，利用口令计算模块计算 $y'' = f^{n-2}(pw+seed)$，作为本次登录的响应信息，登录成功，n 值减 1，依次类推，直至 $n=1$。

从以上步骤可以看出，S/Key 服务器的挑战信息实际上是由迭代值 n 和种子 $seed$ 两部分构成。n 的初始值通常会设定为 1~100 之间的一个数，且 n 值每次递减的值可以不为 1。

S/Key 对用户实现身份认证的理论依据基于 Hash 算法的单向性，S/Key 标准中定义的 Hash 算法有三个标准接口，即 MD4、MD5 和 SHA。口令和种子经过 Hash 变换，产生一个固定长度的输出，S/Key 再将此输出折叠成 64 位的一次性口令，不过让用户手工输入 64 位的一次性口令可能会比较吃力，所以，有些 S/Key 客户端，提供了直接复制粘贴的功能，避免了用户手工输入的麻烦。此外，该 64 位的一次性口令也可以被转换成一个由 6 个英文单词组成的短语，每个单词长 1~4 个字母，取自一个词典(共 2048 个单词)，每个单词编码长为 11 位，所有的一次性口令可以被编码，此编码余下的 2 位(11×6-64＝2)用于存储校验和。

在 S/Key 认证中，用户的口令不会在网络上进行传输，也不会存储在服务器端和客户端的任何地方，只有用户本人知道，故此口令不会被窃取；依据 Hash 算法的单向性(即已知散列结果，要求出被散列内容在计算上是不可行的)，服务器端在已知本次登录的口令时，是不可能依次推导出下次用户认证的动态口令，这样即使某次用户登录所使用的动态口令在网络传输过程中被捕获，或者攻击者在 S/Key 服务器中窃取了该口令，也无法再次使用；最后，S/Key 认证系统实现简单，成本不高，用户使用很方便。

S/Key 认证的不足之处有以下几点：

(1)动态口令数量有限

由于迭代次数有限，用户登录一定次数后，当动态口令用完时，就需要用户对 S/Key

认证服务进行重新初始化。

（2）不能防范伪造服务器攻击

S/Key 认证是一种单向认证，无法向用户认证系统服务器的真实性，不能防范伪造服务器攻击。

（3）不适合应用于分布式认证

为了防止重放攻击，系统认证服务器具有唯一性，不适合应用在分布式身份认证。

（4）依赖于公开算法

S/Key 口令认证的理论依据基于 Hash 算法的单向性，所采用的算法是公开的，当有关这种算法可逆计算研究有了新进展时，系统将不得不重新选用其他更安全的 Hash 算法。

（5）可能遭遇小数攻击

在 S/Key 系统中，种子和迭代值均采用明文传输，黑客可利用小数攻击来获取一系列口令冒充合法用户。即当用户向服务器请求认证时，攻击者截取服务器传来的种子和迭代值，并修改迭代值为较小值，假冒服务器，将得到的种子和较小的迭代值发给用户，并再次截取用户计算得到的动态口令，利用已知的 Hash 算法依次计算较大迭代值的动态口令，从而可获得用户后继的动态口令。

除了上述动态口令技术外，目前使用得比较多的动态口令技术还有手机令牌技术、短信密码技术和矩阵卡技术。手机令牌技术是由运行在智能手机上的程序通过 SIM 卡（可能还有软证书等方式）产生动态口令；短信密码技术则是系统通过发送一串随机数字的短信给用户，用户在某一时限范围内，发送该串随机数字给认证系统实现身份认证；矩阵卡技术则是在一张卡片上预先印刷好一些随机的数字，用户在每次登录时，系统会要求用户按某一规则输入卡片上的部分数字，就达到了用户这次和下次登录输入的密码内容不一样的效果。

4. 图形密码认证

传统的基于口令的身份认证技术是依据用户提交的用户 ID 和相应的文本口令，这种字符式口令存在诸多缺点，这些缺点极易演变为安全问题。图形密码是利用人们对图形记忆要优于对文本记忆的特点设计的一种新型密码。用户不用记忆冗长的字符串，而是通过识别或记住图形来进行身份验证。并且，如果可能的图形数量足够多，图形密码的密钥空间可以远远超过文本密码，因此，图形密码能够提供比文本密码更强的安全性。

根据图形密码身份认证方案实现的方式不同，图形密码可以分为两类：基于识别型和基于回忆型的图形密码。

基于识别型的图形密码身份认证要求用户记忆预先选定的一些特定图片，在认证阶段系统从图案库中随机产生一组图片，让用户从中间选择预先设定的图片，从而实现身份验证的过程。实验结果显示 90% 的参与者成功地完成了验证。而相比之下，只有 70% 的参与者完成了使用文本口令和 Pins 口令的验证，这是由于记忆误差造成的。这表明图片是非常有效的记忆方法。

基于回忆型的图形密码身份验证则是要求用户重复以前设定的一个过程。例如，在一种基于回忆型的图形密码身份认证方法中，设定密码时候系统要求用户在 2d 栅格上画出口令。在验证阶段，系统显示同样的栅格要求用户重复原来的设定过程，如果用户画出的图形按照以前设定的顺序经过相同的方格则通过验证。另一种身份认证方法要求用户一个图形上预先按顺序点击一些位置，在身份验证阶段重复此过程。图 3-7 为目前智能手机使用的比较广泛的一种基于回忆型的图形密码。

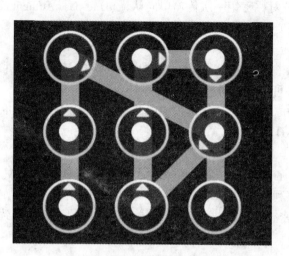

图 3-7　基于回忆型的图形密码

从一则新闻中也可以看出图形密码具备一定的安全性：FBI 在 2012 年的一份联邦法院文件中证实，为了调查一个圣地亚哥的嫌犯，调查局申请了法院调查令并获准破解他的手机以获取一些信息，但 FBI 的专家对这位嫌犯的智能手机进行了"大量的破解尝试"，却最终没能过得了屏幕图形密码锁这一关。这是因为图形密码与传统文本密码相比较，可以通过增大图案库的容量来扩大口令空间，提高系统的安全性，而传统的字符只有 94 个（包括空格），其口令空间受到限制。从攻击者的角度看，攻击者必须了解并精确复制系统图库，难度加大。图形密码采用鼠标输入，比传统密码的键盘输入更加难以猜测。攻击者使用间谍软件来跟踪键盘输入容易，但是跟踪鼠标输入困难，并且由于用户输入图形操作和用户当前所使用的图形窗口位置、大小以及时间信息都有关，盗取密码更加困难。从保管口令的角度看，图形更不容易泄露给其他人。

3.2.2　基于加密体制的身份认证

1. 基于对称密码的身份认证

对称密码指的是密钥采用单钥体制，即加解密都是用同一组密钥进行运算，对称密码体制下的挑战/响应机制要求示证者和验证者共享对称密钥。根据是否存在可信的第三方参与到身份认证过程中，对称密码身份认证可以分为无可信第三方认证和有可信第三方认证两种。通常无可信第三方的对称密码认证用于只有少量用户的封闭系统，而有可信第三方的对称密码认证则可用在规模较大的系统中。

（1）无可信第三方的对称密码认证

无可信第三方的对称密码认证的基本思想是验证者通过生成一个随机数作为挑战信息发送给示证者，示证者利用二者共享的密钥对该挑战信息进行加密，并传回给验证者，验证者通过解密密文来验证示证者的身份是否合法。

下面基于 ISO 9798 标准，对无可信第三方的对称密码认证过程进行简要描述。

符号说明：A→B：表示 A 向 B 发送信息；$E_k(x)$ 表示用认证双方共享的密钥 K 对 x 进行加密；Text1、Text2 等属于可选项；‖ 表示比特链接；R_A 表示 A 生成的一次性随机数；TN_A 表示由 A 生成的时间戳或序列号。

■ 无可信第三方对称密钥一次传输单向认证（One-pass Authentication）

A→B：$\text{Token}_{AB} = \text{Text2} \parallel E_k(\text{TN}_A \parallel B \parallel \text{Text1})$

其中，Token_{AB} 中的 B 是可选项。

A 首先生成 Token_{AB} 并将其发送给 B；B 收到 Token_{AB} 后，解密并验证 B（如果包含）和 TN_A 是否可接受，如果可接受则通过认证，否则拒绝。

■ 无可信第三方对称密钥二次传输单向认证（Two-pass Authentication）

① B→A：$R_B \parallel \text{Text1}$；

② A→B：$\text{Token}_{AB} = \text{Text3} \parallel E_k(R_B \parallel B \parallel \text{Text2})$。

如图 3-8 所示，B 首先生成一个随机数 R_B 作为挑战信息发送给 A（可附带可选项 Text1）；A 根据接收到的 R_B，利用双方共享密钥加密生成响应信息 Token_{AB} 并发送回 B；在收到 Token_{AB} 后，B 通过解密查看随机数 R_B 是否与挑战消息中的一致，一致则接收 A 的认证，否则拒绝。

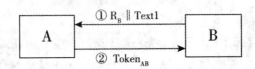

图 3-8　对称密钥二次传输单向认证

■ 无可信第三方对称密钥二次传输双向认证（Two-pass Authentication）

① A→B：$\text{Token}_{AB} = \text{Text2} \parallel E_k(\text{TN}_A \parallel B \parallel \text{Text1})$。

② B→A：$\text{Token}_{BA} = \text{Text4} \parallel E_k(\text{TN}_B \parallel A \parallel \text{Text3})$。

与对称密钥一次传输单向认证一样，Token_{AB} 和 Token_{BA} 中的 A、B 也是可选项。

如图 3-9 所示，A 生成 Token_{AB} 并将其发送给 B；B 收到 Token_{AB} 后，解密并验证 B（如果包含）和 TN_A 是否可接受，如果可接受则通过认证；同样的，B 也可以生成 Token_{BA} 并来完成 A 对 B 的认证。需要说明的是，这两次认证的过程都是各自独立的。

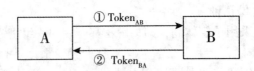

图 3-9　对称密钥二次传输双向认证

■ 无可信第三方对称密钥三次传输双向认证

① B→A：$R_B \parallel \text{Text1}$；

② A→B：$\text{Token}_{AB} = \text{Text3} \parallel E_k(R_A \parallel R_B \parallel B \parallel \text{Text2})$；

③ B→A：$\text{Token}_{BA} = \text{Text5} \parallel E_k(R_B \parallel R_A \parallel \text{Text4})$。

如图 3-10 所示，B 首先生成一个随机数 R_B 作为挑战信息发送给 A（可附带可选项 Text1）；A 生成一个随机数 R_A，根据接收到的 R_B，利用双方共享密钥加密生成响应信息 Token_{AB} 并发送回 B；在收到 Token_{AB} 后，B 通过解密查看随机数 R_B 是否与挑战消息①中的一致，如果一致则接收 A 的认证，并将 R_A 和 R_B 加密后生成响应消息 Token_{BA} 发送给 A；A 收到 Token$_{BA}$ 后，通过解密检查 R$_A$ 和 R$_B$ 是否与之前传输的一致，如果一直则接收 B 的认证，否则拒绝。

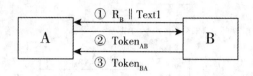

图 3-10 对称密钥三次传输双向认证

以上 4 个基于对称密码体制的身份认证协议，由于加密只能提供消息的保密性，但没有提供合适的数据完整性服务，所以在 ISO 9798 标准的第 4 部分又重新给出了基于带密钥的 Hash 函数的认证标准，感兴趣的读者可以自行查阅相关资料。

（2）有可信第三方的对称密码认证

与无可信第三方的对称密码认证技术相比，有可信第三方的对称密码认证技术的认证双方并不使用共享的密钥，而是各自与可信的第三方之间共享一个密钥。

下面同样基于 ISO 9798 标准，对有可信第三方的对称密码认证过程进行简要描述。

假设认证过程执行之前，认证的双方 A 和 B 已经分别安全地获得与可信的第三方——认证服务器 P 之间的共享密钥 E$_{AP}$ 和 E$_{BP}$。

■ 有可信第三方的对称密钥四次传输双向认证

① A→P：TVP$_A$ ‖ B ‖ Text1；

② P→A：Token$_{PA}$ = Text4 ‖ E$_{AP}$(TVP$_A$ ‖ K$_{AB}$ ‖ B ‖ Text3) ‖ E$_{BP}$(TN$_P$ ‖ K$_{AB}$ ‖ A ‖ Text2)；

③ A→B：Token$_{AB}$ = Text6 ‖ E$_{BP}$(TN$_P$ ‖ K$_{AB}$ ‖ A ‖ Text2) ‖ K$_{AB}$(TN$_A$ ‖ B ‖ Text5)；

④ B→A：Token$_{BA}$ = Text8 ‖ K$_{AB}$(TN$_B$ ‖ A ‖ Text7)。

如图 3-11 所示，A 产生一个时间变量参数 TVP$_A$，附带另一方 B 的 ID 以及一个可选的附加信息 Text1 发送给可信的第三方 P；P 生成 A、B 双方的会话密钥 K$_{AB}$，并分别用 E$_{AP}$ 和 E$_{BP}$ 加密后，合并生成消息 Token$_{PA}$ 发送给 A；在收到信息 Token$_{PA}$ 后，A 解密 Token$_{PA}$ 并获得 TVP$_A$、B 和 A、B 双方的会话密钥 K$_{AB}$，A 检查 TVP$_A$ 和 B 的是否正确；如果检查正确，A 从中 Token$_{PA}$ 提取 "E$_{BP}$(TN$_P$ ‖ K$_{AB}$ ‖ B ‖ Text2)"，并利用 A、B 双方的会话密钥加密 "(TN$_A$ ‖ B ‖ Text5)"，然后将它们合并生成消息 Token$_{AB}$ 发送给 B；B 收到消息 Token$_{AB}$ 后，解密 "E$_{BP}$(TN$_P$ ‖ K$_{AB}$ ‖ B ‖ Text2)" 获得 K$_{AB}$，并利用其解密 "K$_{AB}$(TN$_A$ ‖ B ‖ Text5)"，B 根据解密得到的内容，检查用户 ID——A、B，时间戳或序列号 TN$_P$、TN$_A$ 的正确性；如果 B 检查正确，则向 A 发送消息 Token$_{BA}$；最后 A 通过解密 Token$_{BA}$ 检查 TN$_B$ 和用户 ID 是否正确，如果正确则完成整个认证过程。

如果只需要实现 A 向 B 的单向认证，则 B 在收到消息 Token$_{AB}$ 后，只需检查该消息正确与否，如果正确，则可通过对 A 的身份认证，其后的过程可省略。

■ 有可信第三方的对称密钥五次传输双向认证

① B→A：R$_B$ ‖ Text1；

② A→P：R$_A$ ‖ R$_B$ ‖ B ‖ Text2；

③ P→A：Token$_{PA}$ = Text5 ‖ E$_{AP}$(R$_A$ ‖ K$_{AB}$ ‖ B ‖ Text4) ‖ E$_{BP}$(R$_B$ ‖ K$_{AB}$ ‖ A ‖ Text3)；

④ A→B：Token$_{AB}$ = Text7 ‖ E$_{BP}$(R$_B$ ‖ K$_{AB}$ ‖ A ‖ Text3) ‖ K$_{AB}$(R′$_A$ ‖ R$_B$ ‖ Text6)；

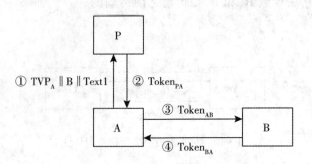

图 3-11　有可信第三方的对称密钥四次传输双向认证

⑤ B→A：$Token_{BA} = Text9 \| K_{AB}(R_B \| R'_A \| Text8)$.

如图 3-12 所示，B 首先产生一个随机数 R_B 并将其发送给 A(可附带可选项 Text1)；A 产生一个随机数 R_A，并联合 R_B 和 B 的 ID 一起发送至可信的第三方 P；P 生成 A、B 双方的会话密钥 K_{AB}，分别联合 R_A 和 R_B，再分别用 E_{AP} 和 E_{BP} 加密后，合并生成消息 $Token_{PA}$ 发送给 A；A 收到消息 $Token_{PA}$ 后，通过解密得到 K_{AB}，并检查一并得到的 R_A 和 B 的 ID 的正确性；如果检查正确，A 在产生一个随机数 R'_A，R'_A 和 R_B 一起用 K_{AB} 进行加密，并将加密得到的内容和从中 $Token_{PA}$ 提取得到的内容"$E_{BP}(R_B \| K_{AB} \| A \| Text3)$"一起作为消息 $Token_{AB}$ 发送给 B；B 收到消息 $Token_{AB}$ 后，解密"$E_{BP}(R_B \| K_{AB} \| A \| Text3)$"获得 K_{AB}，并利用其解密"$K_{AB}(R'_A \| R_B \| Text6)$"，B 根据解密得到的内容，检查用户 A 的 ID 的正确性以及两次解密获得的 R_B 值是否一致；如果 B 检查正确，则向 A 发送消息 $Token_{BA}$；最后 A 通过解密 $Token_{BA}$ 检查 R'_A 和 R_B 是否正确，如果正确则完成整个认证过程。

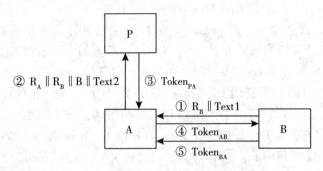

图 3-12　有可信第三方的对称密钥五次传输双向认证

与有可信第三方的对称密钥四次传输身份认证相同，如果只需要实现 A 向 B 的单向认证，则 B 在收到消息 $Token_{AB}$ 后，只需检查该消息正确与否，如果正确，则可通过对 A 的身份认证，其后的过程可省略。

2. 基于公钥密码体制的身份认证

基于公钥密码体制的身份认证一般有两种思路来实现。一种是验证方 A 发出一个明文挑战信息(一般为随机数)给被验证方 B；B 在收到挑战信息后，用自己的私钥对明文信息进行加密，并发送给 A；A 收到加密的信息后，利用 B 的公钥对加密信息进行解密，如果解密得到的挑战信息与之前发送给 B 的挑战信息相同，则可以确定 B 身份的合法性。另一种是在认证开始时，A 将挑战信息利用 B 的公钥加密并发送给 B；B 在利用自己的私钥进行解密，获得挑战信息的内容，并将其返回给 A；A 可以根据收到的挑战信息的正确性来确定 B 身份的合法性。

以下给出一个简化的公钥密码体制的身份认证协议：

① A→B：$E_B(R_A \| A)$；

② B→A：$E_A(R_A \| R_B)$；

③ A→B：$E_B(R_B)$。

在该协议中，A 首先生成一个随机数 R_A，并联合自己的身份信息，利用 B 的公钥加密后发送给 B；B 收到消息①后，利用自己的私钥进行解密，得到 R_A，并生成另一个随机数 R_B，利用 A 的公钥对 R_A 和 R_B 进行加密并发送给 A；A 收到消息②后，利用自己的私钥进行解密，得到 R_A 和 R_B，如果 R_A 与之前发送给 B 的相同，则承认 B 身份的合法性，并在利用 B 的公钥对 R_B 进行加密发送给 B；B 收到消息③后，解密验证的正确性，如果通过验证，则承认 A 身份的合法性，完成整个双向认证的过程。

该协议存在一个漏洞，攻击者可以通过两次并行允许该协议进行有效的攻击，过程如下：

第一次运行该协议：

① A→I：$E_I(R_A \| A)$；

第二次运行该协议：

② I→B：$E_B(R_A \| A)$；

③ B→I：$E_A(R_A \| R_B)$；

④ I→A：$E_A(R_A \| R_B)$；

⑤ A→I：$E_I(R_B)$；

⑥ I→B：$E_B(R_B)$。

从以上过程可以看出，攻击者 I 通过解密消息①和⑤获取认证所需要的随机数 R_A 和 R_B，消息④则是消息③的重放。上述协议运行完毕，B 认为他与 A 共享秘密 R_B，实际上则是与 I 共享，I 假冒 A 成功，攻击有效。

改进的方式是在原协议的消息②中加入 B 的身份标识，这样 A 收到该消息后，发现标识与声称者身份不一致，即知道受到了攻击者的攻击。

如果在认证的基础上还需要建立一个秘密的共享会话密钥，可通过多种不同的方式实现，以下是一个典型的协议：

① A→B：Ra；

② B→A：Rb ‖ Ea(Ks) ‖ Sb(A ‖ Ra ‖ Rb ‖ Ea(Ks))；

③ A→B：Sa(B ‖ Rb)。

这里 Ex( ) 是使用 x 的公开密钥进行加密。Sx( ) 是使用 x 的私有密钥进行签名。

该协议执行过程是：A 发送给 B 一个一次性随机数；B 收到 A 发送的消息后，B 选择一个会话密钥 Ks，随后用 A 的公开密钥加密，连同签名一并发送给 A；当 A 收到第二条消息后，用自己的私有密钥解密还得到会话密钥 Ks，并用 B 的公开密钥验证签名，随后 A 发送使用私有密钥签名的随机数 Rb，当 B 收到该消息后，他知道 A 收到了第二条消息，并且只有 A 能够发出第三条消息。

如果认证双方都不知道对方的公开密钥，这时往往需要一个可信的第三方 T 保存并为

高等学校信息安全专业规划教材

他们提供对方的公开密钥。以下给出一个简单的存在可信第三方的公钥密码认证协议，称为Denning-Sacco 认证协议：

① A→T：A∥B；

② T→A：$S_T(B∥E_B)∥S_T(A∥E_A)$；

③ A→B：$E_B(S_A(K_{AB}∥T_A))∥S_T(B∥E_B)∥S_T(A∥E_A)$.

A 首先把自己和 B 的用户标识发送给 T，说明自己想与 B 进行身份认证；T 则用自己的私钥 S_T 分别对 A 和 B 的公钥 E_A、E_B 加密后发送给 A；A 用自己的私钥解密消息②得到 B 的公钥；A 向 B 传送随机会话密钥 K_{AB}、时间标记 T_A（都用 A 自己私钥签名并用 B 的公钥加密），以及两个用 T 的私钥加过密的 A、B 双方的公开密钥；B 用私钥解密 A 的消息，然后用 A 的公钥验证签名，以确信时间标记仍有效。

Denning-Sacco 认证协议是有缺陷的，在和 A 一起完成协议后，B 能够伪装是 A，其步骤是：

①B→T：B∥C；

②T→B：$ST(C∥KC)∥ST(B∥KB)$；

③B(A)→C：$EC(SA(K∥TA))∥ST(C∥KC)∥ST(A∥KA)$.

B 将以前从 A 那里接收的会话密钥和时间标记的签名用 C 的公钥加密，并和 A 和 C 的证书一起发给 C；C 用私钥解密 A 的消息，然后用 A 的公钥验证签名；检查并确信时间标记仍有效；C 现在认为正在与 A 交谈，B 成功地欺骗了 C。在时间标记截止前，B 可以欺骗任何人。

这个问题容易解决。在第(3)步的加密消息内加上名字 $EB(SA(A∥B∥K∥TA))∥ST(A∥KA)∥ST(B∥KB)$。因为这一步清楚地表明是 A 和 B 在通信，所以现在 B 就不可能对 C 重放旧消息。

由于使用公钥方式进行身份认证时需要实现知道对方的公钥，从安全性、使用方便性和可管理性出发，需要一个可信的第三方来分发公钥，并且一旦出现问题也需要权威中间机构进行仲裁，在实际的网络环境中，一般采用公钥基础设施(Public Key Infrastructure，PKI)的方式来实现公钥的管理与分发，在本章下一节将对 PKI 进行一个详细的描述。

3.2.3　基于个人特征的身份认证

基于个人特征的身份认证是指通过自动化技术利用人体的生理特征和(或)行为特征进行身份鉴定。生理特征的特点是与生俱来、独一无二、随身携带，如指纹、虹膜、视网膜、DNA 等；而行为特征则是指人类后天养成的习惯性行为特点，如笔记、声纹、步态等。

个人特征认证的核心在于如何获取这些生物特征，并将之转换为数字信息，存储于计算机中，利用可靠的匹配算法来完成验证与识别个人身份的过程。所有的生物识别系统都包括如下几个处理过程：采集、解码、比对和匹配。理论上，只要满足以下条件的人体物理或行为特征才可以用来作为识别个人身份：

①普遍性：每个人都应该具有这一特征；

②唯一性：每个人在这一特征上有不同的表现；

③稳定性：这一特征不会随着年龄的增长、时间的改变而改变；

④易采集性：这一特征应该是容易测量的；

⑤可接受性：人们是否接受这种生物识别方式。

下面，简要介绍一下几种常见的基于个人特征的身份认证方法：

（1）指纹识别。生理学研究已经证明，人类都拥有自己独特的、持久不变的指纹。指纹识别技术是最早通过计算机实现的身份认证手段，也是应用最为广泛的个人特征识别技术之一。指纹识别处理包括对指纹图像采集、指纹图像处理特征提取、特征值的比对与匹配等过程。许多研究表明指纹识别在所有生物识别技术中是对人体最不构成侵犯的一种技术手段。目前，全球范围内都建立了指纹鉴定机构以及罪犯指纹数据库，指纹鉴定已经被官方所接受，成为司法部门有效的身份鉴定手段。

指纹识别的优点是：没有两个人（包括孪生化）的皮肤纹路图样是完全相同的，相同的可能性不到 10^{-10}，因此指纹具有高度的独特性；指纹纹脊的样式终生不变，指纹不会随着人的年龄的增长或身体健康程度的变化而变化，因此指纹识别具有很强的稳定性；最后，目前已有标准的指纹样本库，可以极大地方便指纹识别系统的软件开发，并且识别系统中完成指纹采样功能的硬件部分（即指纹采集仪）也较易实现。

指纹识别的不足之处有：由于每个指纹都存在几个独一无二的可测量的特征点，每个特征点约有 7 个特征，10 个手指至少有近 5000 个特征，因此存储指纹数据库的容量要求足够大；再有，指纹的获取大多采用指纹触摸传感器，如果手指皮肤上有伤疤、过于干燥或潮湿，都会影响指纹获取的质量，最终影响指纹识别的效果。

（2）声纹识别。所谓声纹（Voice Print）是用电声学仪器显示的携带言语信息的声波频谱。每个人说话声音各有其特点，任何两个人的声纹图谱都不可能完全一致，所以可以用声纹来实现身份认证。但是虽然每个人的声音都有相对的稳定性，但也可能由于来自生理、病理、心理、模拟、伪装或者环境的干扰，每个人的声音也存在变异性。尽管如此，在一般情况下，声纹的鉴定仍能区别不同的人或法定是同一人的声音，从而可以进行身份认证。

（3）视网膜识别。人眼球视网膜的中央动脉，在眼底至视神经乳头处分为上下两支，然后在视网膜颞侧上下及鼻侧上下再分为 4 支小动脉，各支小动脉再逐级分得更细、更小，以至在视网膜上形成四通八达的毛细血管网，此即临床医生观察眼底诊病的眼底血管图。在20 世纪 30 年代，通过研究就得出了人类眼球后部血管分布唯一性的理论，除了患有眼疾或者严重的脑外伤外，视网膜的结构形式在人的一生当中都相当稳定。实际应用表面，视网膜识别的效果非常理想，如果注册人数小于 200 万时，其 I 型和 II 型错误率都为 0，所需时间为秒级，在要求可靠性高的场合可以发挥作用。

（4）虹膜识别。人眼虹膜位于眼角膜之后，水晶体之前，其颜色因含色素的多少与分布不同而异。我国除个别少数民族外，多呈棕色。透过角膜可见虹膜呈圆盘状，中央有一小孔称瞳孔，瞳孔依环境的明暗，可自动缩小或扩大。圆盘状的虹膜以中央的瞳孔为中心，向周围有辐射状的纹理和小凹。虹膜辨识系统使用一台摄像机来捕捉样本，然后由软件来对所得数据与储存的模板进行比较。到目前为止，虹膜识别的错误率是各种生物特征识别中最低的。每个人虹膜的结构各不相同，并且这种独特的虹膜结构在人的一生几乎不发生变化。

（5）脸型识别。脸型识别系统根据人脸各部分，如眼睛、鼻子、唇部、下颚等器官的相互位置，以及它们的形状和尺寸来区分人脸。与基于指纹的人体生物识别技术相比，脸型识别是一种更直接、更方便、更友好、更容易被人们接受的识别方法。脸型识别的缺点是不可靠，脸像会随年龄变化，而且容易被伪装。

除上述方法外，基于个人特征的身份认证方法还有手写签名识别、耳廓识别、红外温谱图识别、步态识别、DNA 识别等，这些识别技术均有其优劣之处，人们往往需要融合多种生物特征来实现高精度的识别系统。

3.2.4 基于零知识证明的身份认证

1. 零知识证明的基本原理

基于零知识证明的身份认证技术的出现是因为前述的各种认证技术均要泄露一定的信息。如果示证者出示或说出秘密，可以使别人相信，但同时也使别人知道或掌握了这一秘密，这是最大泄露证明。另一方式是以一种有效的数学方法，使验证者可以检验示证的每一步都成立，最终确信示证者知道其秘密，而又能保证不泄露示证者所知道的信息，这就是零知识证明。零知识证明技术可使信息的拥有者无须泄露任何信息就能够向验证者或者任何第三方证明它拥有该信息，以证明自己的身份。

可以通过一个洞穴问题来解释零知识证明的基本原理，如图3-13所示。C和D之间存在一个密门，并且只有知道咒语的人才能打开。P知道咒语并想对V证明，但证明过程中不想泄露咒语。

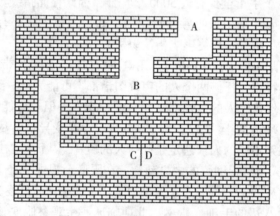

图3-13 零知识洞穴问题示意图

步骤如下：

① V站在A点；

② P一直走进洞穴，到达C点或者D点；

③ 在P消失在洞穴中之后，V走到B点；

④ V随机选择左通道或者右通道，要求P从该通道出来；

⑤ P从V要求的通道出来，如果有必要就用咒语打开密门；

⑥ P和V重复步骤①~⑤n次。

如果P不知道这个咒语，那么只能从进去的路出来，如果在协议的每一轮中P都能按V要求的通道出来，那么P所有n次都猜中的概率是$1/2^n$。经过16轮后，P只有1/65536的机会猜中。于是V可以假定，如果所有16次P的证明都是有效的，那么他一定知道开启C点和D点间的密门的咒语。

2. 零知识证明的举例

(1)哈米尔顿回路(Hamiltonian Cyclic)

在图论中，图G中的某一条线路其始点和终点相重合的路径，称为图G的一条回路，若回路通过且只通过一次图的每个顶点，则称为哈米尔顿回路。假设图 G 有 n 个顶点，当 n 很大时，要想找到一条哈米尔顿回路，用计算机做也要好多年，这是一个 NPC 问题，可以看成一种单向函数问题。若 P 知道一条回路，如何使 V 相信他知道，且不告诉他具体的路径？

①P 将图 G 进行随机置换，对其顶点进行移动，并改变其标号得到一个新的有限图 H，图 G 与图 H 同构，一直图 G 上的哈米尔顿回路可以很容易地找出图 H 上相应的哈米尔顿回路；P 将图 H 发送给 V。

②V 随机地要求 P 做下述两件工作之一：证明图 G 和图 H 同构；指出图 H 的一条哈米尔顿回路。

③P 根据要求做下述两件工作之一：证明图 G 和图 H 同构，但不指出图 G 或图 H 的哈米尔顿回路；指出图 H 的一条哈米尔顿回路，但不证明图 G 和图 H 同构。

④P 和 V 重复执行步骤①至步骤③n 次。

上述协议执行完毕后，V 无法获得任何信息使自己可以构造图 G 的哈米尔顿回路，因此该协议是零知识证明协议。若 P 知道图 G 上的哈米尔顿回路，则总能根据 V 的要求正确地完成步骤③。因为图 G 与图 H 同构，构造图 G 的哈米尔顿回路和构造图 H 的哈米尔顿回路同样困难，若 P 不知道图 G 上的哈米尔顿回路，则不能给出图 H 上哈米尔顿回路，其只有 50% 的可能正确应付 V 的挑战，对于 n 次重复，则无能为力应付。每次重复执行，P 都随机地构造一个与图 G 同构的新图，因此不论协议重复执行多少次，V 都得不到任何有关构造图 G 的哈米尔顿回路的信息。

（2）Feige-Fiat-shamir 零知识身份认证协议的简化方案

可信赖仲裁选定一个随机模数 n，n 是一个大的奇合数，且为两个大素数乘积，且要求 n 应至少为 512bit，尽量接近 1024bit。仲裁方产生随机数 v，使 $x^2 = v \bmod n$，即 v 为模 n 的平方剩余，且有 $v^{-1} \bmod n$ 存在。以 v 作为 P 的公钥，而后计算最小的整数 s：$s = \text{sqrt}(v^{-1}) \bmod n$ 作为 P 的私钥。实施身份证明协议的步骤如下：

①用户 P 取随机数 r，这里 $r<n$，计算 $x = r^2 \bmod m$，把 x 送给 V；

②V 把一个随机 bit b 送给 P；

③若 $b=0$，则 P 将 r 送给 V；若 $b=1$，则 P 将 $y=rs$ 送给 V；

④若 $b=0$，则 V 验证 $x=r^2 \bmod m$，从而证实 P 知道 sqrt(x)；若 $b=1$，则 V 验证 $x=y^2 \cdot v \bmod m$，从而证实 P 知道 s。

这是一轮鉴定，P 和 V 可将此协议重复 t 次，直到 V 相信 P 知道 s 为止。

该协议时一个分割协议，如果 P 不知道 s，他可以选择 r，送 $x^2 = v \bmod n$ 给 V，V 送 b 给 P。当 $b=0$ 时，V 可通过检验，当 $b=1$ 是，则 V 可发现 A 不知道 s，即 V 执行一次协议的受骗概率为 1/2，但连续 t 次受骗的概率仅为 2^{-t}。

攻击该协议的另一种方法是 V 试图冒充 P，他和另一个验证者 W 开始进行这个协议，在步骤①，他用曾看到 P 用过的 r，而不是随机选取 r，然而 W 在步骤②选取和 V 所选取的 b 值相同的可能性为 50%，V 连续 t 次欺骗 W 的可能性也只有 2^{-t}。

除以上介绍的零知识证明协议外，还有可多次执行的并行零知识证明、非交互式零知识证明等，在此不详细介绍，感兴趣的读者可以自行查阅相关资料。

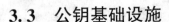

3.3 公钥基础设施

随着 Internet 的发展，虚拟社区中的通信实体很难确认对方的真实身份。早期，建设密钥管理中心，通过密钥管理中心作为中介，共同管理各实体的对称密钥。在这种模式下的密钥分发要基于秘密信道，随着用户的增多，密钥对呈指数增加，密钥分发存在很大的问题。

1976 年 Diffie 和 Hellman 在《密码新方向》中提出了著名的 DH 密钥交换协议，标志着公钥密码体制的出现。Diffie 和 Hellman 第一次提出了不用基于秘密信道的密钥分发，这就是 DH 协议的重大意义所在。

公钥基础设施 PKI（Public Key Infrastructure）是一个用公钥概念与技术来实施和提供安全服务的具有普适性的安全基础设施。公钥基础设施 PKI 希望从技术上解决网上身份认证、电子信息的完整性和不可否认性等安全问题，为网络应用（如浏览器、电子邮件、电子商务等）提供了可靠的安全服务。

PKI 在 20 世纪 80 年代由美国学者提出。实际上，授权管理基础设施、安全时间戳服务系统、安全保密管理系统、统一的安全电子政务平台等的构筑都离不开 PKI 的支持。数字证书认证中心 CA（Certificate Authority）、审核注册中心 RA（Registration Authority）都是组成 PKI 的关键组件。作为提供信息安全服务的公共基础设施，PKI 是目前公认的保障网络社会安全的最佳体系。

从根本上讲，PKI 是表示和管理信任关系的工具；在数字化社会中，实体间建立信任关系的关键是能彼此确定对方的身份；PKI 通过证书（Certificate）把公钥和身份关联起来，以提供可认证性、信息的秘密性、信息完整性、不可否认性等服务。

3.3.1 PKI 提供的服务

1. 基本服务

PKI 安全平台能够提供智能化的信任与有效授权服务。其中，信任服务主要是解决在茫茫网海中如何确认"你是你、我是我、他是他"的问题。授权服务主要是解决在网络中"每个实体能干什么"的问题。授权管理基础设施 PMI 是在网络上建立有效授权的选择。

根据美国国家标准技术局的描述，在网络通信和网络交易中，特别是在电子政务和电子商务业务中，最需要的安全保证包括四个方面：身份标识和认证、保密或隐私、数据完整性和不可否认性。PKI 提供的服务主要包括以下三个方面。

（1）认证

认证就是确认一个实体确实是他自己申明的实体。在应用程序中通常有两种情形：

①实体鉴别：服务器只是简单地认证实体本身的身份，并不把实体将要进行的操作关联起来。往往实体鉴别是访问控制的基础。

②数据来源鉴别：确认某一指定电子数据是否来源于某个特定的实体。数据来源鉴别的目的是为了确定被鉴别的实体与这些指定数据有不可分割的静态联系，这一过程用来支持不可认服务。

身份认证的方式很多，但可划分为四类：

①你拥有什么（如智能卡、令牌等）；

②你知道什么（如口令、PIN 等）；

③你身体的一些特征(指纹、视网膜等);

④你做的事情(如手写签名等)。

根据在一次身份认证过程中使用的认证方式的数量,分为单因素身份认证和多因素身份认证(以双因素身份认证和三因素身份认证较为常见)。单因素身份认证指完成一次身份认证过程只需要采用上述四类身份认证方式中的一种,如只要输入口令,或者只要划卡,或者只需要指纹等。双因素身份认证方案要求同时采用两类认证方法,如在银行的自动柜员机上取款的情形,需要用户插卡,并且输入正确的口令。在安全性需求很高的环境中,把生物特征认证系统和令牌结合起来,采用"三因素"方案(如口令、智能卡、指纹相结合等)。

PKI 认证服务使用数字签名来确认身份。在大多数 PKI 认证服务中,基本过程是向待认证实体出示一项随机质询数据。实体必须用自己的私钥对质询数据签名或者加密,这依赖于他们的密钥使用类型。如果质询者能用实体证书中的公钥验证签名或者解密数据,那么实体就被认证了。值得一提的是,质询者还应该验证实体证书链,检查每个证书是否在有效期内和证书中密钥的使用是否得当。在某些服务中,被认证实体随认证响应一起送出其证书(和证书链)。在其他服务中,认证服务则从证书目录中获取证书。

(2)机密性

机密性就是确保数据的秘密:除了指定的实体外,无人能读出这段数据。这一服务用来保护主体的敏感数据在网络中传输和非授权泄露时,自己不会受到威胁。PKI 的机密性服务是一个框架结构,通过它可以完成算法协商和密钥交换,而且对参与通信的实体是完全透明的。

PKI 的机密性服务采用了如下机制(假设 Alice 与 Bob 通信):

①Alice 生成一个对称密钥(或者使用自己的密钥交换私钥和 Bob 的密钥交换公钥生成);

②用对称密钥加密数据;

③将加密后的数据以及 Alice 的密钥交换公钥或 Bob 的加密公钥加密后的对称密钥发送给 Bob;

④Bob 收到数据;

⑤Bob 用自己的解密私钥(或 Alice 的密钥交换公钥和自己的密钥交换私钥)生成对称密钥;

⑥Bob 用对称密钥解密,还原出原始数据。

(3)完整性

数据的完整性就是经过检查,确认数据没有被非法修改。这些数据包括在存储状态下的数据和在传输过程中的数据。显然,在任何商业或电子交易环境中,这种确认是很重要的。通常在希望提供数据完整性服务的实体和需要验证数据完整性的实体之间,需要协商合适的密码算法和密钥。PKI 可以以一种完全透明的方式在实体间完成这种协商。

PKI 的完整性服务可以采用两种技术之一。第一种是数字签名,即可以提供认证(就是实体认证),也可以保证被签名数据的完整性。这是密码杂凑算法和签名算法的必然结果;输入数据的任何变化都可能引起输出数据大小的不可预测的变化。换句话说,如果数据在"then"和"here"或"then"和"now"之间进行了修改(无论是事故还是人为故意操作),签名验证就会失败,接受方显然不能收到完整的数据。从另一方面讲,如果签名通过了验证,接受方很可能是收到了原始的数据(就是未经修改的数据)。

完整性采用的第二种技术就是消息认证码或 MAC。这项技术通常采用对称分组密码(如 DES-CBC-MAC)或密码杂凑函数(如 HMAC-SHA-1)。这种技术需要合适的机制获得共享密钥。例如，Alice 希望向 Bob 发送完整的数据，而 Bob 有加密公钥，Alice 可以采用以下步骤来实现：

①产生新的对称密钥；

②使用新的对称密钥生成数据 MAC；

③用 Bob 的加密公钥加密对称密钥；

④将数据和加密后的密钥一起发送给 Bob。

类似地，如果 Bob 拥有密钥交换公钥，Alice 可采用如下步骤：

①使用 Bob 的密钥交换公钥和自己的密钥交换私钥混合生成对称密钥；

②使用对称密钥生成数 MAC；

③将数据和她的公钥证书交给 Bob。

Bob 能使用 Alice 的公钥和自己的私钥重新生成对称密钥来验证数据的完整性。如果没有使用数字签名来提供数据的完整性服务，就应该使用一个好的密码 MAC 函数。

2. 支撑的服务

PKI 支撑的服务主要包括不可否认服务、安全时间戳、安全公证服务、在线状态查询、授权与访问控制等。这些服务建立在 PKI 核心服务之上，并不是 PKI 本身所固有的功能。根据实际情况，某一个 PKI 可以选择性地支持部分或全部服务。

(1)不可否认服务

不可否认用于从技术上保证实体对他们的行为的诚实。最通常谈论的是对数据来源的不可否认(这种情况就是用户不能否认消息或文件来源于他)和接受后的不可否认(这种情况就是用户不能否认接受了信息和文件)。基本想法是用户用密码的手段认可某个行为，以证明事后否认自己的行为是蓄意的。

不可否认服务为当事双方间发生的相互作用提供不可否认的事实。同身份认证相反，不可否认服务关注于一个具体行为并验证当事双方打算而且确实参与了这个行为。举个例子，因特网的银行用户在付账时把自己的活期存款转账到商家账户，这时他希望得到的就是不可否认服务。用户希望能够确保如果事后商家声称未收到付款，银行也不能否认款项的确已经划过去了。与此类似，网上银行则希望确保用户不可否认自己曾经做过的转账。

"不可否认"是人们在谈论 PKI 领域时频繁提到的一个词，但令人遗憾的是人们通常并不懂得"不可否认"的全面含义。例如，单有数字签名并不能给不可否认提供足够的凭证。不可否认的主要标准来自国际标准化组织(ISO)。涉及不可否认的 ISO 标准有开放分布式处理参考模型、X.400 系列标准以及 X.800 系列标准。根据开放分布式处理参考模型，"不可否认功能就是要防止涉及交互过程的对象否认参与了整个或部分交互过程"。ISO/IEC 13888 声明："对于一个特定的应用程序，只有在为其清晰定义的安全策略及法律环境下，才能提供不可否认服务。""不可否认服务的目标是收集、维护、提供以及验证不可否认的证据。"

ISO 标准为不可否认服务定义了一组详尽的角色，包括如下角色：

①数据生成者：交互过程中数据的最初来源；

②数据接收者：数据的最初接收方；

③证据生成者：生成不可否认证据的实体；

④证据用户：在交互过程中使用不可否认证据的实体；

⑤证据检验者：检验不可否认证据是否有效的实体；

⑥公证人：提供数据生成者和(或)接收者可能需要的功能的实体。

（2）安全时间戳

安全时间戳就是一个可信的时间权威机构用一段可认证的完整的数据表示时间戳。最重要的不是时间本身的准确性，而是相关时间/日期的安全，以证明两个事件发生的先后关系。在 PKI 中，它依赖于认证和完整性服务。

安全时间戳服务用来证明一组数据在某个特定时间是否存在。它可以被用于证明像电子交易或文档签名这样的电子行为的发生时间。如果行为具有法律或资金方面的影响，那么时间戳就尤其有用了。例如，可以证明一份投标书的提交时间是否在截止期限之前等。

总的说来，时间戳服务遵循一种简单的请求/响应模型。希望得到安全时间戳的实体发送一个请求给时间戳服务者，请求中包含了等待加戳的数据的散列值。时间戳服务从自己的时间源获取一个时间值，把数据散列值与时间值放在一起，用时间服务者的私钥进行签名。要使时间服务有意义，其时间源必须像原子钟那样高度精确。因为时间戳服务只需要数据散列值，而不需要数据本身，因此这项服务完全可以是匿名的。为了进一步提高安全性，时间戳服务者可以把具有时间戳的文件散列值发布于公共媒体(如报纸)。如果对时间戳发生了争议——也就是说，某个质询者想追溯一个时间戳，那么这个质询者就可以从报纸中找出已发布的散列值，再对照报纸发行时间，从而解决争议。

（3）安全公证服务

安全公证服务模仿实际公证过程。在实际公证过程中，公证人签名声明了这样一点：一位公平的目击者监督了一个文件的签名过程。经过训练，公证人员可具有三个主要职能：肯定签名者身份、确定签名者签名意愿(是否是被强迫签名的)、评价签名者对签名后果的知晓程度。在过去，请求公证服务的人必须亲自带上文件去见公证人。一些数字签名法正在改变这一要求。例如，在美国部分地区，数字签名可以作为传统公证签名的等价方式，法律并不要求签名者亲自去见公证人或者机构。有的公证机构担心这会削弱公证的职能。尽管远程数字公证服务可以要求用户表明自己对签名将造成的影响的知晓程度，但在确定签名者的意愿时却无能为力。随着人们更多地使用数字公证，为数字公证服务制定的法规或许会逐渐形成。实际上，对电子公证现在有几种不同的解释。一种解释同安全时间服务非常相似，不同的是公证服务要对加时间戳的行为进行记录，记录内容包括提交的散列值、运算求出的安全时间戳以及有关请求者的信息。另一种解释更接近于实际的公证服务：用户把用自己私钥签名的文档提交给公证员。提交行为可以通过电子邮件、W 表单或其他电子提交手段进行。这样公证员就成为了文档和签名的“目击证人”。然后公证服务对原始文档加上原始签名的散列值签名。公证服务必须对自己签过名的文件进行记录，记录内容包括文档加上原始签名的散列值、公证员“目击”签名的时间以及公证员的签名。

PKI 支撑的公证服务与“数据认证”是同义词。就是说公证人证明数据是有效的或正确的，而正确的意义取决于数据被验证的方式。例如，如果被证明的数据是基于某一杂凑值的数字签名，在下列情形下，公证人可以证明签名是有效的：

①用相关的公钥进行运算，在数学上验证签名是正确的；

②被申明用于签名的公钥仍是合法的；

③在签名过程中所需的其他数据(例如，在验证证书中涉及的其他证书)可信且能够获得。

　　PKI 的公证人是一个被其他 PKI 实体所信任的实体，能够正确地提供公证服务。通过数字签名机制证明数据的正确性；所以其他实体需要保存公证人的验证公钥的正确拷贝，以验证和相信作为公证的签名数据。公证服务依赖于认证服务。在通常情况下它还需要安全时间戳服务的支持，因为公证人需要在数据公证结构中包含公证的时间。

　　(4)授权与访问控制

　　授权(Authentication)是确定允许你做什么的过程。授权往往结合认证来进行。实体通过认证(并且可能被鉴定)之后，可能被允许做他想做的事情，比如接入系统、读取文件等。然而，更多的情况是，只有特定的一些实体才具备做某些特定的事情的资格。例如，只有员工的上级才能批准员工的请假。在电子世界中，授权依赖于所使用的认证(可能还有身份)和一组规则来确定是否允许某一实体在该系统中访问特定的系统或者功能。例如，如果参加网校的远程教育课程，那么将只被授权查阅已经付费订阅的相关课程的学习资料。

　　这里介绍一下授权和认证两个概念之间的区别和相似点。认证关心的是实体是谁，与此相关联的是实体的身份。授权关心的是允许一个实体看什么或做什么。授权并不正式请求远程连接网络的实体就是 Bob，它只是说，如果是 Bob 就允许介入。

　　在很多环境中，认证和授权必须协调工作。没有授权的认证只可以用于某些目的(例如数据来源鉴别)。而另一方面，没有认证的授权是没有价值的(因为在没有决定某个特定实体的身份或属于某个特定组或具有某个角色的情况下，该实体的特权是没有用的)。

　　在有些环境中，特权的委托是很有用的。特权委托有两种方式：隐式委托和显示委托。隐式委托指从权威机构获得特权的特权持有者可以私自将自己的特权委托给第三方，无需权威机构记录和认可；显式委托指特权持有者将特权委托给第三方的行为需要权威机构的记录和认可。因此，显式委托带有审计记录，是可审计的委托。对于验证实体来说，可以清楚检查从权威机构到终端特权持有者的委托路径。

3.3.2　公钥基础设施体系结构

　　为了实现 PKI 规定的各项服务，应该考虑如何将 PKI 的各组件与服务结合在一起，建立一个合理的体系结构。它规定了 PKI 组件间的相互作用。

　　X.509 标准规定了数字证书的格式和使用领域，以及公开密钥的分配过程。作为一个主要标准，它需要适应于众多使用领域，允许证书内容有可选的变化，并支持多种可能的操作模型。它能够为特定团体或者领域的应用定义 X.509 功能子集，以允许更多的互操作版本。

　　公开密钥基础设施 X.509(Public Key Infrastructure X.509，PKIX)工作组由 Internet 工程任务组(Internet Engineering Task Force，IETF)组成，用来规定证书概要文件集合和操作模型，使其适于在 Internet 上部署 X.509 公开密钥。

　　PKIX 定义了公钥基础设施的大部分功能，主要有：注册、初始化、认证、密钥对恢复、密钥产生、密钥更新、交叉证书、撤销、证书和撤销通知的分发/公布等。为支持它的体系结构模型，PKIX 撰写了文档来描述五个主要领域。这些领域包括：X.509 V3 证书和 V2 证书撤销列表概要文件、操作协议、管理协议、策略概要、时间戳与日期认证服务等。

　　这些文档细化了基本 X.509 的描述。概要文件提供的 X.509 子集包括了一些公认的有用扩展项。另外，对于在不同环境下的互联网操作，扩展可以被标识为关键的或者可选的。操作和管理协议描述 PKIX 兼容组件为了彼此互操作必须支持的消息。管理协议规定了如何利用现有 Internet 协议提供的服务(如 FTP、HTTP 等)来支持 PKIX 模型。策略概要描述了应该如何使用证书或者应该如何操作 PKI 组件。在大多数情况下，应该提供文件来控制 PKI 操作，概要是 PKI 执行关于这些文件种类的指示或指南。时间戳与日期认证服务是一个辅助服务。

1. 数字证书

数字证书专指电子形式的证书。Kohnfelder 在他 1978 年的学士论文《发展一种实用的公钥密码系统》中第一次引入了数字证书的概念。通过数字证书把公钥传递给一个证书使用者。简单地讲，公钥证书就是用来绑定实体姓名(及其他相关属性)和相应公钥的。

实际上，数字证书的形式不止一种，主要有：

①X. 509 公钥证书；

②简单 PKI(Simple Public Key Infrastructure)证书；

③PGP(Pretty Good Privacy)证书；

④属性(Attribute)证书。

以上数字证书的格式各不相同。有的类型的数字证书还定义了几种不同的版本。每种版本本身也可能有几种不同的实现方式。例如，X. 509 公钥证书就有 3 种版本。版本 1 是版本 2 的子集，版本 2 又是版本 3 的子集。因为版本 3 的公钥证书包括几种可选的不同扩展，所以它能表现为不同的应用方式。例如，安全电子交易(SET)证书就是 X. 509 第 3 版的公钥证书结合专门为 SET 交易定制的特别扩展而成的。

在不产生歧义的情况下，在本书中提到的证书(或数字证书)仅仅是指在 X. 509 建议中定义的第 3 版本的公钥证书。任何其他类型的证书在本书中都会有进一步的说明以免引起混淆。

X. 509 公钥证书的 3 种版本格式都是确定的。在 1988 年的 X. 509 建议中规定了第 1 版公钥证书，由于它缺乏支持其他额外属性的扩展能力，所以不具有灵活性。第 2 版的公钥证书在灵活性方面做了一点改进，但没有得到广泛的接受。在 1997 年的 X. 509 建议中，第 3 版的公钥证书修正了前两版的不足，特别是版本 3 在扩展支持方面做了重大改进与提高。所以，第 3 版本的公钥证书具有相当的灵活性，它所具备的多项扩展能够很好地满足企业的要求，因此得到了企业的广泛支持。

X. 509 数字证书有两种主要类型：终端实体证书和 CA 证书。终端实体证书(End-entity Certificate)的主体(持有者)不能再给另外的实体颁发证书。CA 证书(CA Certificate)的主体是认证机构，可以颁发终端实体证书(和其他类型证书)。CA 证书由证书中的基本限制(Basic Constraints)扩展字段标识指明所颁发的是 CA 证书。基本限制字段将在后面的证书格式中解释。CA 证书又包括自颁发证书、自签名证书和交叉证书三种形式。

(1)数字证书的格式

为保证证书的真实性和完整性，证书均由其颁发机构进行数字签名。X. 509 公钥证书是专为 Internet 的应用环境制定的，但很多建议都可以应用于企业环境。第 3 版的证书结构如图 3-14 所示。

图 3-14 中的各字段说明如下：

①版本号(Version Number)：标示证书的版本(版本 1、版本 2 或是版本 3)。第 1 版证书偶尔还可以见到，而第 2 版短期内即被发现有缺陷，很快就被第 3 版取代了。

②序列号(Serial Number)：由证书颁发者分配的本证书的唯一标识符。特定 CA 颁发的每一个证书的序列号都是唯一的。

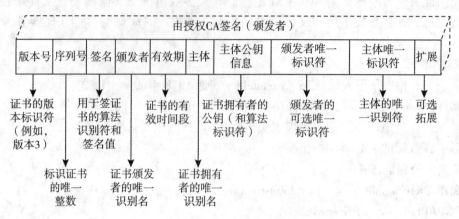

图 3-14　第 3 版的证书结构

③签名(Signature)：签名算法标识符(由对象标识符加上相关参数组成)，用于说明本证书所用的数字签名算法，同时还包括该证书的实际签名值。例如，典型的签名算法标识符"md5WithRSAEncryption"，表明采用的散列算法是 md5(由 RSA Labs 定义)，采用的加密算法是 RSA 算法。

④颁发者(Issuer)：用于标识签发证书的认证机构。证书颁发者的可识别名(DN)，这是必须说明的。

⑤有效期(Validity)：证书有效的时间段，由开始日期(Not Valid Before)和终止日期(Not Valid After)两项组成。日期分别由 UTC 时间或一般的时间表示。

⑥主体(Subject)：证书持有者的可识别名，此字段必须是非空的，除非使用了其他的名字形式(参见稍后的扩展字段)。

⑦主体公钥信息(Subject Public Key Info)：主体的公钥及算法标识符。这一项是必需的。

⑧颁发者唯一标识符(Issue Unique Identifier)：证书颁发者可能重名，该字段用于唯一标识的该颁发者。仅用于版本 2 和版本 3 的证书中，属于可选项。

⑨主体唯一标识符(Subject Unique Identifier)：证书持有者可能重名，该字段用于唯一标识的该持有者。仅用于版本 2 和版本 3 的证书中，属于可选项。

⑩扩展(Extensions)：扩展增加了证书使用的灵活性，能够在不改变证书格式的情况下，在证书中加入额外的信息。扩展项分为标准扩展和专用扩展，标准扩展由 X.509 定义，专用扩展可以由任何组织自行定义，因此，特定组织定义和接受的扩展集各不相同。证书扩展包括一个标记，用于指示该扩展是否必须是关键扩展(Critical/Non-critical)。关键标志的普遍含义是，当它的值为真时，表明该扩展必须被处理。如果证书用户不能识别或者不能处理含有关键标志的证书，则必须认为该证书无效。如果一个扩展未被标记为关键扩展，那么证书用户可以忽略该扩展。

(2)证书撤销列表格式

通常，证书只有在有效期内是有效的。但是，也会出现特殊的情况，如密钥泄露、工作变换等，这时必须强制使该证书失效。这样，就需要一种有效和可信的方法来在证书自然过期之前强制作废它。证书撤销的方法很多，其中一种方法是利用证书权威机构定期地发布证书撤销列表(Certificate Revocation List,CRL)的方式。证书撤销列表的格式如图 3-15 所示。

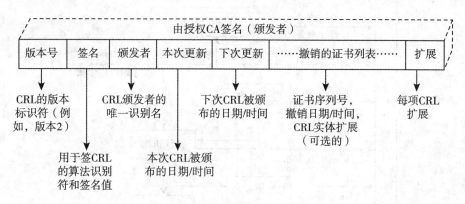

图 3-15 第 2 版的 CRL 结构

在图 3-15 中的各字段名定义如下：

①版本号(Version Number)：指出 CRL 的版本号(或者是 2,或者本字段为空以表示是版本 1 的 CRL)。

②签名(Signature)：计算本 CRL 的数字签名所用的签名算法的对象标识符。

③颁发者(Issuer)：CRL 颁发者的唯一识别名(DN)。

④本次更新(The Update)：本 CRL 的发布时间。

⑤下次更新(Next Update)：下一个 CRL 的发布时间。属可选项,但推荐使用。

⑥撤销的证书列表(Certificate List)：撤销证书的列表,每个证书对应一个唯一的标识符(即它含有已撤销证书的唯一序列号,不是实际的证书)。在列表中的每一项都含有该证书被撤销的时间作为可选项。

⑦扩展(Extensions)：在 CRL 中也可包含扩展项来说明更详尽的撤销信息,但限于篇幅,不再详细介绍。

2. PKIX 体系结构

PKIX 体系结构内的主要组件包括：终端实体(End Entity,EE)、证书机构(Certificate Authority,CA)、注册机构(Registration Authority,RA)、CRL 发布者(CRL Issuer)、资料库(Repository)等。PKI 组件及其相互间的主要关系如图 3-16 所示。

在图 3-16 中所示的 PKI 组件的说明如下：

①终端实体(EE)：PKI 证书用户,应用软件的使用者；最终用户使用的应用系统。

②证书机构(CA)：发行和撤销 PKI 证书。

③注册机构(RA)：PKI 的可选系统,执行 CA 委托的任务,例如确定公开密钥和证书持有者身份之间的关联等。

④CRL 发布者：PKI 的可选系统,执行 CA 委托的发布证书撤销列表的任务。

⑤资料库：一个系统或一个分布式系统的集合,用来存储证书和 CRL 和向终端实体提供证书和 CRL 的分发服务。

在图 3-16 中 PKIX 组件之间的信息流包括：操作事务、管理事务、证书和 CRL 公布等。操作事务是包含在操作协议文档中的消息交换,它提供证书、CRL 和其他管理与状态信息的传送。同样,管理事务是管理协议文档中描述的消息交换,它提供通知服务,以支持 PKI

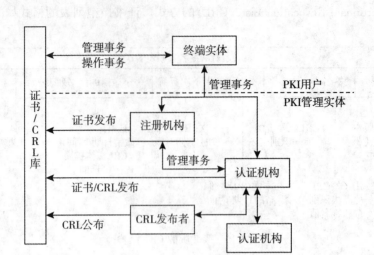

图 3-16　PKI 组件及其关系

内部的管理事务或操作。公布用于向公开库分发证书和 CRL。

（1）注册机构

在某些特定的应用环境中，CA 将某些责任委托注册机构（RA）来完成。注册机构（RA）是 PKI 内的可选实体，它负责与注册终端实体相关的管理任务。终端实体是 CA 发行的证书的主体。如果在 PKI 中没有设置 RA，则 CA 自身具备与注册机构性能相同的功能。

尽管注册的功能可以直接由 CA 来实现，专门设置一个单独的注册机构（RA）来实现注册功能在有些应用环境中是很有意义的。例如，一个大型集团公司可以设置一个集中控制的 CA，但公司办事处的地理位置十分分散。随着公司规模的扩大，员工数目不断增加，且这些员工分散在不同的办事处，集中登记注册比较麻烦。如果按地理位置的分布，设置多个 RA（也叫局部注册机构，或 LRA）将有助于解决这一问题。RA 的主要目的就是分担 CA 的一定功能以增强可扩展性并且降低运营成本。

RFC 2510 的 Internet 公钥基础设施证书管理协议（Internet Public Key Infrastructure Certificate Management Protocols）规定的 RA 功能包括：个人认证、令牌分发、吊销报告、名称指定、密钥生成、存储密钥对等。在多数情况下，RA 用于在证书登记过程中核实证书申请者的身份，并且不同的 RA 的注册条件也会有所不同。

不同的注册机构实现不同的功能集合。功能集合的定义要根据 PKI 实施的需求而变化，这些功能可能包括以下功能列表的一部分：

①作为初始化过程的一部分建立并确定个体的身份；

②确认主体所提供的信息的真实性；

③批准或拒绝证书属性的变更请求；

④确认主体确实拥有注册的私钥，这一般称为拥有证据（POP）：

⑤在需要撤销证书时向 CA 报告事件原因；

⑥分配名称以识别身份；

⑦在注册初始化和证书获得期间产生共享秘密；

⑧产生公私钥对；

⑨代表终端用户启动和 CA 的认证进程(包括终端用户相应属性的注册);

⑩私钥归档;

⑪开始密钥恢复处理;

⑫包含私钥的物理令牌(例如智能卡)的分发。

一般来说,注册机构控制注册、证书传递、其他密钥和证书生命周期管理过程中终端实体和 PKI 间的交换(经常包括用户的相互作用)。切记,在任何环境下 RA 都不能真正提供关于主体的可信性声明,只有证书机构可以颁发证书或者颁发证书撤销状态信息。

(2)认证机构

在 PKI 框架中,认证是一种将终端实体(及其属性)和公钥绑定的一种手段。如前文所述,这种绑定表现为一种签名的数据结构即公钥证书。认证机构(CA)就是负责颁发这些公钥证书的机构。CA 是 PKI 的核心,负责证书的管理(发行、吊销、更新)、证书和 CRL 发布,以及事件日志记录等几项重要的任务。从根本上说,这些任务都是 CA 的责任,但其中某些功能可能会委托给其他 PKI 实体(如 RA)来完成。

认证机构(CA)是公钥基础设施中受信任的第三方实体。CA 向主体发行证书,该主体成为证书的持有者。通过 CA 在数字证书上的数字签名来声明证书持有者的身份。CA 是信任的起点,各个终端实体必须对 CA 高度信任,因为他们要通过 CA 的担保来验证其他的主体。

根据信任模型的不同,CA 也扮演不同的角色。例如,在一个企业域,可以让一个或多个 CA 来给企业的员工颁发证书。员工们实质上是将他们的"信任"放入了企业的 CA 在 PGP 的"信任的 Web"模型中就采用了不同的结构。那里用户自己扮演自己的 CA,所有的信任决定取决于个人而不仅是远端的 CA。

(3)资料库

资料库被用作证书和 CRL 的公共存储地,是网上的公共信息库,可供公众进行开放式查询。最初,资料库是一个 X.500 目录。为了支持 PKIX,资料库通常是一个 LDAP 目录。LDAP 是 PKIX 明确支持的一个操作协议。虽然像在 CMP 之类的管理协议中规定的操作能够提供获取指定证书或者 CRL 的查询支持,但对于公众来讲,LDAP 可以直接使用。

一般来说,用户查询资料库目的有两个:①想得到与之通信的对方实体的公钥;②要验证通信对方的证书是否已经被撤销。证书库支持分布式存放,即可以采用数据库镜像技术,将 CA 签发的证书中与本组织有关的证书和证书撤销列表存放到本地,以提高证书的查询效率,减少向总目录查询的瓶颈。

3. PKIX 的主要功能

(1)注册

注册是即将成为证书主体的终端实体使 CA 认识自己的过程。终端实体可以通过 RA 注册,如果 CA 实现 RA 的功能的话,终端用户也可以直接向 CA 注册。确定主体所使用的名字和其他属性必须依照证书操作管理规范进行,CA 在证书操作管理规范之下进行操作。

(2)初始化

当终端实体需要开始与 PKI 通信时存在自举问题。终端实体如何决定它们需要同哪个 PKI 组件通信?如何向终端实体提供 CA 的公开密钥和证书?终端实体如何确定 RA 或者 CA 的安全通信信道?在注册过程期间如何产生终端实体的公甩钥?初始化期间提供的信息应该回答所有这些问题。

在开始通信前各方之间需要创建或者传送的初始值是 PKIX 模型中初始化功能的一

部分。

（3）认证

CA 为主体公开密钥发行证书，并将该证书返回给终端实体或者将它公布在一个资料库中。

（4）密钥对恢复

为了满足本地策略需要，加密数据使用的密钥或者其他密钥（为了密钥传输或交换）可能需要归档。在密钥丢失并且需要访问先前加密的信息时，允许密钥恢复。CA 或者分离的密钥恢复系统可以执行归档和恢复操作。

（5）密钥产生

PKIX 允许终端实体在本地环境下产生证书主体的公/私钥对，并且传送给注册要求的 RA/CA 作为选择，可以由 RA 或 CA 产生密钥对，倘若私钥材料可以以某种安全的方式分配给终端实体。

（6）密钥更新

PKIX 希望有规律地更换密钥对，在密钥过期或者密钥泄露时。如果密钥更新发生是为了响应正常密钥过期，新密钥的转变应该透明地发生，并且这要求支持适当的通知机制和期限。在密钥泄露的情况下，必须声明证书无效，并且必须宣布新证书的有效性和可用性。鉴于这种事件的无计划本质，它可以是任何事情，但是不可能优雅地进行。

PKIX 要求支持 CA 密钥和证书更新。实际上，随着时间的推移，透明地处理这件事对 PKI 的平滑操作是必要的。对于正常的密钥过期，相同的协议和过程可能支持 CA 密钥和证书的更新，但是在 CA 密钥泄露事件发生时可能需要支持带外（Out-of-band）通知。CA 密钥泄露是一个灾难事件，导致 CA 证书和泄密 CA 及其下属发行的所有证书被撤销。

（7）交叉证书

PKIX 将交叉证书确定为一个 CA 向另一个 CA 发行的证书，用来证明 CA 签名证书使用的公/私钥对中。可以在相同管理领域或者交叉管理领域发行交叉证书。可以在 CA 之间的一个方向或者两个方向发行交叉证书。在关于信任模型的章节中将详细讨论这个问题。

（8）撤销

如果 CA 想在证书过期之前使之失效，那么就需要吊销证书。比如，职员可能会离开公司，在这种情况下，公司不会希望一个前职员仍然拥有公司 CA 发行的有效证书。另一种情况是，某个用户可能丢失了自己的手提电脑，如果该用户的证书所关联的私钥在手提电脑中，那么盗窃者就能够冒充此用户。为防止发生类似情况，CA 需要用一种方法来吊销证书并通知吊销的终端实体。

PKIX CA 负责维护关于证书状态的信息。这包括在证书过期之前变成无效证书时对证书撤销的支持。可以使用 X.509 V2 CRL 作为传递证书撤销状态信息的机制。在证书已经撤销之后，将实体增加到下一个发布的 CRL 中。

作为选择，CA 可以使用在线撤销通知机制，例如在线证书状态协议（Online Certificate Status Protocol，OCSP），减少 CA 撤销证书与通知终端实体之间的延迟。与 CRL 发布机制不同，终端实体使用在线方式的证书确认必须能够确定在线服务提供者的身份。在 OCSP 的情况下，这要求确认向客户提供响应的响应者签名。

（9）证书与撤销通知的分发与发布

PKI 负责分发证书和证书撤销通知。在注册过程结束和证书所有者或用户要求这么做时，可以通过将证书传递给所有者来分配证书。作为选择，可以使用库服务，例如 LDAP 目录，作为发布机制。

可以通过以下方式分配撤销信息或通知，以 CRL 的形式向例如 LDAP 目录的资料库公布已撤销证书列表，产生转发给终端实体的通知，或者提供终端实体查询的在线服务（或者响应程序）的访问。可以定期或者不定期地公布 CRL。

4. PKIX 管理协议

目前在三个文档中定义管理协议，它们是 RFC 2510：证书管理协议（CMP）；RFC 2797：基于 CMS 的证书管理消息（CMC），是描述两个管理消息相互交换的协议；RFC 2511：证书请求消息格式（Certificate Request Message Format，CRMF），是描述请求和响应管理的消息格式。

PKIX 工作组定义的管理协议经历了多变的开发过程。PKIX 开发 CMP 作为 PKI 实体间通信的消息协议。同时，安全电子邮件(S/MIME)工作组正在为基于消息方案的 PKCS#10 工作。先前在安全电子邮件团体中使用 PKCS#10 作为证书请求结构。

PKIX 组定义了一套证书注册消息，称为 CRMF，打算用它取代 CMP 和 CRS 的证书请求，但不幸的是它不包括对 PKCS#10 格式化消息的支持。使用证书管理报文格式（Certificate Management Message Formats，CMMF）对管理消息提供更大集合的支持。

5. PKIX 验证协议

除了 PKIX 管理协议，还有一系列关于处理验证问题的协议。这里介绍两方面的内容：认证路径验证和证书撤销状态的验证。

（1）认证路径验证

认证路径验证指依赖方（Relying Party）处理证书的有效路径，验证证书中的主体名或主体别名与证书中的公钥绑定的有效性。这种绑定关系受证书中指定的"约束项"（基本约束、策略约束等）的限制。证书中的基本约束扩张项和策略约束扩展项允许这种认证路径验证逻辑的自动进行。这里主要介绍基本认证路径验证算法。

算法的输入是一个信任锚（根 CA）。不同的信任锚用于验证不同的认证路径。认证路径中涉及的所有证书都处于其有效期内。为了达到算法验证认证路径的目的，要处理的认证路径（包含一个证书的序列）中的证书还需要满足以下条件：

① 对于序列中第 $1 \sim n-1$ 号证书中的任意一张证书 x。x 号证书的证书主体是 $x+1$ 号证书的签发者；

② 1 号证书的签发者是信任锚；

③ n 号证书是将要被验证的证书；

④ 对于序列中第 $1 \sim n$ 号证书中的任意一张证书 x，x 证书在当时是有效的。

如果信任锚以自签证书（Self-signed Certificate）的形式提供的话，则该自签证书不包括在认证路径中。

本算法包括四个基本步骤：① 初始化；② 基本证书处理；③ 准备下张证书；④ 完成。其中步骤①和步骤②仅执行一次，步骤②对路径中的所有证书各执行一次，步骤③对路径中除最后一张证书以外的所有证书各执行一次。算法流程如图 3-17 所示。

（2）证书撤销状态的验证

CMP 作为一个管理协议，与撤销相关的操作主要有：撤销请求、撤销响应、撤销通知、CRL 请求等。

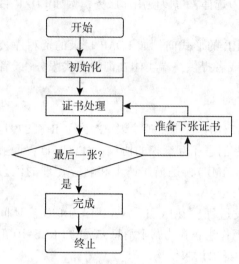

图 3-17   基本认证路径验证算法

在一般情况下，如果要查看一张证书是否被撤销，终端实体或依赖方不得不下载和处理证书撤销列表。对于认证路径中的多张证书，依赖方必须访问对应的不同 CA 发布的多个 CRL。

为了方便终端实体或者依赖方对证书有效性的验证，选择性地提供了两种服务：①提供在线证书状态查询服务（Online Certificate Status Protocol，OCSP），允许终端实体在线查看个体证书的撤销状态。②将验证证书的整个问题交给验证服务，称为简单证书验证服务（Simple Certificate Verification Protocol，SCVP）。限于篇幅，本书只介绍 OCSP 的相关内容。

OCSP 提供了一种不通过 CRL 来获取数字证书的当前撤销状态的机制。定义 OCSP 的动机是为了克服基于 CRL 的撤销方案的局限性，并且为证书状态查询提供及时的最新响应。查询结果返回的是特定证书撤销与否的信息，而不是 CRL 形式的大量线性搜索列表。OCSP 提供比使用 CRL 更多的实时信息，因为 CA 是在自己需要的时候产生 CRL，而不是在依赖方需要 CRL 的时候。

如图 3-18 所示展示了 OCSP 各个部件之间的交互过程及请求响应的消息格式。

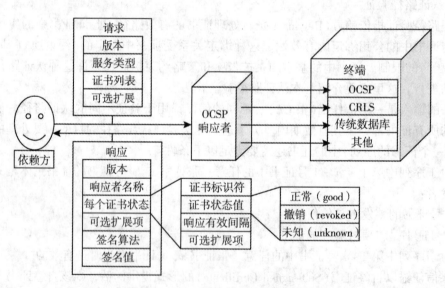

图 3-18   OCSP 部件的交互及消息格式

OCSP 是一个简单的请求/响应协议，可基于多种传输协议传输该协议，但最经常使用的是 HTTP。一个 OCSP 请求由协议版本号（目前只定义了版本 1）、服务请求类型以及一个或多个证书标识符组成。也可能有额外的扩展。响应也是相当直接的，它的组成包括证书标识符、证书状态（正常、撤销、未知）、对应于原始请求中具体证书标识符的验证响应间隔。如果一个证书的状态是"撤销"，就要表明撤销的具体时间，也可能包括撤销原因。

OCSP 的响应必须经过数字签名以保证响应是源于可信任方，并且在传输过程中没有被改动。签名密钥可能属于颁发证书的 CA 或是经过颁发证书的 CA 认可（通过授权）的实体。在任何情况下，用户都必须信任响应，这也意味着响应的签发者必须被用户所信任。因此，用户必须得到 OCSP 响应者的公钥证书的拷贝，并且证书由可信者签发。

在证书的有效性方面，OCSP 除了用来检测证书的撤销状态外没有其他的功能。换句话说，就是 OCSP 只是用来说明一个给定证书是否已被撤销，而不验证一个证书是否在有效期内，它也不保证该证书是否被正确使用。例如，是否按照证书中的密钥使用，扩展密钥使用，或其他策略限定符等扩展的要求。它要求用户通过其他手段完成这些检验。

OCSP 响应者可以采用多种方式检查证书集合的当前有效性。可以通过其他授权的 OCSP 服务器，可以使用 CA 发布的 CRL，也可能将 OCSP 响应程序配置成直接访问证书数据库，甚至其他的情况。OCSP 响应者提供的信息的实时性将取决于获得信息的来源的延迟。因此，不能简单地认为 OCSP 能自动更新信息以提供实时服务。

当然，OCSP 也存在缺点。首先，它增加了协议的复杂度。使用 OCSP 必须额外考虑请求响应的安全性。其次，OCSP 只是一个协议，没有定义收集撤销信息的底层结构。它仍然需要 CRL 或其他方法来收集证书撤销信息。最后，OCSP 的响应必须经过数字签名，这可能会导致明显的性能影响。

3.3.3　PKI 的信任模型

1. 基本概念

（1）信任

不同的人在不同的领域对信任有完全不同的理解。本书借用 ITU-T 推荐标准 X.509 规范（X.509 Section3.3.54）中给出的定义：一般说来，如果一个实体假定另一个实体会准确地像它期望的那样表现，那么就说它信任那个实体。这个概念包括了双方的一种关系以及对该关系的一些期望。对这些假设或期望可以使用信任度的概念，信任度与双方位置（或了解程度）有直接关系。如果双方位置很近或很了解，那么就有较高的信任度，否则信任度就很低。本文中信任的关键角色是终端实体和认证机构，要求终端实体必须完全信任认证机构颁发的证书，即证书是可信的。

在 PKI 环境中，信任的定义常常这样使用：如果一个终端实体假设 CA 能够建立并维持一个准确的对公钥属性的绑定（例如，准确地指出它发给证书的实体的身份），则该实体信任该 CA。

在 PKI 环境中还有一个关于"可信公钥"（Trust Public Key）的说法。可信公钥跟证书主体的行为没有关系。它指的是依赖方相信证书主体正当而有效地拥有与本证书中的公钥信息相对应的私钥。也就是说，证书中与公钥绑定的身份信息是真实的。

（2）信任域

在一家公司中，很可能公司的一名员工对公司内部人员比对公司外部人员会有更高的信任度。对于一个群体，如果群体中所有个体都遵守同样的规则，则称这个群体在单信任域中运作。所以，对于一个组织，信任域可以理解为：在公共控制下或服从于一组公共策略的系统集。

在信息界，对"域"的定义主要有两种：①用于安全：指由同一个安全策略、安全模型或安全体系结构定义的一个环境。这个环境包括一系列系统资源和有权访问这些资源的实体。②用于 Internet：位于本域名或域名下的 Internet 域名空间子树。如果一个域 A 被另一个域 B 所包含，则称域 A 为域 B 的子域。

由此，信任域可以理解为：由同一个信任策略、信任模型或信任体系结构定义的一个环境，这个环境包括在一系列实体之间存在信任关系（可能是双向信任，也可能是单向信任）。信任域在 Internet 中的表达方式可以采用树形结构或类似的结构。

在 PKI 中，信任域可以理解为：执行相同 PKI 策略的 PKI 实体集合。除根 CA 外，集合中的每一个实体都能够在本集合中找到自己信任的实体。

（3）信任锚

在 PKI 中，证书用户或依赖方直接信任的 CA 称为信任锚。信任锚一般是该信任域的根 CA，一个终端实体信任证书的持有者，是因为信任证书的签发者 CA。终端实体信任该签发者 CA 的前提条件是可以沿着证书的验证路径找到它直接信任的一个 CA。这个 CA 就是信任锚。如果签发这张证书的 CA 是本信任域中唯一的 CA，那么它就是信任锚。如果信任域中有多个 CA，则证书路径顶端的 CA 为信任锚。

举个现实生活中的例子。假设你要做一笔生意，验证生意对方的可信程度很重要。如果对方是你多年的生意朋友，你可以直接信任他，这时你自己就是信任锚。如果你并不了解你的生意对象，然而你很信赖的一位朋友在你们中间做担保，那么你也可以信任你的生意对象。这时，你的这位朋友就是信任锚。当然，有时很难找到这样德高望重的一位朋友，这时可以通过工商局来解决。如果工商局提供的信息（营业执照等）让你和你的生意对象之间产生了信任，那么，工商局就是你的信任锚。

（4）信任关系

在公钥基础设施中，当两个认证机构中的一方给对方的公钥或双方互相给对方的公钥颁发证书时，两者间就建立了这种信任关系。这种信任关系的传递，使得这些认证机构排列在一起，形成了一条信任路径。证书用户在验证一个实体身份时，沿这条路径就可以追溯到他的信任关系的信任锚。

2. 信任模型

PKI 的信任模型提供了建立和管理信任的框架，用以来描述终端用户、依托主体和 CA 之间的关系，是 PKI 系统整个网络结构的基础。目前广泛使用的信任模型主要有以下几种。

（1）严格等级结构的信任模型

这个模型可以描述为一棵翻转的树，其中树根代表整个 PKI 系统中信任的起始点，称为根 CA，PKI 系统中的所有实体都信任根 CA。根 CA 下存在多级子 CA，根 CA 为自己和下级子 CA 颁发数字证书，但不为用户颁发证书。无下级的 CA 称为叶 CA，叶 CA 为用户颁发证书。除根 CA 外的其他 CA 都由父 CA 颁发证书。如图 3-19 所示。

这种模型中的证书链始于根 CA，并且从根 CA 到需要认证的终端用户之间只存在唯一的一条路径，在这条路径上的所有证书就构成了一个证书链。这种模型结构清晰，便于全局管理，但对于大范围内的商务活动，难以建立一个所有用户都信任的根 CA，并且若根 CA 的私钥泄露，整个 PKI 体系将崩溃。

（2）网状信任模型

这种模型中没有所有实体都信任的根 CA，终端用户通常选择给自己颁发证书的 CA 为根 CA，各根 CA 之间通过交叉认证的方式互相颁发证书。网状信任模型比较灵活，便于建立特定的信任关系。在有直接信任关系存在时，验证速度较快。但由于存在多条证书验证路径，存在如何有效地选择一条最短的验证路径的问题。如图 3-20 所示。

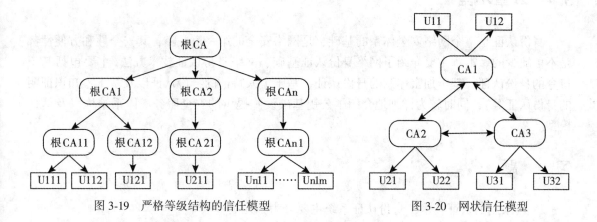

图 3-19　严格等级结构的信任模型　　　　　图 3-20　网状信任模型

（3）WEB 信任模型

WEB 信任模型在浏览器产品中物理地嵌入多个根 CA 证书，用户在验证证书时，从被验证的证书开始向上查找，直到找到一个自签名的根证书，即可完成验证过程。WEB 模型虽然简单，方便操作，但因为其多个根 CA 证书是预先安装在浏览器中的，用户无法判断其所有的 CA 是否都是可信任的，而且当其中某一个根 CA 失去信任时，没有一个有效的机制来废除已嵌入到浏览器中的根 CA 证书。

（4）桥信任模型

这种模型也叫中心辐射式信任模型。它被设计成用来克服分级模型和网状模型的缺点和连接不同的 PKI 体系。桥 CA 不是一个树状结构的 CA，不像网状 CA 直接向用户颁发证书；与根 CA 一样成为一个信任锚，只是一个单独的 CA；与不同的信任域之间建立对等的信任关系，允许用户保留他们自己的原始信任锚，如图 3-21 所示。

当根 CA 数目很多时，可以指定一个 CA 为不同的根 CA 签发证书，这个被指定的 CA 称为桥 CA。当增加一个根 CA 时，只需与桥 CA 进行交叉认证，其他信任域不需改变。这种模型能比较准确地表示现实世界中证书机构的相互关系，证书路径较短且较易发现。但证书路径的发现和确认仍较困难。大型 PKI 目录的互操作性不方便，证书复杂且其相关信息不易获得。

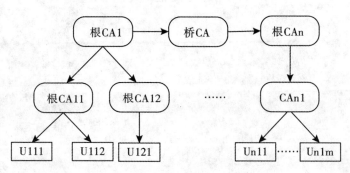

图 3-21　桥信任模型

3.4　本章小结

　　身份认证是整个网络安全体系的基础,是网络安全的第一道关隘,其安全性和方便性都是不可缺少的。本章主要介绍了网络身份认证基础、网络身份认证技术方法(主要包括基于口令的身份认证、基于加密体制的身份认证、基于个人特征的身份认证以及基于零知识证明的身份认证等),同时较为详细地介绍了公钥基础设施提供的安全服务、体系结构以及信任模型。

习　　题

　　1. 按采用的认证技术,身份认证系统主要分为哪几类?

　　2. 描述在网络环境下,实现身份认证的基本途径。

　　3. 安全性增强的口令认证技术主要包括哪几种?简要描述针对 S/Key 认证的小数攻击过程。

　　4. 设计一个基于 PKI 的身份认证协议,要求实现双向认证,并能安全建立会话密钥。

　　5. PKI 由哪几部分组成?它们各自的作用是什么?

　　6. 为校园网设计一种简洁适用的身份认证系统,并简述拟采用的身份认证技术及理由。

第 4 章　网络服务安全

当前的信息化对网络与信息安全提出了更高的要求。网络与信息的安全性已成为维护国家安全、社会稳定的焦点。网络应用是利用网络以及信息系统直接为用户提供服务以及业务的平台。网络应用服务直接与成千上万的用户打交道：用户通过网络应用服务浏览网站、网上购物、下载文件、看电视、发短信等，网络应用服务的安全直接关系到广大网络用户的利益。因此网络应用服务的安全是网络与信息安全中重要组成部分。

4.1　DNS 服务的安全

域名系统(Domain Name System，DNS)是互联网上最为关键的基础设施，其主要作用是为用户提供从主机名到 IP 地址的映射，从而保障其他网络应用(如 Web 浏览、电子邮件等)的顺利进行。然而，作为 Internet 的早期协议，最初的 DNS 设计几乎没有考虑任何安全性问题：DNS 服务器上以及通信中的各类数据从未进行加密；没有提供数据完整性保护；没有通信双方的认证机制；对基础设施、骨干设备的安全性威胁也没有得到足够的重视等，这些都使得 DNS 很容易遭受攻击。

4.1.1　DNS 技术概述

1. DNS 协议

DNS 的前身是 ARRAnet 的 Hosts. txt 文件。20 世纪 70 年代，ARPAnet 还只是一个拥有几百台主机的很小很友好的网络，Hosts. txt 文件足可以容纳所有包含主机名字和地址映射在内的所有主机的信息。然而随着网络规模的不断扩大，用一台主机管理 Hosts. txt 文件就出现了一系列问题：流量过大，负载过重；没有能力解决名字冲突；不能保证文件中数据与实际网络情况的一致性。最关键的是，Hosts. txt 方式的结构并不是很好。这迫使 ARRAnet 的研究人员开始寻找 Hosts. txt 文件的继任者，一个可以本地管理数据而又能被整个网络所使用的系统。于是 DNS 系统就应运而生了。DNS 协议基于 TCP 和 UDP 协议，是一个应用层协议。图 4-1 所示为一个标准的 DNS 协议报头格式。

对图 4-1 中各字段的说明见表 4-1。

DNS 数据包是不定长的，取决于采用的 DNS 安全策略、扩展协议，以及应答域、权威域和附加域的长度。但在通常情况下(即不采用 DNSSEC 等安全策略，不是进行区传送、动态更新等事务)，DNS 数据包的长度都不会超过 512 字节，即 UDP 数据包的最大长度。因此，见到的 DNS 数据包基本都是基于 UDP 协议的。只有在进行区传送、动态更新，或者采用安全策略时数据包长度超过 512 字节时，DNS 才使用 TCP 协议进行通信。在 DNS 消息中，有两个重要的字段是在针对 DNS 的攻击中经常提起的，这就是事务 ID(Trarsaction ID)和 UDP 协议中的源端口。域名服务器和解析器依靠这两个字段标识一个会话。

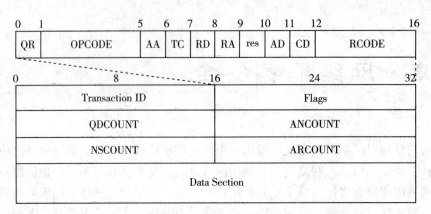

图 4-1 DNS 协议报头格式

表 4-1 **DNS 协议字段说明**

字段	比特数	说　　　明
Transaction ID	16	由请求方生成,应答方不改变此字段,用来标识一个 DNS 会话
QR	1	0 表示请求包,1 表求应答包
OPCODE	4	消息的查询种类(标准查询、反向查询等)
AA	1	权威回答(Authoritative Answer)
TC	1	截断(Truncation)
RD	1	期望递归(Recursion Desired)
RA	1	递归可用(Recursion Available)
res	1	预留
AD	1	授权数据(Authenticated Data),用于 DNSSEC
CD	1	禁止检查(Checking Disabled),用于 DNSSEC
RCODE	4	响应码,请求包忽略该字段
QDCOUNT	16	请求域中的请求条目数量
ANCOUNT	16	应答域中的应答资源记录数目
NSCOUNT	16	权威域中的资源记录数目,一般用于指示权威服务器
ARCOUNT	16	附加域中的资源记录数目,附加域一般用于补充应答域或权威域
Data Section	不定长	按照 QDCOUNT、ANCOUNT、NSCOUNT、ARCOUNT 的数目和次序依次为请求域、应答域、授权域及附加域的相应条目或资源记录

2. DNS 的结构与原理

DNS 是一个多层次的分布式系统,其结构为倒着的树形结构,这同 Unix 文件系统的结构非常相似。如图 4-2 所示,将这棵树按照深度可以分为根域名服务器、顶级域名服务器和其他权威域名服务器,每一个树节点即为一个域,每个域下的节点构成子域。

因特网采用了层次树状结构的命名方法。任何一个连接因特网上的主机或路由器,都有一个唯一的层次结构的名字，即域名。域名的结构由若干个分量组成，各分量之间用点隔开："… . 三级域名 . 二级域名 . 顶级域名"，各分量分别代表不同级别的域名。

顶级域名 TLD（Top Level Domain）：

（1）国家顶级域名 nTLD：如：. cn 表示中国，. us 表示美国，. uk 表示英国等。

（2）国际顶级域名 iTLD：采用 . int。国际性的组织可在 . int 下注册。

（3）通用顶级域名 gTLD：. com 表示公司企业；. net 表示网络服务机构；. org 表示非营利性组织或机构；. edu 表示教育机构；. gov 表示政府部门；. mil 表示军事部门。

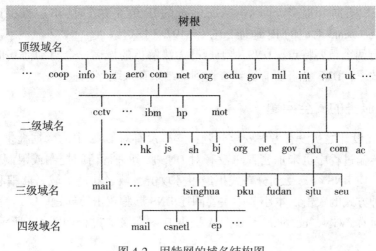

图 4-2 因特网的域名结构图

3. 域名系统服务实例

许多应用层软件经常直接使用域名系统，但计算机的用户只是间接而不是直接使用域名系统。站点 A 要访问 www.ccc.com，那么站点 A 如何从 DNS 获取 www.ccc.com 对应的 IP 地址，其工作过程如图 4-3 所示。

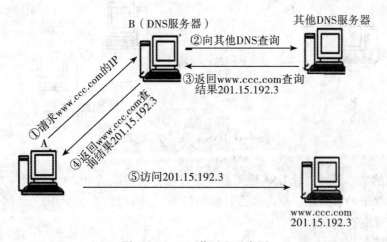

图 4-3 DNS 工作过程示意图

（1）A 先向 B（DNS 服务器）提交查询 www. ccc. com 的 IP 地址的请求；

（2）B 查询本地数据库，看这个域名在不在本地数据库中，便向上级 DNS 服务器发出查询请求。

（3）直至上级 DNS 查询到该域名对应 IP，并逐级回传至 B（DNS 服务器），B 再回传至主机 A，即查询到 www. ccc. com 的 IP 为 201. 15. 192. 3。

（4）同时该查询应答被 B（DNS 服务器）记录到自己的 DNS 缓存中；

（5）A 得到 www. ccc. com 的 IP 为 201. 15. 192. 3 信息后，便向 201. 15. 192. 3 发出网页访问请求。

（6）当 A 下次再向 B 提交查询 www. ccc. com 的 IP 地址请求时，B 直接将自己 DNS 缓存中的域名 www. ccc. com 对应的 IP 地址 201. 15. 192. 3 发送给 A。

DNS 服务有两个重要特点：DNS 对于自己无法解析的域名，会自动向其他 DNS 服务器查询；为提高效率，DNS 会将所有已经查询到的结果存入缓存（Cache）。

4.1.2　DNS 服务的安全问题

由于 DNS 在设计之初没有考虑安全问题，它既没有对 DNS 中的数据提供认证机制和完整性检查，在传输过程中也未加密；更没有对 DNS 服务进行访问控制或限制，因此造成了很多安全漏洞，使 DNS 容易受到分布式拒绝服务攻击、域名劫持、域名欺骗和 DNS 软件自身的漏洞等多种方式的攻击。本小节中主要阐述 DNS 欺骗攻击等问题。

A 想要访问 C（www. ccc. com），B 向 A 提供 DNS 服务，过程如图 4-4 所示。

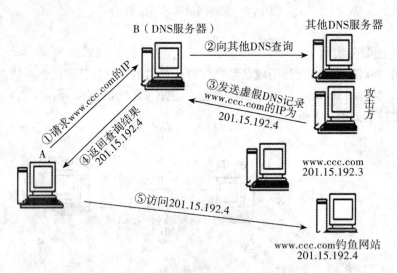

图 4-4　DNS 欺骗过程示意图

DNS 欺骗的基本思路：让 DNS 服务器的缓存中存有错误的 IP 地址，即在 DNS 缓存中放一个伪造的缓存记录。为此，攻击者需要做两件事：（1）先伪造一个用户的 DNS 请求；（2）再伪造一个查询应答。

DNS 欺骗的过程：

（1）入侵者先向 B（DNS 服务器）提交查询 www. ccc. com 的 IP 地址的请求；

（2）B 向上级 DNS 服务器递交查询请求；

（3）入侵者立即伪造一个应答包，告诉 www.ccc.com 的 IP 地址是 201.15.192.4（往往是入侵者的 IP 地址）；

（4）查询应答被 B（DNS 服务器）记录到缓存中；

（5）当 A 向 B 提交查询 www.ccc.com 的 IP 地址请求时，B 将 201.15.192.4 告诉 A；

（6）A 得到 www.ccc.com 的 IP 为 201.15.192.4 信息后，便向 201.15.192.4 发出网页访问请求；

（7）当 A 下次再向 B 提交查询 www.ccc.com 的 IP 地址请求时，B 直接将自己 DNS 缓存中的域名 www.ccc.com 对应的 IP 地址 201.15.192.4 发送给 A，结果 A 访问了钓鱼网站，遭到欺骗。

DNS 数据是通过 UDP 协议传递的，在 DNS 服务器之间进行域名解析通信时，请求方和应答方都使用 UDP 53 端口，而这样的通信过程往往是并行的，也就是说，DNS 域名服务器之间同时可能会进行多个解析过程，既然不同的过程使用的是相同的端口号，那靠什么来彼此区别呢？答案就在 DNS 报文里面。

在 DNS 报文格式头部的 ID 域是用来匹配响应和请求数据报文的。只有使用相同的 ID 号才能证明是同一个会话（由请求方决定所使用的 ID）。不同的解析会话，采用不同的 ID 号。在域名解析的整个过程中，请求方首先以特定的标识（ID）向应答方发送域名查询数据包，而应答方以相同的 ID 号向请求方发送域名响应数据包，请求方会将收到的域名响应数据包的 ID 与自己发送的查询数据包的 ID 相比较，如果相同，则表明接收到的正是自己等待的数据包，如果不相同，则丢弃。

再来看图 4-4 所示的例子，如果攻击者伪造的 DNS 应答包中含有正确的 ID 号，并抢在"其他 DNS 服务器"之前向 DNS 服务器（B 机）返回伪造信息，欺骗攻击就将获得成功。

因此，确定目标 DNS 服务器的 ID 号即为 DNS 欺骗攻击的关键所在。在一段时期里，多数 DNS 服务器都采用一种有章可循的 ID 生成机制，对于每次发送的域名解析请求，DNS 服务器都会将数据包中的 ID 加 1。如此一来，攻击者如果可以在某个 DNS 服务器的网络中进行嗅探，只要向远程的 DNS 服务器发送一个对本地某域名的解析请求，而远程 DNS 服务器肯定会转而请求本地的 DNS 服务器，于是攻击者可以通过探测目标 DNS 服务器向本地 DNS 服务器发送请求数据包，就可以得到想要的 ID 号了。

即使攻击者根本无法监听某个拥有 DNS 服务器的网络，也有办法得到目标 DNS 服务器的 ID 号。首先，他向目标 DNS 服务器请求对某个不存在的域名地址（但该域是存在的）进行解析。然后，攻击者冒充所请求域的 DNS 服务器，向目标 DNS 服务器连续发送应答包，这些包中的 ID 号依次递增。过一段时间，攻击者再次向目标 DNS 服务器发送针对该域名的解析请求，如果得到了返回结果，就说明目标 DNS 服务器接受了刚才攻击者的伪造应答，继而说明攻击者猜测的 ID 号在正确的区段上，否则，攻击者可以再次尝试。

知道了 ID 号，并且知道了 ID 号的增长规律，剩下的过程就类似 IP 欺骗攻击。这种攻击方式实现起来相对比较复杂一些。

4.1.3　DNS 欺骗检测与防范

1. 检测思路

发生 DNS 欺骗时，客户端最少会接收到两个以上的应答数据报文，报文中都含有相同的 ID 序列号，一个是合法的，另一个是伪装的。据此特点，有以下两种检测办法：

高等学校信息安全专业规划教材

（1）被动监听检测，即监听、检测所有 DNS 的请求和应答报文。通常 DNS 服务端对一个请求查询仅仅发送一个应答数据报文（即使一个域名和多个 IP 有映射关系，此时多个关系在一个报文中回答）。因此在限定的时间段内一个请求如果会收到两个或以上的响应数据报文，则被怀疑遭受了 DNS 欺骗。

（2）主动试探检测，即主动发送验证包去检查是否有 DNS 欺骗存在。通常发送验证数据包接收不到应答，然而黑客为了在合法应答包抵达客户机之前就将欺骗信息发送给客户，所以不会对 DNS 服务端的 IP 合法性校验，继续实施欺骗。若收到应答包，则说明受到了欺骗攻击。

2. 防范思路

在侦测到网络中可能有 DNS 欺骗攻击后，防范措施有：（1）在客户端直接使用 IP 地址访问重要的站点，从而避免 DNS 欺骗；

（2）对 DNS 服务端和客户端的数据流进行加密，服务端可以使用 SSH 加密协议，客户端使用 PGP 软件实施数据加密。

对于常见的 ID 序列号欺骗攻击，采用专业软件在网络中进行监听检查，在较短时间内，客户端如果接收到两个以上的应答数据包，则说明可能存在 DNS 欺骗攻击，将后到的合法包发送到 DNS 服务端并对 DNS 数据进行修改，这样下次查询申请时就会得到正确结果。

3. 防范方案

（1）进行 IP 地址和 MAC 地址的绑定

①预防 ARP 欺骗攻击。因为 DNS 攻击的欺骗行为要以 ARP 欺骗作为开端，所以如果能有效防范或避免 ARP 欺骗，也就使得 DNS ID 欺骗攻击无从下手。例如可以通过将 Gateway Router 的 IP 地址和 MAC 地址静态绑定在一起，就可以防范 ARP 攻击欺骗。

②DNS 信息绑定。DNS 欺骗攻击是利用变更或者伪装成 DNS 服务端的 IP 地址，因此也可以使用 MAC 地址和 IP 地址静态绑定来防御 DNS 欺骗的发生。由于每个网卡的 MAC 地址具有唯一性质，所以可以把 DNS 服务端的 MAC 地址与其 IP 地址绑定，然后此绑定信息存储在客户机网卡的 EPROM 中。当客户机每次向 DNS 服务端发出查询申请后，就会检测 DNS 服务端响应的应答数据包中的 MAC 地址是否与 EPROM 存储器中的 MAC 地址相同，要是不同，则很有可能该网络中的 DNS 服务端受到 DNS 欺骗攻击。这种方法有一定的不足，因为如果局域网内部的客户主机也保存了 DNS 服务端的 MAC 地址，仍然可以利用 MAC 地址进行伪装欺骗攻击。

（2）使用 Digital Password 进行辨别

在不同子网的文件数据传输中，为预防窃取或篡改信息事件的发生，可以使用任务数字签名（TSIG）技术，即在主从 DNS 中使用相同的 Password 和数学模型算法，在数据通信过程中进行辨别和确认。因为有 Password 进行校验的机制，从而使主从 Server 的身份地位极难伪装，加强了域名信息传递的安全性。

安全性和可靠性更好的域名服务是使用域名系统的安全协议（Domain Name System Security，DNSSEC），用数字签名的方式对搜索中的信息源进行分辨，对数据的完整性实施校验，DNSSEC 的规范可参考 RFC2605。因为在设立域时就会产生 Password，同时要求上层的域名也必须进行相关的 Domain Password 签名，显然这种方法很复杂，所以 InterNIC 域名管理截至目前尚未使用。然而就技术层次上讲，DNSSEC 应该是现今最完善的域名设立和解析的办法，对防范域名欺骗攻击等安全事件是非常有效的。

（3）优化 DNS 服务器的相关项目设置

对于 DNS 服务器的优化可以使得 DNS 的安全性达到较高的标准，常见的工作有以下几种：①对不同的子网使用物理上分开的域名服务器，从而获得 DNS 功能的冗余；②将外部和内部域名服务器从物理上分离开并使用 Forwarder 转发器。外部域名服务器可以进行任何客户机的申请查询，但 Forwarder 则不能，Forwarder 被设置成只能接待内部客户机的申请查询；③采用技术措施限制 DNS 动态更新；④将区域传送限制在授权设备上；⑤利用事务签名对区域传送和区域更新进行数字签名；⑥隐藏服务器上的 Bind 版本；⑦删除运行在 DNS 服务器上的不必要服务，如 FTP、TELNET 和 HTTP；⑧在网络外围和 DNS 服务器上使用防火墙，将访问限制在那些 DNS 功能需要的端口上。

（4）直接使用 IP 地址访问

对个别信息安全等级要求十分严格的 WEB 站点尽量不要使用 DNS 进行解析。由于 DNS 欺骗攻击中不少是针对窃取客户的私密数据而来的，而多数用户访问的站点并不涉及这些隐私信息，因此当访问具有严格保密信息的站点时，可以直接使用 IP 地址而无需通过 DNS 解析，这样所有的 DNS 欺骗攻击可能造成的危害就可以避免了。除此，应该做好 DNS 服务器的安全配置项目和升级 DNS 软件，合理限定 DNS 服务器进行响应的 IP 地址区间，关闭 DNS 服务器的递归查询项目等。

（5）对 DNS 数据包进行监测

在 DNS 欺骗攻击中，客户端会接收到至少两个 DNS 的数据响应包，一个是真实的数据包，另一个是攻击数据包。欺骗攻击数据包为了抢在真实应答包之前回复给客户端，它的信息数据结构与真实的数据包相比十分简单，只有应答域，而不包括授权域和附加域。因此，可以通过监测 DNS 响应包，遵循相应的原则和模型算法对这两种响应包进行分辨，从而避免虚假数据包的攻击。

4.2　Web 服务的安全

Web 服务提供了一种使用 HTTP、SMTP 或 FTP 等 Internet 兼容协议来访问业务或者应用程序逻辑的方式。由于这些协议以及像 XML 这样的格式的广泛使用，我们希望 Web 服务能够满足很多跨相互独立的处理环境和域的互操作性要求。Web 服务能够克服平台、开发语言和体系结构的差异，允许不同的组织共同执行处理任务。通过使用 XML 和 SOAP，来自不同域的具有独立环境、不同体系结构和不同平台的系统能够进行分布式处理来满足业务要求。

4.2.1　Web 服务概述

Web 服务就是通过 Web 提供的服务。按照 W3C（World Wide Web Consortium）的定义，Web 服务是一种通过统一资源定位符（URI）标识的软件应用，其接口及绑定形式可通过 XML 标准定义、描述和检索，Web 服务能够通过 XML 消息及 Internet 协议（如 HTTP）完成与其他软件应用的直接交互。Web 服务的主要目标就是在现有的各种异构平台的基础上构筑一个通用的与平台无关、与语言无关的技术层，各种不同平台之上的应用依靠这个技术层实施彼此的连接和集成。

Web 设计中引入了三个重要的概念：统一资源定位符（Uniform Resource Locator，URL）、超文本传输协议(HyperText Transfer Protocol，HTTP)和超文本标记语言(HyperText Markup Language，HTML)。Web 服务是目前最常用的 Internet 服务，使用 HTTP 协议，Web 服务默认占用 80 端口；在 Windows 平台下一般使用 IIS(Internet Information Server)作为 Web 服务器。

1. 超文本传输协议(HTTP)

HTTP 从层次的角度看是面向事务的(Transaction-oriented)应用层协议，它是万维网上能够可靠地交换文件(包括文本、声音、图像等各种多媒体文件)的重要基础。万维网是分布式超媒体(Hypermedia)系统，它是超文本(Hypertext)系统的扩充。一个超文本由多个信息源链接成。利用一个链接可使用户找到另一个文档。这些文档可以位于世界上任何一个接在因特网上的超文本系统中。超文本是万维网的基础。超媒体与超文本的区别是文档内容不同。超文本文档仅包含文本信息，而超媒体文档还包含其他表示方式的信息，如图形、图像、声音、动画，甚至活动视频图像。

如图 4-5 所示，清华大学某院系的客户机通过 Web 浏览器(目前主流的是 Microsoft Internet Explorer)，向提供 IIS 服务的清华大学校园网主页服务器 www.tsinghua.edu.cn 的 80 端口发出 HTTP 报文请求，服务器收到请求报文后与客户机建立 TCP 连接通道，并根据收到的请求进行相应文档的回传响应。通信完毕，释放 TCP 连接。

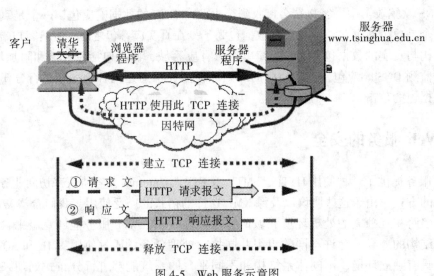

图 4-5　Web 服务示意图

2. 超文本标记语言(HTML)

(1) HTML 概述

超文本标记语言(Hyper Text Markup Language，HTML)中的 Markup 的意思就是"设置标记"。HTML 定义了许多用于排版的命令(标签)。HTML 把各种标签嵌入到万维网的页面中。这样就构成了所谓的 HTML 文档。HTML 文档是一种可以用任何文本编辑器创建的 ASCII 码文件。

浏览器从服务器读取 HTML 文档后，就按照 HTML 文档中的各种标签，根据浏览器所使用的显示器的尺寸和分辨率大小，重新进行排版并恢复出所读取的页面。仅当 HTML 文档是以.html或.htm为后缀时，浏览器才对此文档的各种标签进行解释。如HTML文档改换以.txt为其后缀，则HTML解释程序就不对标签进行解释，而浏览器只能看见原来的文本文件。

（2）HTML的格式与标签

①HTML的格式。元素（element）是HTML文档结构的基本组成部分。一个HTML文档本身就是一个元素。每个HTML文档由两个主要元素组成：首部（head）和主体（body）。

首部包含文档的标题（title），以及系统用来标识文档的一些其他信息。标题相当于文件名。文档的主体是HTML文档的最主要部分。主体部分往往又由若干个更小的元素组成，如段落（paragraph）、表格（table）和列表（list）等。

②HTML的标签。HTML用一对标签（一个开始标签和一个结束标签）或几对标签来标识一个元素。

开始标签由一个小于字符"<"、一个标签名和一个大于字符">"组成。结束标签和开始标签的区别只是在小于字符的后面要加上一个斜杠字符"/"。如：<HTML>和</HTML>为一个HTML页面的开始和结束标志，<TITLE>和</TITLE>为页面标题的开始和结束标志，<P>和</P>为一个段落的开始和结束标志等。

一个Web页面的HTML代码举例：

```
<HTML>
<HEAD>
      <TITLE>一个HTML的例子</TITLE>
</HEAD>
<BODY>
      <H1>HTML很容易掌握</H1>
      <P>这是第一个段落。虽然很短，但它仍是一个段落。</P>
      <P>这是第二个段落。</P>
</BODY>
</HTML>
```

3. 统一资源定位符（URL）

统一资源定位符（URL）是对可以从因特网上得到的资源的位置和访问方法的一种简洁的表示符号。URL给资源的位置提供一种抽象的识别方法，并用这种方法给资源定位。只要能够对资源定位，系统就可以对资源进行各种操作，如存取、更新、替换和查找其属性。URL相当于一个文件名在网络范围的扩展。因此URL是与因特网相连的机器上的任何可访问对象的一个指针。

统一资源定位符URL的格式由以冒号隔开的两大部分组成，并且在URL中的字符对大写或小写没有要求。URL的一般格式是：

<协议>：//<主机>：<端口>/<路径>

其中，<协议>包括：Ftp——文件传送协议，Http——超文本传送协议；<主机>是存放资源的主机在因特网中的域名；<端口>/<路径>有时可省略。

此外，Web服务及Web服务环境具有如下典型的特点：

（1）开放性。开放性是指服务提供者应允许有资格的陌生请求者获取对资源的访问授权。随着Web服务技术的发展和应用的普及，Web服务将在Internet上无处不在，任何企业或个人在任何时间、任何地点都可访问各种 Web 服务。服务提供者可以事先并不知晓请求者的身份，即请求者事先并不需要注册或提供身份。

(2)跨平台性(分布性)。分布性主要指无集中管理控制中心和资源分散在各个管理域，这易引起资源访问效率与安全性矛盾以及造成对通信的安全威胁。

(3)异构性。异构性是指系统要跨多个安全域，相关的实体一般不存在先前已建立的互信关系，这易引起安全互操作和安全通信问题，资源访问的信任问题以及控制的效率与安全性矛盾问题。

(4)协同性。协同性包括资源共享的协同性和问题解决的协同性。资源共享的协同性以资源互联为基础，既包括资源使用时不同用户因时间、空间、权限等差异引起的协商，也包括资源的组合。问题解决的协同性是指虚拟组织之间通过协作共同解决某一问题，以满足用户的新需求。

(5)动态性。动态性是指协作方式需要动态建立，用户动态访问资源，这易引起资源共享(资源访问与通信)的安全性问题、资源控制的安全性问题以及用户认证与授权、信任管理和群组管理的安全性问题。

(6)自治性。每个服务提供者应有权声明它所保护的资源的访问控制策略，服务提供者所在的管理域可以有自己的安全架构。

总之，在 Web 服务环境，Web 服务调用需要跨越安全域的边界，能够在异构的系统之间实现；并且，由于 Web 服务的无处不在性，服务提供者通常事先无法知晓请求者的身份。与传统的集中式系统和客户-服务器环境相比，Web 服务环境更具动态性和分布性，它带来了传统的安全模型不能处理的许多新的安全挑战。

4.2.2 Web 服务的安全问题

1. CGI 程序

CGI 即 Common Gateway Interface(通用网关接口)的简写，正式名称为 CGI 脚本(Script)。它是一种定义了动态表单如何创建、输入数据如何提供给应用程序以及输出结果如何使用的标准。

CGI 的主要功能是在 WWW 环境下，从客户浏览器传递一些信息给 WWW 服务器，再由 WWW 服务器去启动所指定的程序代码(CGI 程序)来完成相应的工作。使用 CGI 可以像网关(Gateway)一样，在服务器端和客户端之间建立一个桥梁，通过执行客户端的输入指令，产生并传回客户端所需要的信息。

在 HTML 文件中，表单(Form)与 CGI 程序配合使用，共同完成信息交流的目的。如图 4-6 所示，CGI 的工作一般过程为：

(1)用户用 Web 浏览器提交表单登录；

(2)Web 浏览器发送登录请求到 Web 服务器；

(3)Web 服务器分析 Web 浏览器送来的数据包，确认是 CGI 请求，于是通过 CGI 将表单数据按照一定格式发送给相应的 CGI 应用程序；

(4)CGI 应用程序对数据处理、验证，将动态生成的页面发送给 Web 服务器；

(5)Web 服务器把 CGI 应用程序发来的页面发送给请求登录的 Web 浏览器；

(6)Web 浏览器接收、解释、显示页面。

Web 浏览器向 Web 服务器提交表单数据通常有两种方式：

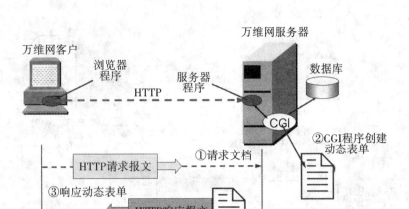

图 4-6　扩充了 CGI 功能的万维网服务器

（1）Post 方式。Web 服务器通过标准输入方式把数据转交 CGI 应用程序。CGI 应用程序数据处理完毕后，将结果输出到标准输出，即可以为 Web 服务器所接收。

（2）Get 方式。在 UNIX 类的系统中，Web 服务器通过环境变量将数据转交 CGI 应用。

CGI 程序是 WWW 安全漏洞的主要来源。CGI 程序漏洞主要包括配置错误、边界条件错误，访问验证错误、来源验证错误和策略错误等，从而导致有意无意泄露主机系统信息，CGI 会处理远程用户输入的 Script，可能因此导致被攻击。

2. 活动文档技术

活动文档（Active Document）技术：服务器返回至浏览器端运行的一段副本程序，与用户直接交互，并可连续改变屏幕显示。

Java 是美国 Sun（太阳）公司开发的一项用于创建和运行活动文档的技术。Java 的编译程序将源程序转换成 Java 字节码（Byte Code），这是一种与机器无关的二进制代码。计算机程序调用解释程序读取字节码，并解释执行。用户从万维网服务器下载嵌入了 Java 小应用程序的 HTML 文档后，可在浏览器的屏幕上点击某个图像，就可看到动画效果，或在下拉式菜单中点击某个项目，就可看到计算结果。

JavaScript 是美国 Netscape（网景）公司开发的一系列 HTML 语言扩展，增强了其动态交互能力，把部分处理移到了客户端。

活动文档技术的应用如图 4-7 所示，用户访问服务器后，下载服务器端的二进制代码文件在本地端借助浏览器来执行，形成各种特效页面。

Java 生成的小程序称为 Java Applet，它与计算机硬件无关。这是一种与机器无关的二进制代码，可在任何计算机上的浏览器程序端下载、运行活动文档并产生相同的输出。Java Applet 在设计时已经考虑网络应用的安全性问题。采用了 Sandbox（沙盒）作为保护机制。Applet 在运行时处于一个被限定的范围内，对客户机文件系统的影响有限。但在安全级别设置不正确，或人为设置缓冲区溢出的情况下仍会发生安全问题。存在认证机制但未经仔细检查证书的被信任 Applet，由于有较高级别的存取权限，可能导致恶意代码的执行，后果更甚于普通 Applet。

JavaScript 是脚本程序，需要把代码发给支持 JavaScript 解释功能的客户浏览器端执行来

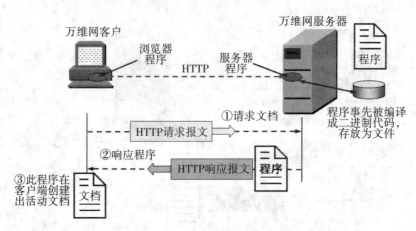

图 4-7　活动文档在客户端创建

产生输出。JavaScript 可以嵌入在 HTML 文件中，并发送到客户端进行执行。JavaScript 最大的特点就是它是一个客户端脚本语言，不需要服务器的支持就可以独立运行。这样一方面可以减少服务器负担和通信带宽消耗，另一方面也为浏览器提高用户体验提供了方便。对于程序员来说，因为它跨平台，易于掌握等特点受到了广泛的欢迎。不过 JavaScript 的缺点就在于安全性完全没有办法保证，JavaScript 的安全性相当低，并且缺乏有效的认证机制。通常基于 JavaScript 的攻击都是在 JavaScript 脚本中嵌入恶意代码，并且采用欺骗或诱导等方式让用户在本地客户端上运行。

3. Cookies 文件

Cookie 是美国 Netscape 公司开发的，用来改善 HTTP 协议无状态性。

现在许多网站都需要新用户注册，注册后等到你下次再访问该站点时，该站点系统会自动识别你，并且向你问好，是不是觉得很亲切？当然这种作用只是表面现象，更重要的是，网站可以利用 cookies 跟踪统计用户访问该网站的习惯，比如什么时间访问，访问了哪些页面，在每个网页的停留时间等。利用这些信息，一方面是可以为用户提供个性化的服务，另一方面，也可以作为了解所有用户行为的工具，对于网站经营策略的改进有一定参考价值。例如，你在某家航空公司站点查阅航班时刻表，该网站可能就创建了包含你旅行计划的 Cookies，也可能它只记录了你在该站点上曾经访问过的 Web 页，在你下次访问时，网站根据你的情况对显示的内容进行调整，将你所感兴趣的内容放在前列，这是高级的 Cookie 应用。目前 Cookies 最广泛的应用是记录用户登录信息，这样下次访问时可以不需要输入自己的用户名和密码，但这种方便也存在用户信息泄密的问题，尤其在多个用户共用一台电脑时很容易出现这样的问题。

用户第一次向 Web 服务器请求时，浏览器把用户的信息记录成 Cookie，以待下次登录该服务器时，直接将 Cookie 里用户的信息发往 Web 服务器，简化操作。一方面，可以为用户提供个性化的服务；一方面，可以作为了解用户行为的工具。Cookie 的作用如图 4-8 所示。

一般认为，Cookie 能够给 Web 服务提供相当大的便利，但是也存在一些安全隐患。Cookie 对用户识别不够精确，在用户没有调整生存周期或删除 Cookie 时，将会记录用户的

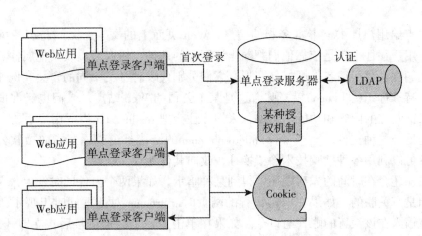

图 4-8 Cookies 作用

用户名和密码,这将会导致信息泄露和权限超越的问题发生。而 Cookie 的记录功能也严重地危害了用户的隐私和安全。例如,攻击者可以建立钓鱼网站用于窃取用户的 Cookie,而已有的 Cookie 也可能被攻击者改写并用于攻击目的。

4. ActiveX 的安全性

ActiveX 技术是 Microsoft 提出的一组使用 COM 使得软件部件在网络环境中进行交互的技术集。ActiveX 对它的控件能够完成的任务不加限制,控件中可能存在暗中执行的任务,这就带来很大风险。

ActiveX 控件与 Java Applet 相似,可以运行很多相同的功能。ActiveX 控件目前还限制在 Windows 系统环境,可以完全访问 Windows 操作系统。ActiveX 可以运行任何用户行为,如删除文件或硬盘格式化。微软开发了限制系统以控制风险,在下载 ActiveX 控件之前,浏览器必须确认和认证。ActiveX 控件可以分为签名的 ActiveX 控件和非签名的 ActiveX 控件。签名的 ActiveX 控件提供了高度确认,证明内容没被修改过。然而签名并不代表签名者的可信度,只是提供该控件是直接来源于签名者的保证。

5. Web 欺骗

Web 欺骗,又称钓鱼攻击,是一种创造某个 Web 网站的复制影像达到欺骗网站用户目的的攻击技术。攻击者创造一个易于误解的上下文环境,诱使被攻击者进入并且做出缺乏安全考虑的决策。受害者从影像 Web 的入口进入到攻击者的 Web 服务器,经过攻击者机器的过滤作用,允许攻击者监控用户的任何活动。攻击者也能以用户的名义将错误或者易于误解的数据发送到真正的 Web 服务器,并以任何 Web 服务器的名义发送数据给用户。简而言之,攻击者观察和控制着用户在这个网站上做的每一件事。

Web 欺骗攻击往往牵涉到经济方面,在现实的电子交易中十分常见,几年前台湾的某个电子商务网站被攻击者冒充,造成大量客户的信用卡密码泄露,攻击者获得了大量非法收入。还有仿照中国工商银行网站的钓鱼网站,也欺骗了大量用户,它正成为恶意攻击者收集用户敏感信息(如用户名、密码、银行账号、信用卡详细信息等)的流行方法。

例如,在访问网上银行时,用户会根据所看到的银行 Web 页面,从该行的账户中提取或存入一定数量的存款。因为用户相信所访问的 Web 页面就是所需要的银行的 Web 页面。无论是页面的外观、URL 地址,还是其他一些相关内容,都让用户感到非常熟悉,没有理由不相信。

　　Web 站点给用户提供了丰富多彩的信息，Web 页面上的文字、图画与声音可以给人深刻的印象，用户往往也正是依靠他们判断出该网页的地址、所有者以及其他属性。在计算机世界中，人们往往都习惯各类图标、图形，它们分别代表着各类不同的含义。例如，网页上存在的一个特殊标识(如 Logo)就意味着这是某个公司的 Web 站点。人们也经常根据一个文件的名称来推断它的内容和功能。例如，人们往往会把 readme. txt 当成用户手册，但它其实完全可以是另外一种文件。一个 www. microsoft. com 的链接难道就一定指向微软公司吗？显然，攻击者可以利用各种欺骗技术偷梁换柱，改向其他地址。

　　人们往往还会在时间的先后顺序中得到某种暗示。如果两个事件同时发生，人们自然地会认为它们是有关联的。如果在单击银行的网页时 username 对话框同时出现了，用户自然会认为应该输入在该银行的账户与口令。如果在单击了一个文档链接后，立即开始了下载，那么很自然地会认为该文件正从该站点下载。然而，以上的想法不一定总是正确的。

　　Web 欺骗是一种电子信息欺骗，攻击者创造了一个完整的令人信服的 Web 世界，但实际上它却是一个虚假的复制。虚假的 Web 看起来十分逼真，它拥有相同或相似的网页和链接。然而攻击者控制着这个虚假的 Web 站点，受害者的浏览器和 Web 之间的所有网络通信就完全被攻击者截获。

　　由于攻击者可以观察或者修改任何从受害者到 Web 服务器的信息，同样的，也控制着从 Web 服务器发至受害者的返回数据，这样攻击者就有发起攻击的可能性。攻击者能够监视被攻击者的网络信息，记录他们访问的网页和内容。当被攻击者填完一个表单并发送后，这些数据将被传送到 Web 服务器，Web 服务器将返回必要的信息，但不幸的是，攻击者完全可以截获并使用这些信息。大家都知道绝大部分在线公司都是用表单来完成业务的，这意味着攻击者可以获得用户的账户和密码。即使受害者使用 SSL 安全套接层，也无法逃脱被监视的命运。在得到必要的数据后，攻击者可以通过修改受害者和 Web 服务器两方中任何一方数据来进行破坏活动。攻击者可以修改受害者的确认数据，例如，修改受害者在线订购产品的产品代码、数量或者邮购地址等。攻击者还可以修改 Web 服务器返回的数据，例如，插入易于误解或者具有攻击性的资料，破坏用户与在线公司的关系等。

　　Web 欺骗能够成功的关键是在受害者和真实 Web 服务器之间插入攻击者的 Web 服务器，这种攻击通常也称为"中间人攻击(Man-In-The-Middle)"。为了建立起这样的 Web 服务器，攻击者需要完成以下工作。

　　首先，攻击者改写 Web 页中的所有 URL 地址，使它们指向攻击者的 Web 服务器而不是真正的 Web 服务器。假设攻击者的 Web 服务器是 www. hacker. net，他可以在所有链接前增加 http：//www. hacker. net/。例如 http：//www. icbc. com. cn/将变为 http：//www. hacker. net/http：//www. icbc. com. cn/。当用户单击改写后的链接时，将进入的是 http：//www. hacker. net/，由 http：//www. hacker. net/向 http：//www. icbc. com. cn/发出请求并获得真正的文档，这样攻击者就可以改写文档中的所有链接，最后经过 http：//www. hacker. net/返回给用户的浏览器。

　　很显然，修改过的文档中所有 URL 都指向了 http：//www. hacker. net/。当用户单击任何一个链接时都会直接进入 www. hacker. net，而不会直接进入真正的 www. icbc. com. cn 网站。如果用户由此依次进入其他网页，那么他们永远不会逃离这个欺骗的陷阱。

　　如果受害者填写了一个虚假 Web 上的表单，那么回应看来可能会很正常，因为只要遵循标准的 Web 协议，表单的确定信息被编码到 URL 中，内容会以 HTML 形式返回来，表单欺骗基本不会被察觉。但是既然前面的 URL 都已经得到了改写，那么欺骗就实实在在地在进行着。当受害者提交表单后，所提交的数据保存到了攻击者的服务器。攻击者的服务器能够观察，甚至修改这些数据。同样的，在得到真正的服务器返回信息后，攻击者在将其返回给受害者以前也可以随心所欲地修改其中的内容。

为了提高 Web 应用程序的安全性，现在的电子商务网站广泛使用 SSL 技术。它的目的是在用户浏览器和 Web 服务器之间建立一种基于公钥加密理论的安全连接，但是，它也并不能避开 Web 欺骗的攻击。受害者可以和 Web 欺骗中所提供的虚假网页建立起一个看似正常的"安全连接"，网页的文档可以正常地传输，而且作为安全连接标志的图形依然显示正常。换句话说，也就是浏览器提供给用户的感觉是这是一个安全可靠的连接，虽然事实上此时的安全连接已建立在攻击者的站点上。

为了实现完美的 Web 欺骗，攻击者需要创造一个尽善尽美的虚假环境，包括各类图标、文字、链接等，提供给被攻击者各种各样的十分可信的暗示，也就是要隐藏任何瑕疵。

4.2.3　Web 服务的安全解决方案

1. CGI 程序漏洞安全解决方案

利用检测程序，对编写的 CGI 脚本进行检测，防治错误产生，即保证 CGI 程序的安全性，尽量避免漏洞的产生。

2. 活动文档技术安全解决方案

用户可以完全禁用掉 JavaScript 功能，如图 4-9 所示。

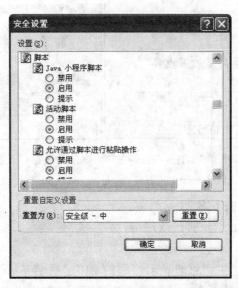

图 4-9　Internet 选项/活动文档功能设置

3. Cookies 的安全解决方案

只要在 IE 的"工具"菜单下选择"Internet 选项"的"安全"，按自定义级别，将 Cookie 部分设为关闭，按确定，关闭浏览器，再重新启动浏览器即可。当你关闭 Cookie 之后，很多网站的个人化服务功能很可能也不能再使用了。设置界面如图 4-10 所示。

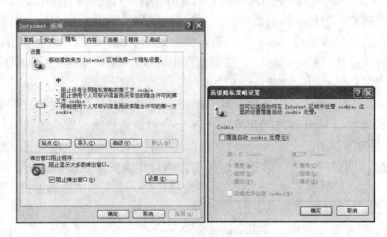

图 4-10　Internet 选项/Cookie 设置

4. ActiveX 的安全解决方案

用户可以在"Internet 选项"的"安全"禁用 ActiveX 功能，设置界面如图 4-11 所示。

图 4-11　Internet 选项/ActiveX 设置

5. Web 欺骗的安全解决方案

尽管攻击者在进行 Web 欺骗时已绞尽脑汁，但是还是有一些不足，有两种方法可以找出正在发生的 URL 重定向。

第一，配置网络浏览器使它总能显示当前的 URL，并养成经常查看的习惯。如果用户看到了两个 HTTP 请求结合在一起，应该敏感地意识到正在发生 URL 重定向。

第二，检查源代码。通过检查源代码，使得攻击者对 HTML 源文件无能为力。如果发生了 URL 重定向，通过阅读 HTML 源文件，就一定会发现。不幸的是，检查用户连接的每一个页面的源代码是不切实际的想法。

是否具有强大的安全性不仅仅依赖于技术的强大，更重要的是依赖于用户是否接受过适当的安全知识培训。下面给出一些防范 Web 欺骗的建议：

（1）禁用 JavaScript、ActiveX 或者任何其他在本地执行的脚本语言。攻击者使用 Java 或者 ActiveX 就能在后台运行一个进程，做他想做的任何事情，而且对用户是透明的。使脚本语言无效，攻击者就不能隐藏攻击的迹象了。受害者可以检查自己正在浏览的每一页的源代码，这是唯一一知道自己是否正遭受攻击的途径，但这不是一个可行的解决方法。

（2）确保应用有效并能适当地跟踪用户。无论是使用 Cookie 还是会话 ID，都应该确保要尽可能的长和随机。

（3）养成查看浏览器地址栏中 URL 的习惯。

大多数的 Web 欺骗都不复杂，而是利用了用户对这一方面的粗心大意和安全意识的淡薄。因此，预防 Web 欺骗的一项重要的工作是培养用户的安全意识和对开发人员的安全教育，不过这两项工作中的任何一个都不简单。

4.3 E-mail 服务的安全

随着互联网的迅速发展和普及，企业使用电子邮件是必需的，以至于电子邮件的安全必须得到重视。无论企业网采取什么样的边界控制，都必须给电子邮件打开通道，允许电子邮件进站和出站，因此电子邮件应用层成为最主要的网络攻击手段和数据外泄途径。电子邮件应用是业务开展的支撑之一，须保证电子邮件应用的安全，即正常业务电子邮件应保证畅通传递，带有恶意代码或违反安全策略的电子邮件应加以阻止。于是，电子邮件的攻与防展开了不停息的技术升级。微软 Exchange 2010 大型企业级电子邮件系统提供电子邮件加密来保证用户电子邮件的安全，设立电子邮件网关，设置电子邮件出站、入站抵挡垃圾电子邮件和病毒电子邮件的侵扰等，使用户电子邮件安全送到目的地。

4.3.1 电子邮件服务概述

1. 电子邮件的概念

电子邮件（Electronic Mail，简称 E-mail，标志：@）又称电子信箱、电子邮政，它是一种用电子手段提供信息交换的通信方式。是 Internet 应用最广的服务：通过网络的电子邮件系统，用户可以用非常低廉的价格（不管发送到哪里，都只需负担电话费和网费即可），以非常快速的方式（几秒钟之内可以发送到世界上任何你指定的目的地），与世界上任何一个角落的网络用户联系。这些电子邮件可以是文字、图像、声音等各种方式。同时，用户可以得到大量免费的新闻、专题邮件，并实现轻松的信息搜索。正是由于电子邮件的使用简易，投递迅速，收费低廉，易于保存，全球畅通无阻，使得电子邮件被广泛地应用。

电子邮件的优势如下：

（1）电子邮件的传输速度快，通常是在几秒钟到数分钟之间就送至收件人的信箱中。

（2）电子邮件非常便捷，与电话通信不同，不会因占线浪费时间；同时，收件人不必同时守候在线路的另一旁，跨越了时间和空间的限制，给人们提供了更大的自由空间。

（3）电子邮件的价格低廉，用户可以花几分钱的代价发送其他通信方式无法承担的信息，如文字、图片、录像、声音和动画等。而且，电子邮件的内容可以很容易地进行更改。

2. 电子邮件系统的工作原理

电子邮件系统采用"存储转发"的工作方式。一封电子邮件从发送方计算机发出，在网络传输的过程中，经过多台计算机的中转，最后到达目的计算机，送到收信人的电子邮箱。

电子邮件的工作过程遵循客户机到服务器的模式。每封电子邮件的发送都要涉及发送方与接收方，发送方构成客户端，而接收方构成服务器，服务器含有众多用户的电子邮箱。发送方通过邮件客户程序，将编辑好的电子邮件向邮局服务器(SMTP 服务器)发送。邮局服务器识别接收方的地址，并向管理该地址的邮件服务器(POP3 服务器)发送消息。邮件服务器将消息存放在接收方的电子信箱内，并告知接收方有新的邮件到来。接收方通过邮件客户程序连接到服务器上，就会看到服务器的通知，进而打开自己的电子邮箱来查看邮件。

在 Internet 上，电子邮件的实际传送过程如下：首先，由发送方计算机(客户机)的邮件管理程序将邮件进行分拆并封装成传输层协议(TCP)下的一个或多个 TCP 邮包，而这些TCP 邮包又按网络层协议(IP)包装成 IP 邮包，并在它上面附上目的计算机地址(IP 地址)。一旦客户机完成对电子邮件的这些编辑处理以后，客户机的软件便自动启动，根据目的计算机的 IP 地址，确定于哪一台计算机进行联系。如果联系成功，便将 IP 邮包送上网络。整个过程如图 4-12 所示。

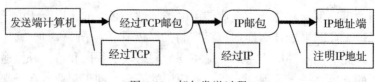

图 4-12　邮包发送过程

IP 邮包在 Internet 的传递过程中，将通过对路径的路由选择，经特定路线上的某些计算机的存储转发，最后到达接收邮件的目的计算机。在接收端电子邮件程序会把 IP 邮包收集起来，取出其中的信息，按照正确的次序复原成初始的邮件，最后传送给收件人。如果在传输过程中发现 IP 邮包丢失，目的计算机便要求发送端重发。对于传输过程中可能出现的误码等问题，TCP 邮包将采用一种"校验和"的办法进行处理。如果一个邮包在传输前后的"检验和"不一致，则表明传输有错，这种邮包必须舍弃重发。从上述的过程可以看出，尽管电子邮件的具体传输过程比较复杂，但是 TCP/IP 协议采取了各种措施以保证邮包的可靠传递。

通常，Internet 上的个人用户不能直接接收电子邮件，而是通过申请 ISP 主机的一个电子邮箱，由 ISP 主机负责电子邮件的接收。一旦有用户的电子邮件到来，ISP 主机就将邮件移到用户的电子信箱内，并通知用户有新邮件。因此，当给另一个用户发送一封电子邮件时，电子邮件首先从用户计算机发送到 ISP 主机，在到 Internet，在到收件人的 ISP 主机，最后到收件人计算机。

ISP 主机起着"邮局"的作用，管理者众多用户的电子信箱。每个用户的电子信箱实际上就是用户申请的账号名。没个用户的电子信箱都要占用 ISP 主机一定容量的硬盘空间，由于这一空间是有限的，因此用户要定期查收和阅读电子信箱中的邮件，以便腾出新的空间来接收新的邮件。

电子邮件在发送与接收过程中都要遵循 SMTP 和 POP3 等协议，这些协议确保电子邮件都在各种不同的系统之间传输。其中，SMTP 负责电子邮件的发送，而 POP3 则用于接收Internet 上的电子邮件。传输过程如图 4-13 所示。

MUA 的全称是 Mail User Agent，是邮件用户代理，帮助用户读写邮件；MTA 的全称是

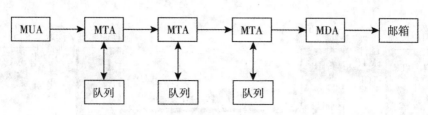

图 4-13　邮件传输过程

Mail Transport Agent，是邮件传输代理，负责把邮件由一个服务器传到另一个服务器或邮件投递代理；MDA 全称是 Mail Delivery Agent，是邮件投递代理，把邮件放到用户的邮箱里。

　　目前使用的 SMTP 协议是存储转发协议一个，这意味着它允许邮件通过一系列的服务器发送到最终目的地。服务器在一个队列中存储到达的邮件，等待发送到下一个目的地。下一个目的地可以是本地用户，或者是另一个邮件服务器。如果下游的服务器暂时不可用，MTA就暂时在队列中保存邮件，并在以后尝试发送。

　　在 Internet 协议中，前台与用户交互的工作是由其他程序来承担的。电子邮件系统采用客户机/服务器结构。在后台，SMTP 协议就是按照客户机/服务器方式工作的。发信人的主机为客户方，收件人的邮件服务器为服务器方，双方机器上的 SMTP 协议互相配合，将电子邮件从发送方的主机传送到收信方的信箱。在邮件的传送过程中，需要使用 TCP 协议进行连接。SMTP 协议规定了发送方和接收方双方进行交互的动作。发送方的主机与邮件接收方的服务器直接相连，从而建立了从发送方主机到邮件接收方服务器的直接通道，这就保证了邮件传输的可靠性。

　　当然，在传输邮件的过程中，双方需要叫唤一些应答信息，而这是通过使用 SMTP 协议的一组命令来实现的。其实，电子邮件与普通邮件有类似的地方，发信者注明收信人的姓名和地址(即邮件地址)，发送方服务器把邮件传送到接收方服务器，接收方服务器再把邮件发送到收件人的信箱中，如图 4-14 所示。

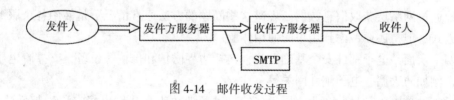

图 4-14　邮件收发过程

整个邮件的发送和接收过程，如图 4-15 所示。

4.3.2　电子邮件安全问题

　　电子邮件系统安全从逻辑可分成了四个层面：

　　第一个层面是电子邮件的应用安全。电子邮件应用层是电子邮件业务开展的支撑，同时也成为最主要的网络攻击手段和数据外泄途径。保证电子邮件应用的安全，即正常业务电子邮件应保证畅通传递，带有恶意代码或违反安全策略的电子邮件应加以阻止，成为了电子邮件系统研究的重点。常用的方法是设立电子邮件网关，设置电子邮件出站、入站抵挡垃圾电子邮件和病毒电子邮件的侵扰。

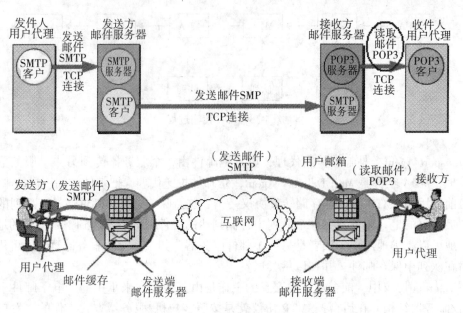

图 4-15　电子邮件发送接收过程示意图

第二个层面是电子邮件数据。电子邮件数据层包括电子邮件数据、账户信息、通讯录等，这些数据是进一步攻击的跳板，恶意分子采取各种攻击手段，如社会工程学、口令攻击、零日漏洞攻击等，来获取这些数据，获得权限。那么要保护电子邮件数据，除了应用上的身份认证、访问控制、行为审计等，还要考虑数据自身的防护，如加密、数字签名等。

第三个层面是支持电子邮件应用的服务和协议。攻击者会寻求电子邮件服务客户端系统（电子邮件访问软件、浏览器）漏洞和服务端系统漏洞（邮箱服务、电子邮件数据库等）加以攻击，或利用系统安全策略缺陷进行渗透，这些服务可以被攻击者利用，从而截获非法信息。协议包括 SMTP、POP3、IMAP4、IMAPI、HTTP 等。例如，POP3 协议明文传输可以轻而易举地通过网络层获取信息数据。规避这些问题的方法通常情况下是使用各个服务和协议的加密方式，但是还要考虑到用户的使用体验。

第四个层面是电子邮件安全基础设施，包括边界防护和传输等设备，支撑着电子邮件系统运行，例如防火墙、电子邮件网关等。

电子邮件攻击，是目前商业应用最多的一种商业攻击，我们也将它称为邮件炸弹攻击。目前有许多邮件炸弹软件，虽然它们的操作有所不同，成功率也不稳定，但是有一点相同，就是它们可以隐藏攻击者，使他不被发现。

1. 邮件炸弹的概念

邮件炸弹原理：在一定时间内给某一个用户或某一邮件服务器发送大量的邮件，其中，邮件的长度可能较大，从而使得用户的邮箱被炸掉，从而降低邮件服务器的效率，最终使得邮件服务器瘫痪。

因此，邮件炸弹可以分为两类：一类是仅炸邮件服务器上的某个用户的邮箱，使得该用户的邮箱被关闭，以后发给该用户的邮件变成了垃圾；另一类是炸邮件服务器，使得服务器在短时间内不能处理大量的邮件，轻则导致服务器的性能下降，并可能产生轻度的拒绝服务，重则导致死机或关机。邮件炸弹本质上是一种拒绝服务攻击，拒绝服务的原因有几种：①网络连接过载；②系统资源耗尽；③大量邮件和系统日志造成磁盘空间耗尽。

下面就来看看常见的邮件攻击形式：

（1）回复转发的死循环。假设甲要对乙的邮箱进行攻击，甲首先会申请两个电子邮箱，在其中的一个邮箱中启动转发和自动回信功能，转发邮箱为乙的邮箱。在另一个邮箱中启动自动回信功能，这个功能在目前许多的邮箱中都有。从只带有自动回信功能的邮箱中，向带有转发和自动回信功能的邮箱中发送邮件。

这样两个信箱由于都带有自动回信，所以就进行循环发信，而当带有转发功能的邮箱收到邮件后就会向乙的邮箱发送邮件。这样乙的邮箱很快就被填满了。

（2）"胀"破邮箱容量。申请一个邮箱，开启匿名功能。使用如 Outlook 这些邮件工具，发送一个大容量的附件，在启动 Outlook 中的切分功能后，进行发送。

（3）基于软件的攻击。启动专门的邮箱炸弹软件——邮箱终结者，在"轰炸地址"里输入要攻击的邮箱地址。设置邮件的发送服务器，通常来说使用 SMTP 服务器，填写邮件的相关内容，如标题。在邮箱下方设置发送量和发送邮件的线程数目，点击"开始"按钮，进行攻击。

2. 邮件炸弹的危害

炸弹邮件可以说是目前网络中最流行的一种恶作剧，而用来制作恶作剧的特殊程序也称为 E-Mail Bomber。当某人所作所为引起了好事者不满时，好事者就可以通过这种手段来发动进攻。这种攻击手段不仅会干扰用户的电子邮件系统的正常使用，甚至还能影响到邮件系统所在的邮件服务器系统的安全，造成整个网络系统的全部瘫痪，所以邮件炸弹具有很大的危害性。

邮件炸弹可以大量消耗网络资源，常常导致网络塞车，使大量的用户不能正常工作。通常，网络用户的信箱容量是有限的，在有限的空间中，如果用户在短时间内收到成千上万的电子邮件，那么经过一轮邮件炸弹轰炸后，电子邮件的总容量很容易就把用户有限的资源耗尽。这样用户的邮箱中没有多余的空间接纳新的邮件，那么新邮件将会丢失或者被退回，这时用户的信箱已经失去了作用；另外，这些邮件炸弹所携带的大容量信息不断在网络上来回传输，很容易堵塞带宽并不富裕的传输信道，这样会加重服务器的工作强度，减缓了处理其他用户的电子邮件的速度，从而导致了整个过程的延迟。

3. 邮件炸弹防范措施

邮件炸弹攻击是目前应用最多的一种电子邮件攻击方法。邮件炸弹的防范措施可以从以下几个方面进行：

（1）向 ISP 求援。一旦你发现自己的信箱被轰炸了，这时你应该做的就是拿起电话向你上网的 ISP 服务商求援，他们会采取办法帮你清除 E-mail Bomb。在求援时最好不要发电子邮件，因为这可能需要等很长时间！在等待的这段时间中，你上网的速度或多或少地受到这些"炸弹"余波的冲击。

（2）不要"招惹是非"。在网上，无论在聊天室同人聊天，还是在论坛上与人争鸣，都要注意言辞不可过激，更不能进行人身攻击。否则，一旦对方知道你的信箱地址，很有可能会因此而炸掉你的邮箱。另外，也不要轻易在网上到处乱贴你的网页地址或者产品广告之类的帖子，或者直接向陌生人的信箱里发送这种有可能被对方认为是垃圾邮件的东西，因为这样做极有可能引起别人的反感，甚至招致对方的"炸弹"报复。

（3）采用过滤功能。在电子邮件中安装一个过滤器（比如说 E-mail Notify）可以说是一种最有效的防范措施。在接收任何电子邮件之前预先检查发件人的资料，如果觉得有可疑之处，可以将之删除，不让它进入你的电子邮件系统。但这种做法有时会误删除一些有用的电子邮件。如果担心有人恶意破坏你的信箱，给你发来一个"重磅炸弹"，你可以在邮件软件中起用过滤功能，把你的邮件服务器设置为：超过你信箱容量的大邮件时，自动进行删除，从而保证你的信箱安全。

（4）使用转信功能。有些邮件服务器为了提高服务质量往往设有"自动转信"功能，利用该功能可以在一定程度上能够解决容量特大邮件的攻击。假设你申请了一个转信信箱，利用该信箱的转信功能和过滤功能，可以将那些不愿意看到的邮件统统过滤掉，删除在邮件服务器中，或者将垃圾邮件转移到自己其他免费的信箱中，或者干脆放弃使用被轰炸的邮箱，另外重新申请一个新的信箱。

（5）谨慎使用自动回信功能。所谓"自动回信"就是指对方给你发来一封信而你没有及时收取的话，邮件系统会按照你事先的设定自动给发信人回复一封确认收到的信件。这个功能本来给大家带来了方便，但也有可能制造成邮件炸弹——如果给你发信的人使用的邮件账号系统也开启了自动回信功能，那么当你收到他发来的信而没有及时收取时，你的系统就会给他自动发送一封确认信。恰巧他在这段时间也没有及时收取信件，那么他的系统又会自动给你发送一封确认收到的信。如此一来，这种自动发送的确认信便会在你们双方的系统中不断重复发送，直到把你们双方的信箱都撑爆为止。现在有些邮件系统虽然采取了措施能够防止这种情况的发生，但是为了慎重起见，请小心使用"自动回信"功能。

（6）用专用工具来对付。如果邮箱不幸"中弹"，而且还想继续使用这个信箱名的话，可以用一些邮件工具软件如 PoP-It 来清除这些垃圾信息。这些清除软件可以登录到邮件服务器上，使用其中的命令来删除不需要的邮件，保留有用的信件。

4.3.3 电子邮件服务的安全解决方案

1. 邮件系统的安全措施

目前，人们已经不满足于邮件系统仅仅是增加空间容量、查毒杀毒等功能，用户需要能确保端到端（全程）的邮件内容安全保密功能。为确保邮件系统的安全性，应考虑的应对措施有多种。

（1）应该尽可能降低用户枚举攻击和口令破解攻击的影响，确保 SMTP 和 POP 3 邮件服务器上的用户账号设置了强口令。

（2）在安全性要求较高的时候，SMTP 服务器不应该运行远程维护服务或对来自公共 Internet 的邮件进行收发服务。

（3）如果提供公开的 POP 3 或 IMAP 邮件服务，要提高这些服务对暴力破解攻击的应对能力，包括登录防备、是否实施账号锁定策略等。

（4）确保站点内的 SMTP 邮件转发设备和反病毒软件及时打补丁和维护，以防止欺骗攻击。例如不要在安全性要求较高的环境中运行 Sendmail，因为该软件包含较多的 Bug，可用 Qmail 和 Exim 替代它，因为这两个软件不复杂而且不容易受到基于 Internet 的攻击。在将邮件信息转发到 Sendmail 或 Microsoft Exchange Servers 之前，使用由防火墙保护或专用的邮件过滤设备来处理来自 Internet 的 SMTP 流量。

此外，重要的邮件服务可通过数字签名机制对邮件内容起到电子文件认证、核准和生效的作用，提高邮件的安全可靠性。其方式是把散列函数和公开密钥算法结合起来，发送方从报文文本中生成一个散列值，并用自己的私钥对这个散列值进行加密，形成发送方的数字签名；然后，将这个数字签名作为报文的附件和报文一起发送给报文的接收方；报文的接收方首先从接收到的原始报文中计算出散列值，接着再用发送方的公开密钥来对报文附加的数字签名进行解密；如果这两个散列值相同，那么接收方就能确认该数字签名是发送方的。

2. 邮件网络的安全措施

网络的安全应在内部网、企业外部网和互联网之间构建认证、加密、访问控制、监听、告警、记录分析等工作，来保证网络数据的可用性、完整性和保密性。在安全保护技术中最常用的解决办法，如防火墙技术和数据安全传输技术。

（1）防火墙的使用比率较高。防火墙是为了保证网络路由安全性而在内部网和外部网之间的界面上构造的一个保护层，一方面可以限制外部网对内部网的访问，另一方面也可以审计和限制内部网对外部网中不健康或敏感信息的访问，并且对网络存取访问进行记录和统计，对异常行为告警，以及提供网络是否受到监视和攻击的详细信息。同时，通过设置防火墙安全策略，根据特定组织机构的网络安全准则过滤掉某些 IP 地址分组，从而保护内部网络。

（2）在数据安全传输技术中，目前电子邮件安全传输所使用的主要技术是 SSL SMTP 和 SSL POP，通过 SSL 协议，客户机和服务器之间传送的数据都经过了加密处理，网络中的非法窃听者所获取的信息都将是无意义的密文信息；利用 HASH 密码算法，保证了数据的完整性；同时利用证书技术和可信的第三方认证，可让客户机和服务器相互识别对方身份，保证证书持有者是合法用户（而不是冒名用户）。使用 SSL 增强的 POP 3 与 IMAP 服务版本，将最大程度降低攻击者监听明文用户账号口令的风险。

3. 邮件操作系统和数据库的安全措施

邮件系统的建设中，操作系统安全性是不可忽视的。在账号管理方面，删除不必要的其他用户或设置傀儡账户，保证系统管理员账户的安全性；在文件访问权限方面，根据不同的账户使用权限，设置相应的文件访问权限，同时删除系统默认的共享文件夹；在系统安装的服务方面，禁止不需要或不使用的远程注册表、任务调度器、Messenger 服务、硬件检测、无线配置、后台打印程序等服务；在网络服务方面，在网络连接里删除不需要的协议和服务；在端口设置方面，根据系统需要只开启有用的端口，修改 3389 端口，并过滤 TCP、UDP 的 1025 以上端口；在策略设置方面，启用系统的安全策略，开启安全审核、密码和账户策略；在系统漏洞方面，保证系统在最新的补丁状态，定期对系统进行升级。

在数据库的安全措施中，如果 SQL 服务被 Internet 或其他网络访问，要确保 SQL 服务打了最新的服务补丁和安全补丁，以防止缓冲区溢出和其他类型的远程攻击；建立安全身份策略，保证数据库的用户口令为强口令（如 Microsoft SQL Server 的 sa 和 probe 账号，MySQL 的 root 账号等）；通过防火墙、IPS 等过滤和控制数据库网络访问的服务端口，可防止口令的暴力破解攻击；不在数据库上运行公开可访问的远程维护服务。由于 Oracle 数据库中存在大量的 0day 漏洞，需立即对 Oracle 数据库服务打补丁和安全加固，防止不必要的存储过程与功能的访问。

4. 邮件系统的备份和恢复

邮件系统存储数据是企业重要的信息资源和财富，加强数据备份和恢复系统建设是对整个邮件系统安全的重要保证。邮件数据备份根据备份内容，分为备份服务器和备份软件；根据备份方式，分为全备份、增量备份、差分备份、按需备份等。

4.4 FTP 服务的安全

4.4.1 FTP 服务

1. FTP 服务的概念

FTP(File Transfer Protocol)即文件传输协议，是网络中为传送文件而制定的一组协议，用于管理计算机之间的文件传送。该协议实现了跨平台的文件传送功能。互联网上的任意两台计算机只要都采用该文件传输协议就不用考虑距离有多远、是什么操作系统、用什么技术连接的网络，就能进行相互之间的数据文件传送。FTP 是 Internet 上最早出现的服务功能之一，但是到目前为止，它仍然是 Internet 上最常用也是最重要的服务之一。

2. FTP 服务的工作原理

当启动 FTP 从远程计算机上下载文件时，事实上运行了两个程序：一个是本地机上的FTP 客户程序，它向 FTP 服务器提出下载文件的请求；另一个是在远程计算机上运行的 FTP服务器程序，它响应请求并把指定的文件传送到 FTP 客户机中。

FTP 服务系统是典型的客户/服务器工作模式。FTP 的服务程序和客户程序分工协作，在文件传输协议的协调指挥下，共同完成文件的传输。FTP 系统的基本工作原理如图 4-16所示，右边是 FTP 服务器装有 FTP 服务器软件，通常是 Internet 上的信息服务提供者主机。左边的客户终端装有 FTP 客户机软件，通常是用户的本地计算机。两者的通信交流通过FTP 文件传输协议进行。

FTP 需要 TCP 协议的支持，使用两个并行的 TCP 连接来传输文件，一个称为控制连接(Control Connection)，另一个称为数据连接(Data Connection)。

当用户启动与远程主机的 FTP 会话时，FTP 客户端首先会与 FTP 服务器的 21 号端口建立一个控制连接，并告知服务器自己的另一个端口号码。当用户要求传送文件时，FTP 服务器则会用 20 号端口与客户端所提供的端口号码建立一个数据连接，FTP 在数据连接上传送完一个文件后会立即断开该数据连接。如果在一次 FTP 会话过程中需要传送另一个文件，FTP 服务器则会再次建立一个数据连接。在整个 FTP 会话过程中，控制连接始终保持，而数据连接则随着文件的传输会不断地打开和关闭。

FTP 有两种工作模式：Port 模式和 Passive 模式，两种模式主要的不同是数据连接建立方式的不同。Port 模式是 FTP 的默认工作模式，在这种模式下，客户端在本地打开一个端口等待服务器去连接从而建立起数据连接(FTP 服务器主动建立连接)；而 Passive 模式是服务器打开一个端口等待客户端去建立一个数据连接(FTP 服务器被动建立连接)。

图 4-16 所示为 Port 模式，控制连接的箭头是从客户端指向服务器，表示由客户端发起控制连接。数据连接的箭头是从服务器指向客户端，表示由服务器发起数据连接。

FTP 可传输多种格式的文件，通常由系统决定。常用的两种传输方式是以文本格式和二进制格式传输。由于二进制方式不用转换或格式化就可传送字符，且可以传送所有的 ASCII值，比文本方式传送速度快，所以一般服务器的系统管理员都将 FTP 设置成二进制方式。

用户在用 FTP 传输文件之前，设置的传输方式应当与文件的格式相一致，按文本方式传送二进制文件必将导致数据错误传输。大多数的专用下载软件都会自动检测和设置。

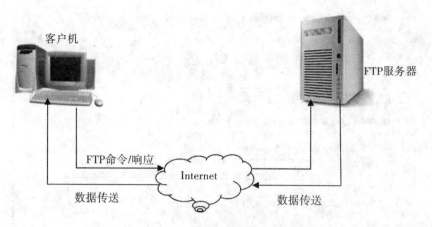

图 4-16   FTP 系统工作原理图示意图(Port 模式)

3. FTP 的功能和登录方式

（1）FTP 服务器的功能。FTP 服务器上提供文件驻留和文件传输服务，其上运行的 FTP 服务器软件主要功能是：

①接收并执行客户机程序发送过来的命令；

②与客户程序建立 TCP 连接；

③将文件传送给客户机程序或从客户机程序接收文件；

④将执行命令的状态信息回送给客户程序，由客户程序显示在客户机屏幕上。

（2）FTP 客户机的主要功能。目前的 FTP 客户程序有 WWW 浏览器和专用客户软件两种类型。

FTP 客户机是用户与 FTP 主机进行文件传输的工具，其上运行的客户程序一般具有以下主要功能：

①接收用户从键盘和鼠标输入的命令；

②分析命令并将命令传送给远端的 FTP 服务器；

③接收并在客户机上显示 FTP 服务器回送的执行命令的服务器状态信息；

④根据命令接收从服务器程序传来的文件或读取本地文件传送给服务器程序。

（3）FTP 的登录方式。通过浏览 Web 网页上的 FTP 超级链接可以间接登录 FTP 服务器并下载所链接的文件，登录过程由提供 Web 网页的网站进行。这里主要介绍从客户机直接登录 FTP 服务器的方法。

根据客户机用户操作系统界面，客户端登录 FTP 服务器的方式可分为图形用户界面(如图 4-17 所示 Windows 操作系统界面)方式和字符(命令行)界面方式。

在图形操作系统界面上用户通过操作键盘和鼠标就可登录 FTP 服务器，并下载、上传文件，由于界面友好、直观，无需记忆复杂的操作命令，一般用户很容易掌握，是目前应用广泛的操作方式。在命令行方式下，用户必须首先学习掌握有关 FTP 的连接、打开、目录操作、下载、上传、断开等一系列操作命令(有关 FTP 的命令有 50 多条)，才能正确进行 FTP 的有关操作，适于专业人员使用。

根据登录 FTP 的工具不同，FTP 的登录方式可分为浏览器(如 Internet Explorer)访问方式和 FTP 专用软件(如 CuteFTP)访问方式。由于目前广泛应用的 Windows 操作系统中，都已

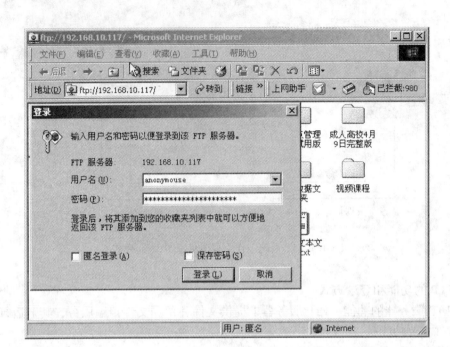

图 4-17　FTP 图形登录界面

经装有微软公司免费赠送的 IE 浏览器，所以用浏览器方式登录 FTP 服务器时不用安装任何客户端程序，只要在浏览器地址栏内输入 FTP 主机地址，就可进行登录操作，非常方便。而使用 FTP 专用软件时，可以有更多的功能，如多主机登录用户管理；多任务、多线程的下载和上传；断点续传；自动开机、关机服务等。

根据 FTP 服务器的管理方式，FTP 服务器又可分为两类：匿名 FTP 服务器和非匿名 FTP 服务器。对于前者任何上网用户无须事先注册就可以自由访问。登录匿名 FTP 时，一般可在"用户名"栏填写"anonymous"（匿名），在"密码"栏填写任意电子邮件地址。如果用浏览器访问匿名 FTP 服务器，只要选中"匿名登录"就连填写密码这点工作也可由浏览器负责（见图 4-17）。例如，Microsoft 有一个"匿名"的 FTP 服务器 ftp：//ftp. microsoft. com，在这里您可以下载文件，包括产品修补程序、更新的驱动程序、实用程序、Microsoft 知识库的文章和其他文档。

非匿名的 FTP 都是针对特定的用户群使用的（如注册用户、会员等），访问非匿名 FTP 必须事先得到 FTP 服务器管理员的授权（在服务器上给用户设定"用户名"和"密码"），用户登录时必须使用特定的用户名和密码才能建立客户机与 FTP 服务器的连接。

通常，FTP 服务器会通过 21 端口监听来自 FTP 客户的连接请求。当一个 FTP 客户请求连接时，FTP 服务器校检登录用户名和密码是否合法，如果合法，即打开一个数据连接。一个用户登录后，他只能访问被允许访问的目录和文件。

4.4.2　FTP 服务的安全问题

（1）反弹攻击（The Bounce Attack）

FTP 规范[PR85]定义了"代理 FTP"机制，即服务器间交互模型。它支持客户建立一个

FTP 控制连接，然后在两个服务间传送文件。同时 FTP 规范中对使用 TCP 的端口号没有任何限制，而从 0 到 1 023 的 TCP 端口号保留用于众所周知的网络服务。所以，通过"代理FTP"，客户可以命令 FTP 服务器攻击任何一台机器上的众所周知的服务。

客户发送一个包含被攻击的机器和服务的网络地址和端口号的"PORT"命令。这时客户要求 FTP 服务器向被攻击的服务发送一个文件，这个文件中应包含与被攻击的服务相关的命令(例如 SMTP、NNTP)。由于是命令第三方去连接服务，而不是直接连接，这样不仅使追踪攻击者变得困难，还能避开基于网络地址的访问限制。

(2)有限制的访问(Restricted Access)

一些 FTP 服务器基于网络地址进行访问控制。例如，服务器可能希望限制来自某些地点的对某些文件的访问(例如为了某些文件不被传送到组织以外)。另外，客户也需要知道连接是有所期望的服务器建立的。

攻击者可以利用这样的情况，控制连接是在可信任的主机之上，而数据连接却不是。

(3)保护密码(Protecting Passwords)

在 FTP 标准[PR85]中，FTP 服务器允许无限次输入密码。而且，"PASS"命令以明文传送密码。强力攻击有两种表现：在同一连接上直接强力攻击；和服务器建立多个并行的连接进行强力攻击。

(4)用户名 Usernames 风险

当"USER"命令中的用户名被拒绝时，在 FTP 标准中[PR85]中定义了相应的返回码530。而当用户名是有效的但却需要密码，FTP 将使用返回码 331。攻击者可以通过利用 USER 操作的返回码，确定一个用户名是否有效。

(5)端口盗用 Port Stealing

当使用操作系统相关的方法分配端口号时，通常都是按增序分配。攻击者可以通过规律，根据当前端口分配情况，确定要分配的端口，进而预先占领端口，让合法用户无法分配、窃听及伪造信息。

4.4.3　FTP 服务的安全解决方案

(1)反弹攻击防范措施

最简单的办法就是封住漏洞。首先，服务器最好不要建立 TCP 端口号在 1024 以下的连接。如果服务器收到一个包含 TCP 端口号在 1024 以下的 PORT 命令，服务器可以返回消息504([PR85]中定义为"对这种参数命令不能实现")。

其次，禁止使用 PORT 命令也是一个可选的防范反弹攻击的方案。大多数的文件传输只需要 PASV 命令。这样做的缺点是失去了使用"代理 FTP"的可能性，但是在某些环境中并不需要"代理 FTP"。

(2)有限制的访问防范措施

在建立连接前，双方需要同时认证远端主机的控制连接，确认数据连接的网络地址是否可信(如在组织之内)。虽然网络地址的访问控制可以起一定作用，但还可能受到"地址盗用(spoof)攻击"。在 spoof 攻击中，攻击机器可以冒用在组织内的机器的网络地址，从而将文件下载到在组织之外的未授权的机器上。

(3)保护密码防范措施

对第一种中强力攻击，建议服务器限制尝试输入正确口令的次数。在几次尝试失败后，服务器应关闭和客户的控制连接。在关闭之前，服务器可以发送返回码 421(服务不可用，关闭控制连接)。另外，服务器在相应无效的"PASS"命令之前应暂停几秒来消减强力攻击的有效性。若可能的话，目标操作系统提供的机制可以用来完成上述建议。

对第二种强力攻击，服务器可以限制控制连接的最大数目，或探查会话中的可疑行为并在以后拒绝该站点的连接请求。密码的明文传播问题可以用 FTP 扩展中防止窃听的认证机制解决。

然而上述两种措施的引入又都会被"业务否决"攻击，攻击者可以故意禁止有效用户的访问。

(4)用户名 Usernames 的安全防范措施

不管用户名是否有效，设置 FTP 服务器都返回 331，使得攻击者无规律可循。

(5)端口盗用 Port Stealing 防范措施

由操作系统随机分配端口号，使攻击者无法预测。

4.5　即时通信服务的安全

4.5.1　即时通信概述

1. 即时通信定义

广义的即时通信(Instant Messaging，IM)包括网络聊天室、网络会议系统等所有联机即时通信软件和应用。狭义的即时通信一般指由一组 IM 服务器控制下的若干 IM 客户端软件应用程序组成的系统。IM 服务器管理 IM 账户、认证等信息。IM 客户端必须登录到服务器才能提供各种服务。

一般的即时通信系统提供的基本服务包括：定位和在线状态信息服务、文本信息会话、文本留言、音频/视频会话、文件传送、表情和动画效果、群组功能等。多数即时通信系统还利用掌握的客户账号提供在线游戏、在线购物、虚拟社区、移动短信等多种增值服务。有的 IM 应用还集成了电子钱包、手机支付和在线支付功能等。IM 客户端正在逐渐代替浏览器的地位。

计算机媒介沟通(Computer-mediated Communication，CMC)是计算机应用技术的重要领域，E-mail、BBS、IM 都是 CMC 的重要形式。即时通信系统的安全可靠性方面存在极大的漏洞。这些问题有的是技术层面的，也有的是安全管理层面的。

即时通信首先是一种 Internet 的通信应用软件，涉及 IP/TCP/UDP/Sockets、P2P、C/S、多媒体音视频编解码/传送、Web、Web Service、普适计算、多代理等各种技术及研究领域，可以说是各种网络和软件技术的集大成者。IM 基本上属于 C/S 或者 P2P 应用一类，由此两方面的特性带来了各种各样的安全威胁。作为网络软件，它有很多与生俱来的安全缺陷，如信息泄露、易受垃圾信息攻击等。即时通信的文件传送功能尤其易于病毒的传播，特别是新的即时通信软件一般都具有各种脚本执行功能、智能升级和插件功能。

2. 即时通信分类

虽然即时通信不会完全替代电话和 E-mail，但较之 Internet 的两个主流应用 E-mail 和 Web 来说是一个很大的拓展。比较有代表性的 IM 系统有腾讯的 QQ、微软的 MSN Messenger、ICQ、Yahoo Messenger 等。从即时聊天软件发展来的即时通信系统，还结合了短信、游戏、社会网络(Social Network)等应用。前述几种 IM 系统主要面向个人用户，可以被归类为 CIM(Customer IM)。

在个人利用 IM 进行娱乐和社交的同时，越来越多的企业和机构通过 IM 开展业务，比如销售、客户服务或者内部流程沟通，这些企业的运作已经开始严重依赖于即时通信，甚至美国海军都已经将 IM 作为其协作平台不可或缺的一部分。为此一些供应商推出了面向企业的 IM 系统，如腾讯 RTX、Microsoft 的即时通信服务器 LCS(Live Communication Server)、IBM 的 Sametime，被归类为 EIM(Enterprise IM)。

EIM 服务器由企业自主控制，与 CIM 相比较 EIM 在管理和安全上有较多的增强，同时也代表对应用环境有更多的要求，因而限制了其应用范围。

4.5.2 即时通信安全威胁

与即时通信的广泛应用所不同的是，其安全防护非常薄弱。在 CIM 中，因 IM 系统设计安全级别低、用户缺乏安全防护意识与知识、应用广泛等原因，存在大量的安全威胁。而 EIM 则因为承载了大量企业的业务甚至关键业务，其安全漏洞的威胁性更大。在美国，据 Garner Group 统计，70%的公司利用 IM 作为业务工具，但只有 10%的企业对 IM 应用进行管理，其他 50%的企业放任自流。

IM 的安全威胁分为三个类别：对 IM 用户的威胁、对 IM 运营商的威胁以及对 IM 用户所在网络的安全威胁。

1. IM 用户面临的威胁

IM 用户的信息和隐私包括：①用户 ID/密码。当用户 ID 被攻击者掌握则可以据此发起垃圾信息攻击或者欺骗攻击等。②用户主机地址。攻击者可以据此发起垃圾信息攻击或者蠕虫攻击。③用户个人信息，如年龄、性别、职业等个人信息。④用户关系，如好友关系、亲属关系信息。⑤文本会话信息、音/视频多媒体会话信息。⑥传送的文件，如用户主机中的所有文件、数据库等信息。

针对以上每种信息都有特殊的攻击行为，最常见的是信息窃听。下面列出了针对 IM 用户的攻击行为：

(1)不安全的连接。大部分的即时通信系统使用客户机-服务器模型来进行通信，使用 P2P 连接来进行辅助。由于互联网的开放性和当前网络协议的不安全特性，从客户机到服务器，以及客户机到客户机之间的连接是非常脆弱的，攻击者完全有可能切断、假冒这些连接或窃听连接中传输的数据。目前大多数的即时通信系统除了在登录时需要口令外，在其他时候的连接都缺乏认证以及机密性和完整性保护，这个缺陷还可能引起假冒，拒绝服务攻击，中间人攻击和重放攻击等。比如，攻击者通过截获并接管用户同其联系人的连接，就可以任意向其发送消息，不管攻击者是否在该用户的联系人列表中。

(2)服务器假冒。使用类似 Qhosts-1 的木马可以修改受害者系统中的网络设置，使其指向错误的 DNS 服务器。攻击者利用这一点可以使用户连接到假冒的 IM 服务器。由于即时通信系统在用户登录时只有服务器对用户的认证，而没有用户对服务器的认证机制，攻击者可以利用假冒的服务器来发动中间人攻击，进而收集用户的账户信息，窃听用户的通信，或冒充用户等。

(3)身份假冒。攻击者至少有两种方式来假冒系统中的合法用户。一种是窃取用户的登录口令，另一种是当用户登录到服务器后，攻击者捕获并接管用户到服务器的连接。另外，如果连接没有加密的话，通过中间人攻击很容易假冒连接的双方。

(4)蠕虫传播。蠕虫是指可以在网络上扩散传播的恶意代码，其传播有可能需要借助人类的辅助，也可能不需要。即时通信系统的文件传送功能非常容易帮助蠕虫的传播。通常，当一个用户收到自己的好友发送的文件时，不会产生怀疑。很多蠕虫都利用这一点，通过假冒发送者而达到了扩散的目的。同电子邮件中的地址簿类似，蠕虫可以通过受感染者的在线好友列表来感染更多的用户，而且，由于即时通信的实时特性，使得蠕虫传播的速度远远快于它在电子邮件中的传播速度。另外，由于即时通信针对穿越防火墙的设计和在网关级别识别即时通信流量的困难，恶意软件借助即时通信的文件传送，比利用电子邮件附件更容易通过防火墙。现在很多即时通信软件都可以在收到文件后自动启动防病毒软件，进行病毒扫描，这在一定程度上有些帮助，由于能扫描的文件类型的限制，防病毒软件也不一定能够发现隐藏在媒体文件或图片文件中的病毒。

(5)注册表和消息存档。在即时通信客户端软件中有很多关于安全的选项，用户可以根据需要来进行设置。很多客户端软件将这些设置保存在 Windows 的注册表中，保存在注册表中的设置有可能包括：加密的口令，用户名，防病毒软件的路径，收到文件后是否进行病毒扫描，被其他用户加为好友时是否需要允许，是否任何人都可以向其发送消息，是否与其他人共享文件以及共享文件的路径，当修改安全相关的设置时是否需要输入口令。任何对 Windows 比较熟悉的用户都可以阅读注册表中的信息，有管理员权限的用户还能够对注册表进行修改。因此，一个攻击者通过木马就可以获取或修改受害者主机中的这些信息。通过修改某些安全设置，可以使其对该用户的攻击变得容易。获取到用户加密的口令之后，也可以使用某些网络上的工具(如 AIMPR)来得到明文的口令。

即时通信软件都允许用户在本机上保存聊天记录，很多软件都直接以明文方式将其保存在系统的某个目录中，通常都在该软件的安装目录，一般很容易找到。QQ 中有一个选项，允许用户选择将记录加密保存，查看时需要输入口令。它的加密是使用 MD5 进行多次循环，在网络上可以找到对 QQ 加密记录的分析和破解方法。

(6)恶意链接。指向恶意网页的链接可以包含在普通的文本消息中进行传送，在 ICQ 中有一个选项，可以设置是否接收含有超级链接的消息。在 AIM 中，用户可以在消息中创建的超级链接，它的文字所显示的地址和它实际指向的地址是完全不同的，这很容易使得收到消息的用户在不知情的情况下访问某些恶意网址。

2. IM 运营商面临的安全性威胁

IM 运营商(IM Service Provider, IMSP)面临的安全威胁种类虽然较少，但因其为大量用户提供服务，并掌握有大量用户的个人信息，使得这些攻击的威胁性显得更为巨大。IMSP 面临的安全性威胁有：

(1)DoS 和 DDoS 攻击。攻击者可以模拟正常用户的行为向服务器发送信息或者请求认证等，占用服务器处理时间和网络带宽，造成正常用户不能获得服务。

(2)个人信息滥用。IM 服务器中存储了大量的个人信息以及用户之间的关系信息，这些都属于个人隐私，有的 IM 客户端还捆绑了在线支付、短信支付等功能，如果 IM 运营商发生信息泄露就会造成大范围的伤害。

3. IM 系统的安全目标

即时通信系统在安全方面应该达到的目标有如下：

(1)用户和服务器之间的双向认证。在即时通信系统中，一个用户的 ID 和他的口令一起，标识了这个用户的身份。用户登录时使用自己的 ID 和口令，向服务器认证自己的身份，但是绝大多数的即时通信系统中，都不存在用户对服务器的认证机制。由于这个缺陷可能给系统带来的风险，在设计即时通信的安全机制时，必须考虑用户和服务器对彼此身份的认证。

(2) 用户和服务器之间所传送的信息的安全性。在互联网中的连接由于其开放性，使得攻击者可以对连接中传送的信息进行窃听和修改，为了保证信息的安全性，必须使用密码算法来提供机密性和完整性保护。

(3) 用户和用户之间所传送的信息的安全性。用户和用户之间的连接有两种情况，一是直接连接，这时同样需要保证连接中信息的机密性和完整性。第二种情况是间接连接，也就是说消息由服务器转发。在用户和服务器之间的连接的安全性得到保证的情况下，不采取额外措施也可以保证信息对系统外的攻击者的保密性，但是却不能保证信息对服务器的保密性，因此这两种情况下都应该采取措施来保证用户之间所传送信息的安全。

(4) 完善前向保密和可否认性。完善前向保密是指，即使在密钥协商协议中所使用的长期私钥在某个时间点泄露了，在该时间点以前所建立的会话密钥的安全性也不会受到影响。

(5) 抵抗重放攻击。抵抗重放攻击也就是要能够保证信息的新鲜性，在用户和服务器通信，或是用户和用户通信时，他们都应该能够确定对方发给自己的消息确实是新生成的真实的消息，而不是攻击者发来的以前截获的消息。

(6) 限制蠕虫的传播。即时通信的实时性使它非常有利于蠕虫的传播，设计者需要采取多方面的措施来尽可能地限制蠕虫的传播。

(7) 对用户使用的影响。如果为了做到安全，IM 系统给用户增加很大的负担，或者影响到他们的使用习惯。比如，需要用户亲自处理数字证书的申请、分发、撤销等操作，或是限制用户只能在某一台电脑上使用系统的服务，那么这种系统恐怕很难会获得用户的支持。在设计安全机制时必须考虑到这一点，才能最终达到想要的安全目标。

(8) 对客户端软件和服务器代码的影响。设计安全机制时要考虑的另一个问题，就是这个安全机制和 IM 系统之间的衔接。有些第三方软件是完全独立的，不需要对用户所使用的 IM 系统做任何改动，那么它的使用就比较方便。但是有些协议需要嵌入到原来的 IM 系统的代码之中，它可能需要 IM 服务器和客户端的代码都做一些修改。这种情况下当然是对原有系统的改动越少越好，最好是只牵涉到接口的部分，如果是需要 IM 系统的内部做很大改动，那么这种安全机制的代价就太大了，有可能会影响到它的使用。

4.5.3 即时通信的安全解决方案

作为未来的主流办公工具，即时通信系统集成了多种先进的信息沟通方式。作为一种通信平台，它比邮件更快捷、更具亲和力和交互性，相比手机具有可记录性、费用低、数据形式多样等优点，支持文本、语音、图画、视频等各种数据的通信，特别是能与电子邮件、手机(电话)以及其他企业应用办公程序结合使用，成功打造现代办公的新平台。

1. IM 外部解决方案

针对现有 IM 应用的外部安全解决方案安全首先是一个管理问题，组织应当制订合适的安全策略来约束组织成员的网络行为。基本的做法是完全禁止 IM 在内部网络的使用，通过防火墙封阻 IM 相应的端口是一种方式。但这种做法往往效果不佳，使很多依赖于 IM 的正常业务不能开展。

进一步的措施是通过代理服务器等方式根据安全策略对企业内部的 IM 通信进行限制或过滤，限定特定的应用和用户可以运用 IM。因为 IM 一般都支持代理服务器连接，所以具有身份认证的 HTTP 代理服务器都可以承担此任务。这种方式的缺点是不对 IM 通信的内容进行检查，如果是恶意用户、病毒或通信对方欺骗仍然可造成威胁。

更高级的方式是利用应用层网关(Application Layer Gate-way，ALG)对 IM 的内容进行日志记录、过滤、监视和审计。这种方式已经有一些硬件和软件产品，如 Akonix 的 L7CM5000 和 Face-time 的 IM Auditor 都是基于硬件的 IM 过滤器。

另一类研究是根据文本通信的内容来试图判定通信对方是否在进行欺骗。基于文本的欺骗检测试图通过文本的一些特征，如语速、字长、用词范围等来侦测通信内容是否具有欺骗性。

2. IM 内部解决方案

各个阶段的安全协议不同的 IM 协议中都有不同程度的安全考虑，能够解决一些安全威胁问题。

(1)登录身份认证协议。身份认证是计算机网络安全技术中发展比较成熟的领域。IM 系统在登录与身份认证阶段一般工作于 C/S 模式，大多采用成熟的身份认证协议。MSN Messenger 使用 .NET Passport 身份认证，LCS 则直接应用 Windows 域身份认证。采用 XMPP 标准的 Jabber 等 IM 系统要采用 SASL(Simple Authentication and Security Layer)作为身份认证协议。这些不同的认证协议背后基本上都是成熟的身份认证协议，如 SASL 的可选协议包括 One Time Password 或者 CRAM-MD5。

因即时通信往往集成多个服务供应商的多种应用与服务，一般都提供单点登录(Single-sign-on，SSO)的功能，如 .NET Passport、Liberty Alli Alice。

(2)数据加密与签名协议。数据加密有独立于 IM 的网络层/传输层加密和 IM 自带的应用层加密两种方案。

在网络层，IPSec 协议可以作为数据加密机制。在传输层 SSL/TLS 是大多数 IM 系统所采用的数据加密协议，包括 LCS 和 Jabber 都直接利用 TLS 进行加密。SSL/TLS 建立在 TCP 之上，对于一些使用 UDP 的 IM 系统如 QQ 则可能采用 SOCKS5 协议或者是自定义安全协议。SSL/TLS 本身存在一定的缺陷，可能遭到中间人攻击。XMPP 在应用层直接采用 S/MIME 作为加密与签名协议。

4.6 本章小结

人们在享受网络提供便利服务的同时，也遭受网络服务上漏洞带来的安全威胁。本章介绍了主要网络服务如 DNS、WEB、Email、FTP、即时通信等服务的安全隐患与安全解决方案。

习 题

1. 请简述 DNS 欺骗的实施过程及防范方案。
2. 假如你是一位网络安全管理员，如何向网络用户杰斯电子邮件使用规则中"禁止携带可执行文件的附件"、"查看邮件必须进行登录"和"仅限在内部网络中发送电子邮件"等规定？

    3. Cookie 的作用是什么？Cookie 可能的安全威胁是什么？

    4. 请简述 FTP 的两种工作模式。

    5. 请简述反弹攻击的实施步骤及其防范方法。

    6. 请简述即时通信的定义，并阐述即时通信的内部与外部安全解决方案。

第5章 网络安全漏洞检测与防护

随着网络的普及和网络应用的快速发展，人们对计算机网络的依赖程度日渐加深。网络安全不仅和每个人都有着密切的联系，对于一个国家国民经济的正常运行、国家安全等，也都具有非常重要的意义。然而，由于网络设计的先天缺陷以及计算机软件的复杂性，导致网络中存在许许多多的安全漏洞。有关统计表明，漏洞是网络安全的最大威胁，几乎每次对安全的破坏都是由漏洞开始的。但另一方面安全管理人员又可以利用漏洞来及时发现安全问题，进行修补，从而防患于未然。本章将从计算机网络中安全漏洞的基本定义和概念出发，从检测与防护两个方面对安全漏洞发现与识别技术和安全漏洞防护技术进行详细的介绍。

5.1 网络安全漏洞的概念

计算机网络是一个非常庞大的复杂系统，其中不可避免地会存在一些设计缺陷，成为潜在的安全威胁。别有用心的人通过这些缺陷，可以通过特定的途径达到一些不可告人的目的。为了防止安全侵害的发生，必须了解什么是网络安全漏洞和安全漏洞产生的原理。

5.1.1 安全漏洞的定义

所谓安全漏洞，是指在硬件、软件、协议的具体实现或系统安全策略上存在的缺陷，可以使攻击者在未授权的情况下访问或破坏系统。安全漏洞的产生有其必然性，其存在的原因可分为4个方面：

(1) 编程原因。从主观方面来看，有些编程人员在程序编写过程中，在程序代码的隐蔽处故意保留后门，以便日后加以利用从而实现某些不可告人的目的。从客观方面来看，受编程人员的能力、经验和当时技术水平所限，在程序中难免会有不足之处，从而形成安全漏洞。从软件工程的角度来看，软件的正确性通常是通过检测来保障的。但是这种检测只能发现错误、证明错误的存在，它不能证明错误的不存在。据统计，每1 000行代码中至少会存在一处安全漏洞。

(2) 硬件原因。有些硬件存在一些编程人员无法弥补的硬件漏洞。在工作时，这些硬件问题可能通过软件中的漏洞的形式表现出来。

(3) 设计原因。网络，尤其是计算机网络，从设计之初就没有充分地考虑安全问题。因此，大部分的网络协议、网络技术都存在着安全方面的先天不足。而这些先天不足是很难通过后天的维护和修改得到彻底解决的。

(4) 管理原因。即使一个计算机网络在软、硬件上都不存在安全漏洞，但是网络管理人员或者使用人员对系统的不合理配置也可能造成安全漏洞。

5.1.2　安全漏洞的分类

1. 按漏洞可能对系统造成的直接威胁分类划分

按照漏洞可能对系统造成的直接威胁来划分，可以将安全漏洞划分为以下几类：

(1)远程管理员权限。攻击者无需一个账号登录到本地，直接获得远程系统的管理员权限，通常通过攻击以 root 身份执行的有缺陷的系统守护进程来完成。此类漏洞绝大部分来源于缓冲区溢出，少部分来自于守护进程本身的逻辑缺陷。

(2)本地管理员权限。攻击者在已有一个本地账号能够登录到系统的情况下，通过攻击本地有缺陷的 suid 程序、竞争条件等手段，得到系统的管理员权限。

(3)普通用户访问权限。攻击者利用服务器的漏洞，取得系统的普通用户存取权限，对 Unix 类系统通常是 shell 访问权限

(4)权限提升。攻击者在本地通过攻击某些有缺陷的 sgid 程序，把自己的权限提升到某个非 root 用户的水平。获得管理员权限可以看做是一种特殊的权限提升，只是因为威胁的大小不同而把它单独出来。

(5)读取受限文件。攻击者通过利用某些漏洞，读取系统中他应该没有权限访问的文件，这些文件通常是与安全相关的。这些漏洞的存在可能是文件设置权限不正确，或者是特权进程对文件的不正确处理和意外 dump core，使得受限文件的一部分 dump 到了 core 文件中。

(6)远程拒绝服务。攻击者利用这类漏洞，无需登录即可对系统发起拒绝服务攻击，使系统或者相关的应用程序崩溃或者失去响应能力。这类漏洞通常是系统本身或者其守护进程有缺陷或设置不正确造成的。

(7)本地拒绝服务。在攻击者登录到系统后，利用这类漏洞可以使系统本身或者应用程序崩溃。这种漏洞产生的原因主要在于程序对意外情况的处理失误，例如在写临时文件之前不检查文件是否存在、盲目跟随链接等。

(8)远程非授权文件存取。利用这类漏洞，攻击者可以不经授权地从远程存取系统的某些文件。这类漏洞主要是由一些有缺陷的 cgi 程序引起的，它们对用户输入没有做适当的合法性检查，使攻击者通过构造特别的输入获得对文件的存取权限。

(9)口令恢复。因为采用了很弱的口令加密方式，使攻击者可以很容易分析出口令的加密方法，从而通过某种方法得到密码后还原出明文。

(10)欺骗。利用这类漏洞，攻击者可以对目标系统实施某种形式的欺骗。通常是由于系统的实现上存在某些缺陷造成的。

(11)服务器信息泄露。利用这类漏洞，攻击者可以收集到对于进一步攻击系统有用的信息。这类漏洞的产生主要是因为系统程序有缺陷，一般是对错误的不正确处理。

(12)其他漏洞。虽然以上的集中分类包括了绝大多数的漏洞情况，但还是有可能存在一些上面几种类型无法描述的漏洞。

2. 按漏洞的成因划分

按漏洞形成的原因进行划分，可以将安全漏洞划分为以下几类：

(1)输入验证错误类。大多数的缓冲区溢出漏洞和 cgi 类漏洞都是由于未对用户提供的输入数据的合法性做适当的检查所致。

(2)访问验证错误类。漏洞的产生是由于程序的访问验证部分存在某些可利用的逻辑错

误，使绕过这种访问控制成为可能。

（3）竞争条件类。漏洞的产生在于程序处理文件等实体时，在时序和同步方面存在问题，这处理的过程中可能存在一个机会窗口使攻击者能够施以外来的影响。

（4）意外情况处置错误类。漏洞的产生在于程序在它的实现逻辑中没有考虑到一些意外情况，而这些意外情况是应该被考虑的。

（5）设计错误类。这个类别是非常笼统的，严格来说，大多数漏洞的存在都是设计错误，因此所有暂时无法放入到其他类别的漏洞都可归入本类。

（6）配置错误类。漏洞的产生在于系统和应用的配置有误，或者是软件安装在错误的地方，或者是错误的配置参数，或者是错误的访问权限、策略错误等。

（7）环境错误类。由一些环境变量的错误或恶意设置造成的流动。

在漏洞的威胁类型和产生联动的错误类型之间存在一定的联系，如图5-1所示。由图可以看出，输入验证错误几乎与所有的漏洞威胁有关，而设计错误与错误的配置也会导致很多威胁。

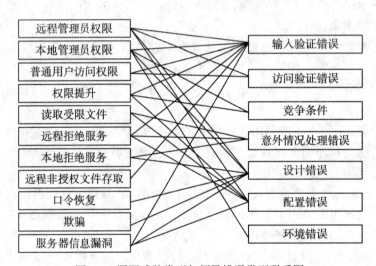

图 5-1　漏洞威胁类型与领导错误类型联系图

3. 按漏洞造成后果的严重程度划分

按漏洞造成后果的严重程度进行划分，可以将安全漏洞划分为以下几类：

（1）高级严重性漏洞：远程和本地管理员权限大致对应高级；

（2）中级严重性漏洞：普通用户权限、权限提升、读取受限文件、远程和本地拒绝服务大致对应于中级；

（3）低级严重性漏洞：远程非授权文件存取、口令恢复、欺骗、服务器信息泄露大致对应于低级。

5.1.3　安全漏洞攻击原理

针对不同的安全漏洞，黑客可以展开不同的攻击，以达到控制系统、非法存取数据、欺骗等目的。下面介绍几种最为常见、危害也最为严重的几种安全漏洞攻击原理。

1. 拒绝服务攻击原理

拒绝服务（Denial of Service，简写为 DoS），简单地讲，就是用超出被攻击目标处理能力的海量数据包消耗可用系统、带宽资源，致使网络服务瘫痪的一种攻击手段。攻击者目的很明确，即通过攻击使系统无法继续为合法用户提供正常服务。这种意图可能包括：

(1)试图"淹没"某处网络，从而阻止合法的网络传输；

(2)试图断开两台或两台以上计算机之间的连接，从而断开它们之间的服务通道；

(3)试图阻止某个或者某些用户访问一种服务；

(4)试图断开对特定系统或个人的服务。

最常见和最明显的 DoS 攻击类型发生在攻击者用如洪水般的信息冲击一个网络的时候。例如当用户在浏览器的地址栏里键入某个网站的 URL 地址的时候，他实际上是在向这个网站的计算机服务器发送一个浏览网页的请求。由于本身资源有限，服务器在同一时刻只能处理一定数量的请求，因此如果一个恶意攻击者在某个时刻故意向服务器发出了超出其负荷量的请求，该服务器便不能再处理其他正常的请求，甚至因为资源耗尽而崩溃。因为其他用户无法再进入这个网站，所以这就是"拒绝服务攻击"。

实际上，DoS 攻击早在 Internet 普及之前就已经存在了。当时的拒绝服务攻击主要是针对处理能力比较弱的单机，如个人 PC，或是窄带宽连接的网站。攻击者利用攻击工具或者病毒不断地占用计算机上的有限资源，直到系统资源耗尽而崩溃、死机。随着 Internet 在整个计算机领域乃至整个社会中重要性的提升，针对 Internet 的 DoS 再一次猖獗起来。它利用网络连接和传输时使用的 TCP/IP、UDP 等各种协议的漏洞，使用多种手段充斥和侵占系统的网络资源，造成系统网络阻塞而无法为合法用户提供正常服务。

随着计算机硬件技术的发展，服务器性能不断提高，它同时能处理的请求数量足够应付单个攻击者发起的服务请求泛洪，因此简单的 DoS 攻击已经不再能威胁到高端网站。然而在 1999 年底，一种新的攻击出现了。攻击者可以利用网络上一些计算机的安全漏洞或弱点，先通过攻击手段控制这些计算机，然后将这些计算机联合起来同时向一个服务器发送大量的服务请求。这种攻击就是"分布式的拒绝服务攻击"，简称 DDoS（Distributed Denial of Service）。

随着 DDoS 的出现，高端网站高枕无忧的局面不复存在。DDoS 的实现是借助数百、甚至数千台被植入攻击守护进程的攻击主机同时发起的集团作战行为。常见的 DDoS 攻击手法有 UDP Flood、SYN Flood、ICMP Flood、TCP Flood、Proxy Foold 等。DDoS 攻击原理如图 5-2 所示。

为了隐藏自己，以免被跟踪、定位，同时也为了加大攻击力度，攻击者往往不会直接向傀儡机发送指令攻击服务器，而是事先寻找几台控制傀儡机，先通过漏洞或者木马技术入侵获得控制权。然后在控制傀儡机上移植木马服务程序，由其通过扫描等技术，查找有漏洞、性能较好的攻击傀儡机，植入攻击服务程序。当攻击者发起 DDoS 攻击时，只需要确定受害服务器，通过木马客户端向控制傀儡机发出指令，控制傀儡机再向攻击傀儡机发出攻击指令，具体的 DDoS 攻击由攻击傀儡机完成。这种由攻击者、控制傀儡机和攻击傀儡机构成的三层结构使得 DDoS 攻击效果更好，而攻击者的攻击行为更难以被追踪，减少了被发现和定位的可能。

2. 缓冲区溢出攻击原理

所谓缓冲，就是一段存放数据的连续内存，例如数组。而缓冲区溢出攻击，是一种利用目标程序的缓冲区溢出漏洞，通过操作目标程序堆栈并暴力改写其返回地址，从而获得目标控制权的攻击手段。缓冲区溢出攻击有多种英文名称：buffer overflow，buffer overrun，smash

高等学校信息安全专业规划教材

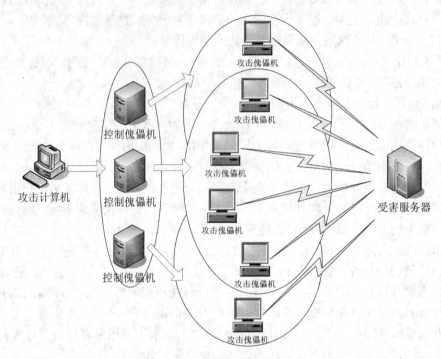

图 5-2　DDoS 攻击示意图

the stack，trash the stack，scribble the stack，mangle the stack，memory leak，overrun screw 等。第一个缓冲区溢出攻击——Morris 蠕虫，发生在二十年前，它曾造成了全世界 6000 多台网络服务器瘫痪。在当前网络与分布式系统安全中，被广泛利用的 50% 以上都是缓冲区溢出。

　　缓冲区溢出是一种非常普遍、非常危险的漏洞，在各种操作系统、应用软件中广泛存在。利用缓冲区溢出攻击，可以导致程序运行失败、系统关机、重新启动等后果。更为严重的是，可以利用它执行非授权指令，甚至可以取得系统特权，进而进行各种非法操作。

　　为了理解缓冲区溢出的原理，先简要介绍程序运行时计算机中的内存分配机制。一般而言，操作系统会为每个进程分配一段独立的虚拟地址空间，它们是实际物理地址空间的映射。当程序运行时，内存将被划分为代码区、数据区和堆栈区三个副本。其中代码区和数据区构成静态内存，在程序运行之前已经固定；与之相对应的则是动态的堆栈区内容。堆栈是一个"后进先出（Last In First Out，LIFO）"的数据结构，即最后压入堆栈的对象将被最先弹出堆栈。它负责保存有关当前函数调用上下文，包括如下内容：函数的非静态局部变量值、堆栈基址（BP）、函数返回时的跳转地址（IP）以及传递到函数中的采纳数，如图 5-3 所示。

　　当发生调用时，编译器将执行下列步骤：

　　（1）调用者：首先调用者将被调用的函数所需参数都压入堆栈，之后堆栈指针指向新的栈顶。接着调用者可能压入一些其他数据来保护调用现场。完成后，调用者使用调用指令来调用该函数，并将返回地址 IP 压入堆栈，更新堆栈指针。最后，调用指令将程序计数设置为正被调用的函数地址，执行权交给被调用函数。

　　（2）被调用者：首先，被调用者将堆栈基址指针 BP 寄存器内容压入堆栈来保存调用者的对战基址，并更新堆栈指针到旧的基址。然后设置 BP 内容为自己的堆栈基址，即当前的

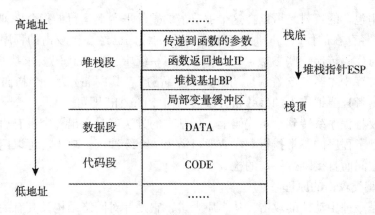

图 5-3　函数调用时堆栈中的内容

堆栈指针。然后，被调用者按照局部变量分配足够的空间，执行被调用函数的操作。

（3）调用函数结束：当被调用函数执行完毕后，调用者更新堆栈指针以指向返回地址 IP，调用返回指令将程序控制权交给返回地址上的程序。最后恢复被保存的运行环境，完成调用过程。

从以上过程可以看到，发生函数调用时的堆栈分配过程中，非静态局部变量缓冲区的分配和填充不是同时进行的，并且其分配时依据局部变量的声明，而填充则是依据其实际被赋予的值，因此这个过程就出现了安全漏洞。

以 C 程序为例说明缓冲区溢出攻击的原理。在 C 程序中，对数组的定义可以是静态的，也可以是动态的。例如下面程序：

```
void function( char  * str)
{
    char buffer[16];
    strcpy(buffer, str);
}
```

上面的 buffer 数据就是一个动态数组，只有程序执行到 function() 时，才在堆栈段中动态为其分配 16 个字节的内存空间。接下来的 strcpy() 将直接把 str 中的内容 copy 到 buffer 中。这样只要 str 的长度大于 16，就会将预分配的空间占满而且将紧随其后的内容覆盖，这就是所谓的溢出。这些溢出的内容会破坏程序的堆栈，使程序转而执行其他指令。存在像 strcpy 这样的问题的标准函数还有 strcat()，sprintf()，vsprintf()，gets()，scanf() 等。

当然，随便往缓冲区中填充超出其长度的内容造成它溢出一般只会出现"分段错误"（Segmentation Fault），而不能达到攻击的目的。但是经过精心设计的内容则可以被攻击者利用达到其目的。最常见的手段是通过制造缓冲区溢出使程序运行一个用户 shell，再通过 shell 执行其他命令。如果该程序属于 root 且有 suid 权限，攻击者就获得了一个有 root 权限的 shell，可以对系统进行任意操作了。为了达到这个目的，攻击者必须达到如下的两个目标：第一，在程序的地址空间里安排适当的代码；第二，通过适当的初始化寄存器和内存，让程序跳转到攻击者安排的地址空间执行。

有两种在被攻击程序地址空间里安排攻击代码的方法。

（1）植入法。攻击者向被攻击的程序输入一个字符串，程序会把这个字符串放到缓冲区里。这个字符串包含的资料是可以在这个被攻击的硬件平台上运行的指令序列。

（2）利用已经存在的代码。有时，攻击者想要的代码已经在被攻击的程序中了，攻击者所要做的只是对代码传递一些参数。比如在 Linux 系统中，攻击代码要求执行"exec（/bin/sh）"，而在 libc 库中本身包含着系统调用"exec（arg）"，其中 arg 为一个指向字符串的指针参数，那么攻击者只要把传入的参数指针改向指向"/bin/sh"即可。

接下来需要将程序跳转到这条代码上。最基本的方法就是溢出一个没有边界检查的缓冲区，这样就扰乱了程序的正常执行顺序。通过溢出一个缓冲区，攻击者可以用暴力的方法改写相邻的程序空间而直接跳过系统的检查。

3. 身份欺骗类攻击的原理

身份欺骗是一种主动性的攻击，从本质上讲，它是针对网络结构及其有关协议在实现过程中存在某些安全漏洞而进行的安全攻击。身份欺骗的手段非常多，有 IP 欺骗、MAC 地址欺骗、代理服务器欺骗、账户名欺骗等。其中 IP 欺骗攻击使用最为广泛。

（1）IP 欺骗

IP 欺骗是在服务器不存在任何漏洞的情况下，利用主机之间的正常信任关系，伪造他人的 IP 地址达到欺骗某些主机的目的。这种方法具有一定的难度，需要掌握有关协议的工作原理和具体的实现方法。

IP 欺骗是利用了主机之间的正常信任关系来发动的，所以在介绍 IP 欺骗攻击之前，先说明一下什么是信任关系，信任关系是如何建立的。在 Unix 主机中，存在着一种特殊的信任关系。假设有两台主机 HostA 和 HostB，上面各有一个账户 Tommy。在使用中会发现，在 HostA 上使用时要输入在 HostA 上的相应账户 Tommy，在 HostB 上使用时必须输入用 HostB 的账户 Tommy。主机 HostA 和 HostB 把 Tommy 当作两个互不相关的用户，这显然有些不便。为了减少这种不便，可以在主机 HostA 和 HostB 中建立起两个账户的相互信任关系。方法是：在主机 HostA 的 home 目录中用命令"echo'HostB Tommy'> ~/.hosts"在该目录下创建 .rhosts 文件，即可实现 HostA 与 HostB 之间的信任关系。现在从主机 HostB 上，用户可以无需输入口令验证即可毫无阻碍的使用任何以 r 开头的远程调用命令，如：rlogin、rsh、rcp 等。这些命令将允许以地址为基础的验证，允许或者拒绝以 IP 地址为基础的存取服务。当"/etc/hosts.equiv"中出现一个"+"或者"$ HOME/.rhosts"中出现"++"时，表明任意地址的主机可以无须口令验证而直接使用 r 命令登录此主机，这是十分危险的。

看到上面的说明，每一个黑客都会想到：既然 HostA 和 HostB 之间的信任关系是基于 IP 地址而建立起来的，那么假如能够冒充 HostB 的 IP，就可以使用 rlogin 登录到 HostA，而不需任何口令验证。这就是 IP 欺骗的最根本的理论依据。但是，攻击者虽然可以通过编程的方法随意改变发出的包的 IP 地址，但 TCP 协议对 IP 进行了进一步的封装，它是一种相对可靠的协议。下面看一下正常的 TCP/IP 会话的过程：

TCP 是面向连接的协议，所以在双方正式传输数据之前，需要用"三次握手"来建立一个稳重的连接。如图 5-4 所示。

发起连接方 HostA 首先发送一个 SYN

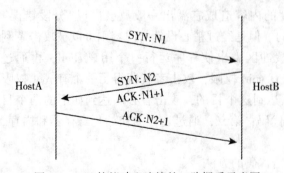

图 5-4　TCP 协议建立连接的三路握手示意图

报文，TCP 还需要为每个报文分配一个序列号，假设此次发起方 HostA 的序列号为 N1；对方收到后，如果允许连接就发送一个 SYN+ACK 报文，并为接收方 HostB 分配一个序列号 N2，同时将 N1 加 1；HostA 收到后再将 N2 加 1，并回复一个 ACK 报文；之后双方建立连接，按照应用的需求进行数据的双向传递。

假如攻击者想冒充 HostB 对 HostA 进行攻击，就要先使用 HostB 的 IP 地址发送 SYN 标志给 HostA，但是当 HostA 收到后，并不会把 SYN+ACK 发送到我们的主机上，而是发送到真正的 HostB 上去，这时 IP 欺骗就失败了，因为 HostB 根本没发送 SYN 请求。所以如果要冒充 HostB，首先要让 HostB 失去工作能力，也就是所谓的拒绝服务攻击，设法让 HostB 瘫痪。

要对 HostA 进行攻击，最难的就是必须知道 HostA 使用的序列号 N1。TCP 使用的序列号是一个 32 位的计数器，从 0 到 4 294 967 295。TCP 为每一个连接选择一个初始序列号 ISN，为了防止因为延迟、重传等扰乱三次握手，ISN 不能随便选取，不同的系统有着不同的算法。一般的算法是 ISN 约每秒增加 128 000，如果有连接出现，每次连接将把计数器的数值增加 64 000。很显然，这使得用于表示 ISN 的 32 位计数器在没有连接的情况下每 9.32 小时复位一次。之所以这样，是因为它有利于最大限度地减少"旧有"连接的信息干扰当前连接的机会。为了猜测被攻击主机的 ISN，往往先与其上的一个端口（如：25）建立起正常连接。通常，这个过程被重复 N 次，并将目标主机最后所发送的 ISN 存储起来。然后还需要进行估计他的主机与被信任主机之间的往返时间，这个时间是通过多次统计平均计算出来的。每次往返连接序列号增加 64 000。现在就可以估计出 ISN 的大小是 128 000 乘以往返时间的一半。

一旦估计出 ISN 的大小，就开始着手进行攻击。攻击者伪装成被信任的主机 IP，此时该主机仍然处在瘫痪状态，然后向目标主机的 513 端口（rlogin）发送带 SYN 标志的连接请求。目标主机将会对连接请求做出反应，发送 SYN+ACK 确认包给被信任主机，因为此时被信任主机仍然处于瘫痪状态，它当然无法收到这个包；攻击者随后向目标主机发送 ACK 数据包，该包使用前面估计的序列号加 1。如果攻击者估计正确的话，目标主机将会接收该 ACK。连接就正式建立起来，可以开始数据传输了。这时就可以将"cat ' ++' >> ~/. rhosts"命令发送过去，这样完成本次攻击后就可以不用口令直接登录到目标主机上了。如果达到这一步，一次完整的 IP 欺骗就算完成了，黑客已经在目标机上得到了一个 Shell 权限，接下来就是利用系统的溢出或错误配置扩大权限，当然黑客的最终目的还是获得服务器的 root 权限。

（2）ARP 欺骗

地址转换协议（Address Resolution Protocol，ARP）是在计算机相互通信时，实现 IP 地址与其对应网卡的物理地址（MAC）之间的转换，确保数据信息准确无误地到达目的地。具体方法是使用计算机高速缓存，将最新的地址映射通过动态绑定的方法绑定到发送方。当客户机发送 ARP 请求时，它同时也在监听信道上的其他 ARP 请求。它依靠维持在内存中的一张 ARP 表来使 IP 包得以在网络上被目标机器应答。当 IP 包达到该网络时，只有机器的 MAC 地址与该 IP 包的 MAC 地址相同的机器才会应答这个包。例如，在 Windows 命令行中可以通过下列命令查看这张表，如图 5-5 所示。

通常当主机发送一个 IP 包之前，它要到这张表中寻找和 IP 包中 IP 地址对应的 MAC 地址。如果没有找到，它就向网络中发送一个 ARP 广播报文。得到对方主机 ARP 应答后，该

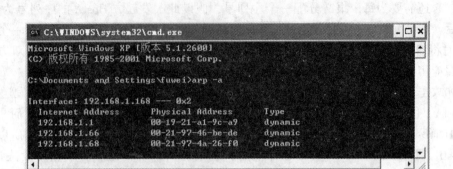

图 5-5　在 DOS 命令行中查看 ARP 表内容

主机刷新自己的 ARP 表缓存，然后发出该 IP 包。但是当攻击者向目标主机发送一个带有欺
骗性的 ARP 请求时，可以改变该主机 ARP 表中的地址映射，使得该被攻击的主机在地址解
析时发生错误，从而将封装的数据被发往攻击者所希望的目的地，从而使数据信息被劫取，
如图 5-6 所示。

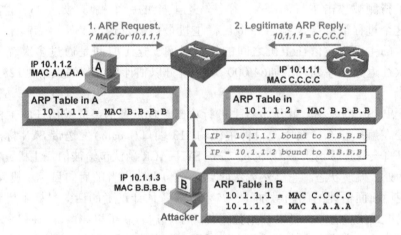

图 5-6　ARP 攻击过程示意图

　　二台主机 A、B 连接到交换机的相同 VLAN 中。当主机 A 需要与路由器 C 进行通信时，
它将在子网中广播一条 ARP 请求，询问 IP 地址为 10.1.1.1 的路由器对应的 MAC 地址。该
请求在子网中传送。在正常情况下，路由器 C 接收到 ARP 请求后在其 ARP Table 中会记录：
10.1.1.2 = A.A.A.A。接着它会生成一个 ARP 响应报文，通知主机 A：IP 地址为 10.1.1.1
的路由器对应的 MAC 地址为 C.C.C.C。主机 A 接收到 ARP 响应之后将更新自己的 ARP 条
目，在 ARP Table 中记录：10.1.1.1 = C.C.C.C。
　　然而主机 B 可以通过发送伪造的广播 ARP 响应发送中间人攻击。它在同一个子网中广
播一个假的 ARP 响应报文：IP 地址为 10.1.1.1 的路由器对应的 MAC 地址为 B.B.B.B，即
将自己的 MAC 地址替代路由器 C 的 MAC 地址。在接收到虚假 ARP 响应之后，主机 A 将不
能拥有路由器 C 的真实 ARP 条目，而是拥有主机 B 的 MAC 地址，其 ARP Table 中记录变
为：10.1.1.1 = B.B.B.B。然后主机 B 继续伪造主机 A 的 IP 地址的 ARP 响应，并且将自
己的 MAC 地址替代主机 A 的 MAC 地址，这样路由器 C 也会将主机 B 的 MAC 地址映射到主

机 A 的 IP 地址，其 ARP Table 中记录变为：10. 1. 1. 2 = B. B. B. B。这样所有主机 A 与路由器 C 之间的流量将都被攻击者截获。

（3）基于 ICMP 的路由欺骗

Internet 控制报文协议（Internet Control Messages Protocol，ICMP）允许路由器向其他路由器或主机发送差错或控制报文。ICMP 有十多种类型，报文头中均含有类型字段、代码和校验等信息，其代码值表示不同的差错含义。

安全问题经常发生在重定向类型的 ICMP 报文的收发上。如果网络拓扑改变了，例如临时的硬件维修或者互联网加入新网络等，那么主机或路由器中送路表就不正确。为了避免整个网络每台主机的配置文件重复选路信息，允许个别主机通过发送 ICMP 重定向报文，请求有关主机或路由器改变路由表。当路由器检测到一台主机使用非优化路由时，允许向该主机发送重定向 ICMP 报文，请示该主机改变成更直接有效的路由表。

当一台机器向网络中另一台机器发送 ICMP 重定向报文时，如果一台机器佯装成路由器截获所有到达某些目标网络或全部目标网络的 IP 数据包，改变 ICMP 重定向数据报文，欺骗并改变目的主机的路由，则恶意攻击者可以直接发送非法的 ICMP 重定向报文，达到破坏的目的。

（4）DNS 欺骗

域名系统（Domain Name Sever，DNS）实质上是一种便于用户记得的机器名与抽象的 IP 地址之间的一种映射机制。它提供一个分级命名方案，能高效地将名字映射到 IP 地址，其技术核心是若干域名服务器提供的名字到地址的转换程序。例如图 5-7 所示的一个邮件服务器的域名层次结构。

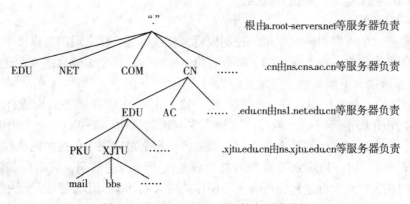

图 5-7   mail. xjtu. edu. cn 的域名层次结构

在 Internet 上，若干个子网上都具有一个或者多个不同级别的域名服务器来负责本地授权管理的子域。当一个客户机在域名查询或者请求域名转换时，所发送的报文包含它的名字、名字种类的说明、所需回答的类型等。为了实现域名与 IP 地址的高速转换，在域名服务器与主机中都采用高速缓存存储有关的数据库。当域名服务器收到查询请求时，它检查名字是否处于它授权管理的子域内，如果是则绑定名字映射信息发回给客户机；否则就给客户机一个非授权绑定信息，并根据客户机请求而进行递归转换或迭代解析。以图 5-6 中的域名解析为例，要对 mail. xjtu. edu. cn 进行域名解析，首先向本域的域名服务器 ns. xjtu. edu. cn 发出查询请求，如果该服务器上有缓存的地址，则直接给出应答；否则，就需要向上级域名服务器逐级查询(从 ns1. net. edu. cn 到 ns. cns. ac. cn 再到 a. root-servers. net)，直至找到相应负责的域名服务器，最终得到对应的 IP 地址。本地域名服务器在得到地址后，还会将新的地址放到自己的缓存中，供以后查询使用。为了保证缓存中的地址能及时更新，一般一段时间之后(由 TTL 决定，一般为 1 天)就要删除。

从上面的过程可以看到，如果某个域名服务器已收到安全攻击或为入侵者所控制，其域名与 IP 地址映射数据库被修改，在它为所授权范围内的客户机提供域名服务时，所有信息就变为不可靠，客户机所得到的域名解析结果正是攻击者所希望的，则客户机的信息资源可能被攻击者所截获和破坏。此外，当查询的 IP 地址为本地费授权范围内时，本地域名服务器提供迭代解析，如果在解析过程中的初始条件已被攻击者修改，则解析结果将出错。另外，若域名服务器高速缓存了攻击者恶意制造的无效数据，而该数据将在高速缓存中保留相当一段时间，就会导致查询结果错误。

4. 程序错误攻击原理

在网络的主机中存在着许多服务程序错误和网络协议错误，或者说服务程序和网络协议无法正确处理网络通信中面临的所有问题。人们利用这类错误故意向主机发送一些经过精心设计的、错误的数据包。由于主机往往不能正确处理这些数据包，就会导致主机的 CPU 资源全部被占用或者造成死机。

服务程序存在错误的情况很多，多种操作系统的服务程序中都存在。例如 WINNT 系统中的 RPC 服务就存在着多种漏洞，其中危害最大的是：RPC 接口远程任意代码可执行漏洞。2003 年广泛流行的冲击波病毒就是利用这个漏洞编制的。对付这类漏洞的方法是尽快安装漏洞的补丁程序；在没有找到补丁之前，应先安装防火墙，视情况切断主机应用层服务，即禁止从主机的所有端口发出和接收数据包。

5. 后门攻击原理

通常网络攻击者在获得一台主机的控制权后，会在主机上建立后门，以便下一次入侵时使用。后门的种类很多，有登录后门、服务后门、库后门、口令破解后门等。这些后门多数存在于 Unix 系统中。下面介绍一些常见的后门工具：

(1)网页后门。此类后门程序一般都是服务器上正常的 Web 服务来构造自己的连接方式，包括 JSP. CGI 脚本后门等，编写语言种类多，例如 ASP、ASPX、JSP、PHP 等。典型后门程序有：海洋顶端、红粉佳人个人版。后来衍生出来很多版本的这类网页后门。

(2)线程插入后门。利用系统自身的某个服务或者线程的漏洞，将后门程序插入到其中。这种后门在运行时没有进程，所有网络操作均插入到其他应用程序的进程中完成。典型后门程序有：BITS、xdoor(首款进程插入后门)等。

(3)扩展后门。所谓的扩展后门，是将非常多的功能集成到了后门里，让后门实现很多功能，方便直接控制"肉鸡"或者服务器。这类后门通常集成了文件上传/下载、系统用户检测、HTTP 访问、终端安装、端口开放、启动/停止服务等功能，本身就是个小的工具包，功能强大。典型后门程序有：Wineggdrop shell。

(4)C/S 后门。这种后门利用 ICMP 通道进行通信，所以不开任何端口，只是利用系统本身的 ICMP 包进行控制。它将自己安装成系统服务后，开机自动运行，可以穿透很多防火墙。典型后门程序有 ICMP Door。

(5)Rootkit。Rootkit 是一种攻击者用来隐藏自己的踪迹和保留 root 访问权限的工具。通常，攻击者首先通过远程攻击获得 root 访问权限，或者通过密码猜测或者密码强制破译的方式获得系统的访问权限。进入系统后，如果他还没有获得 root 权限，再通过某些安全漏洞获得系统的 root 权限。接着，攻击者会在侵入的主机中安装 Rootkit，然后他将经常通过 Rootkit 的后门检查系统是否有其他的用户登录。如果只有自己，攻击者就开始着手清理日志中的有关信息；如果有其他用户，攻击者就通过 Rootkit 的嗅探器获得其他系统的用户和密码，并利用这些信息侵入其他的系统。典型后门程序有 Hacker Defender。

目前，建立后门常用的方法是在主机中安装木马程序。攻击者利用欺骗的手段，通过向主机发送电子邮件或是文件，并诱使主机的操作员打开或运行藏有木马程序的邮件或文件；或者是攻击者获得控制权后，自己安装木马程序。对付后门攻击的方法是经常检测系统的程序运行情况，及时发现在运行中的不明程序，并用木马专杀工具进行查杀木马。

5.1.4 常见安全漏洞及其对策

目前最为常见的操作系统是 Windows 和 Unix(其中也包括 Linux)，它们之中不可避免地存在着大量的安全漏洞。这里列举出影响范围较广、后果较为严重的几个漏洞，并将它们分为 3 类分别介绍。

1. 影响所有系统的 7 个漏洞

(1)操作系统和应用软件的缺省安装

为了方便省事或者不熟悉具体的配置含义，大部分用户在安装操作系统或者应用软件时都会选择缺省安装模式。然而软件开发商的逻辑是最好先激活还不需要的功能，而不是让用户在需要时再去安装额外的组件。这种方法尽管对用户很方便，但却产生了很多危险的安全漏洞。因为用户一般不会主动地给他们不使用的软件组件打补丁，而且很多用户根本不知道实际安装了什么组件，很多系统中留有安全漏洞就是因为缺省安装而造成的。

用户应该对任何连到 Internet 上的系统进行端口扫描和漏洞扫描，卸载不必要的软件，关掉不需要的服务和额外的端口。

(2)没有口令或使用弱口令的账号

容易猜测的口令或缺省口令是个严重的问题，更严重的是有的账号根本没有口令。应进行以下操作：

①审计系统上的用户账号，建立一个使用者列表；

②制定管理制度，规范增加账号的操作，及时移走不再使用的账号；

③经常检查确认有没有增加新的账号，不使用的账号是否已被删除。当雇员或承包人离开公司时，或当账号不再需要时，应有严格的制度保证删除这些账号；

④对所有的账号运行口令破解工具，以寻找弱口令或没有口令的账号。

(3)没有备份或者备份不完整

从事故中恢复要求及时的备份和可靠的数据存储方式。应列出一份紧要系统的列表，并制定恰当的备份方式和策略。

从以下几个问题的回答可以发现系统是否存在备份方面的漏洞：

①系统是否有备份？

②备份间隔是可接受的吗？

③系统是按规定进行备份的吗？

④是否确认备份介质正确的保存了数据？

⑤备份介质是否在室内得到了正确的保护？

⑥是否在另一处还有操作系统和存储设施的备份(包括必要的 License Key)？

⑦存储过程是否被测试及确认？

(4)大量打开的端口

合法的用户通过开放端口连接系统，获取系统提供的服务。然而攻击者也可以通过开放端口连接到系统中，并且端口开得越多，攻击者进入系统的途径就越多。

Netstat 命令可以在本地运行以判断哪些端口是打开的，但更保险的方法是对系统进行外部的端口扫描。一旦确定了哪些端口是打开的，接下来的任务是确定所必须打开的端口的最小集合，然后找到多余端口所对应的服务程序，并关闭或者删除相应的程序以关闭这些端口。

(5)没有过滤地址不正确的包

不对地址不正确的数据包进行处理容易导致 IP 地址欺诈。解决的方法是对流进和流出网络的数据进行过滤，可依据以下 3 条原则：

①任何进入网络的数据包不能把网络内部的地址作为源地址；必须把网络内部的地址作为目的地址；

②任何离开网络的数据包必须把网络内部的地址作为源地址；不能把网络内部的地址作为目的地址；

③任何进入或离开网络的数据包不能把一个私有地址或在 RFC1918 中列出的属于保留空间(包括 10.x.x.x/8，172.16.x.x/12 或 192.168.x.x/16 和网络回送地址 127.0.0.0/8.)的地址作为源或目的地址。

(6)不存在或不完整的日志

在所有重要的系统上应定期做日志，而且日志应被定期保存和备份，因为你不知何时会需要它。因为一旦被攻击，没有日志就会很难发现攻击者都做了什么。为此必须注意以下 3 点：

①查看每一个主要系统的日志，如果没有日志或它们不能确定被保存了下来，那么这个系统将很容易被攻击；

②所有系统都应在本地记录日志，并把日志发到一个远端系统保存。这提供了冗余和一个额外的安全保护层；

③不论何时，用一次性写入的媒质记录日志。

(7)易被攻击的 CGI 程序

大多数 Web 服务器，包括微软的 IIS 和 Unix 的 Apache，都支持 CGI(通用网关接口)以实现网页的交互性。实际上，许多 Web 服务器使用相同的 CGI 程序。然而，许多 CGI 程序员都不能意识到这为来自任意地址的任意用户提供了对运行 Web 服务器的本地系统提供了一个直接连接。CGI 程序成了一个对入侵者特别有吸引力的目标，因为相对来讲 Web 服务器软件的权限更容易获得并对其进行操作。入侵者通过有漏洞的 CGI 程序可以修改对方网页，偷盗信用卡号，预留后门等。这种漏洞一般是由于没有经验的程序员造成的。必须注意以下几点：

①从 Web 服务器上移走所有 CGI 示范程序；

②审核剩余的 CGI 脚本，移走不安全的部分；

③保证所有的 CGI 程序员在编写程序时，都进行输入缓冲区长度检查；

④为所有不能除去的漏洞打上补丁；

⑤保证 CGI bin 目录下不包括任何的编译器或解释器；

⑥从 CGI bin 目录下删除"view-source"脚本；

⑦不要以 administrator 或 root 权限运行 Web 服务器，实际上大多数的 Web 服务器可以配置成较低的权限，例如"nobody"；

⑧不要在不需要 CGI 的 Web 服务器上配置 CGI 支持。

2. 影响 Windows 系统的 6 个漏洞

(1) Unicode 漏洞

不论何种平台，何种程序，何种语言，Unicode 为每一个字符提供了一个独一无二的序号。通过向 IIS 服务器发出一个包括非法 Unicode UTF-8 序列的 URL，攻击者可以迫使服务器逐字"进入或退出"目录并执行任意程序(script-脚本)，这种攻击被称为目录转换攻击。

Unicode 用%2f 和%5c 分别代表/和 \ 。但也可以用所谓的"超长"序列来代表这些字符。"超长"序列是非法的 Unicode 表示符，它们比实际代表这些字符的序列要长。/和 \ 均可以用一个字节来表示。超长的表示法，例如用%c0%af 代表/用了两个字节。IIS 不对超长序列进行检查。这样在 URL 中加入一个超长的 Unicode 序列，就可以绕过 Microsoft 的安全检查。如果你在运行一个未打补丁的 IIS，那么你是易受到攻击的。最好的判断方法是运行 hfnetchk。

(2) ISAPI 缓冲区扩展溢出

Windows 在安装 IIS 后，就自动安装了多个 ISAPI extensions。ISAPI 代表 Internet Services Application Programming Interface，它允许开发人员使用 DLL 扩展 IIS 服务器的性能。一些动态连接库(如 idq. dll)有编程错误，使得它们做不正确的边界检查，特别是它们不阻塞超长字符串。攻击者可以利用这一特点向 DLL 发送数据，造成缓冲区溢出，进而控制 IIS 服务器。

解决方法：安装最新的 Microsoft 的补丁。同时，管理员应检查并取消所有不需要的 ISAPI 扩展，而且经常检查这些扩展没有被恢复。

这种漏洞不影响 Windows XP 系统。

(3) IIS RDS 的使用

RDS 是指远程数据服务(Remote Data Services)，攻击者可以利用 IIS Remote Data Services 中的漏洞以 administrator 权限在远端运行命令。

解决方法是及时为系统打上安全补丁。

(4) NETBIOS——未保护的 Windows 网络共享

Microsoft 的 Server Message Block (SMB) 协议，也称为 Common Internet File System (CIFS)，允许网络间的文件共享。然而不正确的配置可能会导致系统文件的暴露，或给予黑客完全的系统访问权。

在 Windows 的主机上允许文件共享容易受到攻击，因此必须注意以下几点：

①在共享数据时，确保只共享所需目录；

②为增加安全性，只对特定 IP 地址进行共享，因为 DNS 名可以欺诈；

③对 Windows 系统(NT、2000)，只允许特定用户访问共享文件夹；

④对 Windows 系统，禁止通过"空对话"连接对用户、组、系统配置和注册密钥进行匿名列举；

⑤对主机或路由器上的 NetBIOS 会话服务(tcp 139)、Microsoft CIFS (TCP/UDP 445)禁

止不绑定的连接；

⑥考虑在独立或彼此不信任的环境下，在连接 Internet 的主机上部署 Restrict Anonymous registry key。

（5）通过空对话连接造成的信息泄露

空对话连接（Null Session），也称为匿名登录，是一种允许匿名用户获取信息（例如用户名或共享文件），或不需认证进行连接的机制。explorer. exe 利用它来列举远程服务器上的共享文件。在 Windows NT 和 Windows 2000 系统下，许多本地服务是在 SYSTEM 账号下运行的，又称为 Windows 2000 的 Local System。很多操作系统都使用 SYSTEM 账号。当一台主机需要从另一台主机上获取系统信息时，SYSTEM 账号会为另一台主机建立一个空对话。SYSTEM 账号实际拥有无限的权利，而且没有密码，所以用户不能以 SYSTEM 的方式登录。

SYSTEM 有时需要获取其他主机上的一些信息，例如可获取的共享资源和用户名等典型的网上邻居功能。由于它不能以用户名和口令进入，所以它使用空对话连接进入，不幸的是攻击者也可以相同的方式进入。

（6）Weak hashing in SAM（LM hash）

尽管 Windows 的大多数用户不需要 LAN Manager 的支持，微软还是在 Windows NT 和 2000 系统里缺省安装了 LAN Manager 口令散列。由于 LAN Manager 使用的加密机制比微软现在的方法脆弱，LAN Manager 的口令能在很短的时间内被破解。LAN Manager 散列的主要脆弱性在于：

①长的口令被截成 14 个字符；

②短的口令被填补空格变成 14 个字符；

③口令中所有的字符被转换成大写；

④口令被分割成两个 7 个字符的片断。

3. 影响 Unix 系统的七个漏洞

（1）RPC 服务缓冲区溢出

远程请求（Remote Procedure Calls）允许一台机器上的程序执行另一台机器上的程序。用来提供网络服务如 NFS 文件共享。由于 RPC 缺陷导致的弱点正被广泛利用着。有证据显示，1999 年到 2000 年间的大部分分布式拒绝服务型攻击都是在那些通过 RPC 漏洞被劫持的机器上执行的。

按照下面步骤保护系统避免 RPC 攻击：

①只要允许，在可以从 Internet 直接访问的机器上关闭或删除这些服务；

②在必须运行该服务的地方，安装最新的补丁；

③定期搜索供应商的补丁库查找最新的补丁并立刻安装；

④在路由或防火墙关闭 RPC 端口（port 111）；

⑤关闭 RPC "loopback" 端口以及 32770-32789（TCP and UDP）端口。

（2）Sendmail 漏洞

Sendmail 是在 Unix 和 Linux 上用得最多的发送、接收和转发电子邮件的程序。Sendmail 在 Internet 上的广泛应用使它成为攻击者的主要目标。过去的几年里发现了若干个缺陷。事实上，第一个建议是 CERT/CC 在 1988 年提出的，指出了 Sendmail 中一个易受攻击的脆弱性。其中最为常用的是攻击者可以发送一封特别的邮件消息给运行 Sendmail 的机器，

高等学校信息安全专业规划教材

Sendmail 会根据这条消息要求受劫持的机器把它的口令文件发给攻击者的机器(或者另一台受劫持的机器),这样口令就会被破解掉。

Sendmail 有很多的易受攻击的弱点,必须定期更新和打补丁。

(3)BIND 脆弱性

BIND(Berkeley Internet Name Domain)是域名服务 DNS (Domain Name Service) 用得最多的软件包。DNS 非常重要,用户利用它在 Internet 上通过机器的名字(例如 www. sans. org)找到机器而不必知道机器的 IP 地址。然而不幸的是,连接在 Internet 上的 50% 的 DNS 服务器运行的都是易受攻击的版本。在一个典型的 BIND 攻击的例子里,入侵者删除了系统日志并安装了工具来获取管理员的权限。然后他们编辑安装了 IRC 工具和网络扫描工具,扫描了 12 个 B 类网来寻找更多的易受攻击的 BIND。在一分钟左右的时间里,他们就使用已经控制的机器攻击了几百台远程的机器,并找到了更多的可以控制的机器。

(4)R 命令

在 Unix 世界里,相互信任关系到处存在,特别是在系统管理方面。公司里经常指定一个管理员管理几十个区域甚至上百台机器。管理员经常使用信任关系和 Unix 的 R 命令从一个系统方便的切换到另一个系统。R 命令允许一个人登录远程机器而不必提供口令。取代询问用户名和口令,远程机器认可来自可信赖 IP 地址的任何人。如果攻击者获得了可信任网络里的任何一台的机器,他(她)就能登录任何信任该 IP 的任何机器。下面命令经常用到:

①rlogin - remote login:远程登录;

②rsh - remote shell:远程 shell;

③rcp - remote copy:远程拷贝。

(5)LPD (Remote Print Protocol Daemon)

在 Unix 系统里,in. lpd 为用户提供了与本地打印机交互的服务。LPD 侦听 TCP 515 端口的请求。程序员在写代码时犯了一点错误,使得当打印工作从一台机器传到另一台机器时会导致缓冲区溢出的漏洞。如果在较短的时间里接受了太多的任务,后台程序就会崩溃或者以更高的权限运行任意的代码。

(6)Sadmind And Mountd

Sadmind 允许远程登录到 Solaris 系统进行管理,并提供了一个系统管理功能的图形用户接口。

Mountd 控制和判断到安装在 Unix 主机上的 NFS 的连接。由于软件开发人员的错误导致的这些应用的缓冲区溢出漏洞能被攻击者利用获取 root 的存取权限。

(7)缺省 SNMP 字串

简单网络管理协议(Simple Network Management Protocol,SNMP)是管理员广泛使用的协议,用来管理和监视各种各样与网络连接的设备,从路由器到打印机到计算机。SNMP 使用没有加密的公共字符串作为唯一的认证机制。不仅如此,绝大部分 SNMP 设备使用的公共字符串还是"public"只有少部分设备供应商为了保护敏感信息把字符串改为"private"。

攻击者可以利用这个 SNMP 中的漏洞远程重新配置或关闭网络设备。被监听的 SNMP 通讯能泄露很多关于网络结构的信息,以及连接在网络上的设备。入侵者可以使用这些信息找出目标和谋划他们的攻击。

5.2 网络安全漏洞扫描技术

随着计算机技术的迅猛发展，计算机网络向世界各个角落延伸，人们通过网络享受着巨大便利。计算机网络安全问题随之而来，网络安全隐患令人担忧。目前，国内使用的计算机主流操作系统平台实现功能高度复杂，源代码没有完全开放，无法进行安全检测验证，而计算机网络通信协议也几乎都是国外开发的协议，其可靠性也非常值得质疑。实际应用中，有相当数量的计算机系统都存在安全漏洞，随时可能遭受非法入侵。如何主动地针对不同操作系统、不同的网络通信协议进行扫描与检测，发现网络安全漏洞，特别是根据检测结果进行防护是目前网络安全研究的热点。网络安全漏洞的防护技术主要包括安全漏洞扫描技术、安全漏洞评估技术和安全漏洞渗透测试技术。

网络安全问题主要来自于网络中存在的安全漏洞。安全漏洞扫描也称为脆弱性评估（Vulnerability Assessment），是为使系统管理员能及时了解本机系统中存在的安全漏洞，然后采取针对性的防范措施，从而降低系统的安全风险而发展起来的一种安全技术。网络安全漏洞扫描一般是建立在端口扫描基础之上的。网络漏洞扫描与防火墙、入侵检测系统互相配合，能够有效提高网络的安全性。如果说防火墙和网络监控系统是被动的防御手段，那么安全扫描就是一种主动的防范措施，可以有效避免黑客攻击行为，做到防患于未然。

5.2.1 安全漏洞扫描的基本原理

通过对网络的扫描，网络管理员可以了解网络的安全配置和运行的应用服务，及时发现安全漏洞，客观评估网络风险等级。扫描技术是采用积极的、非破坏性的办法来检验系统是否有可能被攻击崩溃，它利用了一系列脚本模拟对系统进行攻击行为，并对结果进行分析。从系统安全防范的角度来看，漏洞扫描可以尽早发现可能存在的安全漏洞，并在被攻击者发现和利用之前将其修补好。

漏洞扫描技术的基本原理是主要通过以下两种方法来检查主机是否存在漏洞：第一种是先进行端口扫描，收集目标主机的各种信息（如：是否能用匿名登录、是否有可写的 FTP 目录、是否能用 telnet 或者 httpd、是否用 root 身份运行等），在获得目标主机端口和对应网络服务的相关信息后，与网络漏洞扫描系统提供的漏洞库进行匹配，从而发现可能存在的安全漏洞；第二种是采用模拟黑客攻击的方式，对目标主机系统进行攻击性的安全漏洞扫描，如测试弱口令等，若模拟攻击成功，则表明目标主机存在安全漏洞。

在匹配规则上，网络漏洞扫描主要采用的是基于规则的匹配技术，即根据安全专家对网络系统安全漏洞、黑客攻击案例的分析和系统管理员关于网络系统安全配置的实际经验，形成一套标准的系统漏洞库，然后再在此基础上构成相应的匹配规则，由程序自动进行漏洞扫描的分析工作。而这个匹配系统的功能可以随着经验的累积而进化，其自学能力能够进行规则的扩充和修正。

漏洞扫描大体包括 CGI 漏洞扫描、POP3 漏洞扫描、FTP 漏洞扫描、SSH 漏洞扫描、HTTP 漏洞扫描等基于漏洞库的扫描，还包括 Unicode 遍历目录漏洞扫描、FTP 弱口令探测、OPENreply 邮件转发漏洞探测等没有相应漏洞库的扫描。

5.2.2　安全漏洞扫描技术分类

到目前为止，安全漏洞扫描技术已经发展到很成熟的阶段。从扫描对象的角度，可以将漏洞扫描技术分为 3 类：基于主机的漏洞扫描技术、基于网络的漏洞扫描技术和数据库安全漏洞扫描技术。

1. 基于主机的漏洞扫描技术

基于主机的漏洞扫描主要扫描本地主机，查找安全漏洞，查杀病毒、木马、蠕虫等危害系统安全的恶意程序。主要是针对操作系统的扫描检测，通常涉及系统的内核、文件的属性、操作系统的补丁等问题，还包括口令破解等。

通常在目标系统上安装了一个代理或者服务，以便漏洞扫描系统能够访问系统内的所有文件与进程，这使得基于主机的漏洞扫描系统可以全面的对计算机系统信息进行分析，扫描出更多的系统漏洞。

基于主机的漏洞扫描技术是从一个内部用户的角度来检测操作系统的漏洞，扫描的内容包括对注册表、系统配置、文件系统以及应用软件的扫描。基于主机的漏洞扫描技术通常由三个部分组成：漏洞扫描控制台、中心服务器和用户代理。一般采用 Client/Server 架构：会有一个统一管控的中心服务器、安装在每台主机的漏洞扫描控制台 Console 和分布于各重要操作系统的 Agents。中心服务器下达命令给各个 Console。Agents 是漏洞扫描系统的核心部分，安装在需要执行扫描的计算机系统中。Agents 以漏洞扫描控制台为媒介，与中心服务器进行通信，对计算机系统执行漏洞扫描任务，扫描结束后，将这些信息反馈给 Console，然后 Console 将扫描结果传输给中心服务器。最后中心服务器将所有扫描结果进行统一处理，并为用户呈现出安全漏洞报表。

2. 基于网络的漏洞扫描技术

基于网络漏洞扫描技术是基于 Internet 远程检测目标网络与本地主机漏洞的技术，从外部攻击者的角度对系统的不同端口、开放的服务和架构进行的扫描，主要用于查找网络服务和协议中的漏洞。该技术仿真黑客经由网络端发出数据包，以主机接收到数据包时的响应作为判断标准，进而了解主机的操作系统、服务及各种应用程序的漏洞。

基于网络的漏洞扫描系统一般也采用 Client/Server 架构，由两部分组成：扫描服务端和管理端。其中，服务端是整个扫描器的核心，所有检测和分析操作都是由它发起的；而管理端的功能是提供管理的作用以及方便用户查看扫描结果。首先在管理端设置需要的参数并制定扫描目标，然后把这些信息发送给扫描服务端；扫描服务端接收到管理端的扫描开始命令后立即对目标进行扫描；此后，服务端一边发送检测数据包到被扫描目标，一边分析目标返回的响应信息；同时，服务端还把分析的结果发送给管理端。一次完整的网络漏洞扫描分为 3 个阶段：

（1）发现目标主机或网络；

（2）发现目标后进一步搜索目标信息，包括操作系统类型、运行的服务以及服务软件的版本等。如果目标是一个网络，还可以进一步发现该网络的拓扑结构、路由设备以及各主机的信息；

（3）根据收集的信息判断或者进一步测试系统是否存在系统漏洞。

基于网络的漏洞扫描系统通过扫描系统中的端口服务，分析相关信息并与系统漏洞定义库中的信息进行匹配比较，从比较结果上得出系统是否存在漏洞的结论。基于网络的扫描技术可以及时获取网络漏洞信息，有效地发现网络服务和协议的漏洞，比如一些服务和底层协议的漏洞；同时能够有效地发现基于主机的扫描不能发现的网络设备漏洞（如路由器、交换机、远程访问服务和防火墙等存在的漏洞）。

3. 数据库安全漏洞扫描技术

除了以上两大类安全漏洞扫描技术外，还有一种专门针对数据库的安全漏洞检查扫描技术。其架构和基于网络的漏洞扫描技术类似，主要功能是为了寻找数据库中的不良密码设定、过期密码设定、侦测登录攻击行为、关闭久未使用的账号等，而且还可以追踪登录期间的限制活动等。

由于以下 3 个原因，使得数据库的安全问题比较突出：

（1）数据库中登录账号的密码容易被破解。定期检查每个登录账号密码长度是一件非常重要的事，因为密码是数据库系统的第一道防线。如果不定期检查密码，导致密码太短或者太容易猜测，或是设定字典上有的单词，都很容易导致被破解，使得隐私数据外泄。由于大部分关系数据库系统都不会要求使用者设定密码，更不用说安全检查机制，因此问题更为严重。

（2）数据库系统的管理员账号不能改名（在 SQL Server 和 Sybase 中都是 sa），因此入侵者可以用字典攻击程序进行猜测密码的攻击。

（3）一般关系数据库经常有"port addressable"的特性，即使用者可以利用客户端程序和系统管理工具直接从网络存取数据库，无需理会主机操作系统的安全机制，而且数据库的扩展存储过程（Extended Stored Procedure）和其他工具程序，可以让数据库和操作系统等互动，因此数据库的安全有可能绕过操作系统的安全策略控制。

5.2.3　端口扫描基本方法

漏洞扫描技术的主要形式是端口扫描，目前主要的端口扫描方法有以下几种：

（1）TCP Connect Scan（TCP 连接扫描）。这种方法也称为"TCP 全连接扫描"，是一种最简单的扫描技术，它所利用的是 TCP 协议的 3 次握手过程。它直接连到目标端口并完成一个完整的 3 次握手过程（SYN、SYN/ACK 和 ACK）。操作系统提供的"connect( )"函数完成系统调用，用来与目标计算机的端口进行连接。如果端口处于侦听状态，那么"connect( )"函数就能成功。否则，这个端口是不能用的，即没有提供服务。

TCP 连接扫描技术的一个最大的优点是不需要任何权限，系统中的任何用户都有权利使用这个调用。另一个好处是速度快。如果对每个目标端口以线性的方式，使用单独的"connect( )"函数调用，那么将会花费相当长的时间，用户可以同时打开多个套接字，从而加速扫描。使用非阻塞 I/O 允许用户设置一个低的时间以用尽周期，并同时观察多个套接字。但这种方法的缺点是很容易被发觉，并且很容易被过滤掉。目标计算机的日志文件会显示一连串的连接和连接出错的服务消息，目标计算机用户发现后就能很快使它关闭。

（2）TCP SYN Scan（TCP 同步序列号扫描）。若端口扫描没有完成一个完整的 TCP 连接，即在扫描主机和目标主机的一指定端口建立连接的时候，只完成前两次握手，在第三步时，扫描主机中断了本次连接，使连接没有完全建立起来，所以这种端口扫描又称为"半连接扫描"，也称为"间接扫描"或"半开式扫描"（Half Open Scan）。

SYN 扫描，通过本机的一个端口向对方指定的端口，发送一个 TCP 的 SYN 连接建立请求数据报，然后开始等待对方的应答。如果应答数据报中设置了 SYN 位和 ACK 位，那么这个端口是开放的；如果应答数据报是一个 RST 连接复位数据报，则对方的端口是关闭的。使用这种方法不需要完成 Connect 系统调用所封装的建立连接的整个过程，而只是完成了其中有效的部分就可以达到端口扫描的目的。

此种扫描方式的优点是不容易被发现，扫描速度也比较快。同时通过对 MAC 地址的判断，可以对一些路由器进行端口扫描，缺点是需要系统管理员的权限，不适合使用多线程技术。因为在实现过程中需要自己完成对应答数据报的查找、分析，使用多线程容易发生数据报的串位现象，也就是原来应该这个线程接收的数据报被另一个线程接收，接收后，这个数据报就会被丢弃，而等待线程只好在超时之后再发送一个 SYN 数据报，等待应答。这样，所用的时间反而会增加。

(3) TCP FIN Scan(TCP 结束标志扫描)。这种扫描方式不依赖于 TCP 的 3 次握手过程，而是 TCP 连接的 FIN(结束)位标志。原理在于 TCP 连接结束时，会向 TCP 端口发送一个设置了 FIN 位的连接终止数据报，关闭的端口会回应一个设置了 RST 的连接复位数据报；而开放的端口则会对这种可疑的数据报不加理睬，将它丢弃。可以根据是否收到 RST 数据报来判断对方的端口是否开放。

此扫描方式的优点比前两种都要隐秘，不容易被发现。该方法有两个缺点：首先，要判断对方端口是否开放必须等待超时，增加了探测时间，而且容易得出错误的结论；其次，一些系统并没有遵循规定，最典型的就是 Microsoft 公司所开发的操作系统。这些系统一旦收到这样的数据报，无论端口是否开放都会回应一个 RST 连接复位数据报，这样一来，这种扫描方式对于这类操作系统是无效的。

(4) IP Scan(IP 协议扫描)。这种方法并不是直接发送 TCP 协议探测数据包，而是将数据包分成两个较小的 IP 协议段。这样就将一个 TCP 协议头分成好几个数据包，从而过滤器就很难探测到。但必须小心，一些程序在处理这些小数据包时会有些麻烦。

(5) TCP Xmas Tree Scan。这种方法向目标端口发送一个含有 FIN(结束)、URG(紧急)和 PUSH(弹出)标志的分组。根据 RFC793，对于所有关闭的端口，目标系统应该返回 RST 标志。根据这一原理就可以判断哪些端口是开放的。

(6) TCP Null Scan。这种方法与上一方法原理是一样，只是发送的数据包不一样而已。本扫描方案中，是向目标端口发送一个不包含任何标志的分组。根据 RFC793，对于所有关闭的端口，目标系统也应该返回 RST 标志。

(7) UDP Scan(UDP 协议扫描)。在 UDP 扫描中，是往目标端口发送一个 UDP 分组。如果目标端口是以一个"ICMP port Unreachable"(ICMP 端口不可到达)消息来作为响应的，那么该端口是关闭的。相反，如果没有收到这个消息那就可以推断该端口打开着。还有就是一些特殊的 UDP 回馈，比如 SQL Server 服务器，对其 1434 号端口发送"x02"或者"x03"就能够探测得到其连接端口。由于 UDP 是无连接的不可靠协议，因此这种技巧的准确性很大程度上取决于与网络及系统资源的使用率相关的多个因素。另外，当试图扫描一个大量应用分组过滤功能的设备时，UDP 扫描将是一个非常缓慢的过程。如果要在互联网上执行 UDP 扫描，那么结果就是不可靠的。

(8) ICMP echo 扫描。其实这并不能算是真正意义上的扫描。但有时的确可以通过支持 Ping 命令，判断在一个网络上主机是否开机。Ping 是最常用的，也是最简单的探测手段，用来判断目标是否活动。实际上 Ping 是向目标发送一个回显(Type = 8)的 ICMP 数据包，当主机得到请求后，再返回一个回显(Type = 0)的数据包。而且 Ping 程序一般是直接实现在系统内核中的，而不是一个用户进程，更加不易被发现。

（9）高级 ICMP 扫描技术。Ping 是利用 ICMP 协议实现的，高级的 ICMP 扫描技术主要利用 ICMP 协议最基本的用途——报错。根据网络协议，如果接收到的数据包协议项出现了错误，那么接收端将产生一个"Destination Unreachable"（目标主机不可达）ICMP 的错误报文。这些错误报文不是主动发送的，而是由于错误，根据协议自动产生的。

当 IP 数据包出现 Checksum（校验）和版本的错误的时候，目标主机将抛弃这个数据包；如果是 Checksum 出现错误，那么路由器就直接丢弃这个数据包。有些主机比如 AIX、HP/UX 等，是不会发送 ICMP 的 Unreachable 数据包的。例如，可以向目标主机发送一个只有 IP 头的 IP 数据包，此时目标主机将返回"Destination Unreachable"的 ICMP 错误报文。如果向目标主机发送一个坏 IP 数据包，比如不正确的 IP 头长度，目标主机将返回"Parameter Problem"（参数有问题）的 ICMP 错误报文。

5.2.4　网络安全扫描器 NSS

NSS 由 Perl 语言编成，它最根本的价值在于它的速度，它运行速度非常快，它可以执行下列常规检查：Sendmail、匿名 FTP、NFS 出口、TFTP、Hosts. equiv、Xhost。

利用 NSS，用户可以实现强大的扫描功能，其中包括：

（1）AppleTalk 扫描；

（2）Novell 扫描；

（3）LAN 管理员扫描；

（4）可扫描子网。

NSS 执行的过程包括：

（1）取得指定域的列表或报告，该域原本不存在这类列表；

（2）用 Ping 命令确定指定主机是否是活性的；

（3）扫描目标主机的端口；

（4）报告指定地址的漏洞。

5.3　网络安全漏洞防护技术

网络安全漏洞的防护技术主要包括安全漏洞评估技术、安全漏洞渗透测试技术以及蜜罐/蜜网技术。

5.3.1　漏洞评估技术

漏洞评估（Vulnerability Assessment，VA）是一种帮助一个组织的管理者、安全专家和安全人员在网络、应用和系统中确定安全责任的安全实践活动。进行安全漏洞评估一般分为 3 个步骤：信息收集和发现、列举和检测。下面将分别说明。

1. 信息收集和发现

信息收集和发现是个人或者小组为了确定漏洞评估的范围而执行的第一个步骤。其目的是确定将要进行评估的系统和应用程序的数量，输出通常包括主机名、IP 地址、可以的端口信息以及可能目标的其他相关信息。

可以把信息收集的过程分为两个部分：非侵犯性的活动（Nonintrusive Efforts）和半侵犯性

的活动(Semi-intrusive Efforts)。前者反映了对目标信息的公开收集而目标不会注意到这种收集活动，例如为查找目标拥有的所有域名而进行的 whois 查询，以及为了确定与目标相关的 IP 地址范围而通过 www.arin.net 等网站对可能的目标和 IP 地址进行的查询。

为了发现可能存在的安全漏洞，测试者需要对整个网络进行扫描，得到一个网络上系统的列表，要确保对每台机器都具有下面的数据：

(1)IP 地址。这是首先需要了解的，但是需要注意有的系统可能有多个 IP 地址。一定要识别出哪些系统有多个连接且有多个 IP 地址。在有些情况下，这些系统可能在多个网络上通信。

(2)MAC 地址。MAC 地址对于漏洞评估不是必要的，但是该地址信息对于其他问题可能是有帮助的。

(3)操作系统。漏洞管理的很多方面是以补丁管理和配置管理为核心的，需要跟踪所有机器上的操作系统。应该把打印机、路由器及其他的网络设备包括进来。每个漏洞评估工具应该能提供系统上操作系统所打补丁的级别。

(4)服务。关于每个系统为用户提供什么服务要有一个列表，如网站、数据库、邮件等。当考虑安全配置时，这是很有必要的。应该检查所有的系统并关闭不需要的任何服务。

(5)安装的软件。要有一个系统中安装的所有授权软件的列表。可以使用一个工具(如 Microsoft 的 Systems Management Server，SMS)来列出整个系统中所安装软件的列表，然后用一个授权软件列表与这个列表相互对照。授权软件的概念不只是与许可有关，而且关系到安全，因为未授权的软件包的补丁等级和全部安全特征对 IT 来说是不可知的。

2. 列举

列举是用来判断目标系统运行的操作系统(OS fingerprinting，也称获取操作系统指纹)和位于目标上的应用程序的过程。攻击者通过向目标主机发送应用服务连接或访问目标主机开放的有关记录就可能探测出目标主机的操作系统(包括相应的版本号)。在确定操作系统后，下一步就是确定运行于主机上的应用程序，方法通常是进行端口扫描。端口 0-1023 被称为熟知端口，这些端口号有的被保留起来，其他的都是为特定的应用程序预留的。例如，FTP 使用端口 21，TELNET 使用端口 23，HTTP 使用端口 80，HTTPS 使用端口 443 等。需要注意的是，尽管这些端口是为特定程序保留的，但是并不能防止其他应用程序使用这些端口。

3. 检测

检测用来确定一个系统或应用程序是否易受攻击。这一步并不是确定漏洞是否存在，它只是报告漏洞出现的可能性。而漏洞是否存在则由渗透测试来完成。

为了检测漏洞，可以使用一个漏洞评估工具，例如 Tenable Network Security 的 Nessus 工具或者 eEye Digital Security 的 Retina 工具。然后在前面两步的基础上进一步判断是否存在漏洞。漏洞评估工具通过探测目标系统并将该系统的反馈与一组好的(期望的)和坏的(脆弱的)反馈进行比较来检测漏洞。

5.3.2　渗透测试技术

进行扫描、推测、攻击和逐步扩展攻击成果的过程称为渗透测试。渗透测试的首要目标是拥有目标网络；其次是以尽可能多的不同方式拥有该网络，这样可以向顾客指出各个安全缺陷。对网络进行渗透测试是测试一个企业安全措施有效性的极佳手段，并能够暴露其安全漏洞。

在安全社区中，渗透测试和漏洞评估两个词通常互换使用。漏洞评估会扫描并指出漏洞，但并不利用漏洞进行攻击。漏洞评估可以通过工具完全自动化进行，可对网络中各台主机逐一给出潜在的安全漏洞。而安全漏洞渗透测试则将注意力集中在针对发现的漏洞进行实际的攻击。

一个完整的安全漏洞渗透测试过程包括以下 3 个步骤：

（1）发现目标。渗透测试的第一步是发现目标。在没有内幕信息的情况下，需要发现尽可能多的目标。这实际上是模拟了未授权攻击者开始攻击的方法。在匿名收集了尽可能多的信息之后，就需要加强侵略性，判断清楚可能的目标范围内，哪一个主机是活动的。例如，可以通过简单的 Ping 扫描来确定。然后，攻击者需要进一步判断目标主机在哪些端口上有服务在监听并接受来自网络上的服务请求。

（2）漏洞枚举。每个开放端口都代表了一个正在运行的服务，而许多服务都有已知的漏洞。本阶段将把开放端口匹配到正在运行的服务，然后匹配到已知的安全漏洞。可以通过枚举的方式给出一个精简的列表，列出能够进行攻击以获得某种权限的系统。

（3）攻击确定的漏洞。在列出了一系列可能对多种攻击有漏洞的系统之后，接下来需要通过攻击来证明这一点。在渗透测试中，很重要的一点是进行实际的渗透，在尽可能多的系统上获得用户权限和最终的系统权限。渗透测试的目标在于指出目标网络中存在的安全缺口，如果能够向网络管理员演示通过攻击可以控制目标网络上的任意一台主机，或者可以对一些隐私的数据资料拥有不受限制的访问权限，就更能有效说明安全方面的缺口。

安全漏洞渗透测试可以示范安全攻击的有效性和后果的严重性，促进管理者进一步寻求获得更多的安全技术、培训或第三方的帮助。它可以指出并证实一些缺陷，使得攻击者从匿名的外人变成拥有极大权限的 Administrator 或者 root 用户。如果渗透测试秘密进行，这还是一个测试 IT 人员对攻击的防范意识和反应的好方法。

不过渗透测试也有其局限性，即使很成功的渗透测试也可能遗留多个未识别的漏洞。增加网络安全性的最佳方法并非是通过渗透测试，而是进行漏洞评估，从比较宽泛的角度列出所有潜在的漏洞，并对这些结果进行渗透测试，以识别出这些漏洞。

5.3.3　蜜罐和蜜网技术

1. 蜜罐的基本概念

所谓蜜罐（Honey Pot），是一个专门设计来让人"攻陷"的系统。一旦入侵者攻破了该系统，则入侵者的攻击方法、攻击工具等信息都将被用来分析学习，用以提高真实系统的安全性，防范同类攻击。著名的网络安全专家、蜜罐技术专家 L. Spitzner 曾对蜜罐作了如下定义：蜜罐是一种安全资源，其价值体现在被探测、攻击或者摧毁的时候。

设置蜜罐系统的目的包括：一是用来学习了解入侵者的思路、工具和目的；二是为特定组织提供他们自己得出的网络安全风险和脆弱性的一些经验；三是帮助一个组织发展事件响应能力。

蜜罐本身并没有代替其他安全防护工具，如防火墙、入侵检测等，而是提供了一种可以了解黑客常用工具和攻击策略的有效手段，是增强现有安全性的强大工具。一个蜜罐并不需要一个特定的支撑环境，因为它是一个没有特殊要求的标准服务器。蜜罐可以放在网络中的任何位置，根据不同的需求，可放在防火墙之前，DMZ 区及防火墙之后。

蜜罐的安全价值体现在以下几个方面：

（1）防护。蜜罐在防护中所体现的防护能力很弱，并不会将那些试图攻击的入侵者拒之门外。事实上蜜罐设计的初衷就是妥协，希望有人闯入系统，从而进行各项记录和分析工作。当然，诱骗也是一种对攻击者进行防护的方法，因为诱骗使攻击者花费大量的时间和资源对蜜罐进行攻击，这就防止或减缓了对真正的系统和资源进行攻击。

（2）检测。蜜罐本身没有任何生产行为，所有与蜜罐相关的连接都认为是可疑的行为而被记录，因此蜜罐具有很强的检测能力，这样大大降低误报率和漏报率，也简化了检测的过程。

（3）响应。蜜罐检测到入侵后也可以进行一定的响应，包括模拟响应来引诱黑客进一步的攻击，发出报警通知系统管理员，让管理员适时的调整入侵检测系统和防火墙配置，来加强真实系统的保护等。

蜜罐不会直接提高计算机网络的安全，但是它却是其他安全策略所不可替代的一种主动防御技术。蜜罐的发展可分为欺骗系统、蜜罐和蜜网三个阶段。根据蜜罐的不同目的，可以将其分为两大类：应用类蜜罐和研究类蜜罐。应用类蜜罐通常放在一个组织的内部网络，它将攻击者的火力引向自身，从而减轻重要工作系统的安全风险；研究类蜜罐的目的则是为了收集尽可能多的关于黑帽子团体的信息，它不会增加网络系统的安全系数，但通过它可以研究系统所面临的威胁，以便更好地抵御这些威胁。

交互级别是蜜罐系统的一个重要特征，它体现了攻击者与实现这个蜜罐的操作系统之间交互的程度。按照蜜罐系统的交互级别可将蜜罐分为低交互蜜罐系统、中交互蜜罐系统和高交互蜜罐系统 3 类：

（1）低交互蜜罐系统。低交互蜜罐系统通常只是在一些特定的端口上模拟一些特定的服务。然后对这些端口进行监听，并把监听到的所有信息记录到指定的文件。通过这种简单的方法，所有进入的通信都可以被识别和存储。然而对于一些比较复杂的协议来说，这种简单的监听方法并不能得到有效的数据信息。

在低交互蜜罐中，不存在攻击者可直接操作的真实操作系统。这样由操作系统带来的复杂性就被消除了，当然也就最大限度地减少了系统可能带来的风险。然而从另外一个角度来看，这种实现方式也具有一个很明显的缺点：它不能够观察到入侵者和操作系统之间的进一步交互操作，而得到这些交互信息正是设计蜜罐的初衷，在某种意义上，这种低交互的蜜罐和单向连接非常相似，只是简单对特定端口进行监听，而不对相应的请求作进一步的应答。因此，这种蜜罐的实现方式是非常被动的。

（2）中交互蜜罐系统。和低交互蜜罐系统相比，中交互蜜罐系统向入侵者提供了更多的与操作系统进行交互的机会，能对入侵者发出的请求做出简单的回应。通过这种较高的交互行为，可以更加详细地记录并分析入侵者的行为。然而，在中交互蜜罐中仍然没有给入侵者提供进行交互的实际操作系统。它只是把那些模拟某种服务的守护程序做得更加成熟，使那些模拟的服务看起来更加逼真。随着服务真实性的提高，系统所面临的风险也变得越大。这是因为随着系统复杂程度的增加，入侵者找到系统安全漏洞的可能性也随之增加。

（3）高交互蜜罐系统。高交互蜜罐系统与前两种蜜罐的最大不同在于它给入侵者提供了一个真实的操作系统，在这种环境下一切都不是模拟的或者受限的。这样所带来的好处是这种蜜罐可以收集到更加丰富的入侵者的信息。然而，操作系统的介入将会使系统的复杂度大大增加，相应地系统所面临的威胁也就更大。黑客入侵的目的之一是要得到系统的 root 权限和 shell 的访问权。对于一个高交互的蜜罐来说，因为它向黑客提供了一个真实的操作系统，所以一旦入侵者获得这些权限以后，蜜罐中真实的网络环境和其他一些入侵者感兴趣的数据都将暴露在他面前。如果对这些资源不加以控制，可能会带来不可预计的后果。

构建一个高交互的蜜罐将是一个十分费时的过程。蜜罐正常运行的大多数时间都应该处于严格的被监视之下。一个不受控制的蜜罐是不具有太多价值的，甚至蜜罐本身还可能成为系统中的一个安全漏洞。对蜜罐访问 Internet 的权限进行控制是非常有必要的，因为一旦蜜罐被攻陷，入侵者有可能将蜜罐作为一个傀儡主机攻击其他系统。在正常情况下，蜜罐只会接收外部主机的连接请求，不会主动向外部主机发出连接请求，因此可以通过对蜜罐发出的连接请求进行限制的方法，降低蜜罐被入侵后所带来的风险。

三种交互型蜜罐各有所长，它们的比较如表 5-1 所示。

表 5-1　　　　　　　　　　　　低、中、高交互蜜罐系统比较

性　　能	低交互蜜罐系统	中交互蜜罐系统	高交互蜜罐系统
复杂程度	低	中	高
提供真实的 OS	无	无	有
风险性	低	中	高
信息收集程度	链接	请求	全部
系统被攻破的可能性	无	无	有
应用所需知识	低	低	高
开发所需知识	低	高	中
维护所花费时间	低	低	非常高

2. 蜜罐的关键技术

（1）网络欺骗技术

由于蜜罐的价值是在其被探测、攻击或者攻陷的时候才得到体现，没有网络欺骗功能的蜜罐是没有价值的，因此网络欺骗技术也是蜜罐技术体系中最为关键的核心技术和难题。为了使蜜罐更具有吸引力，通常会采用各种诱骗手段，在诱骗主机上模拟一些操作系统或者各种漏洞，在一台计算机上模拟整个网络，如在系统中产生仿真网络流量，装上虚假的文件路径及看起来像真正有价值的相关信息等。通过这些办法，使蜜罐主机更像一个真实的工作环境，诱骗入侵者上当。网络诱骗主要有以下几个作用：影响入侵者，让他按照蜜罐部署者的意愿进行选择；检测到入侵者的进攻并获知其入侵手段和目的；消耗入侵者的资源和时间从而在一定程度上保护了真实内部网络。

目前蜜罐主要的网络欺骗技术有如下几种：

①模拟服务端口。侦听非工作的服务端口是诱骗黑客攻击的常用欺骗手段。当黑客通过端口扫描检测到系统打开了非工作的服务端口，他们很可能主动向这些端口发起连接并试图利用已知系统或应用服务的漏洞来发送攻击代码，而蜜罐系统通过端口来收集所需要的信息。但是由于蜜罐只是简单地模拟非工作服务端口，最多只能与黑客建立连接而不能进行下一步的信息交互，所以获取的信息是相当有限的。

②模拟系统漏洞和应用服务。模拟系统漏洞和应用服务为攻击者提供的交互能力比端口

模拟高得多。它们可以预期一些活动，并且旨在给出一些端口响应无法给出的响应。譬如，可能有一种蠕虫病毒正在扫描特定的 IIS 漏洞，在这种情况下，可以构建一个模拟 Microsoft IIS Web 服务器的蜜罐，并包括通常会假扮该程序的一些额外的功能或者行为。无论何时对该蜜罐建立 HTTP 连接，它都会以一个 IIS Web 服务器的身份加以响应，从而为攻击者提供一个与实际的 IIS Web 服务器进行交互的机会。这种级别的交互比端口模拟所收集到的信息要丰富得多。

③IP 空间欺骗。IP 空间欺骗技术利用计算机的多宿主能力，在一块网卡上分配多个 IP 地址或一段 IP 地址，来增加黑客的搜索空间，显著增加他们的工作量，并且增大他们掉进蜜罐的几率，从而起到诱骗效果。利用计算机系统的多宿主能力，在只有一块以太网卡的计算机上就能实现具有众多 IP 地址的主机，而且每个 IP 地址还可以具有它们自己的 MAC 地址。这项技术可用于建立填充一大段地址空间的欺骗，且花费极低。实际上，目前已有研究机构能将超过 4000 个 IP 地址绑定在一台运行 Linux 的计算机上，尽管看起来存在许许多多不同的欺骗主机，但实际上只有一台计算机。

④流量仿真。黑客进入目标系统后通常会非常谨慎，他们可能会用一些工具分析系统的网络流量，如果发现系统的网络流量很小，就会怀疑系统的真实性。流量仿真是用某些技术产生虚拟的网络流量，使黑客不能通过流量分析检测到自己处在虚拟环境当中。现在主要的方法有两种：一是采用实时或重现的方式复制真正的网络流量，这使得欺骗系统与真实的系统十分相似；二是从远程伪造流量，使入侵者可以发现和利用。

⑤网络动态配置。真实网络系统的系统状态通常是随时间而改变的，是动态的。黑客可能会对系统的状态进行比较长期性的观察，如果蜜罐的系统状态总是一成不变，那么入侵者长期监视的情况下就会露出破绽，导致诱骗无效。当蜜罐被识破，黑客就会很快溜走，甚至进行一些针对蜜罐的报复性攻击。因此，需要系统动态配置来模拟正常的系统行为，使蜜罐也像真实网络系统那样随时间而改变。动态配置的系统状态应该能尽可能地反映出真实系统的特性。系统提供的网络服务的开启、关闭、重启、配置等都应该在蜜罐中有相应的体现和调整。

⑥组织信息欺骗。如果某个组织提供有关个人和系统信息的访问，那么欺骗也必须以某种方式反映出这些信息。例如，如果某组织的 DNS 服务器包含了个人系统拥有者及其位置的详细信息，那么就需要在欺骗的 DNS 列表中添加伪造的拥有者及其位置，否则欺骗很容易被发现。而且，伪造的人和位置也需要有伪造的信息如薪水、预算和个人记录等。

⑦网络服务。网络服务往往与特定的系统漏洞联系在一起，网络服务往往是攻击者侵入系统的入口，网络服务可以吸引黑客的注意，同时也使蜜罐更接近一个真实的系统。

⑧端口重定向技术。为了更好地吸引黑客，较好的方法是构建一个复制的模拟网络作为虚拟蜜网。然后利用防火墙的端口映射或重定向技术，将它重定向到一个蜜网的地址中。在不被黑客察觉的情况下监视他们的行动，得到黑客所使用的工具、采用的方式、通信方法和入侵动机等信息。利用端口重定向技术，可在工作系统中模拟一个非工作服务。例如，工作系统运行 Web 服务(端口 80)，可以将 Telnet(端口 23)和 SMTP(端口 25)重定向到一个蜜罐，因为这两个服务在工作系统中没有打开，所有对这两个端口的访问(可认为是入侵行为)实际上都在蜜罐中，而不是真实系统。

重定向可以在两种模式下进行：一种是代理模式，在该模式下，将外部的连接经过地址转换后通过代理发送到蜜罐服务器上，从外部看不到蜜罐服务器，只能看到服务器组内主机

高等学校信息安全专业规划教材

的 IP 地址；另一种是直接响应模式，在该模式下，当有外部连接到达服务器组内的主机时，重定向程序将连接请求转发到蜜罐服务器，由蜜罐服务器直接与外部建立一个连接，从外部看到的连接的 IP 地址就是蜜罐服务器的真实 IP 地址。

（2）数据捕获技术

信息捕获是蜜罐的核心功能之一。蜜罐的主要目的之一就是获得有关攻击和攻击者的所有信息，捕捉入侵者从扫描、探测到攻击到攻陷蜜罐主机到最后离开蜜罐的每一步动作。因此，蜜罐必须有强大的信息捕获功能，在不被入侵者发现的情况下，捕获尽可能多的信息，包括输入/输出数据包和击键等。

低交互蜜罐多是由运行于特定操作系统上的软件来实现，数据的捕获多是采用日志记录，数据捕获有限。低交互蜜罐的作用体现在对业务网络的保护上，在数据捕获和数据控制方面能力有限。

对比于低交互蜜罐，高交互蜜罐系统的数据捕获功能优势明显，高交互蜜罐系统的数据捕获可以分为三层来实现，每一层捕获的数据各不相同。最外层数据捕获由防火墙来完成，主要是对出入蜜罐系统的网络连接进行日志记录，这些日志记录存放在防火墙本地，防止被入侵者删除更改。第二层数据捕获由入侵检测系统（IDS）来完成，IDS 抓取蜜罐系统内所有的网络包，这些抓取的网络包存放在 IDS 本地。最里层的数据捕获由蜜罐主机来完成，主要是蜜罐主机的所有系统日志、所有用户击键序列和屏幕显示，这些数据通过网络传输送到远程日志服务器存放。

（3）数据控制技术

蜜罐系统作为网络攻击者的攻击目标，其自身的安全尤其重要，如果蜜罐系统被攻破，那么将得不到任何有价值的信息，同时蜜罐系统将被入侵者利用作为攻击其他系统的跳板，通常数据控制必须在不被黑客察觉的情形下对流入、流出的通信量进行监听和控制。数据控制是蜜罐系统必需的核心功能之一，用于保障蜜罐系统自身的安全。

一般允许所有对蜜罐的访问，但是要对从蜜罐系统外出的网络连接进行控制，当蜜罐系统发起外出的连接，说明蜜罐主机被入侵者攻破了，而这些外出的连接很可能是入侵者利用蜜罐对其他的系统发起的攻击连接。对外出连接控制不是简单的阻断蜜罐对外所有的连接，那样无疑在告诉入侵者他正身陷蜜罐系统当中，而入侵者成功侵入系统后的动作和企图是我们所关心的。可以限制一定时间段内外出的连接数，甚至可以修改这些外出连接的网络包，使其不能到达它的目的地，同时又给入侵者网络包已正常发出的假象。

（4）数据分析技术

数据分析包括网络协议分析、网络行为分析和攻击特征分析等。数据分析是蜜罐技术中的难点，要从大量的网络数据中提取出攻击行为的特征和模型是相当困难的。蜜罐系统收集信息的点很多，每个点收集的信息格式也不相同，依次打开各个文件查看日志内容非常不便，而且也不能将它们进行有效的关联。因此应该有一个统一的数据分析模块，在同一控制台对收集的所有信息进行分析、综合和关联，这样有助于更好地分析攻击者的入侵过程及其在系统中的活动。现有的蜜罐系统都没能很好地解决使用数学模型自动分析和挖掘出网络攻击行为的特征这一难题。

3. 优缺点分析

蜜罐系统具有下列优势：

（1）使用简单。相对于其他安全措施，蜜罐最大的优点就是简单。蜜罐中并不涉及任何特殊的计算，不需要保存特征数据库，也没有需要进行配置的规则库。用户需要做的只是将蜜罐放置在自己的组织中，并坐在一边等待。而其他较为复杂的安全工具则要面对包括错误的配置、系统崩溃和失效在内的多种威胁。

(2)资源占用少。当安全资源突然剧增的时候安全工具也有可能失效，从而导致资源耗尽。比如，防火墙可能会在连接数据库溢出时失效，IDS的探测器的缓冲区也会溢出导致数据包的丢失。但是蜜罐就不会碰到这类问题，因为蜜罐仅仅对那些尝试与自己建立连接的行为进行记录和响应，所以不会发生数据溢出的情况。并且有很多蜜罐都是模拟的服务，所以不会为攻击者留下可乘之机，成为攻击者进行其他攻击的跳板。蜜罐并不像其他的安全设备(防火墙和IDS等)那样需要昂贵的硬件设备，用户所需做的仅仅是将一台没有多少用处的旧机器放置在网络中，静静等待蜜罐收集到的结果。

(3)数据价值高。蜜罐收集的数据不多，但是它们收集的数据通常都带有非常有价值的信息。安全防护中最大的问题之一是从成千上万的网络数据中寻找自己所需的数据。运用蜜罐，用户可以快速轻松地找到自己所需的确切信息。比如，Honeynet组织平均每天可以收集1~5MB的数据。这些数据都具有很高的研究价值，用户不仅可以获知各种网络行为，还可以完全了解进入系统的攻击者究竟做了哪些动作。

然而，同其他安全措施一样蜜罐也有不足之处，包括：

(1)数据收集面狭窄。所有的蜜罐都有一个共同的缺点：如果没有人攻击蜜罐，它们就变得毫无用处。蜜罐可以完成很多有价值的工作，但是一旦攻击者不再向蜜罐发送任何数据包，蜜罐就不会再获得任何有价值的信息。

(2)给使用者带来风险。蜜罐可能为用户的网络环境带来风险。蜜罐一旦被攻陷，就可以用于攻击、潜入和危害其他的系统或组织。不同的蜜罐可能带来不同的风险，某些蜜罐仅带来很小的风险，另一些蜜罐则为攻击者提供完整的平台进行新的攻击。蜜罐越简单，所带来的风险就越小。

(3)指纹。指纹是蜜罐的另外一个缺点，尤其是许多商业蜜罐。指纹使得攻击者能够鉴别出蜜罐的存在，因为蜜罐会有一些专业特征和行为。一旦蜜罐被攻击者识破，他们很可能会故意制造大量虚假数据或者立刻逃之夭夭，那么蜜罐就失去了收集攻击者相关信息的作用，也就失去了存在的意义。

4. 蜜网技术

蜜网即蜜罐网络系统，实质上是一种蜜罐技术，是从蜜罐技术上逐步发展起来的一个新的概念，其主要目的是收集黑客的攻击信息。它与传统的蜜罐技术相比具有两大优势：首先，蜜网是一种高交互的用来获取广泛的安全威胁信息的蜜罐，高交互意味着蜜网是用真实的系统，应用程序以及服务来与攻击者进行交互，而与之相对的是传统的低交互蜜罐；其次，蜜网是由多个蜜罐以及防火墙、入侵防御系统、系统行为记录、自动报警、辅助分析等一系列系统和工具所组成的一整套体系结构，这种体系结构创建了一个高度可控的网络，使得安全研究人员可以控制和监视其中的所有攻击活动，从而去了解攻击者的攻击工具、方法和动机。

蜜网有三大核心需求：数据控制、数据捕获和数据采集。

(1)数据控制。数据控制目的是确保蜜网中被攻陷的蜜罐主机不会被用来攻击蜜网之外的机器，即在不被入侵者察觉的情况下对流入流出蜜网的通信量进行控制。如攻击者进入蜜罐又不能向外发起连接，他们会对系统产生怀疑，而完全开放的蜜罐资源在攻击者手中会成

高等学校信息安全专业规划教材

为向第三方发起攻击的攻击跳板。因此，必须实施适当的访问控制措施一方面可以最大限度地限制攻击者的攻击行为，另一方面又可以与攻击者进行深度交互从而获取大量的有价值的信息。限制攻击者的方法可以采取限制其从蜜罐向外发起的连接数量和在蜜罐中的活动能力。

（2）数据捕获。数据捕获目的是在黑客无觉察的状态下捕获所有活动与攻击行为所产生的网络通信量，包括击键序列及其发送的数据包，以便分析攻击者使用的技术、工具及策略。蜜网不同于蜜罐，它采用基于网络的信息收集方式，日志机制都基于网络实现。有效捕获信息必须遵循如下几个原则：一是多层次、多角度、全面收集有用信息，确保攻击者技术信息的完备性。二是收集到的数据不能受到污染，并能安全存档以用于将来的分析。三是为了保证数据的可靠性，用来捕获数据的资源必须是安全的。

（3）数据采集。数据采集的目的是针对预先部署的具有多个逻辑或物理的蜜网所构成的分布式蜜网体系结构，对捕获的黑客行为信息进行收集，并转移后集中储存在一个数据中心，以便做进一步集中分析和存档，从而提高整体数据的研究价值。

第一代蜜网产生于 1999 年，它是第一个可以实现真正交互性的蜜罐，其主要用于捕获黑客的活动，它能捕获大量信息，其中包括未知的攻击和技术，在捕获自动攻击和经验不足的黑客方面非常有效，这些都优于当时传统的蜜罐解决方案。不过第一代蜜网的缺陷在于控制和捕获黑客的能力上有限，其系统指纹、数据控制的签名比较容易被识别。图 5-8 为第一代蜜网体系结构。

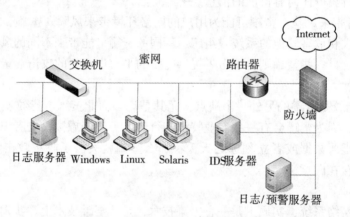

图 5-8　第一代蜜网拓扑结构图

第二代蜜网出现于 2002 年，旨在解决第一代蜜网技术中存在的各种问题，大大增加了蜜网使用的灵活性，可管理性和系统安全性。不同于第一代蜜网，第二代蜜网在一台被称为 Honeywall 的二层网关或者称作网桥上实现了蜜网所有的关键功能，即数据控制、数据捕获和数据采集。所有功能都由单一资源实现，方便了蜜网的配置管理。图 5-9 为第二代蜜网体系结构。使用网桥有两个优点：一是由于网桥没有 IP 协议栈也就没有 IP 地址、路由通信量以及 TTL 缩减等特征，入侵者难以发现网桥的存在，更不知道自己正处于控制之中；二是所有出入蜜网的通信量必须通过网关，这意味着在单一的网关设备上就可以实现对全部出入通信量的数据控制和捕获。

第三代蜜网出现于 2004 年，使用多台蜜罐主机构成蜜网，并通过一个以桥接模式部署

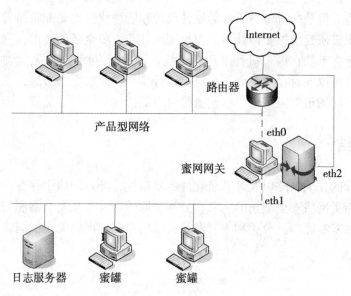

图 5-9　第二代蜜网拓扑结构图

蜜网网关与外部网络连接。蜜网网关上有三个网络接口，其中 eth0 连接外网，eth1 连接蜜网，两个接口以桥接方式连接，不提供 IP 地址和网卡 MAC 地址，同时也不对转发的网数据包进行 TTL 递减和网络路由。因此，蜜网网关的存在不对网络数据包的传输过程进行任何改动，从而使得蜜网网关很难被攻击者发现。蜜网网关的 eth2 接口连接内部网络管监控网络，使得安全人员能够远程对蜜网网关进行控制，并能够对蜜网网关捕获的攻击数据进行进一步分析。图 5-10 为第三代蜜网体系结构。

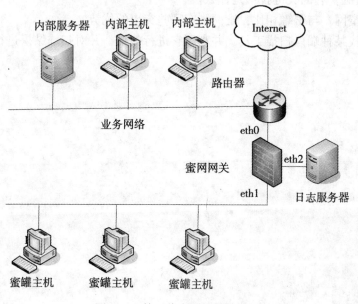

图 5-10　第三代蜜网拓扑结构图

蜜网与单机蜜罐相比更加复杂高效，极大地提高了蜜罐系统检测、响应、恢复、和分析受侵害系统的能力。但是配置蜜网需要的硬件代价和管理代价也是非常昂贵的，因此各种蜜罐研究组织正在积极研究虚拟蜜网技术。虚拟蜜网并非一项全新的技术，它和传统的蜜网具有相同功能，特色在于能在单个机器上运行传统蜜网的所有组成部分，"虚拟"的含义在于借助于虚拟化软件可以同时在单个硬件系统上运行多个彼此独立的蜜罐，就像传统蜜网中每个蜜罐都运行在不同的机器上一样。这使蜜网可以低价建立，集中配置，而且维护简单。

5.4　本章小结

由于网络设计的先天缺陷以及计算机软件的复杂性，导致网络中存在许许多多的安全漏洞。本章首先介绍了网络安全漏洞的定义、分类、原理以及常见安全漏洞与对策，然后介绍了网络漏洞扫描的基本原理、分类和主要产品，最后介绍了网络安全漏洞防护技术。

习　　题

1. 什么是安全漏洞？它有哪些分类方法？
2. 拒绝服务攻击的基本原理是什么？分布式拒绝服务攻击的原理又是什么？
3. 举例说明如何利用缓冲区溢出实现攻击。
4. 举例说明如何进行 ARP 欺骗。
5. 列举后门攻击的种类，并简单说明每种攻击类型的基本方法。
6. 什么是安全漏洞扫描？从扫描对象来看，它是如何分类的？
7. 什么是漏洞评估？它包括哪些主要步骤？
8. 什么是渗透测试？它包括哪些主要步骤？
9. 什么是蜜罐？它的关键技术是什么？
10. 什么是蜜网？与蜜罐相比，蜜网具有哪些突出的优势？
11. 上网查找某种端口扫描工具，并利用它进行扫描，并对扫描结果进行分析。

第6章　虚拟专用网

在企业中，日常业务经常需要将两个或者更多局域网合并起来，以简化企业内部的通信。目标是保证点对点通信的安全性：经常使用一条安全线路来将两台主机连接起来，并且该线路不能由其他人访问。传统上，使用专用的租用线路（专线）将远程用户或公司分部连接到中央的管理站点。但是，像帧中继（Fram Relay）高速网络连接这样的专线扩展性不好，随着企业规模的扩大，通过 Internet 和公众进行电子商务的交易，使用专线的成本和用来支持它们的技术的复杂性都会增长得非常快。

Internet 的增长和广泛使用为专用通信信道需求产生了一个解决方案：虚拟专用网（Virtual Private Network）。VPN 工作起来就像一个"虚拟"的专线，它们封装并加密了传输的数据，并且它们使用身份验证来确保只有获准的用户才能访问 VPN。但是和使用昂贵的专线不同，VPN 通过公共 Internet 来提供点到点的安全通信。

6.1　VPN 基础知识

6.1.1　VPN 的定义

对于虚拟专用网 VPN 技术，可以把它理解成是虚拟出来的企业内部专线。它可以通过特殊的加密通信协议在位于 Internet 不同位置的两个或多个企业内联网络之间建立专有的通信线路。就好像架设了一条专线一样，但是它并不需要真正地去铺设光缆之类的物理线路。这好比去电信局申请专线，但是不用给铺设线路的费用，也不用购买路由器等硬件设备。VPN 技术最早是路由器的重要技术之一，而目前交换机、防火墙设备甚至 Windows 2000 等软件也都开始支持 VPN 功能。总之，VPN 的核心就是利用公共网络资源为用户建立虚拟的专用网络。

VPN 是一种网络新技术，它不是真的专用网络，但却能够实现专用网络的功能。虚拟专用网指的是依靠 ISP（Internet 服务提供商）和其他 NSP（网络服务提供商），在公用网络中建立专用的数据通信网络的技术。在虚拟专用网中，任意两个节点之间的连接并没有传统专网所需的端到端的物理链路，而是利用某种公众网络资源动态组成的。

所谓虚拟是指用户不再需要拥有实际的物理上存在的长途数据线路，而是使用 Internet 公众数据网络的长途数据线路。所谓专用网络是指用户可以为自己制定一个最符合自己需求的网络。

简单地说，VPN 是指通过公用网络（通常是 Internet）建立的一个临时的、安全的连接，是一条穿过混乱的公用网络的安全、稳定的隧道。它能够让各单位在全球范围内廉价架构起自己的"局域网"，是单位局域网向全球化的延伸，并且此网络拥有与专用内联网络相同的功能及安全性、可管理性等方面的特点。VPN 对客户端透明，用户好像使用一条专用线路在客户计算机和企业服务器之间建立点对点连接，进而进行数据的传输。虽然 VPN 通信建立在公共互联网络的基础上，但是用户在使用 VPN 时感觉如同在使用专用网络进行通信，所以得名虚拟专用网络。VPN 是原有专线式专用广域网络的代替方案，代表了当今网络发展的最新趋势。VPN 并非改变原有广域网络的一些特性，如多重协议的支持、高可靠性及高扩充性，而是在更为符合成本效益的基础上达到这些特性。

通过以上分析，可以从通信环境和通信技术层面给出 VPN 的详细定义：

（1）在 VPN 通信环境中，数据包的存取受到严格控制，当只有被确认为是同一个公共体的内部同层（对等）连接时，才允许它们进行通信。而 VPN 环境的构建则是通过对公共通信基础设施的通信介质进行某种逻辑分割来实现的；

（2）VPN 通过共享通信基础设施为用户提供定制的网络连接服务，这种定制的连接要求用户共享相同的安全性、优先级服务、可靠性和可管理性策略，在共享的基础通信设施上采用隧道技术和特殊配置技术措施，仿真点到点的连接。

总之，VPN 可以构建在两个端系统之间、两个组织机构之间、一个组织机构内部的多个端系统之间、跨越全球性因特网的多个组织之间以及单个或组合的应用之间，为企业之间的通信构建了一个相对安全的数据通道。

6.1.2　VPN 的原理

在 VPN 定义的基础上来分析一下 VPN 的原理。一般来说，两台具有独立 IP 并连接上互联网的计算机，只要知道对方的 IP 地址就可以进行直接通信。但是，位于这两台计算机之下的网络是不能直接互联的。原因是这些私有网络和公用网络使用了不同的地址空间或协议，即私有网络和公用网络之间是不兼容的。

VPN 的原理就是在这两台直接和公网连接的计算机之间建立一条专用通道。私有网络之间的通信内容经过发送端计算机或设备打包，通过公用网络的专用通道进行传输，然后在接收端解包，还原成私有网络的通信内容，再转发到私有网络中。这样对于两个私有网络来说，公用网络就像普通的通信电缆，而接在公用网络上的两台私有计算机或设备则相当于两个特殊的节点。由于 VPN 连接的特点，私有网络的通信内容会在公用网络上传输，出于安全和效率的考虑，一般通信内容需要加密或压缩。而通信过程的打包和解包工作则必须通过一个双方协商好的协议进行，这样在两个私有网络之间建立 VPN 通道将需要一个专门的过程，依赖于一系列不同的协议。这些设备和相关的设备及协议组成了一个 VPN 系统。一个完整的 VPN 系统一般包括以下 3 个单元：

（1）VPN 服务器端。VPN 服务器端是能够接收和验证 VPN 连接请求，并处理数据打包和解包工作的一台计算机或设备。VPN 服务器端的操作系统可以选择 Windows NT 4.0/Windows 2000/Windows XP/Windows 2003，相关组件为系统自带，要求 VPN 服务器已经接入 Internet，并且拥有一个独立的公网 IP。

（2）VPN 客户机端。VPN 客户机端是能够发起 VPN 连接请求，并且也可以进行数据打包和解包工作的一台计算机或设备。VPN 客户机端的操作系统可以选择 Windows NT4.0/Windows 2000/Windows XP/Windows 2003，相关组件为系统自带，要求 VPN 客户机已经接入 Internet。

（3）VPN 数据通道。VPN 数据通道是一条建立在公用网络上的数据连接。其实，所谓的服务器端和客户机端在 VPN 连接建立之后，在通信过程中扮演的角色是一样的，区别仅在于连接是由谁发起的而已。

6.1.3　VPN 的类型

VPN 既是一种组网技术，又是一种网络安全技术。VPN 涉及的技术和概念比较多，应用的形式也很丰富。除此之外，其分类方式也很多。为了方便读者的学习和记忆，本节将从 6 个方面详细介绍主要的 VPN 类型划分方法。

1. 按应用范围划分

这是最常用的分类方法，大致可以划分为远程接入 VPN(Access VPN)、Intranet VPN 和 Extranet VPN 3 种应用模式。远程接入 VPN 用于实现移动用户或远程办公室安全访问企业网络；Intranet VPN 用于组建跨地区的企业内联网络；Extranet VPN 用于企业与用户、合作伙伴之间建立互联网络。

2. 按 VPN 网络结构划分

按 VPN 网络结构划分，可分为 3 种类型：

(1) 基于 VPN 的远程访问，即单机连接到网络，又称点到站点、桌面到网络。用于提供远程移动用户对公司内联网的安全访问；

(2) 基于 VPN 的网络互联，即网络连接到网络，又称站点到站点、网关(路由器)到网关(路由器)或网络到网络。用于企业总部网络和分支机构网络的内部主机之间的安全通信；还可用于企业的内联网与企业合作伙伴网络之间的信息交流，并提供一定程度的安全保护，防止对内部信息的非法访问；

(3) 基于 VPN 的点对点通信，即单机到单机，又称端对端。用于企业内联网的两台主机之间的安全通信。

3. 按接入方式划分

在 Internet 上组建 VPN，用户计算机或网络需要建立到 ISP 的连接。与用户上网接入方式相似，根据连接方式，可分为两种类型：

(1) 专线：VPN 通过固定的线路连接到 ISP，如 DDN 帧中继等都是专线连接；

(2) 拨号接入 VPN，简称 VPDN，使用拨号连接(如模拟电话、ISDN 和 ADSL 等)连接到 ISP，是典型的按需连接方式。这是一种非固定线路的 VPN。

4. 按隧道协议划分

按隧道协议的网络分层，VPN 可划分为第 2 层隧道协议和第 3 层隧道协议。PPTP、L2P 和 L2TP 都属于第 2 层隧道协议，IPSec 属于第 3 层隧道协议，MPLS 跨越第 2 层和第 3 层。VPN 的实现往往将第 2 层和第 3 层协议配合使用，如 L2TP/IPSec。当然，还可根据具体的协议来进一步划分 VPN 类型，如 PPTP VPN、L2TP VPN、IPSec VPN 和 MPLS VPN 等。

第 2 层和第 3 层隧道协议的区别主要在于用户数据在网络协议栈的第几层被封装。第 2 层隧道协议可以支持多种路由协议，如 IP、IPX 和 AppleTalk，也可以支持多种广域网技术，如帧中继、ATM、X.25 或 SDH/SONET，还可以支持任意局域网技术，如以太网、令牌环网和 FDDI 网等。另外，还有第 4 层隧道协议，如 SSL VPN。

5. 按隧道建立方式划分

根据 VPN 隧道建立方式，可分为两种类型：

(1) 自愿隧道(Voluntary Tunnel)，指用户计算机或路由器可以通过发送 VPN 请求配置和创建的隧道。这种方式也称为基于用户设备的 VPN。VPN 的技术实现集中在 VPN 客户端，VPN 隧道的起始点和终止点都位于 VPN 客户端，隧道的建立、管理和维护都由用户负责。ISP 只提供通信线路，不承担建立隧道的业务。这种方式的技术实现容易，不过对用户的要求较高。不管怎样，这仍然是目前最普遍使用的 VPN 组网类型。

（2）强制隧道（Compulsory Tunnel），指由 VPN 服务提供商配置和创建的隧道。这种方式也称为基于网络的 VPN。VPN 的技术实现集中在 ISP，VPN 隧道的起始点和终止点都位于 ISP，隧道的建立、管理和维护都由 ISP 负责。VPN 用户不承担隧道业务，客户端无需安装 VPN 软件。这种方式便于用户使用，增加了灵活性和扩展性，不过技术实现比较复杂，一般由电信运营商提供，或由用户委托电信运营商实现。

6. 按路由管理方式划分

按路由管理方式划分，VPN 分为叠加模式与对等模式。

（1）叠加模式（Overlay Model），也译为"覆盖模式"。目前大多数 VPN 技术，如 IPSec、GRE 都基于叠加模式。采用叠加模式，各站点都有一个路由器通过点到点连接（如 IPSec、GRE 等）到其他站点的路由器上，不妨将这个由点到点的连接及相关的路由器组成的网络称为"虚拟骨干网"。叠加模式难以支持大规模的 VPN，可扩展性差。如果一个 VPN 用户有许多站点，而且站点间需要全交叉网状连接，则一个站点上的骨干路由器必须与其他所有站点建立点到点的路由关系。站点数的增加受到单个路由器处理能力的限制。另外，增加新站点时，网络配置变化也会很大，网状连接上的每一个站点都必须对路由器重新配置。

（2）对等模式（Peer Model）是针对叠加模式固有的缺点推出的。它通过限制路由信息的传播来实现 VPN。这种模式能够支持大规模的 VPN 业务，如一个 VPN 服务提供商可支持成百上千个 VPN 采用这种模式，相关的路由设备很复杂，但实际配置却非常简单，容易实现，扩展更加方便，因为新增一个站点，不需与其他站点建立连接。这对于网状结构的大型复杂网络非常有用。MPLS 技术是当前主流的对等模式 VPN 技术。

6.1.4 VPN 的特点

随着商务活动的日益频繁，各企业开始允许其生意伙伴、供应商访问本企业的局域网，简化信息交流的途径，增加信息交换速度。这些合作和联系是动态的，并依靠网络来维持和加强，于是各企业发现，这样的信息交流不但带来了网络的复杂性，还带来了管理和安全性的问题，因为 Internet 是一个全球性和开放性的、基于 TCP/IP 技术的、极难管理的国际互联网络，所以基于 Internet 的商务活动就面临非善意的信息威胁和安全隐患。还有一类用户，随着自身的发展壮大及国际化特征日益明显，企业的分支机构不仅越来越多，而且相互间的网络基础设施互不兼容也更为普遍。总之，用户的信息技术部门在连接分支机构方面感到日益棘手。

Access VPN、Intranet VPN 和 Extranet VPN 为用户提供了 3 种 VPN 组网方式，但在实际应用中，用户所需要的 VPN 又应当具备哪些特点呢？一般而言，一个高效、成功的 VPN 应具备以下几个主要特点：

（1）具备完善的安全保障机制。实现 VPN 的技术和方式很多，所有的 VPN 均应保证通过公用网络平台传输数据的专用性和安全性。在非面向连接的公用 IP 网络上建立一个逻辑的、点到点的连接，称之为建立一个隧道，可以利用加密技术对经过隧道传输的数据进行加密，以保证数据仅被指定的发送者和接收者了解，从而保证数据的私有性和安全性。

（2）具备用户可接受的服务质量保证。VPN 应当为企业数据提供不同等级的服务质量保证，不同的用户和业务对服务质量保证的要求差别较大。例如，对于移动办公用户，提供广泛的连接和覆盖性是 Access VPN 保证服务的一个主要因素；而对于拥有众多分支机构的 Intranet VPN 或基于多家合作伙伴的 Extranet VPN 而言，能够提供良好的网络稳定性是满足交互式的企业网应用首要考虑的问题；另外，对于其他诸如视频等具体应用则更对网络提出了明确的要求，包括网络时延及误码率等。所有以上的网络应用均要求 VPN 网络根据需要提供不同等级的服务质量。在网络优化方面，构建 VPN 的另一重要需求是充分、有效地利用有限的广域网资源，为重要数据提供可靠的带宽。广域网流量的不确定性使其带宽的利用率较低，在流量高峰时引起网络拥塞，产生网络瓶颈，难以满足实时性要求高的业务服务质量保证；而在流量低谷时又造成大量的网络带宽空闲。QoS 通过流量预测与流量控制策略，可以按照优先级分配带宽资源，实现带宽优化管理，使得各类数据能够被合理地先后发送，并预防拥塞的发生。

(3)总成本低。VPN 在设备的使用量及广域网络的带宽使用上，均比专线式的架构节省，故能使网络的总成本比 LAN-to-LAN 连接时成本节省 30%~50%；对远程访问而言，使用 VPN 更能比直接拨入到企业内联网络节省 60%~80%的成本。

(4)可扩充性、安全性和灵活性。VPN 较专线式的架构有弹性，当有必要将网络扩充或是变更网络架构时，VPN 可以轻易地达到目的。VPN(特别是硬件 VPN)的平台具备完整的扩展性，从总部的设备到各分部，甚至个人拨号用户，均可被包含于整体的 VPN 架构中。同时，VPN 的平台也具有能够很好地适应未来广域网络带宽的扩充及连接、更新的架构的特性。

优良的安全性。VPN 架构中采用了多种安全机制，确保资料在公众网络中传输时不至于被窃取。退一步说，即使被窃取，对方也无法读取封包内所传送的资料。

VPN 能够支持通过 Intranet 和 Extranet 任何类型的数据流，方便增加新的节点，支持多种类型的传输媒介，可以满足同时传输语音、图像和数据等新应用对高质量传输及带宽增加的需求。

(5)管理便捷。VPN 简化了网络配置，在配置远程访问服务器时省去了调制解调器和电话线路。远程访问客户端可灵活选择通信线路，如模拟拨号、ISDN、ADSL 和移动 IP 等任何 ISP 支持的接入方式。这使得网络的管理变得较为轻松。不论连接的是什么用户，均需通过 VPN 隧道的路径进入内联网络。

6.1.5 VPN 的安全机制

由于 VPN 是在不安全的 Internet 中进行通信，而通信的内容可能涉及企业的机密数据，因此其安全性就显得非常重要，必须采取一系列的安全机制来保证 VPN 的安全。VPN 的安全机制通常由加密、认证及密钥交换与管理组成。

1. 加密技术

为了保证重要的数据在公共网上传输时不被他人窃取，VPN 采用了加密机制。在现代密码学中，加密算法被分为对称加密算法和非对称加密算法。对称加密算法采用同一密钥进行加密和解密，优点是速度快，但密钥的分发与交换难以管理。而采用非对称加密算法进行加密时，通信各方使用两个不同的密钥，一个是只有发送方知道的专用密钥 d，另一个则是对应的公用密钥 e，任何人都可以获得公用密钥。专用密钥和公用密钥在加密算法上相互关联，一个用于数据加密，另一个用于数据解密。非对称加密还有一个重要用途是进行数字签名。

2. 认证技术

认证技术可以区分被伪造、篡改过的数据,这对于网络数据传输,特别是电子商务是极其重要的。认证协议一般都要采用一种称为摘要的技术。摘要技术主要是采用 HASH 函数将一段长的报文通过函数变换,映射为一段短的报文,即摘要。由于 HASH 函数的特性,使得要找到两个不同的报文具有相同的摘要是困难的。该特性使得摘要技术在 VPN 中有以下 3 个用途:

(1)验证数据的完整性。发送方将数据报文和报文摘要一同发送,接收方重新计算报文摘要并与发来的报文摘要进行比较,相同则说明数据报文未经修改。由于在报文摘要的计算过程中,一般是将一个双方共享的秘密信息连接上实际报文,一同参与摘要的计算,不知道秘密信息将很难伪造一个匹配的摘要,从而保证了接收方可以辨认出伪造或篡改过的报文。

(2)用户认证。用户认证功能实际上是验证数据的完整性功能的延伸。当一方希望验证对方,但又不希望验证秘密在网络上传送时,一方可以发送一段随机报文,要求对方将秘密信息连接上该报文,做摘要后发回。接收方可以通过验证摘要是否正确来确定对方是否拥有秘密信息,从而达到验证对方的目的。

(3)密钥的交换与管理。VPN 中无论是认证还是加密都需要秘密信息,因而密钥的分发与管理显得非常重要。密钥的分发有两种方法:一种是通过手工配置的方式,另一种是采用密钥交换协议动态分发。手工配置的方法由于密钥更新困难,只适合于简单网络的情况。密钥交换协议采用软件方式动态生成密钥,适合于复杂网络的情况且密钥可快速更新,可以显著提高 VPN 的安全性。

6.2 VPN 的隧道技术

隧道技术是一种通过使用互联网络的基础设施在网络之间传递数据的方式。使用隧道传递的数据(或负载)可以是不同协议的数据帧或包。隧道协议将这些其他协议的数据帧或包重新封装在新的包头中发送。新的包头提供了路由信息,从而使封装的负载数据能够通过互联网络传递。

被封装的数据包在隧道的两个端点之间通过公共互联网络进行路由。被封装的数据包在公共互联网络上传递时所经过的逻辑路径称为隧道。一旦到达网络终点,数据将被解包并转发到最终目的地。注意隧道技术是指包括数据封装、传输和解包在内的全过程。如图 6-1 所示。

6.2.1 VPN 使用的隧道协议

目前 Internet 上较为常见的隧道协议大致有两类:分别为第 2 层隧道协议和第 3 层隧道协议。其中,第 2 层隧道协议主要包括 PPTP、L2F 和 L2TP,第 3 层隧道协议主要包括 GRE 和 IPSec。为了清楚地说明这两层协议的作用和区别,下面先介绍什么是隧道协议。

一个隧道协议通常包括以下 3 个方面:

(1)乘客协议——被封装的协议,如 PPP、SLIP 等;

(2)封装协议——隧道的建立、维持和断开,如 L2TP、IPSec 等;

(3)承载协议——承载经过封装后的数据包的协议,如 IP 和 ATM 等。

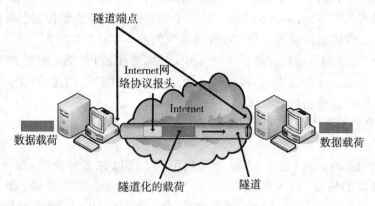

图 6-1 VPN 隧道

第 2 层和第 3 层隧道协议的区别主要在于用户数据在网络协议栈的第几层被封装。其中，GRE 和 IPSec 主要用于实现专线 VPN 业务，L2TP 主要用于实现拨号 VPN 业务，也可用于实现专线 VPN 业务。下面将详细介绍这两层隧道协议。

1. 第 2 层隧道协议

（1）PPTP

PPTP（点到点隧道协议）是由 PPTP 论坛开发的点到点的安全隧道协议，为使用电话上网的用户提供安全 VPN 业务，1996 年成为 IETF 草案。PPTP 是 PPP 的一种扩展，提供了在 IP 网上建立多协议的安全 VPN 的通信方式，远端用户能够通过任何支持 PPTP 的 ISP 访问企业的专用网络。PPTP 提供 PPTP 客户机和 PPTP 服务器之间的保密通信。PPTP 客户机是指运行该协议的 PC 机，PPTP 服务器是指运行该协议的服务器。

通过 PPTP，用户可以采用拨号方式接入公共的 IP 网。拨号用户首先按常规方式拨号到 ISP 的接入服务器（NAS），建立 PPP 连接。在此基础上，用户进行 2 次拨号，建立到 PPTP 服务器的连接。该连接称为 PPTP 隧道，实质上是基于 IP 的另一个 PPP 连接。其中，IP 包可以封装多种协议数据，包括 TCP/IP、IPX 和 NetBEUI。对于直接连接到 IP 网的用户则不需要第 1 次的 PPP 拨号连接，可以直接与 PPTP 服务器建立虚拟通路。PPTP 使用一个 TCP 连接对隧道进行维护，使用通用路由封装（GRE）技术把数据封装成 PPP 数据帧通过隧道传送。可以对封装 PPP 帧中的负载数据进行加密或压缩。

因为第 2 层隧道协议在很大程度上依靠 PPP 协议的各种特性，因此有必要对 PPP 协议进行深入的探讨。PPP 协议主要应用于连接拨号用户和 NAS。PPP 拨号会话过程可以分成 4 个不同的阶段：

①阶段 1：创建 PPP 链路；

②阶段 2：用户验证；

③阶段 3：PPP 回叫控制；

④阶段 4：调用网络层协议。

一旦完成上述四阶段的协商，PPP 就开始在连接对等双方之间转发数据。每个被传送的数据报都被封装在 PPP 包头内，该包头将会在到达接收方之后被去除。如果在阶段 1 选择使用数据压缩并且在阶段 4 完成了协商，数据将会在被传送之前进行压缩。类似的，如果已经选择使用数据加密并完成了协商，数据（或被压缩数据）将会在传送之前进行加密。

高等学校信息安全专业规划教材

PPTP 的最大优势是拥有 Microsoft 公司的支持。NT4.0 已经包括了 PPTP 客户机和服务器的功能，并且考虑了 Windows 95 环境。另一个优势是它支持流量控制，可保证客户机与服务器间不拥塞，改善通信性能，最大限度地减少包丢失和重发现象。

PPTP 把建立隧道的主动权交给了用户，但用户需要在其 PC 机上配置 PPTP，这样做既会增加用户的工作量，又会造成网络的安全隐患。另外，PPTP 仅工作于 IP，不具有隧道终点的验证功能，需要依赖用户的验证。

目前，PPTP 协议基本已被淘汰，不再使用在 VPN 产品中。

（2）L2F

L2F(Layer 2 Forwarding) 是由 Cisco 公司提出的，可以在多种介质(如 ATM、帧中继、IP)上建立多协议的安全 VPN 的通信方式。它将数据链路层的协议(如 HDLC、PPP、ASYNC 等)封装起来传送，因此网络的数据链路层完全独立于用户的数据链路层协议。1998 年提交给 IETF，成为 RFC 2341。

L2F 远端用户能够通过任何拨号方式接入公共 IP 网络。首先，按常规方式拨号到 ISP 的接入服务器(NAS)，建立 PPP 连接；其次，NAS 根据用户名等信息发起第 2 次连接，呼叫用户网络的服务器。在这种方式下，隧道的配置和建立对用户是完全透明的。

L2F 允许拨号服务器发送 PPP 帧，并通过 WAN 连接到 L2F 服务器。L2F 服务器将包解封后，把它们接入到企业自己的网络中。与 PPTP 和 PPP 所不同的是，L2F 没有定义用户。

（3）L2TP

L2TP 由 CISCO、Ascend、Microsoft、3Com 和 Bay 等厂商共同制定，1999 年 8 月公布了 L2TP 的标准 RFC 2661。上述厂商现有的 VPN 设备已具有 L2TP 的互操作性。L2TP 结合了 PPTP 和 L2F 协议。设计者希望 L2TP 能够综合 PPTP 和 L2F 的优势。L2TP 是一种网络层协议，支持封装的 PPP 帧在 IP、X.25、帧中继或 ATM 等的网络上进行传送。当使用 IP 作为 L2TP 的数据报传输协议时，可以使用 L2TP 作为 Internet 网络上的隧道协议。L2TP 还可以直接在各种 WAN 媒介上使用而不需要使用 IP 传输层。IP 网上的 L2TP 使用 UDP 和一系列的 L2TP 消息对隧道进行维护。L2TP 同样使用 UDP 将 L2TP 协议封装的 PPP 帧通过隧道发送。可以对封装 PPP 帧中的负载数据进行加密或压缩。

第 2 层隧道协议(PPTP 和 L2TP)以完善的 PPP 协议为基础，因此继承了一整套的特性。

①用户验证：第 2 层隧道协议继承了 PPP 协议的用户验证方式。

②令牌卡(Tokencard)支持：通过使用扩展验证协议(EAP)，第 2 层隧道协议能够支持多种验证方法，包括一次性口令(One-time Password)，加密计算器(Cryptographic Calculator)和智能卡等。

③动态地址分配：第 2 层隧道协议支持在网络控制协议(NCP)协商机制的基础上动态分配客户地址。

④数据压缩：第 2 层隧道协议支持基于 PPP 的数据压缩方式。例如，微软的 PPTP 和 L2TP 方案使用微软点对点加密协议(MPPE)。

⑤数据加密：第 2 层隧道协议支持基于 PPP 的数据加密机制。微软的 PPTP 方案支持在 RSA/RC4 算法的基础上选择使用 MPPE。

⑥密钥管理：作为第 2 层协议的 MPPE 依靠验证用户时生成的密钥，定期对其更新。

⑦多协议支持：第 2 层隧道协议支持多种负载数据协议，从而使隧道客户能够访问使用 IP、IPX 或 NetBEUI 等多种协议企业网络。

高等学校信息安全专业规划教材

L2TP 可以让用户从客户端或接入服务器发起 VPN 连接。L2TP 定义了利用公共网络设施封装、传输数据链路层 PPP 帧的方法。目前，用户拨号访问因特网时必须使用 IP，并且其动态得到的 IP 地址也是合法的。另外，L2TP 还解决了多个 PPP 链路的捆绑问题。

L2TP 主要由 LAC（接入集中器）和 LNS（L2TP 网络服务器）构成。LAC 支持客户端的 L2TP，用于发起呼叫、接收呼叫和建立隧道。LNS 是所有隧道的终点，在传统的 PPP 连接中，用户拨号连接的终点是 LAC，L2TP 使得 PPP 的终点延伸到 LNS。

在安全性考虑上，L2TP 仅定义了控制包的加密传输方式，对传输中的数据并不加密。因此，L2TP 并不能满足用户对安全性的需求。如果需要安全的 VPN，则依然需要 IPSec。

2. 第 3 层隧道协议

（1）IPSec

IPSec 协议是一个范围广泛、开放的 VPN 安全协议，工作在 OSI 模型中的第三层——网络层。它提供所有在网络层上的数据保护和透明的安全通信。IPSec 协议可以设置在两种模式下运行：一种是隧道模式，一种是传输模式。IPSec 提供了两种安全机制：认证和加密。认证机制使 IP 通信的数据接收方能够确认数据发送方的真实身份以及数据在传输过程中是否遭篡改。加密机制通过对数据进行编码来保证数据的机密性，以防数据在传输过程中被窃听。

IPSec 协议组包含认证头（Authentication Header，AH）协议、封装安全载荷（Encapsulating Security Payload，ESP）协议和因特网密钥交换（Internet Key Exchange，IKE）协议。其中 AH 协议定义了认证的应用方法，提供数据源认证和完整性保证；ESP 协议定义了加密和可选认证的应用方法，提供可靠性保证。在实际进行 IP 通信时，可以根据实际安全需求同时使用这两种协议或选择使用其中的一种。AH 和 ESP 都可以提供认证服务，不过，AH 提供的认证服务要强于 ESP；IKE 用于密钥交换。

①IPSec 体系结构。IPSec 体系结构如图 6-2 所示。

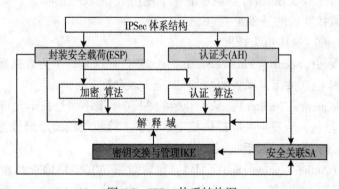

图 6-2 IPSec 体系结构图

■ IPSec 体系：包含了一般的概念、安全需求、定义和定义 IPSec 的技术机制。

■ AH 协议和 ESP 协议：IPSec 用于保护传输数据安全的两个主要协议。

■ 解释域：为了 IPSec 通信双方能相互交互，通信双方应该理解 AH 协议和 ESP 协议载荷中各字段的取值，因此通信双方必须保持对通信消息相同的解释规则，即应持有相同的解释域（Domain of Interpretation，DOI）。

■ 加密算法和认证算法：ESP 涉及这两种算法，AH 涉及认证算法。

■ 密钥管理：IPSec 密钥管理主要由 IKE 协议完成。

■ 安全关联（Security Association，SA）是两个应用 IPSec 实体（主机、路由器）之间的一个单向逻辑连接，决定保护什么、如何保护以及谁来保护通信数据，即决定两个实体之间能否通信以及如何通信。

②Authentication Header（AH）协议结构。AH 协议为 IP 通信提供数据源认证、数据完整性和抗重放保证，它能保护通信免受篡改，但不能防止窃听，适合用于传输非机密数据。AH 的工作原理是在每一个数据包上添加一个身份验证报头。此报头包含一个带密钥的 hash 散列（可以将其当做数字签名，只是它不使用证书），此 hash 散列在整个数据包中计算，因此对数据的任何更改将致使散列无效——这样就提供了完整性保护。

AH 报头位置在 IP 报头和传输层协议报头之间。AH 由 IP 协议号"51"标识，该值包含在 AH 报头之前的协议报头中，如 IP 报头。AH 可以单独使用，也可以与 ESP 协议结合使用。AH 协议的格式如图 6-3 所示。

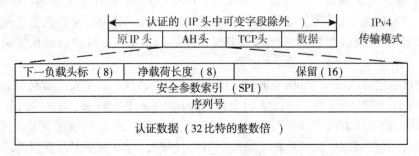

图 6-3　AH 协议的格式

AH 报头字段包括：

■ 下一个报头（Next Header）：识别下一个使用 IP 协议号的报头，例如，Next Header 值等于"6"，表示紧接其后的是 TCP 报头。

■ 长度（Length）：AH 报头长度。

■ 安全参数索引（Security Parameters Index，SPI）：这是一个为数据报识别安全关联的 32 位伪随机值。SPI 值 0 被保留来表明"没有安全关联存在"。

■ 序列号（Sequence Number）：从 1 开始的 32 位单增序列号，不允许重复，唯一地标识了每一个发送数据包，为安全关联提供抗重放保护。接收端校验序列号为该字段值的数据包是否已经被接收过，若是，则拒收该数据包。

■ 认证数据（Authentication Data，AD）：包含数据包完整性检查和校验。接收端接收数据包后，首先执行 hash 计算，再与发送端所计算的该字段值比较，若两者相等，表示数据完整，若在传输过程中数据遭修改，两个计算结果不一致，则丢弃该数据包。

数据包完整性检查：AH 报头插在 IP 报头之后，TCP、UDP 或者 ICMP 等上层协议报头之前。一般 AH 为整个数据包提供完整性检查，但如果 IP 报头中包含"生存期（Time To Live）"或"服务类型（Type of Service）"等值可变字段，则在进行完整性检查时应将这些值可变字段去除。

③Encapsulating Security Payload（ESP）协议结构 。ESP 为 IP 数据包提供完整性检查、认证和加密，可以看作"超级 AH"，因为它提供机密性并可防止篡改。ESP 服务依据建立的安

全关联(SA)是可选的。然而，也有一些限制：

- 完整性检查和认证一起进行。
- 仅当与完整性检查和认证一起时，"重放(Replay)"保护才是可选的。
- "重放"保护只能由接收方选择。

ESP 的加密服务是可选的，但如果启用加密，则也就同时选择了完整性检查和认证。因为如果仅使用加密，入侵者就可能伪造包以发动密码分析攻击。

ESP 可以单独使用，也可以和 AH 结合使用。一般 ESP 不对整个数据包加密，而是只加密 IP 包的有效载荷部分，不包括 IP 头。但在端对端的隧道通信中，ESP 需要对整个数据包加密。ESP 协议的格式如图 6-4 所示。

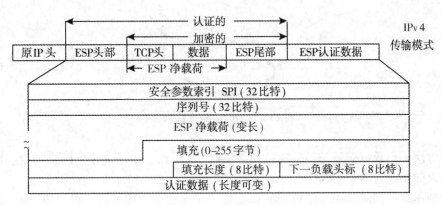

图 6-4 ESP 协议的格式

其中，ESP 报头字段包括：

- 安全参数索引(Security Parameters Index，SPI)：为数据包识别安全关联。
- 序列号(Sequence Number)：从 1 开始的 32 位单增序列号，不允许重复，唯一地标识了每一个发送数据包，为安全关联提供抗重放保护。接收端校验序列号为该字段值的数据包是否已经被接收过，若是，则拒收该数据包。
- 扩展位(Padding)：0~255 个字节。DH 算法要求数据长度(以位为单位)模 512 为 448，若应用数据长度不足，则用扩展位填充。
- 扩展位长度(Padding Length)：接收端根据该字段长度去除数据中扩展位。
- 下一个报头(Next Header)：识别下一个使用 IP 协议号的报头，如 TCP 或 UDP。

ESP 认证报尾字段：

- 认证数据(Authentication Data，AD)：包含完整性检查和校验。完整性检查部分包括 ESP 报头、有效载荷(应用程序数据)和 ESP 报尾。

ESP 报头的位置在 IP 报头之后，TCP、UDP 或者 ICMP 等传输层协议报头之前。ESP 由 IP 协议号"50"标识。如果已经有其他 IPSec 协议使用，则 ESP 报头应插在其他任何 IPSec 协议报头之前。ESP 认证报尾的完整性检查部分包括 ESP 报头、传输层协议报头，应用数据和 ESP 报尾，但不包括 IP 报头，因此 ESP 不能保证 IP 报头不被篡改。ESP 加密部分包括上层传输协议信息、数据和 ESP 报尾。

④Internet Key Exchange(IKE)协议。IKE 协议主要是 VPN 通信双方进行密钥交换和管理，它主要包括 3 个功能：对使用的协议、加密算法和密钥进行协商；方便的密钥交换机制

(这可能需要周期性的进行)；跟踪对以上这些约定的实施。

⑤IPSec 的工作模式。IPSec 使用传输模式和隧道模式保护通信数据，IPSec 协议和模式有 4 种可能的组合：AH 传输模式、AH 隧道模式、ESP 传输模式、ESP 隧道模式。

a. 传输模式：用于两台主机之间，保护传输层协议头，实现端到端的安全。它所保护的数据包的通信终点也是 IPSec 终点。如图 6-5 所示。

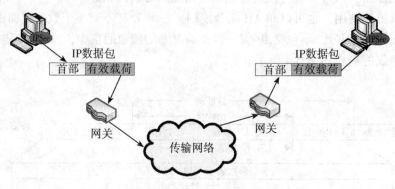

图 6-5　IPSec 传输模式

封装方法：当数据包从传输层递给网络层时，AH 和 ESP 会进行"拦截"，在 IP 头与上层协议头之间需插入一个 IPSec 头(AH 头或 ESP 头)。

封装顺序：当同时应用 AH 和 ESP 传输模式时，应先应用 ESP，再应用 AH，这样数据完整性可应用到 ESP 载荷。

如图 6-6 所示，AH 模式时，对整个 TCP 数据报头和 TCP 数据部分进行认证，认证信息生成 AH 头。ESP 模式时，对整个 TCP 数据报头和 TCP 数据部分首先进行加密，附加信息生成 ESP 的尾部，然后再对加密后的数据及 ESP 尾部信息进行认证，认证信息生成 ESP 认证数据。

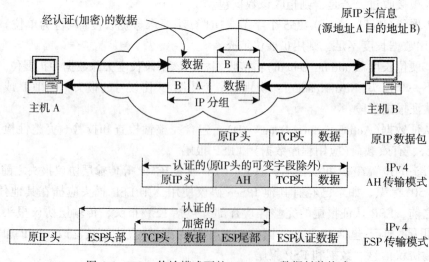

图 6-6　IPSec 传输模式下的 AH、ESP 数据封装格式

b. 隧道模式：用于主机与路由器或两部路由器之间，保护整个 IP 数据包。如图 6-7 所示。

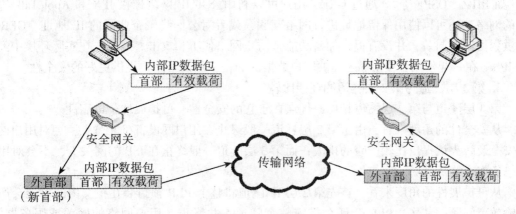

图 6-7 IPSec 隧道模式

封装方法：它将整个 IP 数据包(称为内部 IP 头)进行封装，然后增加一个 IP 头(称为外部 IP 头)，并在外部与内部 IP 头之间插入一个 IPsec 头。该模式的通信终点由受保护的内部 IP 头指定，而 IPsec 终点则由外部 IP 头指定。如果 IPsec 终点为安全网关，则该网关会还原出内部 IP 包，再转发到最终的目的地。封装格式如图 6-8 所示。

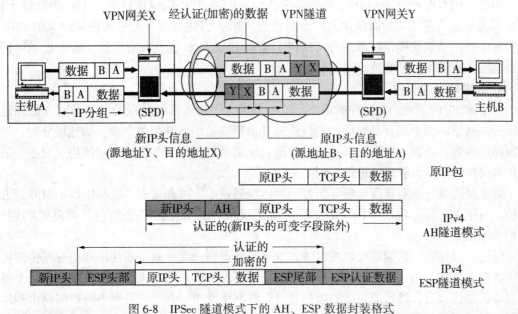

图 6-8 IPSec 隧道模式下的 AH、ESP 数据封装格式

IPsec 支持嵌套隧道，即对已隧道化的数据包再进行隧道化处理。

（2）GRE 协议

GRE(通用路由协议封装)是由 Cisco 和 Net-Smiths 等公司于 1994 年提交给 IETF 的，标号为 RFC 1701 和 RFC 1702。目前大多数厂商的网络设备均支持 GRE 隧道协议。GRE 规定了如何用一种网络协议去封装另一种网络协议的方法。GRE 的隧道由两端的源 IP 地址和目的 IP 地址来定义，允许用户使用 IP 包封装 IP、IPX 和 AppleTalk 包，并支持全部的路由协议(如 RIPZ、OSPF 等)。通过 GRE，用户可以利用公共 IP 网络连接 IPX 和 AppleTalk 等类型的网络，还可以使用保留地址进行网络互联，或者对公网隐藏企业网的 IP 地址。GER 只提供数据包的封装，并没有提供加密功能来防止网络侦听和攻击。因此，在实际环境中经常与 IPSec 在一起使用，由 IPSec 提供用户数据的加密，从而给用户提供更好的安全性。

3. 第 3 层隧道与第 2 层隧道的性能比较

第 3 层隧道与第 2 层隧道相比，优点在于它的安全性、可扩展性及可靠性。

从安全性的角度来看，由于第 2 层隧道一般终止在用户网设备(CPE)上，会对用户网络的安全及防火墙提出比较严峻的挑战；而第 3 层隧道一般终止在 ISP 的网关上，不会对用户网络的安全构成威胁。

从可扩展性的角度来看，首先第 2 层 IP 隧道将整个 PPP 帧封装在报文内，可能会产生传输效率问题。其次，PPP 会话会贯穿整个隧道，并终止在用户网络的网关或服务器上，由于用户网内的网关要保存大量的 PPP 对话状态及信息，这会对系统负荷产生较大的影响，当然也会影响系统的扩展性。除此之外，由于 PPP 的 LCP(数据链路层控制)及 NCP(网络层控制)对时间非常敏感，IP 隧道的效率会造成 PPP 会话超时等问题。第 3 层隧道终止在 ISP 网内，并且 PPP 会话终止在 RAS 处，网点无需管理和维护每个 PPP 会话状态，从而减轻系统负荷。

第 3 层隧道技术对于公司网络还有一些其他的优点，网络管理者采用第 3 层隧道技术时，不必为用户原有设备(CPE)安装特殊软件。因为 PPP 和隧道终点由 ISP 的设备生成，CPE 不用负担这些功能，而仅作为一台路由器。第 3 层隧道技术可采用任意厂家的 CPE 予以实现。使用第 3 层隧道技术的公司网络不需要 IP 地址，也具有安全性。服务提供商网络能够隐藏私有网络和远端节点地址。

4. 隧道技术的实现

对于像 PPTP 和 L2TP 这样的第 2 层隧道协议，创建隧道的过程类似于在双方之间建立会话——隧道的两个端点必须同意创建隧道并协商隧道的各种配置变量，如地址分配、加密或压缩等参数。绝大多数情况下，通过隧道传输的数据都使用基于数据包的协议发送。隧道维护协议被用来作为管理隧道的机制。

第 3 层隧道技术通常假定所有配置问题已经通过手工过程完成。这些协议不对隧道进行维护。与第 3 层隧道协议不同，第 2 层隧道协议(PPTP 和 L2TP)必须包括对隧道的创建、维护和终止 3 个过程。

隧道一经建立，数据就可以通过隧道发送。隧道客户端和服务器使用隧道数据传输协议传输数据。例如，当隧道客户端向服务器发送数据时，客户端首先给负载数据加上一个隧道数据传送协议包头，然后把封装的数据通过互联网络发送，并由互联网络将数据路由到隧道的服务器。隧道的服务器收到数据包之后，除掉隧道数据传输协议包头，然后将负载数据转发到目标网络。

由于第 2 层隧道协议(PPTP 和 L2TP)以完善的 PPP 为基础，所以从它那里也继承了一整套的特性。下面从 7 个方面来详细介绍这些特性，并与第 3 层隧道协议进行对比。

(1)用户验证。第 2 层隧道协议继承了 PPP 的用户验证方式。而许多第 3 层隧道技术都假定在创建隧道之前，隧道的两个端点相互之间已经了解或已经经过验证。一个例外情况是

IPSec 协议的 ISAKMP 协商提供了隧道端点之间进行的相互验证。

（2）令牌卡支持。通过使用扩展验证协议（EAP），第 2 层隧道协议能够支持多种验证方法，包括一次性口令（One-Time Password）、加密计算器（Cryptographic Calculator）和智能卡等。第 3 层隧道协议也支持使用类似的方法，如 IPSec 协议通过 ISAKMP/ Oakley 协商确定公共密钥证书验证。

（3）动态地址分配。第 2 层隧道协议支持在网络控制协议（NCP）协商机制的基础上动态分配用户地址。第 3 层隧道协议通常假定隧道建立之前已经进行了地址分配。目前，IPSec 隧道模式下的地址分配方案仍在开发之中。

（4）数据压缩。第 2 层隧道协议支持基于 PPP 的数据压缩方式。例如，微软的 PPTP 和 L2TP 方案使用微软点到点加密协议（MPPE）。IETF 正在开发应用于第 3 层隧道协议的类似数据压缩机制。

（5）数据加密。第 2 层隧道协议支持基于 PPP 的数据加密机制。微软的 PPTP 方案支持在 RSA/RC4 算法的基础上选择使用 MPPE。第 3 层隧道协议可以使用类似方法，如 IPSec 通过 ISAKMP/Oakley 协商确定几种可选的数据加密方法。微软的 L2TP 使用 IPSec 加密保障隧道客户端和服务器之间数据流的安全。

（6）密钥管理。作为第 2 层协议的 MPPE 依靠验证用户时生成的密钥，定期对其更新。IPSec 在 ISAKMP 交换过程中公开协商公用密钥，同样对其进行定期更新。

（7）多协议支持。第 2 层隧道协议支持多种负载数据协议，从而使隧道用户能够访问使用 IP、IPX 或 NetBEUI 等多种协议企业网络。相反，第 3 层隧道协议，如 IPSec 隧道模式，只能支持使用 IP 的目标网络。

下面详细介绍隧道建立阶段和数据传输阶段。

（1）隧道建立阶段

因为第 2 层隧道协议在很大程度上依靠 PPP 的各种特性，因此有必要对 PPP 进行深入的探讨。设计 PPP 主要是通过拨号或专线方式建立点到点的连接来发送数据。PPP 将 IP、IPX 和 NetBEUI 包封装在 PPP 帧内，通过点到点的链路发送。PPP 主要应用于连接拨号用户和 NAS。PPP 拨号的会话过程可以分成如下 4 个阶段：

①创建 PPP 链路。PPP 使用链路控制协议（LCP）创建、维护或终止一次物理连接。在 LCP 阶段的初期，要选择基本的通信方式。应当注意在链路创建阶段，只是对验证协议进行选择，用户验证将在第 2 阶段实现。同样，在 LCP 阶段还将确定链路对等双方是否要对使用数据压缩或加密进行协商。实际对数据压缩或加密算法和其他细节的选择将在第 4 阶段实现。

②用户验证。在第 2 阶段，客户机会将用户的身份证明发给远端的接入服务器。该阶段使用一种安全验证方式避免第三方窃取数据或冒充远程用户接管与客户端的连接。大多数的 PPP 方案只提供有限的验证方式，包括口令验证协议（PAP）、挑战-握手验证协议（CHAP）和微软挑战-握手验证协议（MS-CHAP）。

a. 口令验证协议（PAP）。PAP 是一种简单的明文验证方式。NAS 要求用户提供用户名和口令，PAP 以明文方式返回用户信息。很明显，这种验证方式的安全性较差，第三方可以很容易地获取被传送的用户名和口令，并利用这些信息与 NAS 建立连接，获取 NAS 提供的所有资源。因此，一旦用户密码被第三方窃取，PAP 无法提供避免受到第三方攻击的保障措施。

高等学校信息安全专业规划教材

b. 挑战-握手验证协议(CHAP)。CHAP 是一种加密的验证方式,能够避免建立连接时传送用户的真实密码。NAS 向远程用户发送一个挑战口令(Challenge),其中包括会话 ID 和一个任意生成的挑战字串(Arbitrary Challenge String)。远程用户必须使用 MDS 单向 HASH 算法(One-Way Hashing Algorithm)返回用户名、加密的挑战口令、会话 ID 及用户口令,其中用户名以非 HASH 方式发送。

CHAP 对 PAP 进行了改进,不再直接通过链路发送明文口令,而是使用挑战口令,以 HASH 算法对口令进行加密。因为服务器存有用户的明文口令,所以服务器可以重复客户端进行操作,并将结果与用户返回的口令进行对照。CHAP 为每一次验证任意生成一个挑战字串来防止受到再现攻击(Replay Attack)。在整个连接过程中 CHAP 将不定时地向客户端重复发送挑战口令,从而避免第三方冒充远程用户(Remote Client Impersonation)进行攻击。

c. 微软挑战-握手验证协议(MS-CHAP)。与 CHAP 相类似,MS-CHAP 也是一种加密验证机制。同 CHAP 一样,使用 MS-CHAP 时,NAS 会向远程用户发送一个含有会话 ID 和任意生成的字串的挑战口令。远程用户必须返回用户名、经过 MD4 HASH 算法加密的字串、会话 ID 和用户口令的 MD4 HASH 值。采用这种方式,服务器将只存储经过 HASH 算法加密的用户口令而不是明文口令,这样就能够提供进一步的安全保障。此外,MS-CHAP 同样支持附加的错误编码,包括口令过期编码及允许用户自己修改口令的加密的客户端-服务器附加信息。使用 MS-CHAP,客户端和 NAS 双方各自生成一个用于随后数据加密的起始密钥。MS-CHAP 使用基于 MPPE 的数据加密,这一点非常重要,可以解释为什么启用基于 MPPE 的数据加密时必须进行 MS-CHAP 验证。

在第 2 阶段,即 PPP 链路配置阶段,NAS 收集验证数据,然后对照自己的数据库或中央验证数据库服务器(位于 NT 主域控制器或远程验证用户拨入服务器),验证数据的有效性。

③PPP 回叫控制。微软设计的 PPP 包括一个可选的回叫控制阶段,该阶段在完成验证之后使用回叫控制协议(CBCP)。如果配置使用回叫,那么在验证之后远程用户和 NAS 之间的连接将会被断开,然后由 NAS 使用特定的电话号码回叫远程用户。这样可以进一步保证拨号网络的安全性。NAS 只支持对位于特定电话号码处的远程用户进行回叫。

④调用网络层协议。在以上各阶段完成之后,PPP 将调用在创建 PPP 链路阶段选定的各种网络控制协议(NCP)。例如,在该阶段 IP 控制协议(IPCP)可以向拨入用户分配动态地址。在微软的 PPP 方案中,考虑到数据压缩和数据加密实现过程相同,所以共同使用压缩控制协议来协商数据压缩(使用 MPPC)和数据加密(使用 MPPE)。

(2)数据传输阶段

一旦完成上述 4 个阶段的协商,PPP 就开始在对等连接双方之间转发数据。每个被传送的数据包都被封装在 PPP 包内,该 PPP 包的包头部分将会在到达接收方之后被去除。如果在上述第 1 阶段选择使用数据压缩并且在第 4 阶段完成了协商,数据将会在被传送之前进行压缩。类似地,如果已经选择使用数据加密并完成了协商,数据(或被压缩数据)将会在传送之前进行加密。

将 PPP 数据帧封装在 IP 数据包内通过 IP 网络,如 Internet 传送。PPTP 使用一个 TCP 连接对隧道进行维护,使用 GRE 技术把数据封装成 PPP 数据帧通过隧道传送。可以对封装 PPP 帧中的负载数据进行加密或压缩。

6.2.2 MPLS 隧道技术

多协议标签交换(Multi-Protocol Label Switching，MPLS)是一种用于快速数据包交换和路由的体系，它为网络数据流提供了目标、路由、转发和交换等能力。此外，它还具有管理各种不同形式通信流的机制。MPLS 独立于第 2 层和第 3 层协议，诸如 ATM 和 IP。它提供了一种方式，将 IP 地址映射为简单的具有固定长度的标签，用于不同的包转发和包交换技术。它是现有路由和交换协议的接口，如 IP、ATM、帧中继、资源预留协议(RSVP)及开放最短路径优先(OSRF)等。

在 MPLS 中，数据传输发生在标签交换路径(LSP)上。LSP 是每一个沿着从源端到终端的路径上的节点的标签序列。目前使用的标签分发协议有 LDP、RSVP 或者建于路由协议之上的一些协议，如边界网关协议(BGP)及 OSPF 等。因为固定长度标签被插入每一个包或信元的开始处，并且可以用硬件来实现两个链接的数据包的交换，所以使数据的快速交换成为可能。

设计 MPLS 主要用来解决网络问题，如网络速度、可扩展性、服务质量管理及流量工程，同时也为下一代 IP 核心网络解决宽带管理及服务请求等问题。

这部分主要关注通用的 MPLS 框架。有关 LDP、CRLDP 和 RSVP-TE 的具体内容可以参考相关文件。

1. MPLS 标签结构

表 6-1 描述了 MPLS 标签的结构。

表 6-1 MPLS 标签的结构

20bit	23bit	24bit	32bit
Label	Exp	S	TTL

(1)Label：Label 值传送标签实际值，当接收到一个标签数据包时，可以查出栈顶部的标签值，并且让系统知道：数据包将被转发的下一条；在转发之前标签栈上可能执行的操作，如标签进栈顶入口同时将一个标签压出栈，或标签进栈顶入口然后将一个或多个标签推进栈；

(2)EXP：试用，预留以备试用；

(3)S：栈底，标签栈中最后进入的标签位置；

(4)TTL：生存期字段(Time-To-Live)，用来对生存期值进行编码。

2. MPLS 协议栈结构

图 6-9 描述了 MPLS 协议栈的结构。

MPLS 实际上就是一种隧道技术，因此使用它来建立 VPN 隧道是十分容易的。同时，MPLS 又是一种完备的网络技术，因此可以用它来建立 VPN 成员之间简单而高效的 VPN。MPLS VPN 适用于实现对于服务质量(QoS)、服务等级的划分及对网络资源的利用率、网络的可靠性有较高要求的 VPN 业务。用户边缘路由器(CE)适用于一个用户站点接入服务的网络路由器。CE 路由器不使用 MPLS，它可以只是一台 IP 路由器，CE 不必支持任何 VPN 的特定路由协议或信令。提供者边缘路由器(PE)是与用户 CE 路由器相连的服务提供者边缘

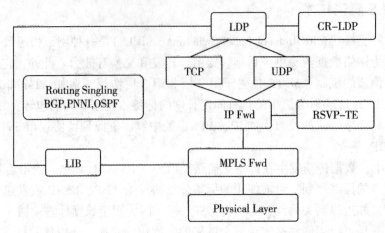

图 6-9　MPLS 协议栈的结构示意图

路由器，PE 实际上就是 MPLS 中的边缘标记交换路由器(LER)，它需要能够支持 BGP、一种或几种 IGP 路由协议及 MPLS 协议，需要能够执行 IP 包检查、协议转换等功能。用户站点是指一组网络或多条 PE/CE 链路接至 VPN，一组共享相同路由信息的站点就构成了 VPN，一个站点可以同时位于不同的几个 VPN 之中。

然而 MPLS VPN 网络中的主角仍然是边缘路由器(此时是 MPLS 网络的边缘 LSR)，但是它需要公共 IP 网内部的所有相关路由器都能够支持 MPLS，所以这种技术对网络有较为特殊的要求。

6.2.3　IPSec VPN 与 MPLS VPN 的对比

这里将把传统的 VPN 和 MPLS VPN 之间作一比较。首先将分析传统 IPSec VPN 的构成、各种功能及缺点，然后再分析 MPLS VPN 的构成。

1. 传统 IPSec VPN

传统 IPSec VPN 基于封装(隧道)技术及加密模块技术，可在两个位置间安全地传输数据。前面已经对 IPSec 协议作了简要说明，在这里还需要作一下补充，因为它是目前的 VPN 中最常使用的。该类型的 VPN 是位于 IP 网络顶层的点到点隧道的覆盖。

例如，两个站点之间要建立 IPSec 隧道，站点 A 使用带有 3DES 加密技术的 IPSec 协议同站点 B 建立连接。

IPSec 协议首要的和最明显的缺点就是性能的下降。例如，分析从计算机 A 是如何发送出一个数据包到计算机 B 的。计算机 A 发送的数据包到达了 CPE(用户边缘路由器)A。CPE A 检查该数据包并判定它需要把该数据包转发到 CPE B。在非 VPN 环境中，该数据包将直接发往 CPE B。但是有了 IPSec，CPE A 必须在发送出该数据包之前完成几项任务。

首先，加密该数据包，这需要花费时间，从而导致该数据包被延迟。然后，该数据包被封装到另外一个 IP 数据包中，时间上又延迟了。现在该数据包才被发送到服务供应商的网络中。此时可能会发生另外一件事情将导致再次延迟——分割，如果新生成的数据包的长度超过了 CPE A 和 CPE B 建立连接时的 MTU(最大可传输单元)的长度，该数据包将需要被分割成两个数据包。

MTU 定义了在连接中传输的数据包的最大长度。如果一个数据包的长度超过了 MTU 值，只要 DF 位(不分割位)未被置位，该数据包将会被分割成两个长度更小的数据包。如果 DF 位被置位，该数据包将被丢弃，并发送一条 ICMP 信息给数据包的发送源端。一旦该数据包到达了 CPE B，它将被解封和解密，此处又增加了延迟时间。最后，CPE B 把该数据包转发到计算机 B。

总的延迟时间取决于所涉及的 CPE 的个数。低端的 CPE 设备通常用软件实现所有的 IPSec 功能，因而其速度最慢。价格贵些的 CPE 用硬件实现 IPSec 功能。一般来说，性能越好，其价格越贵。

从上述例子中容易了解到 IPSec VPN 是网络的一种覆盖类型。它位于另一种 IP 网络的上层。由于是一种覆盖，在每个站点之间必须建立一个隧道，这就导致了网络的低效性。

下面来看看目前存在的两种网络布局结构：中心辐射布局和全网络布局。

中心辐射布局由一个中心站点同许多远程站点相连。这是 IPSec 网最实用的布局。位于中心站点位置的 CPE 通常非常昂贵，其价格同相连的远程站点的数目有关。每个远程站点建立同中心站点相连的 IPSec 隧道。如果有 20 个远程站点，那么就会建立 20 个到中心站点的 IPSec 隧道。

该模式对于远程站点之间的通信不是最优的。任何数据包，如果从一个远程站点发送到另一个远程站点，首先需要通过中心站点，需要中心站点来完成解封、解密、判定转发路径、加密和封装等一系列步骤。这对于在远程站点中已经进行的封装、加密工作来说是多余的。实际上，数据包经过两个 IPSec 隧道的传输，延迟时间就大大增加了，超过了两个站点之间直接通信时的数据包延迟时间。

显然，解决这个问题的方案是建立一个全网状布局，但该类型的布局存在不少缺点。最大的缺点是可扩充性，对于全网状 IPSec 网络，需要支持的隧道的数量随着站点的数目呈几何级数增加。例如，对于一个 21 个站点构成的中心辐射布局网络(1 个中心站点和 20 个远程站点)，需要建立 210 个 IPSec 隧道，每个站点需要配置能够处理 20 个 IPSec 隧道的 CPE，这意味着每个站点需要价格更为昂贵的 CPE 设备。从某种意义上讲，建立一个全网状布局是不现实的。例如，一个由 100 个站点组成的 VPN 网络，它将需要建立 4950 个隧道。

另外要考虑的是 CPE 设备，一个供应商需要确保所有的 CPE 设备之间能够兼容，最简单的方案是在每个位置使用同一种 CPE 设备，但这并不总是能够实现的。许多场合中，用户打算重用自己的 CPE 设备。另外，对于 DSL，同一种 CPE 设备并没有在所有不同的 CLEC 设备之间进行过测试。虽然兼容性目前不是个大问题，但在使用 IPSec 协议时仍需考虑。

对于 IPSec VPN 来说，如何配置是一个重要的问题，供应商必须配置好每个 IPSec 隧道。配置单一的一个 IPSec 隧道不成问题，但网络节点数量增大时问题就会出现。在建立全网状的布局时，情况最为糟糕。而且对于服务供应商来说，日常维护的难度也很大。

安全性也是需要考虑的另外一个问题。每个 CPE 可以连接到公共的 Internet，并且依赖 IPSec 隧道来进行站点间的数据传输。这样，每个 CPE 设备都必须采取诸如防火墙这样的安全措施，以便确保每个位置的安全。每个防火墙需要对供应商开放，以便访问有关设备，这本身将是个安全隐患。当网络规模增大时，管理每个防火墙将变得很困难。例如，拥有 100 个站点的 VPN 网络，它将需要 100 个防火墙，一旦每次需要修改防火墙策略时，该 VPN 网络中的所有 100 个防火墙都要重新设置，这绝对是一个令人感到头疼的工作。

高等学校信息安全专业规划教材

2. MPLS VPN

MPLS VPN 与传统的 IPSec VPN 不同，MPLS VPN 不依靠封装和加密技术，MPLS VPN 依靠转发表和数据包的标记来创建一个安全的 VPN，MPLS VPN 的所有技术产生于 Internet。

一个 VPN 网络包括一组 CE 路由器，以及同其相连的互联网络中的 PE 路由器。PE 路由器能够理解 VPN，而 CE 路由器并不能理解潜在的网络。

CE 路由器可以同一个专用网相连。每一个 VPN 对应一个 VRF(VPN 路由/转发实例)。一个 VRF 定义了同 PE 路由器相连的用户站点的 VPN 成员资格。一个 VRF 包括一个 IP 路由表、一个派生的 CEF(Cisco Express Forwarding)表、一套使用转发表的接口、一套控制路由表中信息的规则和路由协议参数。一个站点仅能同一个 VRF 相连。用户站点的 VRF 中的数据，包含了其所在的 VPN 中所有可能连到该站点的路由。

对于每一个 VRF，数据包转发信息存储在 IP 路由表和 CEF 表中。每一个 VRF 维护一个单独的路由表和 CEF 表。这些表可以防止转发信息被传输到 VPN 之外，同时也能阻止 VPN 之外的数据包转发到 VPN 内部的路由器中。这个机制使得 VPN 具有了安全性。

在每一个 VPN 内部，可以建立任何连接：每一个站点可以直接发送 IP 数据包到 VPN 中另一个站点，而不需要穿越中心站点。一个 RD(路由识别器)可以识别每一个单独的 VPN，一个 MPLS 网络可以支持成千上万个 VPN。每一个 MPLS VPN 网络的内部是由 P(供应商)设备组成，这些设备构成了 MPLS 的核心，且不直接同 CE 路由器相连，围绕在 P 设备周围的 PE 路由器可以让 MPLS VPN 网络发挥 VPN 的作用。P 设备和 PE 路由器称为 LSR(标记交换路由器)。LSR 设备基于标记来交换数据包。

用户站点可以通过不同的方式连接到 PE 路由器，如帧中继、ATM、DSL 和 TI 方式等。

在 MPLS VPN 中，用户站点通常运行的是 IP。它们并不需要运行 MPLS。IPSec 或者其他特殊的 VPN 协议。在 PE 路由器中，RD 对应同每个用户站点的连接。这些连接可以是诸如单一的帧中继、ATM 虚电路或者 DSL 等物理连接。RD 在 PE 路由器中被配置，是设置 VPN 站点工作的一部分，它并不在用户设备上进行配置，对于用户来说是透明的。

每个 MPLS VPN 具有自己的路由表，这样用户可以重叠使用地址且互不影响。对用 RFC 1918 来进行寻址的多种用户来说，上述特点很有用处。例如，任何数量的用户都可以在 MPLS VPN 中使用地址为 10.1.1.x 的网络。MPLS VPN 的一个最大的优点是 CPE 设备不需要智能化，因为所有的 VPN 功能是在互联网络的核心网络中实现的，且对 CPE 是透明的，CPE 并不需要理解 VPN，同时也不需要支持 IPSec。这意味着用户可以使用价格便宜的 CPE，甚至可以继续使用已有的 CPE。

因为数据包不再经过封装或者加密，所以时延被降到最低。之所以不再需要加密是因为 MPLS VPN 可以创建一个专用网，它同帧中继网络具备的安全性很相似。因为不需要隧道，所以要创建一个全网状的 VPN 网也将变得很容易。事实上，默认的配置是全网状布局，站点直接连到 PE，之后可以到达 VPN 中的任何其他站点。如果不能连通到中心站点，远程站点之间仍然能够相互通信。

配置 MPLS VPN 网络的设备也变得容易了，仅需配置核心网络，不需访问 CPE。一旦配置好一个站点，在配置其他站点时无需重新配置，因为添加新的站点时，仅需改变所连到的 PE 的配置。

在 MPLS VPN 中，安全性可以很容易地实现。一个封闭的 VPN 具有内在的安全性，因为它不与公共互联网相连。若需要访问 Internet，则可以建立一个通道，在该通道上放置一个防火墙，这样就可以给整个 VPN 提供安全的连接了。管理起来也很容易，因为对于整个 VPN 来说，只需要维护一种安全策略。

MPLS VPN 的另一个好处是对于一个远程站点，仅需要一个连接即可。想象一下，带有 1 个中心站点和 10 个远程站点的传统帧中继网，每个远程站点需要 1 个帧中继 PVC(永久性虚电路)，这意味着需要 10 个 PVC。而在 MPLS VPN 网中，仅需要在中心站点位置建立 1 个 PVC 即可，这就降低了网络的成本。

6.3   安全关联(SA)机制

用户可以根据自己的网络环境及数据加密的需求来合理地选择合适的加密算法。Internet 工程任务组 IETF 制定的安全关联标准法和密钥交换解决方案——IKE 负责这些任务，它提供一种方法供两台计算机建立安全关联(SA)。

SA 对两台计算机之间的策略协议进行编码，指定它们将使用哪些算法和什么样的密钥长度，以及实际的密钥本身。IKE 主要完成两个作用：(1)安全关联的集中化管理，减少连接时间；(2)密钥的生成和管理。

6.3.1   安全关联定义

安全关联(Security Association，SA)是单向的，在两个使用 IPSec 的实体(主机或路由器)间建立的逻辑连接，定义了实体间如何使用安全服务(如加密)进行通信。它由 3 个元素——安全参数索引 SPI、IP 目的地址和安全协议组成。

SA 是一个单向的逻辑连接。也就是说，在一次通信中 IPSec 需要建立两个 SA：一个用于入站通信，另一个用于出站通信。若某台主机，如文件服务器或远程访问服务器，需要同时与多台客户机通信，则该服务器需要与每台客户机分别建立不同的 SA，每个 SA 用唯一的 SPI 索引标识，当处理接收数据包时，服务器根据 SPI 值来决定该使用哪个 SA。

6.3.2   第 1 阶段 SA

第 1 阶段 SA 称为主模式 SA，是为建立信道而进行的安全关联。IKE 建立 SA 分两个阶段。第 1 阶段，协商创建一个通信信道(IKE SA)，并对该信道进行认证，为双方进一步的 IKE 通信提供机密性、数据完整性及数据源认证服务；第 2 阶段，使用已建立的 IKESA 建立 IPSec SA，分两个阶段来完成这些服务有助于提高密钥交换的速度。

第 1 阶段协商(主模式协商)步骤如下：

(1)策略协商。在这一步中，将就 4 个强制性参数值进行协商：

①加密算法：选择 DES 或 3DES；

②HASH 算法：选择 MDS 或 SHA；

③认证方法：选择证书认证、预置共享密钥认证或 Kerberos v5 认证；

④Diffie-Hellman 组的选择。

(2)DH 交换。虽然名为"密钥交换"，但事实上在任何时候两台通信主机之间都不会交换真正的密钥，它们之间交换的只是一些 DH 算法生成共享密钥所需要的基本材料信息。DH 交换，可以是公开的，也可以受保护。在彼此交换密钥生成"材料"后，两端主机可以各自生成出完全一样的共享"主密钥"，保护紧接其后的认证过程。

（3）认证。DH 交换需要得到进一步认证。如果认证不成功，通信将无法继续下去。"主密钥"结合在第 1 步中确定的协商算法，对通信实体和通信信道进行认证。在这一步中，整个待认证的实体载荷，包括实体类型、端口号和协议，均由前一步生成的"主密钥"提供机密性和完整性保证。

6.3.3 第 2 阶段 SA

第 2 阶段 SA 称为快速模式 SA，是为数据传输而建立的安全关联。这一阶段协商建立 IPSec SA，为数据交换提供 IPSec 服务。第 2 阶段协商消息受第 1 阶段 SA 保护，任何没有第 1 阶段 SA 保护的消息将被拒收。

第 2 阶段协商（快速模式协商）的步骤如下：

（1）策略协商。双方将交换保护需求：

①使用哪种 IPSec 协议：AH 或 ESP；

②使用哪种 HASH 算法：MDS 或 SHA；

③是否要求加密，若是，选择加密算法：3DES 或 DES。

在上述 3 方面达成一致后，将建立起两个 SA，分别用于入站和出站通信。

（2）会话密钥"材料"刷新或交换。在这一步中，将生成加密 IP 数据包的"会话密钥"。生成"会话密钥"所使用的"材料"可以和生成第 1 阶段 SA 中"主密钥"的相同，也可以不同。如果不作特殊要求，只需要刷新"材料"后生成新密钥即可。若要求使用不同的"材料"，则在密钥生成之前先进行第 2 轮的 DH 交换。

（3）将 SA 和密钥连同 SPI 递交给 IPSec 驱动程序。

第 2 阶段协商过程与第 1 阶段协商过程类似，不同之处在于：在第 2 阶段中，如果响应超时，则自动尝试重新进行第 1 阶段 SA 协商。

第 1 阶段 SA 建立起安全通信信道后保存在高速缓存中，在此基础上可以建立多个第 2 阶段 SA 协商，从而提高整个建立 SA 过程的速度。只要第 1 阶段 SA 不超时，就不必重复第 1 阶段的协商和认证。允许建立的第 2 阶段 SA 的个数由 IPSec 策略属性决定。

6.3.4 SA 生命期中的密钥保护

第 1 阶段 SA 有一个默认有效时间。如果 SA 超时，或"主密钥"和"会话密钥"中任何一个生命期时间到，都要向对方发送第 1 阶段 SA 删除消息，通知对方第 1 阶段 SA 已经过期，之后需要重新进行 SA 协商。第 2 阶段 SA 的有效时间由 IPSec 驱动程序决定。

（1）密钥生命期

生命期设置决定何时生成新密钥。在一定的时间间隔内重新生成新密钥的过程称为"动态密钥更新"或"密钥重新生成"。密钥生命期设置决定了在特定的时间间隔之后，将强制生成新密钥。例如，假设一次通信需要 $10^4 S$，而我们设定密钥生命期为 $10^3 S$，则在整个数据传输期间将生成 10 个密钥。在一次通信中使用多个密钥保证了即使攻击者截取了单个通信密钥，也不会危及全部通信安全。密钥生命期有一个默认值，但"主密钥"和"会话密钥"生命期都可以通过配置修改。无论是哪种密钥生命期时间到，都要重新进行 SA 协商。单个密钥所能处理的最大数据量不允许超过 100M。

（2）会话密钥更新限制

反复地从同一个"主密钥"生成材料去生成新的"会话密钥"很可能会造成密钥泄密。"会话密钥更新限制"功能可以有效地减少泄密的可能性。例如，两台主机建立安全关联后，A先向 B 发送某条消息，间隔数分钟后再向 B 发送另一条消息。由于新的 SA 刚建立不久，因此两条消息所用的加密密钥很可能是用同一个"材料"生成的。如果想限制某密钥"材料"重用次数，可以设定"会话密钥更新限制"。例如，设定"会话密钥更新限制"为 5，意味着同一个"材料"最多只能生成 5 个"会话密钥"。

若启用"主密钥精确转发保密(PFS)"，则"会话密钥更新限制"将被忽略，因为 PFS 每次都强制使用新"材料"重新生成密钥。将"会话密钥更新限制"设定为 1 和启用 PFS 效果是一样的。如果既设定了"主密钥"生命期，又设定了"会话密钥更新限制"，那么无论哪个限制条件先满足，都会引发新一轮 SA 协商。在默认情况下，IPSec 不设定"会话密钥更新限制"。

(3) Diffie-Hellman(DH)组

DH 组决定 DH 交换中密钥生成"材料"的长度。密钥的牢固性部分决定于 DH 组的长度。IKE 共定义了 5 个 DH 组，组 1(低)定义的密钥"材料"长度为 768 位；组 2(中)长度为 1024位。密钥"材料"长度越长，所生成的密钥安全度也就越高，越难被破译。

DH 组的选择很重要，因为 DH 组只在第 1 阶段的 SA 协商中确定，第 2 阶段的协商不再重新选择 DH 组，两个阶段使用的是同一个 DH 组，因此该 DH 组的选择将影响所有"会话密钥"的生成。

在协商过程中，对等的实体间应选择同一个 DH 组，即密钥"材料"长度应该相等。若DH 组不匹配，将视为协商失败。

(4) 精确转上保密(Perfect Forward Secrecy，PFS)

与密钥生命期不同，PFS 决定新密钥的生成方式，而不是新密钥的生成时间。PFS 保证无论在哪一阶段，一个密钥只能使用一次，而且生成密钥的"材料"也只能使用一次。

某个"材料"在生成了一个密钥后即被弃，绝不用来再生成任何其他密钥。这样可以确保一旦单个密钥泄密，最多只可能影响用该密钥加密的数据，而不会危及整个通信。

PFS 分"主密钥"PFS 和"会话密钥"PFS。启用"主密钥"PFS，IKE 必须对通信实体进行重新认证，即一个 IKE SA 只能创建一个 IPSec SA 对每一次第 2 阶段 SA 的协商，"主密钥"PFS 都要求新的第 1 阶段协商，这将会带来额外的系统开销。因此，使用它要格外小心。

然而，启用"会话密钥"PFS 可以不必重新认证，因此对系统资源要求较小。"会话密钥"PFS 只要求为新密钥生成进行新的 DH 交换，即需要发送 4 个额外消息，但无需重新认证。PFS 不属于协商属性，不要求通信双方同时开启 PFS。"主密钥"PFS 和"会话密钥"PFS均可以各自独立设置。

6.4 VPN 的解决方案

VPN 有 3 种解决方案，用户可以根据自己的情况进行选择。这 3 种解决方案分别是：远程访问虚拟网(Access VPN)、企业内部虚拟网(Intranet VPN)和企业扩展虚拟网(Extranet VPN)，这 3 种类型的 VPN 分别与传统的远程访问网络、企业内部的 Intranet 以及企业网和相关合作伙伴的企业网所构成的 Extranet 相对应。

6.4.1 Access VPN

如果企业的内部人员移动或有远程办公需要，或者商家要提供 B2C 的安全访问服务，就可以考虑使用 Access VPN。

Access VPN 通过一个拥有与专用网络相同策略的共享基础设施，提供对企业内部网或外部网的远程访问。Access VPN 能使用户随时、随地以其所需的方式访问企业资源。Access VPN 包括模拟、拨号、ISDN、数字用户线路(xDSL)、移动 IP 和电缆技术，能够安全地连接移动用户、远程工作者或分支机构。Access VPN 结构图如图 6-10 所示。

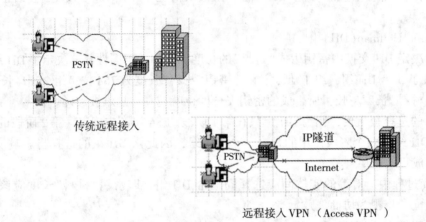

图 6-10　Aceess VPN 结构图

Access VPN 最适用于公司内部经常有流动人员远程办公的情况。出差员工利用当地 ISP 提供的 VPN 服务，就可以和公司的 VPN 网关建立私有的隧道连接。RADIUS 服务器可对员工进行验证和授权，保证连接的安全，同时负担的电话费用大大降低。

Access VPN 对用户的吸引力在于：

(1)减少用于相关的调制解调器和终端服务设备的资金及费用，简化网络；

(2)实现本地拨号接入的功能来取代远距离接入或 800 电话接入，这样能显著降低远距离通信的费用；

(3)极大的可扩展性，简便地对加入网络的新用户进行调度；

(4)远端验证拨入用户服务(RADIUS)基于标准，基于策略功能的安全服务；

(5)将工作重心从管理和保留运作拨号网络的工作人员转到公司的核心业务上来。

6.4.2 Intranet VPN

如果要进行企业内部各分支机构的互联，使用 Intranet VPN 是很好的方式。

越来越多的企业需要在全国乃至世界范围内建立各种办事机构、分公司、研究所等，各个分公司之间传统的网络连接方式一般是租用专线。显然，在分公司增多、业务开展越来越广泛时，网络结构趋于复杂，费用昂贵。利用 VPN 特性可以在 Internet 上组建世界范围内的 Intranet VPN。利用 Internet 的线路保证网络的互联性，而利用隧道、加密等 VPN 特性可以保证信息在整个 Intranet VPN 上安全传输。Intranet VPN 通过一个使用专用连接的共享基础设施，连接企业总部、远程办事处和分支机构。企业拥有与专用网络的相同政策，包括安全、服务质量（QoS）、可管理性和可靠性。Intranet VPN 结构图如图 6-11 所示。

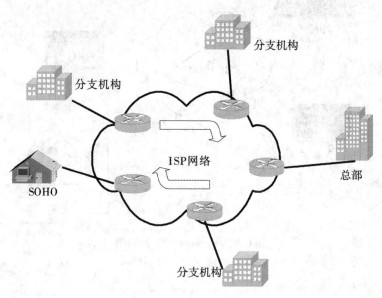

图 6-11　Intranet VPN 结构图

Intranet VPN 对用户的吸引力在于：减少 WAN 带宽的费用；能使用灵活的拓扑结构，包括全网络连接；新的站点能更快、更容易地被连接；通过设备供应商 WAN 的连接冗余，可以延长网络的可用时间。

6.4.3　Extranet VPN

如果是提供企业网和相关合作伙伴的企业网之间的安全访问服务，则可以考虑 Extranet VPN。随着信息时代的到来，各个企业越来越重视各种信息的处理。希望可以提供给客户最快捷方便的信息服务，通过各种方式了解客户的需要，同时各个企业之间的合作关系也越来越多，信息交换日益频繁。Internet 为这样的一种发展趋势提供了良好的基础，而如何利用 Internet 进行有效的信息管理，是企业发展中不可避免的一个关键问题。利用 VPN 技术可以组建安全的 Extranet，既可以向客户、合作伙伴提供有效的信息服务，又可以保证自身的内部网络的安全。

Extranet VPN 通过一个使用专用连接的共享基础设施，将客户、供应商、合作伙伴或兴趣群体连接到企业内部网。企业拥有与专用网络的相同政策，包括安全、服务质量（QoS）、可管理性和可靠性。Extranet VPN 结构图如图 6-12 所示。

Extranet VPN 对用户的吸引力在于：能容易地对外部网进行部署和管理，外部网的连接可以使用与部署内部网和远端访问 VPN 相同的架构和协议进行部署。主要的不同是接入许可，外部网的用户被许可只有一次机会连接到其合作人的网络。

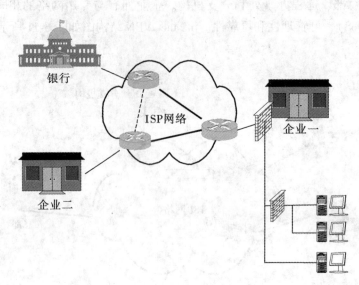

图 6-12　Extranet VPN 结构图

6.5　VPN 的应用案例

　　通常情况下，需要建立 VPN 的单位都有一个总部、若干个分支机构以及一定数量的移动用户，建立 VPN 的目的在于实现总部网络与分支机构网络之间互联，并保证移动用户随时能够访问到单位的内部网络资源，即访问运行在总部网络或分支机构网络内的应用服务程序及数据资源。与此相对应，可以将 VPN 网络划分为三种网络节点：总部网络、分支机构网络、远程终端(移动用户和只有单终端的分支机构)。总体布局如图 6-13 所示。

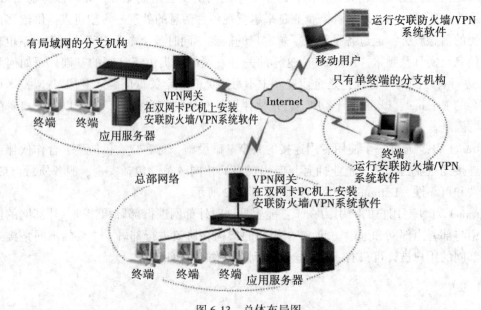

图 6-13　总体布局图

说明：

(1)为了实现 IPSec VPN，总部网络以及所有的分支机构局域网都需要添加一个 VPN 网关，而需要访问内部网络资源的远程终端都需要安装 VPN 软件。

(2)各个分支机构局域网的 VPN 网关分别与总部的 VPN 网关建立 IPSec 隧道。远程终端通过 VPN 软件与总部的 VPN 网关建立 IPSec 隧道。

(3)利用 VPN 可以实现以下访问：各个分支机构局域网与总部局域网实现相互访问；各个分支机构局域网之间实现相互访问；远程终端访问总部局域网；远程终端访问各个分支机构局域网。

假设：

总部局域网采用专线上网(包括数字数据网(digital data network，DDN)、光纤、有固定 IP 的 ADSL 网桥)，已经使用了专用防火墙，且防火墙支持地址/端口映射、支持 DMZ 或 SSN，可采用以下 4 种方案：

方案一：将 VPN 网关放置在防火墙的平行位置上(双网关结构，占用两个公共 IP)，如图 6-14 所示。

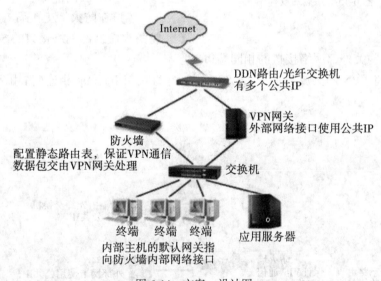

图 6-14   方案一设计图

(1)配置一台 VPN 网关：

①双网卡的 PC 机，安装 Win2k/XP/2003 或 Linux 操作系统；

②安装防火墙/VPN 系统软件。

(2)VPN 网关的外部网络接口使用公共 IP 直接接入 Internet，内部网络接口使用内部 IP 并接入内部交换机。

(3)在防火墙上配置静态路由表，保证所有 VPN 通信都能够交给 VPN 网关处理。

方案二：将 VPN 网关放置在防火墙后面(占用一个公共 IP)，如图 6-15 所示。

(1)配置一台 VPN 网关：

①双网卡的 PC 机，安装 Win2k/XP/2003 或 Linux 操作系统；

②安装防火墙/VPN 系统软件。

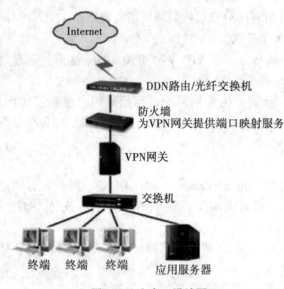

图 6-15　方案二设计图

（2）将 VPN 网关串联在现有的防火墙和内部交换机中间。

（3）重新配置内部网络地址，配置原则是：

①防火墙的内网 IP 与 VPN 网关的外网 IP 在同一个网段内，该网段可以称为中间网段；

②VPN 网关的内网 IP 与局域网内部终端的 IP 在同一个网段内，该网段称为内网网段；

③中间网段与内网网段必须是彼此独立的；

④将内部终端的默认网关设为 VPN 网关的内部 IP，将 VPN 网关的默认网关设为防火墙的内部 IP。

（4）在防火墙上配置端口映射规则，将防火墙外部网络接口的 500 和 4500 端口映射到 VPN 网关外部网络接口的相同端口。

方案三：将 VPN 网关放置在 DMZ/SSN 区，并直接与 Internet 相连（占用两个公共 IP），如图 6-16 所示。

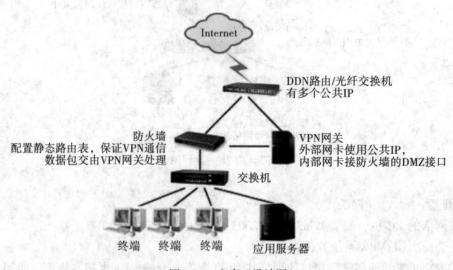

图 6-16　方案三设计图

（1）配置一台 VPN 网关：

①双网卡的 PC 机，安装 Win2k/XP/2003 或 Linux 操作系统；

②安装安联防火墙/VPN 系统软件。

（2）将 VPN 网关放置在 DMZ 区：

①VPN 网关的外部网络接口使用公共 IP 直接接入 Internet；

②VPN 网关的内部网络接口与防火墙的 DMZ/SSN 接口相连。

（3）在防火墙上配置静态路由表，保证所有 VPN 通信都能够交给 VPN 网关处理。

方案四：将 VPN 网关放置在 DMZ/SSN 区，并直接与内部网络相连（占用一个公共 IP），如图 6-17 所示。

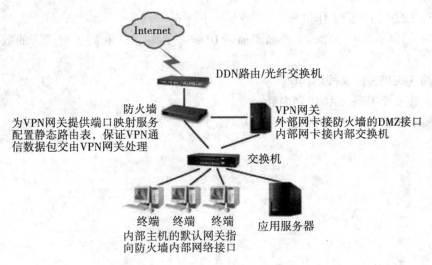

图 6-17　方案四设计图

（1）配置一台 VPN 网关：

①双网卡的 PC 机，安装 Win2k/XP/2003 或 Linux 操作系统；

②安装安联防火墙/VPN 系统软件。

（2）将 VPN 网关放置在 DMZ 区：

①VPN 网关的外部网络接口与防火墙的 DMZ 接口相连；

②VPN 网关的内部网络接口与内部交换机相连。

（3）在防火墙上配置端口映射规则，将防火墙外部网络接口的 500 和 4500 端口映射到 VPN 网关外部网络接口的相同端口。

（4）在防火墙上配置静态路由表，保证所有 VPN 通信都能够交给 VPN 网关处理。

6.6　本章小结

现在，无论是公司还是个人都越来越离不开网络，许多企业和政府机构纷纷将自己的局域网接入 Internet。然而，网络也带来了一系列问题：随着企业的不断扩大，分支机构、移动用户和合作伙伴也越来越多，企业希望能通过无处不在的 Internet 实现方便快捷的访问。那么，有没有一种既可以访问 Internet，又可以实现企业互联，同时费用低廉的接入方式呢？答案是肯定的，这就是本章介绍的虚拟专用网（VPN）技术。

本章首先介绍了 VPN 的定义、原理、类型、特点以及安全机制；然后重点介绍了 VPN 采用的隧道技术，主要包括第 2 层隧道协议、第 3 层隧道协议与 MPLS 隧道技术，同时介绍了安全关联机制的相关内容，最后介绍了 VPN 的三种典型解决方案与应用案例。

习 题

1. 什么是 VPN？VPN 由哪几个部分组成？

2. 请列举出 VPN 的几个应用领域。

3. 试述 PPTP 协议的工作过程。

4. 试述 L2TP 协议的工作过程。

5. IPSec 的体系结构是什么？并画图描述 IPsec 的传输模式和隧道模式下的数据包封装方法。

6. 请简述 MPLS 协议栈结构。

7. 请简述安全关联(SA)机制内涵。

8. VPN 中通常采用什么方法进行身份验证？

第7章 防火墙技术

目前网络安全问题日益严重，已经成为信息系统安全中最为突出和关键的一个方面，严重阻碍了计算机网络的应用和发展。在当今各种网络安全技术中，作为保护局域网的第一道屏障与实现网络安全的一个有效手段，防火墙技术应用最为广泛，也备受青睐。防火墙技术是建立在现代通信网络技术和信息安全技术基础上的应用性安全技术，在保护计算机网络安全技术性措施中，是最成熟、最早产品化的，并越来越多地应用于专用网络与公用网络的互联环境之中，尤其在局域网计入 Internet 网络时应用最多。防火墙技术是实现网络安全互联与接入的一种重要技术，它架设在内部网络和外部网络之间，通过强的访问控制限制非授权用户对内部网络的访问，以及控制内部网络用户的外部访问行为，可有效提高网络的安全性。

7.1 防火墙概述

7.1.1 防火墙的定义

在古代，防火墙指的是构筑和使用房屋的时候，为防止火灾在相邻的房子之间蔓延，人们在房屋周围砌的砖或石头墙。在现代，防火墙被定义为由不燃烧材料构成的，为减小或避免建筑、结构、设备遭受热辐射危害和防止火灾蔓延，设置的竖向分隔体或直接设置在建筑物基础上或钢筋混凝土框架上具有耐火性的墙。

本书中描述的防火墙并非是建筑学意义上的防火墙，而是指一种被广泛应用的计算机网络安全技术及采用这种技术的安全设备，只是借用了建筑学上的一个名词而已。这是因为两者之间具有类比性：建筑防火墙可以凭借高大厚实而且耐燃的墙体阻隔火势向受其保护的房屋蔓延，计算机网络防火墙可以依据访问控制策略为内联主机或网络提供保护，使其免遭非法探测和访问。

当一个用户计算机或内联网络连接到外联网络后，它就可以通过外联网络访问其他主机或网络并与之通信。同时，外界的主机也可以访问到这台联网主机或内联网络。为了安全起见，需要在本地计算机或内联网络与外联网络之间设置一道屏障，这道屏障能够保护本地计算机或内联网络免遭来自外联网络的威胁和入侵。这道屏障就叫做防火墙。

严格地说，防火墙技术指的是目前最主要的一种网络防护技术，而采用该技术的网络安全系统叫做防火墙系统，包括硬件设备、相关的软件代码和安全策略。在不引起歧义的情况下，这里统一称其为防火墙。防火墙是技术与设备的系统集成，而并非单指某一个特定的设备或软件。

为了抵御来自外联网络的威胁和入侵，防火墙的"法宝"是访问控制策略。访问控制策略是控制内联主机进行网络访问的原则和措施，即决定允许哪一台内联主机以什么样的方式访问外联网络；允许外联主机以什么样的方式访问内联网络。访问控制策略依据企业或组织的整体安全策略制定，是企业或组织对网络与信息安全的观点与思想的表达，具体体现为防火墙的过滤规则。防火墙依据过滤规则检查每个经过它的数据包，符合过滤规则的数据包允许通过，不符合过滤规则的数据包一律拒绝其通过防火墙。如果因为将其比喻为墙而对其封闭性产生困惑的话，也可以将防火墙看做是一扇受访问控制策略控制的门，当过滤规则允许的数据到来的时候，门就打开让其通过；当过滤规则不允许的数据到来的时候，门就关闭不让其通过。

从广泛、宏观的意义上说，防火墙是隔离在内联网络与外联网络之间的一个防御系统。防火墙拥有内联网络与外联网络之间的唯一进出口，因此能够使内联网络与外联网络，尤其是与 Internet 互相隔离。它通过限制内联网络与外联网络之间的访问来防止外部用户非法使用内部资源，保护内联网络的设备不被破坏，防止内联网络的敏感数据被窃取，从而达到保护内联网络的目的，如图 7-1 所示。

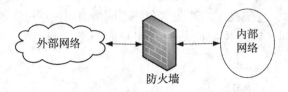

图 7-1　防火墙的位置

一个好的防火墙系统应具备以下 3 种特性：

一是内部和外部之间的所有网络数据流必须经过防火墙。这是防火墙所处网络位置特性，同时也是一个前提。因为只有当防火墙是内部和外部网络之间通信的唯一通道，才可以全面、有效地保护企业网内部网络不受侵害。

二是只有符合安全策略的数据流才能通过防火墙。防火墙最基本的功能是确保网络流量的合法性，并在此前提下将网络的流量快速的从一条链路转发到另外的链路上去。因此，从这个角度上来说，防火墙是一个类似于桥接或路由器的、多端口的（网络接口>=2）转发设备，它跨接于多个分离的物理网段之间，并在报文转发过程之中完成对报文的审查工作。

三是防火墙自身应对渗透(Penetration)免疫。这是防火墙之所以能担当内部网络安全防护重任的先决条件。防火墙处于网络边缘，每时每刻都要面对黑客的入侵，这样就要求防火墙自身要具有非常强的对渗透免疫的能力，如果防火墙自身都不安全，就更不可能保护内部网络安全。

从实质上说，防火墙就是一种能够限制网络访问的设备或软件。今天，路由器、交换机、调制解调器等很多设备中均含有简单的防火墙功能，许多流行的操作系统也含有软件防火墙。此外，还有很多公司开发了多种功能强大的专业防火墙系统。一般来讲，现有的防火墙功能大致包含以下几个方面。

(1)用户认证功能。在防火墙中，用户认证时外部网络用户接入内部网络，进行授权访问服务的第一道安全检查关卡。它接受外部网络用户的连接请求，按照相应的认证策略对接入用户进行身份认证，认证通过后，用户才能得到防火墙进一步检查以获得对内部网络中受限的网络资源进行访问的特权。

(2)过滤功能。过滤功能包括包过滤和内容过滤两种。包过滤指在网络中的适当位置对数据包实施有选择的通过；内容过滤则是防火墙的可选功能项，主要通过对访问内容合法性的检查与判断来限制用户的访问行为。

（3）NAT 功能。网络地址转换（Network Address Translation，NAT）功能的主要作用是将有限的 IP 地址动态或静态地与内部的 IP 地址对应起来，不仅可以解决 IP 地址短缺的问题，而且还能隐藏内部网络部署的结构。

（4）监控审计功能。防火墙能够记录下所有通过它的访问并作出日志记录，同时提供网络使用情况的统计数据。当发生可以动作时，防火墙能够进行适当的报警，并提供网络是否受到探测和攻击的详细信息。

（5）应用层协议代理功能。通过对应用层各个协议作出相应的代理程序，防止网络攻击与病毒入侵。常见的应用代理服务包括 HTTP 代理、FTP 代理、SMTP 代理和 POP3 代理等。

（6）入侵检测和 VPN 功能。入侵检测和 VPN 功能是随着网络安全技术的发展，集成到防火墙中的可选功能项，它们和防火墙一起协调、联动工作，保证内部网络的信息安全。

使用防火墙有以下的好处：

（1）防止易受攻击的服务。防火墙可以过滤不安全的服务来降低子网上主系统所冒的风险，如禁止某些易受攻击的服务（如 NFS）进入或离开受保护的子网。防火墙还可以防护基于路由选择的攻击，如源路由选择和企图通过 ICMP 改向把发送路径转向招致损害的网点。

（2）控制访问网点系统。防火墙还有能力控制对网点系统的访问。例如，除了邮件服务器或信息服务器等特殊情况外，网点可以防止外部对其主系统的访问。

（3）集中安全性。防火墙闭合的安全边界保证可信网络和不可信网络之间的流量只有通过防火墙才有可能实现，因此，可以在防火墙设置统一的策略管理，而不是分散到每个主机中。

（4）增强的保密、强化私有权。使用防火墙系统，站点可以防止 finger 以及 DNS 域名服务。finger 会列出当前使用者名单、它们上次登录的时间以及是否读过邮件等。防火墙也能封锁域名服务信息，从而使 Internet 外部主机无法获取站点名和 IP 地址。

（5）有关网络使用、滥用的记录和统计。如果对 Internet 的往返访问都通过防火墙，那么，防火墙可以记录各次访问，并提供有关网络使用率的有价值的统计数字。如果一个防火墙能在可疑活动发生时发出音响报警，则还提供防火墙和网络是否受到试探或攻击的细节。采集网络使用率统计数字和试探的证据是很重要的，这有很多原因。最为重要的是可知道防火墙能否抵御试探和攻击，并确定防火墙上的控制措施是否得当。网络使用率统计数字也很重要，因为它可作为网络需求研究和风险分析活动的输入。

（6）政策执行。防火墙可提供实施和执行网络访问政策的工具。事实上，防火墙可向用户和服务提供访问控制。因此，网络访问政策可以由防火墙执行，如果没有防火墙，这样一种政策完全取决于用户的协作。网点也许能依赖其自己的用户进行协作，但是，它一般不可能，也不依赖 Internet 用户。

上面是防火墙的主要优点，但它还是有缺点的，主要表现在：

（1）不能防范内部攻击。内部攻击是任何基于隔离的防范措施都无能为力的。

（2）不能防范不通过它的连接。防火墙能够有效地防止通过它进行传输信息，然而不能防止不通过它而传输的信息。

（3）不能防备全部的威胁。防火墙被用来防备已知的威胁，但没有一个防火墙能自动防御所有的新的威胁。

（4）防火墙不能防范病毒。防火墙不能防止感染了病毒的软件或文件的传输。

（5）防火墙不能防止数据驱动式攻击。如果用户抓来一个程序在本地运行，那个程序很可能就包含一段恶意的代码。随着 Java、JavaScript 和 Active X 控件的大量使用，这一问题变得更加突出和尖锐。

7.1.2 防火墙的位置

1. 防火墙的物理位置

从物理角度看，防火墙的物理实现方式有所不同。通常来说，防火墙是一组硬件设备，即路由器、计算机或者配有适当软件的网络设备的多种组合。作为内联网络与外联网络之间实现访问控制的一种硬件设备，防火墙通常安装在内联网络与外联网络的交界点上。防火墙通常位于等级较高的网关位置或者与外联网络相连接的节点处，这样做有利于防火墙对全网（内联网络）的信息流的监控，进而实现全面的安全防护。但是，防火墙也可以部署在等级较低的网关位置或者与数据流交汇的节点上，目的是为某些有特殊要求的子系统或内联子网提供进一步的保护。随着个人防火墙的流行，防火墙的位置已经扩散到每一台联网主机的网络接口上了。图 7-2 显示了防火墙在网络中最常见的位置。

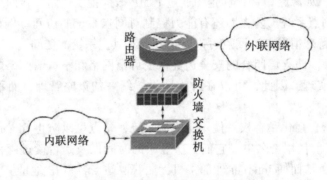

图 7-2　防火墙在网络中的常见位置

从具体实现角度看，防火墙由一个独立的进程或者一组紧密联系的进程构成。它运行于路由器、堡垒主机或者任何提供网络安全的设备组合上。这些设备或设备组一边连接着受保护的网络，另一边连接着外联网络或者内联网络的其他部分。对于个人防火墙来说，防火墙一般是指安装在单台主机硬盘上的软件系统。防火墙在这些关键的数据交换节点或者网络接口上控制着经过它们的各种各样的数据流，并且为安全管理提供详细的系统活动记录。在很多中、小规模的网络配置方案中，从安全与服务实现的便宜性和成本控制的角度考虑，防火墙服务器还经常作为公共 WWW 服务器、FTP 服务器和 Email 服务器使用。

这里再次强调一下，防火墙不是万能的，为了保护内联网络的安全，使得内联网络免受威胁和攻击，内部资源不被非法使用或恶意泄露，任何网络之间交换的数据流都必须通过防火墙，否则将无法对数据进行监控。

2. 防火墙的逻辑位置

防火墙的逻辑位置指的是防火墙与网络协议相对应的逻辑层次关系。处于不同网络层次的防火墙实现不同级别的网络过滤功能，表现出的特性也不同。例如，网络层防火墙可以进行快速的数据包过滤，但是却无法理解数据包内容的含义，因此也就无法进行更深入的内容检查；而代理型防火墙与包过滤型防火墙大相径庭，这种类型的防火墙位于应用层上，虽然有过滤速度慢的缺点，但是却可以理解数据流的含义，进而能够对其进行更加深入的检测和控制。

由于防火墙技术是一种集成式的网络安全技术，涉及网络与信息安全的很多方面。为了便于进行统一的规范化描述，国际标准化组织的计算机专业委员会依据网络开放系统互联模型制定了一个网络安全体系结构：信息处理系统开放系统互联基本参考模型第 2 部分——安全体系结构，即 ISO 7498-2，它解决了网络信息系统中的安全与保密问题，我国将其作为 GB/T 9387-2 标准。该结构中包括 5 类安全服务及相应的 8 类安全机制。

安全服务是由网络的某一层所提供的服务，目的是加强系统的安全性及对抗攻击。该结构确定了 5 类安全服务，列举如下：

（1）鉴别服务用于保证通信的真实性，证实数据源和目的地是通信双方所同意的，包括对等实体鉴别和数据源鉴别；

（2）访问控制服务用于保证系统的可控性，防止未授权用户对系统资源的非法使用；

（3）数据保密性服务用于保证数据的秘密性，防止数据因被截获而泄密；

（4）数据完整性服务用于保证数据接收与发送的一致性，防止主动攻击，包括可恢复的连接完整性、无恢复的连接完整性、选择字段的连接完整性、无连接完整性、选择字段的无连接完整性；

（5）禁止否认服务用于保证通信的不可抵赖性，防止发送方否认发送过数据或者接收方否认接收过数据的事件发生，它包括不得否认发送和不得否认接收。

7.1.3 防火墙的规则

防火墙执行的是组织或机构的整体安全策略中的网络安全策略，具体地说，防火墙是通过设置规则来实现网络安全策略的。防火墙规则可以告诉防火墙哪些类型的通信量可以进出防火墙。所有的防火墙都有一个规则文件，是其最重要的配置文件。

防火墙规则实际上就是系统的网络访问政策。一般来说可以分成两大类：一类称为高级政策，用来定义受限制的网络许可和明确拒绝的服务内容、使用这些服务的方法及例外条件；另一类称为低级政策，描述防火墙限制访问的具体实现及如何过滤高级政策定义的服务。

一般地，防火墙具有以下几个特点：

（1）防火墙的规则是整个组织或机构关于保护内部信息资源的策略的实现和延伸；

（2）防火墙的规则必须与网络访问活动紧密相关，理论上应该集中关于网络访问的所有问题；

（3）防火墙的规则必须既稳妥可靠，又切合实际，是一种在严格安全管理与充分利用网络资源之间取得较好平衡的政策；

（4）防火墙可以实施各种不同的服务访问政策。

防火墙的设计原则是防火墙用来实施服务访问政策的规则，是一个组织或机构对待安全问题的基本观点和看法。防火墙的设计原则主要有以下两个。

（1）拒绝访问一切未予特许的服务。在该规则下，防火墙阻断所有的数据流，只允许符合开放规则的数据流进出。这种规则创造了比较安全的内联网络环境，但用户使用的方便性很差，用户需要的新服务必须由防火墙管理员逐步添加。这个原则也被称为限制性原则。基于限制性原则建立的防火墙被称为限制性防火墙，其主要的目的是防止未经授权的访问。

在这种"Deny All"的思想下，防火墙会默认地阻断任何通信，只允许一些特定的服务通过；

（2）允许访问一切未被特别拒绝的服务。在该规则下，防火墙只禁止符合屏蔽规则的数据流，而允许转发所有其他数据流。这种规则实现简单且创造了较为灵活的网络环境，但很难提供可靠的安全防护。这个原则也被称为连通性原则。基于连通性原则建立的防火墙被称为连通性防火墙，其主要的目的是保证网络访问的灵活性和方便性。在这种"Allow All"的思想下，防火墙会默认地让所有的连接通过，只会阻断屏蔽规则定义的通信。

如果侧重安全性，则第 1 种规则更加可取；如果侧重灵活性和方便性，则第 2 种规则更加合适。具体选择哪种规则，需根据实际情况决定。

需要特别指出的是，如果采用限制性原则，那么用户也可以采用"最少特权"的概念。最少特权指设计一个系统，它具有最少的特权。最少特权降低了各种操作的授权等级，减少了拥有较高特权的进程或用户执行未经授权的操作的机会，具有较好的安全性。

规则的顺序问题是指防火墙按照什么样的顺序执行规则过滤操作。一般来说，规则是一条接着一条顺序排列的，较特殊的规则排在前面，而较普通的规则排在后面。但是目前已经出现可以自动调整规则执行顺序的防火墙。这个问题必须慎重对待，顺序的不同将会导致规则的冲突，以致造成系统漏洞。

7.1.4　防火墙的分类

根据参照标准的不同，防火墙有多种类型划分方式。下面选取几种主要的划分方式进行详细描述。

1. 按防火墙采用的主要技术划分

（1）包过滤型防火墙

包过滤型防火墙工作在 ISO7 层模型的传输层下，根据数据包头部各个字段进行过滤，包括源地址、端口号及协议类型等。

包过滤方式不是针对具体的网络服务，而是针对数据包本身进行过滤，适用于所有网络服务。目前大多数路由器设备都集成了数据包过滤的功能，具有很高的性价比。

包过滤方式也有明显的缺点：过滤判别条件有限，安全性不高；过滤规则数目的增加会极大地影响防火墙的性能；很难对用户身份进行验证；对安全管理人员素质要求高。

包过滤型防火墙包括以下 3 种类型：

①静态包过滤（Packet Filtering Firewall）防火墙。静态包过滤防火墙是最传统的包过滤防火墙，根据包头信息，与每条过滤规则进行匹配。包头信息包括源 IP 地址、目的 IP 地址、源端口号、目的端口号、传输协议类型及 ICMP 消息类型等。

静态包过滤防火墙具有简单、快速、易于使用、成本低廉等优点。但也有维护困难、不能有效防止地址欺骗攻击、不支持深度过滤等缺点。总之，静态包过滤防火墙安全性较低。

②动态包过滤（Dynamic Packet Filtering Firewall）防火墙。动态包过滤防火墙可以动态地决定用户可以使用哪些服务及服务的端口范围。只有当符合允许条件的用户请求到达后，防火墙才开启相应端口并在访问结束后关闭端口。

动态包过滤防火墙采用动态设置包过滤规则的方法，避免了静态包过滤防火墙端口开放的根本缺陷。在内、外双方实现了端口的最小化设置，减少了受到攻击的危险。同时，动态包过滤防火墙还可以针对每一个连接进行跟踪。

③状态检测(Stateful Inspection)防火墙。如上所述,传统包过滤防火墙有两个重大的缺陷:一是当数据量很大时,防火墙往往无法承担重荷;二是指针对数据包本身进行过滤,无法提供全局的安全信息。而状态检测防火墙却巧妙地解决了这两个问题。

状态检测防火墙将网络连接在不同阶段的表现定义为状态,状态的改变表现为连接数据包不同标志位的参数的变化。状态检测防火墙不但根据规则表检查数据包,而且根据状态的变化检查数据包之间的关联性。该部分内容记录在状态连接表中,其中连接被定义为一个一个的网络会话。根据状态的定义和关联性,防火墙勾勒出安全策略允许的网络访问状态迁移包线。当网络访问超出这个包线时,防火墙就将作出阻断网络访问连接并记录告警等动作。

状态检测防火墙不但进行传统的包过滤检查,而且根据会话状态的迁移提供了完整的对传输层的控制能力。此外,状态检测防火墙还采用了多种优化策略,使得防火墙的性能获得大幅度的提高。

(2)代理型防火墙

代理型防火墙采用的是与包过滤型防火墙截然不同的技术。代理型防火墙工作在 ISO7 层模型的最高层——应用层上。它完全阻断了网络访问的数据流:它为每一种服务都建立了一个代理,内联网络与外联网络之间没有直接的服务连接,都必须通过相应的代理审核后再转发。

代理型防火墙的优点非常突出:它工作在应用层上,可以对网络连接深层的内容进行监控;它事实上阻断了内联网络和外联网络的连接,实现了内、外网络的相互屏蔽,避免了数据驱动类型的攻击。

不幸的是,代理型防火墙的缺点也十分明显:代理型防火墙的速度相对较慢,当网关处数据吞吐量较大时,防火墙就会成为瓶颈。

代理型防火墙有如下 3 种类型:

①应用网关(Application Gateway)防火墙。应用网关在防火墙上运行特殊的服务器程序,可以解释各种应用服务的协议和命令。它将用户发来的服务请求进行解析,在通过规则过滤与审核后,重新封包成由防火墙发出的、代替用户执行的服务请求数据,再进行转发。当响应返回时,再次执行上面的动作,只不过与上面的过程反向而已,防火墙将替代外部服务器对用户的请求信息作出应答。

②电路级网关(Circuit Proxy)防火墙。电路级网关工作在传输层上,用来在两个通信的端点之间转换数据包。由于它不允许用户建立端到端的 TCP 连接,数据需要通过电路级网关转发,所以将电路级网关归入代理型防火墙类型。

由于电路级网关的实现独立于操作系统的网络协议栈,所以通常需要用户安装特殊的客户端软件才能使用电路级网关服务。

③自适应代理(Adaptive Proxy)防火墙。为了解决代理型防火墙速度慢的问题,NAI 公司在 1998 年推出了具有"自适应代理"特性的防火墙。自适应代理防火墙主要由自适应代理服务器与动态包过滤器组成,它可以根据用户的配置信息,决定是使用代理服务从应用层代理请求还是从网络层转发包。为了保证有较高的安全性,开始的安全检查在应用层进行。当明确了会话的细节后,数据包可以直接经过网络层转发。自适应代理防火墙还允许正确验证后的设备在发现重要的网络威胁时,根据防火墙管理员事先确定的安全策略,自动"适应"防火墙的级别。

高等学校信息安全专业规划教材

2. 按防火墙采用的具体实现划分

（1）多重宿主主机

多重宿主主机实际上是安放在内联网络和外联网络的接口上的一台堡垒主机。它要提供最少两个网络接口：一个与内联网络相连，另一个与外联网络相连。内联网络与外联网络之间的通信可通过多重宿主主机上的应用层数据共享或者应用层代理服务来完成。此外，多重宿主主机本身具有较强的抗攻击能力，安全性较高。多重宿主主机主要有双重宿主主机与双重宿主网关两种类型：

①双重宿主主机。一个双重宿主主机系统拥有两个不同的网络接口，分别用于连接内联网络和外联网络。内联网络和外联网络之间不能够直接通信，只可以通过双重宿主主机进行连接。双重宿主主机用于在内联网络和外联网络之间进行寻址，并通过其上的共享数据服务提供网络应用。双重宿主主机要求用户必须通过账号和口令登录到主机上才能够为用户提供服务。

双重宿主主机要求主机自身必须拥有较强的安全特性；必须支持多种服务、多个用户的访问需求，性能要高；必须能够管理在双重宿主主机上存在的大量用户账号。因此，双重宿主主机本身既是系统安全的瓶颈，又是影响系统性能的瓶颈，维护起来也很困难。

②双重宿主网关。双重宿主网关与双重宿主主机的不同点在于，双重宿主网关通过上面运行的各种代理服务器来提供网络服务。主机系统的路由功能是被禁止的，内联主机要访问外部站点时，必须先经过代理服务器的认证，然后再通过代理服务器访问外联网络。

双重宿主网关虽然通过代理服务器的应用解决了双重宿主主机账号管理的一些弊端，但从体系结构上来说并没有变化，同时，代理服务器的服务响应比双重宿主主机的数据共享慢一些，灵活性较差。

（2）筛选路由器

筛选路由器又称为包过滤路由器、网络层防火墙、IP 过滤器或筛选过滤器，通常是用一台放置在内联网络和外联网络之间的路由器来实现。它对进出内联网络的所有信息进行分析，并按照一定的信息过滤规则对进出内联网络的信息进行限制，允许授权信息通过，拒绝非授权信息通过。

筛选路由器具有速度快、提供透明服务、实现简单等优点。同时，也有安全性不高、维护和管理比较困难等缺点。

总之，筛选路由器只适用于非集中化管理、无强大的集中安全策略、网络主机数目较少的组织或机构。

（3）屏蔽主机

屏蔽主机的防火墙由内联网络和外联网络之间的一台过滤路由器和一台堡垒主机构成。它强迫所有外部主机与堡垒主机相连接，而不让它们与内部主机直接相连。为了达到这个目的，过滤路由器将所有的外部到内部的连接都路由到了堡垒主机上，让外联网络对内联网络的访问通过堡垒主机上提供的相应的代理服务器进行。对于内联网络到外联不可信网络的出站连接则可以采用不同的策略：有些服务可以允许绕过堡垒主机，直接通过过滤路由器进行连接；而其他的一些服务则必须经过堡垒主机上的运行该服务的代理服务器实现。

屏蔽主机的防火墙的安全性相对较高：它不但提供了网络层的包过滤服务，而且提供了应用层的代理服务。其主要缺陷是：筛选路由器是系统的单失效点；系统服务响应速度较慢；具有较大的管理复杂性。

（4）屏蔽子网

屏蔽子网与屏蔽主机在本质上是一样的，它对网络的安全保护通过两台包过滤路由器和在这两台路由器之间构筑的子网，即非军事区来实现。在非军事区里放置堡垒主机，还可放置公用信息服务器。

与外联网络相连的过滤路由器只允许外部系统访问非军事区内的堡垒主机或者公用信息服务器。与内联网络相连的过滤路由器只接受从堡垒主机来的数据包。内联网络与外联网络的直接访问是被严格禁止的。

相对于以上几种防火墙而言，屏蔽子网的安全性是最高的，它为此付出的代价是：要经过多级路由器和主机，使得网络服务性能下降；管理复杂度较高。

（5）其他实现结构的防火墙

其他结构的防火墙系统都是上述几种结构的变形，主要有：一个堡垒主机和一个非军事区、两个堡垒主机和两个非军事区、两个堡垒主机和一个非军事区等，目的都是通过设定过滤和代理的层次使得检测层次增多从而增加安全性。

3. 按防火墙部署的位置划分

（1）单接入点的传统防火墙

单接入点的传统防火墙是防火墙最普通的表现形式。位于内联网络与外联网络相交的边界，独立于其他网络设备，实施网络隔离。

（2）混合式防火墙

混合式防火墙依赖于地址策略，将安全策略分发给各个站点，由各个站点实施这些策略。其代表产品为 CHECKPOINT 公司的 FIREWALLI 防火墙。它通过装载到网络操作中心上的多域服务器来控制多个防火墙用户模块。多域服务器有多个用户管理加载模块，每个模块都有一个虚拟 IP 地址，对应着若干个防火墙用户模块。安全策略通过多域服务器上的用户管理加载模块下发到各个防火墙用户模块。防火墙用户模块执行安全策略，并将数据存放到对应的用户管理加载模块的目录下。多域服务器可以共享这些数据，使得防火墙的多点接入成为可能。

混合式防火墙将网络流量分担给多个接入点，降低了单一接入点的工作强度，安全性、管理性更强，但网络操作中心是系统的单失效点。

（3）分布式防火墙

分布式防火墙是一种较新的防火墙实现方式：防火墙是在每一台连接到网络的主机上实现的，负责所在主机的安全策略的执行、异常情况的报告，并收集所在主机的通信情况记录和安全信息；同时，设置一个网络安全管理中心，按照用户权限的不同向安装在各台主机上的防火墙分发不同的网络安全策略；此外，还要收集、分析、统计各个防火墙的安全信息。

分布式防火墙的突出优点在于：可以使每一台主机得到最合适的保护，安全策略完全符合主机的要求；不依赖于网络的拓扑结构，接入网络完全依赖于密码标志而不是 IP 地址。

分布式防火墙的不足在于：难以实现；安全数据收集困难；网络安全中心负荷过重。

4. 按防火墙的形式划分

（1）软件防火墙

顾名思义，软件防火墙的产品形式是软件代码，它不依靠具体的硬件设备，而纯粹依靠软件来监控网络信息。软件防火墙固然有安装、维护简单的优点，但对于安装平台的性能要求较高。

（2）独立硬件防火墙

独立硬件防火墙则需要专用的硬件设备，一般采用 ASIC 技术架构或者网络处理器，它们都为数据包的检测进行了专门的优化。从外观上看，独立硬件防火墙与集线器、交换机或者路由器类似，只是只有少数几个接口，分别用于连接内联网络和外联网络。

（3）模块化防火墙

目前，很多路由器都已经集成了防火墙的功能，这种防火墙作为路由器的一个可选配的模块存在。当用户选购路由器的时候，可以根据需要选购防火墙模块来实现自身网络的安全防护，这可以大大降低网络设备的采购成本。

5. 按受防火墙保护的对象划分

（1）单机防火墙

单机防火墙的设计目的是为了保护单台主机网络访问操作的安全。单机防火墙一般是以装载到受保护主机的硬盘里的软件程序的形式存在的，也有做成网卡形式的单机防火墙存在，但是不是很多。受到载机性能所限，单机防火墙性能不会很高，无法与下面讲述的网络防火墙相比。

（2）网络防火墙

网络防火墙的设计目的是为了保护相应网络的安全。网络防火墙一般采用软件与硬件相结合的形式，也有纯软件的防火墙存在。网络防火墙处于受保护网络与外联网络相接的节点上，对于网络负载吞吐量、过滤速度、过滤强度等参数的要求比单机防火墙要高。目前，大部分的防火墙产品都是网络防火墙。

6. 按防火墙的使用者划分

（1）企业级防火墙

企业级防火墙的设计目的是为企业联网提供安全访问控制服务。此外，根据企业的安全要求，企业级防火墙还会提供更多的安全功能。例如，企业为了保证客户访问的效率，第一时间响应客户的请求，一般要求支持千兆线速转发；为了与企业伙伴之间安全地交换数据，要求支持 VPN；为了维护企业利益，要对进出企业内联网络的数据进行深度过滤等。可以说，防火墙产品功能的花样翻新与企业需求的多种多样是直接相关的，防火墙所有功能都会在企业的安全需求中找到。

（2）个人防火墙

个人防火墙主要用于个人使用计算机的安全防护，实际上与单机防火墙是一样的概念，只是看待问题的出发点不同而已。

7.2 防火墙的关键技术

防火墙技术的发展经历了一个从简单到复杂，并不断借鉴和融合其他网络安全技术的过程。防火墙技术是一个综合的技术，主要包括：包过滤技术、应用代理技术、网络地址转换技术、VPN 技术、状态检测技术、内容检查技术等，本节主要介绍其中的几种技术。

7.2.1 包过滤技术

1. 基本概念

包过滤技术是最早的也是最基本的访问控制技术，又称为报文过滤技术，防火墙就是从这一技术开始产生发展的。包过滤技术的作用是执行边界访问控制功能，即对网络通信数据进行过滤（Filtering），也称为筛选。具体来说，过滤就是使符合预先按照组织或机构的网络安全策略制定的安全过滤规则的数据包通过，拒绝那些不符合安全过滤规则的数据包通过，并且根据预先的定义执行记录该信息、发送报警信息给管理人员等操作。

包过滤技术的工作对象就是数据包。网络中任意两台计算机如果要进行通信，都会将要传递的数据拆分成一个一个的数据片断，并且按照某种规则发送这些数据片断。为了保证这些片断能够正确地传递到对方并且重新组织成原始数据，在每个片断的前面还会增加一些额外的信息以供中间转接节点和目的节点进行判断。这些添加了额外信息的数据片断称为数据包，增加的额外信息称为数据包包头，数据片断称为包内的数据载荷，而拆分数据、数据包头的格式及传递和接收数据包所要遵循的规则就是网络协议。

对于最常用到的 TCP/IP 族来说，包过滤技术主要是对数据包的包头的各个字段进行操作，包括源 IP 地址、目的 IP 地址、数据载荷协议类型、IP 选项、源端口、目的端口、TCP选项及数据包传递的方向等信息。包过滤技术根据这些字段的内容，以安全过滤规则为评判标准，来确定是否允许数据包通过。

安全过滤规则是包过滤技术的核心，是组织或机构的整体安全策略中网络安全策略部分的直接体现。实际上，安全过滤规则集就是访问控制列表，该表的每一条记录都明确地定义了对符合该记录条件的数据包所要执行的动作——允许通过或者拒绝通过，其中的条件则是对上述数据包包头的各个字段内容的限定。包过滤技术的具体实现如图 7-3 所示。

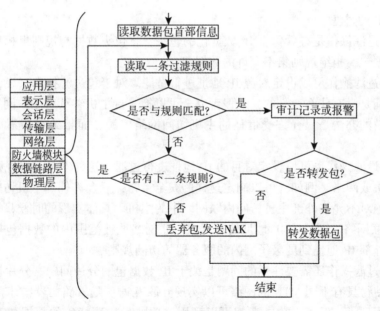

图 7-3　包过滤技术的实现

包过滤技术必须在操作系统协议栈处理数据包之前拦截数据包，即防火墙要在数据包进入系统之前处理它。由于数据链路层和物理层的功能实际上是由网卡来完成的，这以上的各层协议的功能由操作系统实现，所以说实现包过滤技术的防火墙模块要在操作系统协议栈的网络层之前拦截数据包。这就是说，防火墙模块应该被设置在操作系统协议栈的网络层之下、数据链路层之上的位置。

实现包过滤技术的防火墙模块首先要做的是将数据包的包头部分剥离。然后，按照访问控制列表的顺序，将包头各个字段的内容与安全过滤规则进行逐条地比较判断。这个过程一直持续直至找到一条相符的安全过滤规则为止，接着按照安全过滤规则的定义执行相应的动作。如果没有相符的安全过滤规则，就执行防火墙默认的安全过滤规则。

为了保证对受保护网络能够实施有效的访问控制，执行包过滤功能的防火墙应该被部署在受保护网络或主机和外联网络的交界点上。在这个位置上可以监控到所有的进出数据，从而保证了不会有任何不受控制的旁路数据的出现。

具体实现包过滤技术的设备有很多，一般来说分成以下两类：

(1)过滤路由器。路由器总是部署在受保护网络的边界上，容易实现对全网的安全控制。最早的包过滤技术就是在路由器上实现的，也是最初的防火墙方案。

(2)访问控制服务器。这又分成两种情况：一是指一些服务器系统提供了执行包过滤功能的内置程序，比较著名的有 Linux 的 IPChain 和 NetFilter；二是指服务器安装了某些软件防火墙系统，如 CheckPoinit 等。

下面将对包过滤技术具体的过滤内容及其优缺点展开详细论述。

2. 过滤对象

通过上述内容可知，包过滤技术主要通过检查数据包包头各个字段的内容来决定是否允许该数据包通过。下面将按照过滤数据使用的协议的不同分别论述包过滤技术的具体执行特性。

(1)针对 IP 的过滤

针对 IP 的过滤操作是查看每个 IP 数据包的包头，将包头数据与规则集相比较，转发规则集允许的数据包，拒绝规则集不允许的数据包。

针对 IP 的过滤操作可以设定对源 IP 地址进行过滤。对于包过滤技术来说，阻断某个特定源地址的访问是没有什么意义的，入侵者完全可以换一台主机继续对用户网络进行探测或攻击。真正有效的办法是只允许受信任的主机访问网络资源，而拒绝一切不可信的主机的访问。

针对 IP 的过滤操作也可以设定对目的 IP 地址进行过滤。这种安全过滤规则的设定多用于保护目的主机或网络。例如，可以制定这样的安全策略，只允许外部主机访问屏蔽子网中的服务器，而绝对不允许外部主机访问内联网络中的主机。具体实现的时候只需要将所有源IP 地址不是内联网络，而目的 IP 地址恰巧落在内联网络地址范围内的数据包拒绝即可。当然，还要设定外部 IP 地址到屏蔽子网内的服务器的访问规则。

针对 IP 的过滤操作还需要注意的问题是关于 IP 数据包的分片问题。分片技术增强了网络的可用性，使得具有不同 MTU 的网络可以实现互联互通。随着路由器技术的改进，分片技术已经很少用到了。但是，攻击者却可以利用这项技术构造特殊的数据包对网络展开攻击。由于只有第一个分片才包含了完整的访问信息，后续的分片很容易通过包过滤器，所以攻击者只要构造一个拥有较大分片号的数据包就可能通过包过滤器访问内联网络。对此应该设定包过滤器要阻止任何分片数据包或者要在防火墙处重组分片数据包的安全策略。后一种策略需要精心地设置，若设置不好会给用户网络带来潜在的危险——攻击者可以通过碎片攻击的方法，发送大量不完全的数据包片段，耗尽防火墙为重组分片数据包而预留的资源，从而使防火墙崩溃。

（2）针对 ICMP 的过滤

ICMP 负责传递各种控制信息，尤其是在发生了错误的时候。ICMP 对网络的运行和管理是非常有用的。但是，它也是一把双刃剑——在完成网络控制与管理操作的同时也会泄露网络中的一些重要信息，甚至被攻击者利用做攻击用户网络的武器。

最常用的 Ping 和 Traceroute 实用程序使用了 ICMP 的询问报文。攻击者可利用这样的报文或程序探测用户网络主机和设备的可达性，进而可以勾画出用户网络的拓扑结构与运行态势图。这些内容提供给攻击者确定攻击对象和手段的极为重要的信息。因此，应该设定过滤安全策略，阻止类型 8 回送请求 ICMP 报文进出用户网络。

与类型 8 相对应的类型 0 回送应答 ICMP 报文也值得注意。很多攻击者会恶意地将大量的类型 8 的 ICMP 报文发往用户网络，使得目标主机疲于接收处理这些垃圾数据而不能提供正常的服务，最终造成目标主机的崩溃。

另一个需要重点处理的是类型 5 的 ICMP 报文，即路由重定向报文。如果防火墙允许这样的报文通过，那么攻击者完全可以采用中间人（Man In The Middle）攻击的办法，伪装成预期的接收者截获或篡改正常的数据包，也可以将数据包导向受其控制的未知网络。

还有一个需要注意的是类型 3 目的不可达 ICMP 报文。攻击者往往通过这种报文探知用户网络的敏感信息。

总之，对于 ICMP 报文包过滤器要精心地进行设置。阻止存在泄露用户网络敏感信息危险的 ICMP 数据包进出网络，拒绝所有可能会被攻击者利用、对用户网络进行破坏的 ICMP 数据包。

（3）针对 TCP 的过滤

TCP 是目前互联网使用的主要协议，针对 TCP 进行控制是所有安全技术的一个重要任务。因此，包过滤技术不仅限于网络层协议，如 IP 的过滤，也可以对传输层协议，如 TCP 和 UDP 进行过滤。首先介绍基于 TCP 的包过滤的实现，针对 UDP 的过滤将随后讲述。

针对 TCP 的过滤首先可以设定对源端口或者目的端口的过滤，这种过滤方式也称为端口过滤或者协议过滤。通常 HTTP、FTP、SMTP 等应用协议提供的服务都在一些知名端口上实现，如 HTTP 在 80 号端口上提供服务而 SMTP 在 25 号端口上提供服务。只要针对这些端口号进行过滤规则的设置，就可以实现针对特定服务的控制规则，如拒绝内部主机到某外部 WWW 服务器的 80 号端口的连接，即可实现禁止内部用户访问该外部网站。

针对 TCP 的过滤更为常见的是对标志位的过滤。而这里最常用的就是针对 SYN 和 ACK 的过滤。TCP 是面向连接的传输协议，一切基于 TCP 的网络访问数据流都可以按照它们的通信进程的不同划分成一个一个的连接会话。即两个网络节点之间如果存在基于 TCP 的通信的话，那么一定存在着至少一个会话。会话总是从连接建立阶段开始的，而 TCP 的连接建立过程就是 3 次握手的过程。在这个过程中，TCP 报文头部的一些标志位的变化是需要注意的：

①当连接的发起者发出连接请求时，它发出的报文 SYN 位为 1 而包括 ACK 位在内的其他标志位为 0。该报文携带发起者自行选择的一个通信初始序号。

②当连接请求的接收者接受该连接请求时，它将返回一个连接应答报文。该报文的 SYN 位为 1 而 ACK 位为 1。该报文不但携带对发起者通信初始序号的确认（加 1），且携带接收者自行选择的另一个通信初始序号。如果接收者拒绝该连接请求，则返回的报文 RST 位要置 1。

③连接的发起者还需要对接收者自行选择的通信初始序号进行确认，返回该值加 1 作为希望接收的下一个报文的序号。同时 ACK 位要置 1。

值得注意的是，除了在连接请求的过程中之外，SYN 位始终为 0。再结合上述的 3 次握手的过程可以确定，只要通过对 SYN-1 的报文进行操作，就可以实现对连接会话的控制。拒绝这类报文，就相当于阻断了通信连接的建立。这就是利用 TCP 标志位进行过滤规则设定的基本原理。

这种过滤操作是最基础的、不完善的，还面临着很多的问题。受篇幅所限，具体的 TCP 安全过滤方法请参见有关文献的详细论述，在这里不再赘述。

(4) 针对 UDP 的过滤

UDP 与 TCP 有很大的不同，因为它们采用的是不同的服务策略。TCP 是面向连接的，相邻报文之间具有明显的关系，数据流内部也具有较强的相关性，因此过滤规则的制定比较容易；而 UDP 是基于无连接的服务的，一个 UDP 用户数据包报文中携带了到达目的地所需的全部信息，不需要返回任何的确认，报文之间的关系很难确定，因此很难制定相应的过滤规则。究其根本原因是因为这里所讲的包过滤技术是指静态包过滤技术，它只针对包本身进行操作，而不记录通信过程的上下文，也就无法从独立的 UDP 用户数据包得到必要的信息。对于 UDP，只能是要么阻塞某个端口，要么听之任之。多数人倾向于前一种方案，除非有很大的压力要求允许进行 UDP 传输。其实有效的解决办法是采用动态包过滤技术/状态检测技术，这种技术将在后续章节中进行讲解。

3. 包过滤技术的优点

总的来说，包过滤技术具有以下几个优点：

(1) 包过滤技术实现简单、快速，经典的解决方案只需要在内联网络与外联网络之间的路由器上安装过滤模块即可；

(2) 包过滤技术的实现对用户是透明的，用户不需要改变自己的网络访问行为模式，也不需要在主机上安装任何的客户端软件，更不用进行任何的培训；

(3) 包过滤技术的检查规则相对简单，因此检查操作耗时极短，执行效率非常高，不会给用户网络的性能带来不利的影响。

4. 包过滤技术的局限性

随着网络攻防技术的发展，包过滤技术的缺点也越来越明显：

(1) 包过滤技术过滤思想简单，对信息的处理能力有限。只能访问包头中的部分信息，不能理解通信的上下文，因此不能提供更安全的网络防护能力。

(2) 当过滤规则增多的时候，对于过滤规则的维护是一个非常困难的问题。不但要考虑过滤规则是否能够完成安全过滤任务，而且要考虑规则之间的关系，防止冲突的发生。尤其后一个问题是非常难以解决的。

(3) 包过滤技术控制层次较低，不能实现用户级控制。特别是不能实现对用户合法身份的认证及对冒用的 IP 地址的确定。

在这里所论述的包过滤技术都是最早的静态包过滤技术。由于它存在着上述的种种缺陷，目前它已经不能够为用户提供较高水平的安全保护了。为了解决这些严重的问题，人们又采用了动态包过滤技术/状态检测技术，在下一节中将对此技术进行讲解。

7.2.2 状态检测技术

为了解决静态包过滤技术安全检查措施简单、管理较困难等问题，计算机安全界又提出了状态检测技术（Stateful Inspection）的概念。它能够提供比静态包过滤技术更高的安全性，而且使用和管理也很简单。这体现在状态检测技术可以根据实际情况，动态地自动生成或删除安全过滤规则，不需要管理人员手工设置。同时，它还可以分析高层协议，能够更有效地对进出内联网络的通信进行监控，并且提供更好的日志和审计分析服务。早期的状态检测技术被称为动态包过滤（Dynamic Packet Filter）技术，是静态包过滤技术在传输层的扩展应用。后期经过进一步的改进，又可以实现传输层协议报文字段细节的过滤，并可实现部分应用层信息的过滤。到这个时候才真正地成为状态检测技术。下面将对状态检测技术的原理、状态的定义及状态检测技术的优、缺点等问题进行论述。

1. 状态检测技术基本原理

状态检测技术根据连接的"状态"进行检查，状态的具体定义参见下一段。当一个连接的初始数据报文到达执行状态检测的防火墙时，首先要检查该报文是否符合安全过滤规则的规定。如果该报文与规定相符合，则将该连接的信息记录下来并自动添加一条允许该连接通过的过滤规则，然后向目的地转发该报文。以后凡是属于该连接的数据防火墙一律予以放行，包括从内向外的和从外向内的双向数据流。在通信结束、释放该连接以后，防火墙将自动删除关于该连接的过滤规则。动态过滤规则存储在连接状态表中并由防火墙维护。为了更好地为用户提供网络服务及更精确地执行安全过滤，状态检测技术往往需要查看网络层和应用层的信息，但主要还是在传输层上工作。

2. 状态的概念

状态这个词在安全过滤领域并没有一个精确的定义，在不同的条件下有不同的表述方式，而且各个厂商对其的观点也各有不同。笼统地说，状态是特定会话在不同传输阶段所表现出来的形式和状况。状态根据使用的协议的不同而有不同的形式，可以根据相应协议的有限状态机来定义，一般包括 NEW、ESTABLISHED、RELATED 和 CLOSED 等。

防火墙通常可以依据数据包的源地址、源端口号、目的地址、目的端口号、使用协议五元组来确定一个会话，但是这些对于状态检测防火墙来说还不够。它不但要把这些信息记录在连接状态表里并为每个会话分配一条表项记录，而且还要在表项中进一步记录该会话当前的状态属性、顺序号、应答标记、防火墙的执行动作及最近数据报文的寿命等信息。这些信息组合起来才能够真正地唯一标识一个会话连接，而且也使得攻击者难于构造能够通过防火墙的报文。

下面将介绍不同协议状态的不同表现情况。

（1）TCP 及状态

TCP 是一个面向连接的协议，对于通信过程各个阶段的状态都有很明确的定义，并可以通过 TCP 的标志位进行跟踪。TCP 共有 11 个状态，这些状态标识由 RFC 793 定义，分别解释如下：

①CLOSED 在连接开始之前的状态；
②LISTEN 等待连接请求的状态；
③SYN-SENT 发出 SYN 报文后等待返回响应的状态；
④SYN-RECEIVED 收到 SYN 报文并返回 SYN-ACK 响应后的状态；

⑤ESTABLISHED　　连接建立后的状态，即发送方收到 SYN-ACK 后的状态，接收方在收到 3 次握手最后的 ACK 报文后的状态；

⑥FIN-WAIT-1　　关闭连接发起者发送初始 FIN 报文后的状态；

⑦CLOSE-WAIT　　关闭连接接收者收到初始 FIN 并返回 ACK 响应后的状态；

⑧FIN-WAIT-2　　关闭连接发起者收到初始 FIN 报文的 ACK 响应后的状态；

⑨LAST-ACK　　关闭连接接收者将最后的 FIN 报文发送给关闭连接发起者后的状态；

⑩TIME-WAIT　　关闭连接发起者收到最后的 FIN 报文并返回 ACK 响应后的状态；

⑪CLOSING　　采用非标准同步方式关闭连接时，在收到初始 FIN 报文并返回 ACK 响应后，通信双方进入 CLOSING 状态。在收到对方返回的 FIN 报文的 ACK 响应后，通信双方进入 TIME-WAIT 状态。

以上述状态为基础，结合相应的标志位信息，再加上通信双方的 IP 地址和端口号，即可很容易地建立 TCP 的状态连接表项并进行精确地跟踪监控。当 TCP 连接结束后，应从状态连接表中删除相关表项。为了防止无效表项长期存在于连接状态表中给攻击者提供进行重放攻击的机会，可以将连接建立阶段的超时参数设置得较短，而连接维持阶段的超时参数设置得较长。最后连接释放阶段的超时参数也要设置得较短。

（2）UDP 及状态

UDP 与 TCP 有很大的不同，它是一种无连接的协议，其状态很难进行定义和跟踪。通常的做法是将某个基于 UDP 的会话的所有数据报文看做是一条 UDP 连接，并在这个连接的基础之上定义该会话的伪状态信息。伪状态信息主要由源 IP 地址、目的 IP 地址、源端口号及目的端口号构成。双向的数据流源信息和目的信息正好相反。由于 UDP 是无连接的，所以无法定义连接的结束状态，只能是设定一个不长的超时参数，在超时到来的时候从状态连接表中删除该 UDP 连接信息。此外，UDP 对于通信中的错误无法进行处理，需要通过 ICMP 报文传递差错控制信息。这就要求状态检测机制必须能够从 ICMP 报文中提取通信地址和端口号等信息来确定它与 UDP 连接的关联性，判断它到底属于哪一个 UDP 连接，然后再采取相应的过滤措施。这种 ICMP 报文的状态属性通常被定义为 RELATED。

（3）ICMP 及状态

ICMP 与 UDP 一样是无连接的协议。此外，ICMP 还具有单向性的特点。在 ICMP 的 13 种类型中，有 4 对类型的报文具有对称的特性，即属于请求/响应的形式。这 4 对类型的 ICMP 报文分别是回送请求/回送应答、信息请求/信息应答、时间戳请求/时间戳回复和地址掩码请求/地址掩码回复。其他类型的报文都不是对称的，是由主机或节点设备直接发出的，无法预先确定报文的发出时间和地点。因此，ICMP 的状态和连接的定义要比 UDP 更难。

ICMP 的状态和连接的建立、维护、删除与 UDP 类似。但是，在建立的过程中不是简单地只通过 IP 地址来判别连接属性。ICMP 的状态和连接需要考虑 ICMP 报文的类型和代码字段的含义，甚至还要提取 ICMP 报文的内容来决定其到底与哪一个已有连接相关。其维护和删除过程一是通过设定超时计时器来完成，二是按照部分类型的 ICMP 报文的对称性来完成。当属于同一连接的 ICMP 报文完成请求-应答过程后，即可将其从状态连接表中删除。

3. 深度状态检测

以上所论述的状态检测技术是围绕着 IP、ICMP、TCP 和 UDP 的首部字段进行的，是对静态包过滤技术的改进，还不够深入和全面，属于动态包过滤技术的范畴。而本小节将要介绍的是对动态包过滤技术的重大改进，即真正的状态检测技术——深度状态检测。

首先，目前的状态检测技术能够针对 TCP 的顺序号进行检测操作。TCP 的顺序号是保证 TCP 报文能够按照原有顺序进行重组的重要条件。每次初始化一个 TCP 连接的时候，通信双方都将随机选择一个以己方为发起者的通信信道的顺序号。顺序号在通信过程中的变化受到通信窗口大小和接收方的限制。通信窗口分为接收窗口和发送窗口，是接收方和发送方数据报文处理能力的体现。而网络传输采用由接收方进行流量控制的原则，接收方将根据自己的实际情况动态地改变发送方发送窗口的大小以达到控制发送方发送报文的速率的目的。发送方通过被确认的最近报文的顺序号和接收窗口值来保证报文落在接收方的接收窗口中，即发送的报文就是接收方想要的报文。状态检测机制将根据以上的原则，通过 TCP 报文的顺序号字段跟踪监测报文的变化，防止攻击者利用已经处理的报文的顺序号进行重放攻击。具体的顺序号变化细节信息请参见计算机网络相关教材。

其次，对于 FTP 的操作。目前的状态检测机制可以深入到报文的应用层部分来获取 FTP 的命令参数，从而进行状态规则的配置。FTP 有两种连接建立方式，即主动连接和被动连接。主动连接需要通过 21 号端口先建立控制连接，再通过该连接传递建立数据连接的端口参数等信息，最终按照这些信息建立 FTP 的数据连接。数据连接的端口号是随机选择的，无法预先确知。被动连接更具有随机性，是由服务器主动地传回随机选取的连接建立端口信息的。这些端口信息都包含在 FTP 的命令数据里。状态检测机制可以分析这些应用层的命令数据，找出其中的端口号等信息，从而精确地决定打开哪些端口。

与 FTP 类似的协议有很多，如 RTSP、H. 323 等。状态检测机制都可以对它们的连接建立报文的应用层数据进行分析来决定相关的转发端口等信息，因此具有部分的应用层信息过滤功能。

4. 状态检测技术的优点、缺点

（1）优点

①安全性比静态包过滤技术高。状态检测机制可以区分连接的发起方与接收方，可以通过状态分析阻断更多的复杂攻击行为，可以通过分析打开相应的端口而不是"一刀切"，要么全打开要么全不打开；

②与静态包过滤技术相比，提升了防火墙的性能。状态检测机制对连接的初始报文进行详细检查，而对后续报文不需要进行相同的动作，只需快速通过即可。

（2）缺点

①主要工作在网络层和传输层，对报文的数据部分检查很少，安全性还不够高；

②检查内容多，对防火墙的性能提出了更高的要求。

7.2.3　代理服务技术

1. 代理技术概述

代理（Proxy）技术与前面所述的基于包的过滤技术完全不同，是基于另一种思想的安全控制技术。采用代理技术的代理服务器运行在内联网络和外联网络之间，在应用层实现安全控制功能，起到内联网络与外联网络之间应用服务的转接作用。

（1）代理的执行。代理的执行分为以下两种情况。

一种情况是代理服务器监听来自内联网络的服务请求。当请求到达代理服务器时按照安全策略对数据包中的首部和数据部分信息进行检查。通过检查后，代理服务器将请求的源地址改成自己的地址再转发到外联网络的目标主机上。外部主机收到的请求将显示为来自代理服务器而不是内部源主机。代理服务器在收到外部主机的应答时，首先要按照安全策略检查包的首部和数据部分的内容是否符合安全要求。通过检查后，代理服务器将数据包的目的地址改为内部源主机的 IP 地址，然后将应答数据转发至该内部源主机。

另一种情况是内部主机只接收代理服务器转发的信息而不接收任何外部地址主机发来的信息。这个时候外部主机只能将信息发送至代理服务器，由代理服务器转发至内联网络，相当于代理服务器对外联网络执行代理操作。具体来说，所有发往内联网络的数据包都要经过代理服务器的安全检查，通过后将源 IP 地址改为代理服务器的 IP 地址，然后这些数据包才能被代理服务器转发至内联网络中的目标主机。代理服务器负责监控整个的通信过程以保证通信过程的安全性。

(2)代理代码。代理技术是通过在代理服务器上安装特殊的代理代码来实现的。对于不同的应用层服务需要有不同的代理代码。防火墙管理员可以通过配置不同的代理代码来控制代理服务器提供的代理服务种类。代理程序的实现可以只有服务器端代码，也可以同时拥有服务器端和客户端代码。服务器端代理代码的部署一般需要特定的软件。对于客户端代理代码的部署有以下两种方式。

一种是在用户主机上安装特制的客户端代理服务程序。该软件将通过与特定的服务器端代理程序相连接为用户提供网络访问服务。

另一种是重新设置用户的网络访问过程。此方式需要用户先以标准的网络访问方式登录到代理服务器上，再由代理服务器与目标服务器相连。最经典的例子就是在 Internet Explorer 的选项卡中设置代理服务器再进行 WWW 访问。

(3)代理服务器的部署与实现。代理服务器通常安装在堡垒主机或者双宿主网关上。

双宿主网关是一台具有最少两块网卡的主机。其中一块网卡连接内联网络，另一块网卡连接外联网络。双宿主网关的 IP 路由功能被严格禁止，网卡间所有需要转发的数据必须通过安装在双宿主网关上的代理服务器程序控制。由此实现内联网络的单接入点和网络隔离。

如果将代理服务器程序安装在堡垒主机上，则可能采取不同的部署与实现结构。比如说采用屏蔽主机或者屏蔽子网方案，将堡垒主机置于过滤路由器之后。这样，堡垒主机还可以获得过滤路由器提供的、额外的保护。缺点是如果过滤路由器被攻陷，则数据将在旁路安装代理服务器程序的堡垒主机，即代理服务器将不起作用。

(4)代理技术与包过滤技术的安全性比较。代理技术能够提供与应用相关的所有信息，并且能够提供安全日志所需的最详细的管理和控制数据，因此相对于包过滤技术而言，代理技术能够为用户提供更高的安全等级。

首先，代理服务器不仅只扫描数据包头部的各个字段，还要深入包的内部，理解数据包载荷部分内容的含义。这可以为安全检测和日志记录提供最详细的信息。包过滤技术由于采用的是基于包头信息的过滤机制，所以很难与代理技术相提并论。

其次，无论上述的哪一种情况，对于外联网络来说，都只能见到代理服务器而不能见到内联网络；对于内联网络来说，也只能见到代理服务器而不能见到外联网络。这不但实现了网络隔离，使得用户网络无需与外联网络直接通信，降低了用户网络受到直接攻击的风险。而且对外联网络隐藏了内联网络的结构及用户，进一步降低了用户网络遭受探测的风险。而包过滤技术在网络隔离和预防探测方面做得不是很好。

再次，包过滤技术通常由路由器来实现。如果过滤机制被破坏，那么内联网络将毫无遮拦地直接与外联网络接触，将不可避免地出现网络攻击和信息泄露的现象。而代理服务器要是损坏的话，只能是内联网络与外联网络的连接中断，但不会出现网络攻击和信息泄露的现象。从这个角度看，代理技术比包过滤技术安全。

2. 代理技术的具体作用

（1）隐藏内部主机。代理服务器的作用之一是隐藏内联网络中的主机。由于有代理服务器的存在，所以外部主机无法直接连接到内部主机。它只能见到代理服务器，因此只能连接到代理服务器上。这种特性是十分重要的，因为外部用户无法进行针对内联网络的探测，也就无法对内联网络上的主机发起攻击。代理服务器在应用层对数据包进行更改，以自己的身份向目的地重新发出请求，彻底改变了数据包的访问特性。

（2）过滤内容。在应用层进行检查的另一个重要的作用是可以扫描数据包的内容。这些内容可能包含敏感的或者被严格禁止流出用户网络的信息，以及一些容易引起安全威胁的数据。后者包括不安全的 Java Applet 小程序、Active X 控件及电子邮件中的附件等。而这些内容是包过滤技术无法控制的。支持内容的扫描是代理技术与其他安全技术的一个重要区别。

（3）提高系统性能。虽然从访问控制的角度考虑，代理服务器因为执行了很细致的过滤功能而加大了网络访问的延迟。但是它身处网络服务的最高层，可以综合利用缓存等多种手段优化对网络的访问，由此还进一步减少了因为网络访问产生的系统负载。因此，精心配置的代理技术可以提高系统的整体性能。

（4）保障安全。安全性的保障不仅指过滤功能的强大，还包括对过往数据日志的详细分析和审计。这是因为从这些数据中能够发现过滤功能难以发现的攻击行为序列，及时地提醒管理人员采取必要的安全保护措施；还可以对网络访问量进行统计进而优化网络访问的规则，为用户提供更好的服务。代理技术处于网络协议的最高层，可以为日志的分析和审计提供最详尽的信息，由此提高了网络的安全性。

（5）阻断 URL。在代理服务器上可以实现针对特定网址及其服务器的阻断，以实现阻止内部用户浏览不符合组织或机构安全策略的网站内容。

（6）保护电子邮件。电子邮件系统是互联网最重要的信息交互系统之一，但是它的开放性特点使得它非常脆弱，而且由于安全性较弱，所以经常被攻击者作为网络攻击的重要途径。代理服务器可以实现对重要的内部邮件服务器的保护。通过邮件代理对邮件信息的重组与转发，使得内部邮件服务器不与外联网络发生直接的联系，从而实现保护的目的。

（7）身份认证。代理技术能够实现包过滤技术无法实现的身份认证功能。将身份认证技术融合进安全过滤功能中能够大幅度提高用户的安全性。支持身份认证技术是现代防火墙的一个重要特征。具体的方式有传统的用户账号/口令、基于密码技术的挑战/响应等。

（8）信息重定向。代理技术从本质上是一种信息的重定向技术。这是因为它可以根据用户网络的安全需要改变数据包的源地址或目的地址，将数据包导引到符合系统需要的地方去。这在基于 HTTP 的 WWW 服务器应用领域中尤为重要。在这种环境下，代理服务器起到负载分配器和负载平衡器的作用。

3. 代理技术的种类

（1）应用层网关

应用层网关代理防火墙工作于 OSI 模型的应用层，针对特定的应用层协议，如超文本传输（HTTP）、文件传输（FTP）等，如图 7-4 所示。对用户来说应用层网关是一台真实存在的服务器，而对于服务器来说它又是一台客户端。当应用层网关接收到用户对某站点的访问请求后，会检查该请求是否符合防火墙策略规则，如果允许用户访问该站点，应用层网关会充当客户端去该站点取回用户所需的信息，并充当服务器转发给用户。

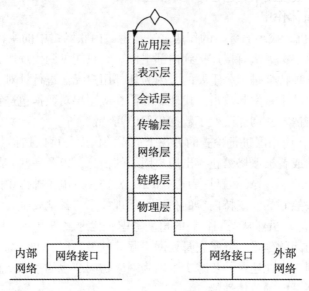

图 7-4   应用层网关原理图

最常用的应用层网关是 HTTP 代理服务器，端口通常为 80 或 8080。在 Web 浏览器中设置了一个 HTTP 代理服务器后，访问 Internet 上任何站点时所发出的请求，都不会直接发给远程的 WWW 服务器，而是被送到了代理服务器上，代理服务器分析该请求，先查看自己缓存中是否有请求数据，如果有就直接传送给客户端，如果没有就代替客户端向远程的 WWW 服务器提出申请，服务器响应以后，代理服务器将响应的数据传送给客户端，同时在自己的缓存中保留一份该数据的拷贝。如果下一次有人再访问该站点，这些内容便会直接从代理服务器中获取，而不必再连接相应的网站了。代理服务器在此过程中充当了网络缓冲的作用，它可以节约网络带宽，提高访问速度。

记录和控制所有进出流量的能力是应用层网关的主要优点，这对于某些环境来说非常关键。例如，它可以对电子邮件中的关键词进行过滤、指定专门的数据通过网关、对网页的查询进行过滤、剔除危险的电子邮件附件等。

对于大多数所提供的服务来说，应用层网关需要专门的用户程序和不同的用户接口，这是应用层网关的主要缺点。这意味着应用层网关只能支持一些非常重要的服务，对于一些专用的协议或应用，将无法加以过滤。

（2）电路层网关

电路层网关又称为线路级网关，它工作在 OSI 模型的会话层。电路层网关在网络的传输层上实施访问策略，是在内、外网络主机之间建立一个虚拟电路，进行通信，相当于在防火墙上直接开了个口子进行传输，不像应用层防火墙那样能严密地控制应用层的信息，如图 7-5 所示。

在许多方面，电路层网关仅仅是包过滤防火墙的一种扩展，除了进行基本的包过滤检查

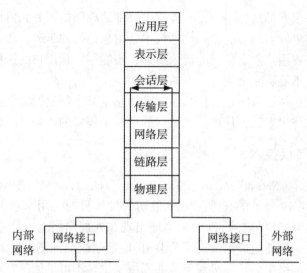

图 7-5 电路层网关原理图

外，电路层网关还要增加对连接建立过程中的握手信息以及序列号的合法性验证。

SOCKS 是一种典型的电路层网关，主要用于中继 TCP 数据段。它不需要在应用层上做修改，而只需要对客户程序的 TCP 协议进行修改，使其能够工作。SOCKS 与应用无关，只要客户程序使用的是 TCP 协议，均可使用 SOCKS。SOCKS 还可以进行应用程序的访问控制，即在应用程序进程开始建立的时候，控制数据续传，从而实现访问权限的控制。

电路层网关的主要优点是其对网络性能的影响比应用层网关小，且比普通的包过滤防火墙有更高的安全性。缺点则是无法对数据内容进行检测，且由于工作层次的问题，只能提供低度到中度到中等程度的安全性。因此，电路层网关常用于向外连接，这时网络管理员对内部用户是信任的。其优点是堡垒主机可以被设置成混合网关，对于入连接支持应用层或代理服务，而对于外连接支持电路层功能。这使防火墙系统对于要访问外部网络服务的内部用户来说使用起来很方便，同时又能提供保护内部网络免于外部攻击的防火墙功能。

4. 代理技术的优点、缺点

（1）优点

①代理服务提供了高速缓存。由于大部分信息都可以重新使用，所以对同一个信息有重复的请求时，可以从缓存获取信息而不必再次进行网络连接，提高了网络的性能；

②因为代理服务器屏蔽了内联网络，所以阻止了一切对内联网络的探测活动；

③代理服务在应用层上建立，可以更有效地对内容进行过滤；

④代理服务器禁止内联网络与外联网络的直接连接，减少了内部主机受到直接攻击的危险；

⑤代理服务可以提供各种用户身份认证手段，从而加强服务的安全性；

⑥因为连接是基于服务而不是基于物理连接的，所以代理防火墙不易受 IP 地址欺骗的攻击；

⑦代理服务位于应用层，提供了详细的日志记录，有助于进行细致的日志分析和审计；

⑧代理防火墙的过滤规则比包过滤防火墙的过滤规则更简单。

（2）缺点

①代理服务程序很多都是专用的，不能够很好地适应网络服务和协议的不断发展；

②在访问数据流量较大的情况下，代理技术会增加访问的延迟，影响系统的性能；

③应用层网关需要用户改变自己的行为模式，不能够实现用户的透明访问；

④应用层代理还不能够完全支持所有的协议；

⑤代理系统对操作系统有明显的依赖性，必须基于某个特定的系统及其协议；

⑥相对于包过滤技术来说，代理技术执行的速度是较慢的。

7.2.4 网络地址转换技术

网络地址转换技术（Network Address Translation，NAT）是一种把内部私有网络地址（IP地址）翻译成合法网络 IP 地址的技术。NAT 最初的设计目的是用来增加专用网络中的可用地址空间，允许专用网络（局域网）以一个地址出现在外部网络上，使局域网中的计算机共享外部网络连接，这一功能很好地解决了公共 IP 地址紧缺的问题。此外，NAT 还可以屏蔽内部网络，所有内部网络中的计算机对于公共网络来说是不可见的，在一定程度上保证了内部网络安全。虽然 NAT 技术并非专门为防火墙而设计，但正是由于 NAT 可以实现屏蔽内部网络的目的，所以防火墙中通常会集成 NAT 功能，使其成为防火墙实现中经常采用的核心技术之一。

当内部网络的计算机要访问外部网络时，NAT 可以将多个内部网络地址转换为一个 IP 地址，也可以实现一对一地址的转换，还可以实现多个内部网络地址翻译到多个外部 IP 地址，即多对多的转换。这就带来了一个问题，当外部网络通过内部网络多台计算机共用的出口 IP 将数据返回到内部网络，NAT 要如何识别它们并送回内部网络的真实主机呢？NAT 的做法是让防火墙记住所有出去的数据包，因为每个数据包都有一个目的端口，每台主机的端口可能都不一样。还可以让防火墙记住所有出去的包的 TCP 序列号，不同主机发送的包的序列号不一样，防火墙会根据记录把返回的数据包送达正确的发送主机。

NAT 可以有多种模式，主要有如下三种：

（1）静态地址转换。静态 NAT 最为简单也最容易实现，这种模式中，内部网络中的每个主机都有一个从不改变的固定的转换表将其内部地址映射成外部网络中的某个合法的地址，一般静态 NAT 将内部地址转换成防火墙的外网接口地址。静态 NAT 是一种多对多的地址转换，要求用户拥有多个合法 IP 地址，显然违背了 NAT 的设计初衷，只适合于内部网络中主机数量较少情况，主要用于内部服务器向外提供服务。

（2）动态地址转换。在动态 NAT 中，用户可以拥有一组或一个合法的 IP 地址，当内部网络的主机需要访问外部网络时，动态 NAT 从这一组合法的 IP 地址中按照预定的算法挑选一个 IP 地址分配给该主机。

与静态 NAT 相同，动态 NAT 也是一种多对多的地址转换，在这种工作模式中，合法 IP 地址的分配转换是随机变化的，而不是与某个内部地址绑定，相对来说更加灵活。但是无论是静态 NAT 还是动态 NAT，它们都是基于 IP 地址的替换，因此同一时刻一个合法的 IP 地址只能与一个内部网络主机绑定，虽然可不用考虑多个内部 IP 地址共享一个外部 IP 地址时出现的网络连接识别问题，但也限制了这两种地址转换模式虽能支持的内部网络的规模和性能，因此很少采用。

（3）端口复用地址转换。端口复用地址转换（Network Address Port Translation，NAPT）是

一种多对一的转换，通过把内部网络的每台主机与不同的端口绑定，实现用一个合法 IP 地址代理多个内部网络主机的目的。端口复用 NAT 利用 TCP/IP 协议中的"端口"这一概念，要表示一个 TCP/IP 连接，除了 IP 地址外，还需要提供连接端口号，源地址、源端口、目的地址、目的端口这四者合一才能唯一标识一个 TCP/IP 连接。根据这一原理，端口复用 NAT 建立了一种 IP 地址+端口的映射关系，每个内部网络发送的数据报文的源 IP 地址和源端口都被一对外部网络的 IP 地址和端口所替换。

与前两种 NAT 模式相比，端口复用 NAT 实现最复杂也最灵活，它使用一个 IP 地址就能实现内部网络中多台主机访问外部网络的目的。只要端口选择和端口分配的算法合理，保证为每一个连接分配的端口和 IP 地址的结合在 NAT 协议栈的范围内是唯一的，就不会发生路由错误的情况。

NAT 技术主要优势是可有效解决 IP 地址不足和屏蔽内部网络结构，但也有所不足，主要有：会导致网络连接较大的延迟；丢失了端到端的 IP 跟踪过程，不能够支持一些特定的应用(如 SNMP)；也可能使某些需要使用内嵌 IP 地址的应用不能正常工作。

7.3 防火墙体系结构

在防火墙和网络的配置上，主要有以下 4 种典型的体系结构：双宿/多宿主机体系结构、屏蔽主机体系结构、屏蔽子网体系结构和混合结构。

7.3.1 双宿/多宿主机体系结构

双宿/多宿主机体系结构的防火墙至少有两个网络接口，通常用一台装有两块或多块网卡的堡垒主机充当防火墙，每块网卡各自与受保护网络和外部网络连接。从该体系结构中可以看出，堡垒主机可以充当与这些网络接口相连的网络之间的路由器，但该功能是被禁止的，两个网络之间的通信通过应用层代理服务来完成。这种结构的防火墙弱点比较突出，一旦黑客侵入堡垒主机并使其具有路由功能，则任何用户均可以随便访问内部受保护的网络，如图 7-6 所示。

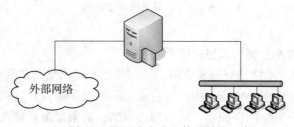

图 7-6 双重宿主主机体系结构

7.3.2 屏蔽主机体系结构

屏蔽主机体系结构防火墙比双宿/多宿主机体系结构防火墙更安全，屏蔽主机体系结构防火墙是在防火墙的前面增加了过滤路由器，防火墙不直接连接外部网络，使得屏蔽主机体系结构防火墙比双宿/多宿主机体系结构防火墙更安全，如图 7-7 所示。

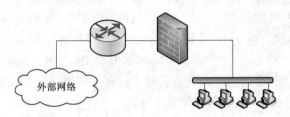

图 7-7　屏蔽主机体系结构

过滤路由器配置在内部网络和外部网络之间，通过在路由器上设立过滤规则，并使外部系统对内部网络的操作只能经过堡垒主机，确保了内部网络不受未被授权的外部用户的攻击，与堡垒主机配合使用，可实现了网络层的安全(包过滤)和应用层的安全(代理服务)。屏蔽主机体系结构防火墙的主要缺点则是需要严格保护过滤路由器的路由表，一旦路由表遭到破坏，则堡垒主机就有被越过的危险。

7.3.3　屏蔽子网体系结构

屏蔽子网体系结构在本质上与屏蔽主机体系结构一样，但添加了额外的一层保护体系——周边网络，用两台过滤路由器更进一步地把内部网络与外部网络隔离，如图 7-8 所示。堡垒主机是用户网络上最容易受侵入的主机，通过增加一个周边网络，可减少在堡垒主机被侵入的影响。并且一旦堡垒主机被入侵者控制，攻击者仍不能直接侵入内部网络，内部网络仍受到过滤路由器的保护。

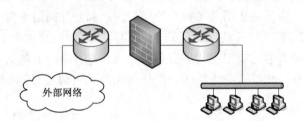

图 7-8　屏蔽子网体系结构

屏蔽子网体系结构的主要构成包括以下几个：

(1)周边网络。周边网络是一个安全防护层，是在外部网络与被保护的内部网络之间的附加的网络。如果攻击者成功地侵入用户的防火墙的外层领域，周边网络可在攻击者与内部网络系统之间提供一个附加的保护层。对于周边网络，如果攻击者侵入周边网络上的堡垒主机，他也仅能探听到周边网上的通信，内部网络的通信仍是安全的。

(2)堡垒主机。堡垒主机是接受来自外界连接的主要入口，是整个防御体系的核心。从内部网络的客户端到外部网络上的服务器的出站服务按如下任一方法处理：在外部和内部的路由器上设置数据包过滤来允许内部的客户端直接访问外部的服务器；设置代理服务器在堡垒主机上运行来允许内部网络的客户端间接地访问外部的服务器。用户也可以设置数据包过滤来允许内部网络的客户端在堡垒主机上与代理服务器通信，反之亦然。但是禁止内部的客户端与外部世界之间直接通信。

（3）内部路由器。内部路由器保护内部的网络使之免受外部网络和周边网络的侵犯。内部路由器为用户的防火墙执行大部分的数据包过滤工作。这样即使堡垒主机被侵入，也可以保护内部网络。

（4）外部路由器。外部路由器有时被称为访问路由器，用于保护周边网和内部网使之免受来自外部网络的侵犯，主要执行的安全任务是阻止从外部网络上伪造源地址发送进来的任何数据包。

7.3.4　组合结构

建造防火墙时，一般很少采用单一的技术，通常是多种解决不同问题的技术的组合。这种组合主要取决于网管中心向用户提供什么样的服务，以及网管中心能接受什么等级风险，一般有以下几种：

（1）使用多堡垒主机。出于对堡垒主机性能、冗余和分离数据或者分离服务考虑，用户可以用多台堡垒主机构筑防火墙。这样外部网络的用户对内部网络的操作就不会影响内部网络用户的操作，并能实现负载平衡，提高系统效能。

（2）合并内部路由器与外部路由器。只有用户拥有功能强大并且很灵活的路由器，才能在屏蔽子网结构体系的防护墙中将内部路由器与外部路由器合并。这时用户任由周边网络连接在路由器的一个接口上，而内部网络连接在路由器的另一个接口上。

（3）合并堡垒主机与外部路由器。该结构由双宿堡垒主机来执行原来的外部路由器功能。这种结构同屏蔽子网结构相比没有明显的新弱点，但堡垒主机完全暴露在外部网络上，因此需要更加小心对其进行保护。

（4）使用多台外部路由器。使用多台外部路由器与外部网络相连，不会带来明显的安全问题。虽然外部路由器受损害的机会增加了，但一个外部路由器受损害不会带来特别的威胁。

（5）使用多个周边网络。用户可以使用多个周边网络来提供冗余，设置两个（或两个以上）的外部路由器、两个周边网络和两个内部路由器可以保证用户与外部网络之间没有单点失效的情况，提高了网络的安全和可用性。

7.4　防火墙发展趋势

随着网络的广泛应用和普及、网络性能的日益提升以及各种新网络入侵行为的出现，防火墙技术也有一些新的发展趋势，主要体现在以下几个方面：

（1）高性能防火墙。随着网络应用的增加，对网络带宽提出了更高的要求，这意味着防火墙要能够以非常高的速率处理数据。此外，音频、视频等多媒体的应用也会越来越普遍，它要求数据穿越防火墙所带来的延迟要足够小。为满足这些需求，基于 ASIC 芯片技术的防火墙和基于网络处理器（Network Processor，NP）技术的防火墙将成为未来防火墙发展的一大趋势。

（2）防火墙安全体系。随着网络安全技术的发展，现在有一种提法，叫做"建立以防火墙为核心的网络安全体系"。因为在现实中发现，仅现有的防火墙技术难以满足当前网络安全需求。通过建立一个以防火墙为核心的安全体系，就可以为内部网络系统部署多道安全防线，各种安全技术各司其职，从各方面防御外来入侵。例如，把 IDS、病毒检测部分直接综合到防火墙中，使防火墙具有 IDS 和病毒检测设备的功能；另一种是各个产品分立，通过某种通信方式形成一个整体，一旦发现安全事件，则立即通知防火墙，由防火墙完成过滤和报告。

(3) 分布式防火墙。分布式防火墙代表了一种新的防火墙技术潮流，它可以在网络的任何交界和节点处设置屏障，从而形成一个多层次、多协议，内外皆防的全方位安全体系，实现访问控制、状态监控、防御攻击、日志管理、系统配置等功能，从而有效增强系统的性能和安全性，并提供了安全防护的扩充能力，还可对网络中的各节点起到更安全的防护。

7.5 本章小结

在计算机网络安全中，实现访问控制技术的最好办法就是有一个好的安全策略，在这个安全透视图上使用防火墙技术。本章首先介绍了防火墙定义、部署位置、规则、分类，然后介绍了防火墙几种典型关键技术，包括包过滤技术、状态检测技术、代理服务技术、网络地址转换技术，同时介绍了防火墙的几种典型体系结构，最后介绍了防火墙的发展趋势。

习　题

1. 什么是防火墙？它有哪些优缺点？
2. 防火墙主要具备哪些功能？
3. 包过滤防火墙主要根据哪些信息实现数据包的过滤？
4. 简要描述电路层网关和应用层网关的主要区别，它们各自有何优缺点？
5. 网络地址转换技术主要有哪几种模式？
6. 防火墙主要有哪几种体系结构？

第8章 入侵检测技术

随着互联网技术和应用推广的高速发展，计算机网络基础设施，特别是各种官方机构的网站，已经成为黑客攻击的主要目标。由于防火墙只能防止外部攻击，不能防止内部破坏，而且防火墙也很容易被绕过。随着近年来电子商务的广泛应用，网络入侵事件更是日益猖獗。

所以基于防火墙和加密技术的网络安全防护方案已不能满足当前网络安全需要，要从根本上改善网络系统的安全状况，必须依赖入侵检测技术，采用主动防范措施。网络入侵检测技术已经成为当前计算机网络安全策略中的核心技术之一，可以预见在计算机网络安全要求越来越高的未来，网络入侵检测技术的应用将日益广泛，但其中仍有许多技术亟待提高。

8.1 入侵检测概述

入侵检测是一种动态监控、预防系统入侵的安全机制。入侵检测通过监控系统运行状态、网络、行为以及系统的使用情况，对内、外部攻击和误操作进行实时防御，在网络系统受到危害之前拦截并响应入侵。

1980 年 4 月，Anderson 第一次提出了入侵检测的概念。入侵就是指任何企图危及计算机系统资源的完整性、机密性和可用性或试图越过计算机或网络的安全机制的行为。入侵检测技术使网络安全研究进入到一个新的阶段。

1984—1986 年，Dorothy Denning 提出了一种经典的异常检测抽象模型 IDES（入侵检测专家系统），IDES 是一个通用的入侵检测系统方案，独立于特定的平台和入侵类型，这在入侵检测系统的发展历史上具有非常重要的意义。

1988 年，Teresa Lunt 等人改进了 IDES 模型，加入了一个异常检测器和一个专家系统，分别用于统计异常模型的建立和基于规则的特征分析检测。

1990 年，加州大学戴维斯分校的 L. T. Heberlein 等人开发出了网络安全监视器（Network Security Monitor）。NSM 通过在局域网上监听网络上所有的数据包来检测入侵，从此基于网络的入侵检测开始发展。之后美国空军密码支持中心、劳伦斯利弗摩尔国家实验室、加州大学戴维斯分校、Haystack 实验室展开了分布式入侵检测系统（DIDS）的研究，采用了分层结构，将基于网络和基于主机的检测系统集成在一起。

1992 年，Porras 和 Ilngun 提出了一种实时入侵检测工具 USTAT（一种 UNIX 下的状态转换分析工具）。

1994 年，Mark Crosbie 和 Gene Spaford 提出了一种分布式入侵检测系统 AAFID，在这个系统中，IDS 系统中的节点机被安排成了一棵树中的层次结构，这是第一代具有层次结构的分布式入侵检测系统。

1996 年，在将计算机安全与生物免疫学进行类比的基础上，S. Forrest 提出了基于计算机免疫学的入侵检测技术。

1997 年，P. Porras 提出了入侵检测系统 Emerld。

1998 年，第一个开放源代码的入侵检测工具 Snort 面世；W. Lee 等人首次将数据挖掘引入入侵检测，运用数据挖掘的方法对审计数据进行处理，提高了检测系统的准确度和可扩展性。

1999 年，美国伯克利大学的 Los Alamos 的 V. Paxson 成功开发了基于网络的实时入侵检测系统框架 Bro，用于高速网络环境下的实时入侵检测。

2000 年，Cheung 等人将容错技术引入入侵检测，提出了入侵容忍的概念，在不改变现有网络基础设施的条件下，使系统不仅能够检测到可疑行为，还能够进行系统诊断，自动阻止攻击行为的扩散。

2001 年，L. Portnoy 提出了无指导的入侵检测方法。

2002 年，Klaus Julisch 等提出了一种新的有效处理入侵检测警报源的方法，认为每个入侵都是有一个特定的原因，超过 90% 的警报是由那几十个最根本的原因引起的。

入侵检测系统发展到现在，在智能化和分布式两个方向取得了很大的进展。各种不同类型的检测技术不断出现。

8.1.1 入侵检测的基本概念

入侵是指违背访问目标的安全策略的侵入行为。入侵检测（Intrusion Detection，ID）是通过收集 OS 层、系统和应用层程序、网络数据包中的信息，发现系统中是否有违背系统安全策略或危及系统安全的行为。具有入侵检测功能的系统称为入侵检测系统（Intrusion Detection System，IDS）。IDS 的主要作用为：

（1）识别网络入侵者及其入侵行为；

（2）检测、监视已成功的安全突破；

（3）为系统对抗入侵提供实时信息，阻止入侵事件的发生和事态的扩大；

（4）协助恢复系统正常，收集入侵证据。

IDS 可通过对网络系统和计算机主机中特定信息的实时采集、分析判断出是否有非法用户入侵和合法用户滥用系统资源的行为，并做出相应的反应。它可在传统的网络安全技术基础上实现检测与响应，起到主动防御的作用。它可使网络安全事故的处理由原来的事后发现发展到事前报警、自动响应，并可为追究入侵者的法律责任提供有效的证据。

8.1.2 入侵检测系统模型

入侵检测是一个快速发展的领域，目前有多种不同的入侵检测模型以适应不同的需要。入侵检测系统一般采用层次结构，主要分为探测引擎、事件收集数据库、中心控制台 3 个组件。入侵检测系统比较有代表性的模型有两种。其中一种是由 Denning D. E. 和 Peter Nenmann 提出的一个实时入侵检测系统通用框架 IDES（入侵检测专家系统），如图 8-1 所示。

IDES 模型由主体、活动规则、对象、轮廓特征、审计记录、异常记录 6 部分组成。该框架与系统平台、应用环境、系统脆弱性以及入侵类型无关，是一种通用的入侵检测系统框架。

另外一种是通用入侵检测框架 CIDF，如图 8-2 所示。

CIDF 模型将 IDS 需要分析的数据统称为事件。在该模型中，事件产生器负责从整个计

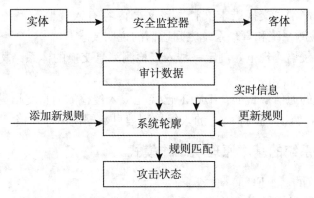

图 8-1　IDES 入侵检测模型

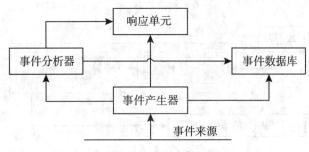

图 8-2　CIDF 入侵检测模型

算环境中获得事件，并以特定格式向系统的其他部分提供此事件；事件分析器用于分析得到的数据，判断是否为违规、反常或是入侵，并依据最后的判断结果决定是否要产生警告；事件数据库负责存放各种中间和最终信息；响应单无根据警告信息做出反应，包括阻断、干扰攻击行为，甚至发出关闭相关设备的指令等。

　　为了适应网络安全的发展需求，Internet 工程任务部（IETF）的入侵检测工作组（IDWG）负责进行入侵检测响应系统之间共享信息数据格式和交换信息方式的标准制定，制定了入侵检测信息交换格式（Intrusion Detection Message Exchange Format，IDMEF），IDMEF 与 CIDF 类似，也对组件间的通信进行了标准化，但是只标准了一种通用场景，即数据处理模块和告警处理模块之间的通信。制定入侵检测信息交换格式的目的在于定义入侵检测模块和响应模块之间，以及可能需要和这两者通信的其他模块的信息交换中的数据格式和交换过程。

　　入侵检测信息交换格式（IDMEF）描述了表示入侵检测系统输出信息的数据模型，并解释了使用此模型的基本原理。该数据模型用 XML 语言实现，并设计了一个 XML 文档类型定义。XML 是标准通用标记语言的简化版本，是 ISO8879 标准定义的一种语言，它允许用户自定义标记，还可以为不同类型的文档和应用程序定义标记。自动入侵检测系统可以使用 IDMEF 提供的标准数据格式对可疑事件发出警报，提高商业系统、开放资源和研究系统之间的互操作性。IDMEF 最适用于入侵检测分析器和接受报警的管理器之间的数据通信。IDMEF 对 IDS 的体系结构整理如下：分析器（Analyzer）检测出入侵，并通过 TCP/IP 协议经过网络给管理器（Manager）发送警告信息，警告的格式以及通信的方法就是 IDMEF 所要标准化的内容。

IDMEF 的主要工作围绕 3 点展开：

(1)制定入侵检测消息交换需求文档。该文档内容有入侵监测系统之间通信的要求说明，同时还有入侵检测系统和管理系统之间通信的说明要求。

(2)制定公共入侵语言规范。制定一种入侵检测消息交换的体系结构，使其最适合用于目前的协议，实现入侵检测。

(3)测系统之间的通信。目前，IDMEF 已经完成入侵检测消息交换需求、入侵检测交换数据模型、入侵警告协议、基于 XML 的入侵检测消息数据模型等文档。

8.1.3 入侵检测系统的基本原理与工作模式

1. 入侵检测系统的基本原理

IDS 主要分为 4 个阶段：数据收集、数据处理、数据分析和响应处理，其基本原理如图 8-3 所示。

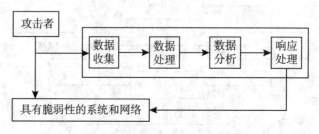

图 8-3 IDS 的基本原理示意图

(1)数据收集。数据收集是 IDS 的基础，通过不同途径收集的数据，需要采用不同的方法进行分析。目前的数据主要有主机日志、网络数据包、应用程序数据、防火墙日志。

(2)数据处理。数据收集过程中得到的原始数据量一般非常大，而且还存在噪声。为了进行全面、进一步的分析，需要从原始数据中去除冗余、噪声，并且进行格式化及标准化处理。

(3)数据分析。采用统计、智能算法等方法分析经过初步处理的数据，检查数据是否正常或存在入侵。

(4)响应处理。当发现入侵时，采取措施进行防护、保留入侵证据并通知管理员。采用措施包括切断网络连接、记录日志、通过电子邮件或电话通知管理员等。

2. 入侵检测系统的基本工作模式

如图 8-4 所示，IDS 的基本工作模式为：

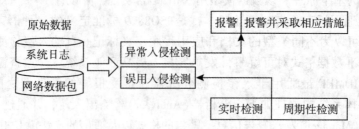

图 8-4 IDS 的基本工作模式

（1）从系统的不同环节收集信息；

（2）分析该信息，试图寻找入侵活动的特征；

（3）自动对检测到的行为作出响应；

（4）记录并报告检测过程的结果。

8.2 入侵检测系统分类

入侵检测系统经历了多年的发展，涌现多种的检测方法和技术。根据入侵检测系统的信息源和检测方法可以对入侵检测系统进行多种分类。图 8-5 中介绍了两种常见的入侵检测系统分类方法。

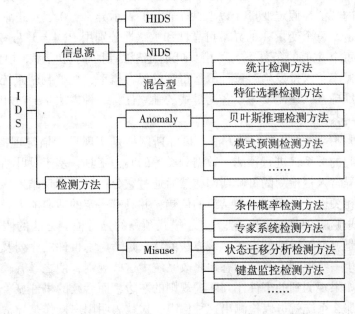

图 8-5 IDS 的分类

8.2.1 根据检测方法分类

从数据分析手段看，入侵检测通常可以分为两类：异常（Anomaly）检测和误用（Misuse）检测。

1. 异常检测方法

异常检测方法假设入侵行为与正常行为之间存在差异，首先刻画正常行为的轮廓，将当前活动情况与刻画的正常行为轮廓比较，与正常行为轮廓不匹配的行为判定为异常行为。这种检测方法通用性较强，易于实现，运行速度快。由于不需要为每种入侵行为定义，因此可检测出一些未知攻击方法，这一优点使得异常检测方法成为当前研究的热点。但由于异常检测不可能对整个系统内所有用户进行全面的描述，所以异常检测的虚警率（False Positive Rate）较高，另外，由于统计简表需要不断更新，入侵者如果知道某系统在 IDS 的监视之下，他们就能慢慢地训练检测系统使其认为某一种行为方式是正常的。

以下分别介绍主要的异常检测方法。

(1) 基于特征选择的异常检测方法。基于特征选择异常检测方法是通过从一组度量中挑选能检测出入侵的度量，构成子集来准确地预测或分类入侵。异常检测方法的关键是在异常行为和入侵行为之间做出正确的判断。选择适合的度量是困难的，因为选择度量子集依赖于所检测的入侵类型，一个度量子集并不能适应所有的入侵类型，预先确定的度量可能会造成漏报情况。理想的入侵检测度量集需要动态地进行判断和决策。若与入侵潜在相关的度量有 n 个，则 n 个度量构成 2^n 个子集，由于搜索空间同度量数之间是指数关系，所以穷尽搜索理想的度量子集的开销是无法容忍的，因此要使用诸如遗传算法或别的优化算法来搜索合适的特征子集。

(2) 基于贝叶斯推理的异常检测方法。基于贝叶斯推理的异常检测方法，是指在任意给定的时刻，测量 $A_1, A_2, \cdots, A_n$ 变量值，推理判断系统是否发生入侵行为。其中每个变量 A_i 表示系统某一方面的特征。假定变量 A_i 以取两个值：1 表示异常，0 表示正常，令 I 表示系统当前遭受入侵攻击。每个变量 A_i 的异常可靠性和敏感性分别用 $P(A_i=1/I)$ 和 $P(A_i=1/-I)$ 表示。于是在给定每个 A_i 值的条件下，可由贝叶斯定理得到 I 的可信度。根据各种异常测量值、入侵的先验概率、入侵发生时每种测量得到的异常概率，能够判断系统的入侵概率。但为了保证检测的准确性，还需要考察各测量式的独立性，一种方法是通过相关性分析，确定各变量与入侵的关系。

(3) 基于贝叶斯网络的异常检测方法。贝叶斯网络是实现贝叶斯定理揭示的学习功能，发现大量变量之间的关系，进行预测、数据分类等的有力工具，基于贝叶斯网络的异常检测方法通过建立起异常入侵检测的贝叶斯网，然后通过它分析异常测量结果。它能方便地考虑到各随机变量的相关性、证据变量和结论的依赖，并具有一定的适应能力。

(4) 基于模式预测的异常检测方法。基于模式预测的异常检测方法的假设条件是事件序列不是随机的而是遵循可辨别的模式。该方法的特点是考虑了事件的序列及其相互联系。它通过归纳学习产生一些规则，并能动态地修改系统中这些规则，使之具有较高的预测性、准确性和可信性。如果观测到的事件序列匹配规则的左边，而后续的事件显著地背离根据规则预测到的事件，那么系统就可以检测出这种偏离，这就表明用户操作是异常的。由于不可识别行为模式能匹配任何规则的左边，从而导致不可识别行为模式作为异常判断，这是该方法的主要弱点。这种方法的主要优点有：

① 处理变化多样的用户行为，并具有很强的时序模式；

② 考察少数几个相关的安全事件，而不是关注可疑的整个登录会话过程；

③ 检测系统遭受攻击，具有良好的灵敏度。

(5) 基于神经网络的异常检测方法。基于神经网络入侵检测方法通过训练神经网络连续的信息单元(命令)，来根据用户当前输入的命令和已执行过的 W 个命令预测下一个命令。其优点有：

① 不依赖任何有关数据种类的统计假设；

② 能较好地处理噪声数据；

③ 能自然地说明各种影响输出结果的测量的相互关系。

其弱点是网络必须经过多次的反复训练，且 W 值难以设定。

(6) 基于机器学习的异常检测方法。基于机器学习异常检测方法通过机器学习实现入侵检测，其主要的方法有死记硬背式、监督学习、归纳学习、类比学习等。实验结果表明，这种方法检测迅速，而且误检率低。然而，此方法在用户动态行为变化以及单独异常检测方面还有待改善，复杂的相似度量和先验知识加入到检测中可能会提高系统的准确性，但需要做进一步的工作。

（7）基于数据挖掘的异常检测方法。基于数据挖掘异常检测方法从审计数据或数据流中提取感兴趣的知识，这些知识是隐含的、事先未知的、潜在的有用信息，提取的知识表示为概念、规则、规律、模式等形式，并用这些知识去检测异常入侵和已知的入侵。基于数据挖掘的异常检测方法目前已有现成的知识挖掘算法可以借用，这些方法的优点是可适应处理大量数据的情况。但是，对于实时入侵检测还存在问题，需要开发出有效的数据挖掘算法和相适应的体系。数据挖掘的优点在于处理大量数据的能力与进行数据关联分析的能力。因此，基于数据挖掘的检测算法将会在入侵预警方面发挥优势。

除了以上述方法，还有基于文本分类的异常检测方法、基于应用模式的异常检测方法、基于贝叶斯聚类的异常检测等方法。

2. 误用检测方法

误用检测的技术是通过分析各种类型的攻击手段，找出所有的"攻击特征"集合，并利用这些特征集合（或者是对应的规则集合）对当前的数据来源进行各种处理后再进行特征匹配（或者规则匹配）的工作方式，因此使得基于误用的入侵检测系统能针对性地检测出入侵，所以检测的准确率和效率比较高，同时因为检测结果有了明显的参照，可以帮助系统管理员采取相应的措施来防止入侵。该方法的缺陷是只能检测已知的攻击方式，对未知的新的攻击无能为力，因此误用检测方法要求系统具有扩展性，当新的攻击方法出现时，可以用更新模式库的方法来升级系统。

下面来介绍主要的误用检测方法。

（1）基于条件概率的检测方法。基于条件概率的特征入侵检测方法将入侵方式对应于一个事件序列，然后通过观测到事件发生的情况来推测入侵，这种方法的依据是外部事件序列，根据贝叶斯定理进行推理检测入侵。基于条件概率的特征入侵检测方法是在概率理论基础上的一个普遍方法，它是对贝叶斯方法的改进，其缺点是先验概率难以给出，而且事件的独立性难以满足。

（2）基于专家系统的检测方法。入侵的特征抽取与表达是入侵检测专家系统的关键。在系统实现中，将有关入侵的知识转化为 if-then 结构（也可以是复合结构），条件部分为入侵特征，then 部分是系统防范措施。运用专家系统防范有特征入侵行为的有效性完全取决于专家系统知识库的完备性。

（3）基于状态迁移分析的检测方法。状态迁移分析方法以状态图表示攻击特征，不同状态刻画了系统某一时刻的特征。初始状态对应于入侵开始前的系统状态，危害状态对应于已成功入侵时刻的系统状态。初始状态与危害状态之间的迁移可能有一个或多个中间状态。攻击者执行一系列操作，使状态发生迁移，可能使系统从初始状态迁移到危害状态。因此，通过检查系统的状态就能够发现系统中的入侵行为。采用该方法的入侵检测系统有 USTAT（State Transition Analysis Tool for UNIX）。

（4）基于键盘监控的检测方法。键盘监控的误用入侵检测方法假设入侵对应特定的击键序列模式，然后监测用户击键模式，并将这一模式与入侵模式匹配以此检测入侵。这种方法的不利之处是，在没有操作系统支持的情况下，缺少捕获用户击键的可靠方法，存在无数击键方式表示同一种攻击。而且，没有击键语义分析，用户使用别名很容易欺骗这种技术，而

高等学校信息安全专业规划教材

且该方法不能够检测恶意程序的自动攻击。

（5）基于模型特征的检测方法。该方法是通过建立特征证据模型，根据证据推理来做出入侵发生的判断结论。其方法要点是建立攻击剧本（Attack Scenarios）数据库、预警器和规划者，根据剧本判断入侵。这种方法的优点在于以坚实的数学理论作为基础，对于专家系统不容易处理的未确定的中间结论，可以用模型证据推理解决，而且可以减少审计数据量。不足的地方是，增加了创建每一种入侵检测模型的开销，此外，这种方法的运行效率不能通过建造原型来说明。

（6）基于规则的误用检测方法。基于规则的误用检测方法（Rule-based Misuse Detection）将攻击行为或入侵模式表示成一种规则，只要符合规则就认定它是一种入侵行为。Snort 入侵检测系统就采用了基于规则的误用检测方法。基于规则的误用检测方法按规则组成方式分为两类：①向前推理规则。根据收集到的数据，规则按预定结果进行推理，直到推出结果时为止。②向后推理规则。由结果推测可能发生的原因，然后再根据收集到的信息判断真正发生的原因。

除了上述方法外还有模型误用推理及 Petri 网状态转换等的误用检测方法。

8.2.2　根据数据源分类

IDS 可根据不同的功能模块划分不同的类型。从数据来源看可分为基于主机的入侵检测、基于网络的入侵检测和混合型入侵检测系统 3 类。

1. 基于主机的入侵检测系统

基于主机的入侵检测系统（Host-based Intrusion Detection System，HIDS）通常从主机的审计记录和日志文件中获得所需的主要数据，并辅之以主机上的其他信息，如文件系统属性、进程状态等，在此基础上完成检测攻击行为的任务。它具有检测效率高、分析代价小、处理速度快的特点，能够迅速并准确地定位入侵者，并可以结合操作系统和应用程序的行为特征对入侵者作进一步分析。另外，许多发生在应用进程级别的攻击行为是难以依靠基于网络的入侵检测系统完成的。

基于主机的入侵检测系统存在以下缺点：

（1）一定程度上依赖于系统的可靠性，它要求系统本身应该具有基本的安全功能并具有合理的设置，然后才能提取入侵信息；

（2）在所保护主机上运行，影响到宿主机的运行性能，特别是宿主机是服务器时；

（3）通常无法对网络环境下发生的大量攻击行为做出及时的反应；

（4）主机的日志提供的信息有限，有的入侵手段和途径不会在日志中有所反映。

2. 基于网络的入侵检测系统

基于网络的入侵检测系统（Network-based Intrusion Detection System，NIDS）以原始网络数据包作为数据源，并通过协议分析、特征匹配、统计分析等手段发现当前发生的攻击行为。与基于主机的检测系统相比，它不需要主机提供严格的审计，因而对主机资源消耗少，并且由于网络协议是标准的，因此可以提供对网络通用的保护而无需考虑异构主机的不同架构。基于网络的入侵检测往往存在以下问题：

（1）难以实现一些复杂的需要大量计算和分析时间的攻击检测；

（2）在高速网络中，通过数据流量可能使系统监听出现"丢包"现象；

（3）在分布式体系结构中，各信息处理模块之间的通信、协作和安全性等都是需要考虑的问题。

3. 混合型入侵检测系统

基于主机入侵检测系统和基于网络的入侵检测系统各有特色，可互为补充，单纯使用其中的一种会造成主动防御体系的不全面。如果能将这两种类型的入侵检测系统结合起来部署在网络内，就会构架成一套相对完整立体的主动防御体系，综合了基于网络和基于主机两种结构特点的混合型入侵检测系统，既可发现网络中的攻击信息，也可以从系统日志中发现异常情况。

8.2.3　根据体系结构分类

根据 IDS 体系结构的不同，又可以分为集中式 IDS、分层式 IDS 和分布式 IDS。

（1）集中式 IDS。集中式 IDS 有多个分布在不同主机上的审计程序，仅有一个中央 IDS服务器。审计程序将从本地收集到的数据踪迹发送给中央服务器进行分析处理。随着服务器所承载的主机数量的增多，中央服务器进行分析处理的数量就会猛增，而且一旦服务器遭受攻击，整个系统就会崩溃。

（2）分层式 IDS。分层式 IDS 定义了一系列检测区域，每一个入侵检测系统负责监视一个区域。与集中型不同的是它并不是将所有本地主机收集到的审计数据传送到中央入侵检测服务器，而是由每个检测区域的入侵检测系统来分析本区域的主机审计数据，并将分析结果传送给上一层入侵检测系统。

（3）分布式 IDS。将单个中央入侵检测服务器的职责分配到若干个相互协作的入侵检测系统，每个入侵检测系统都只负责监测本地主机的某一方面的情况，所有入侵检测系统并发执行并且相互协作。这些入侵检测系统能够产生一致性的推论并制定全局性的决策。

8.2.4　根据时效性分类

根据入侵检测的时效性，IDS 可以分为在线分析 IDS 和离线分析 IDS。

（1）在线分析 IDS。在数据产生或发生改变的同时对其进行检查，以发现攻击行为。这种方式一般用于对网络数据的实时分析，并且对系统资源要求比较高。

（2）离线分析 IDS。在主体的行为发生后，对产生的数据进行分析，而不是在行为发生时进行分析，如对日志的审核，对系统文件完整性的检查等。

8.3　典型入侵检测技术

入侵检测系统采用的技术种类繁多，检测的时效性和准确性是入侵检测系统技术的最为重要的衡量标准。目前主要流行的入侵检测技术包括：基于模式匹配的入侵检测技术、基于统计分析的入侵检测技术、基于完整性分析的入侵检测技术、基于数据分析机制的入侵检测技术

8.3.1　基于模式匹配的入侵检测技术

模式匹配，就是将系统采集到的信息与系统本身数据库中的信息进行匹配，从而发现用户行为是否为入侵行为。目前，模式匹配已成为入侵检测领域中使用最广泛的技术之一。

模式匹配的工作机理为：首先，建立一个包含有入侵行为和针对入侵行为做出何种反应

的数据库。一种入侵行为可能会有多个反应或者一个反应可能对应于多个入侵行为，每个对应模式称为一个规则。其次，利用软件或者其他工具抓取网络数据包，对数据包中的信息进行分析处理，查找数据库。如果发现网络数据报所包含的信息与定义的规则相匹配，表示发现一处入侵行为，根据定义好的规则采取相应的入侵反应。

在入侵检测系统中应用模式匹配方法的最大优点在于可以减少系统负担。因为利用模式匹配方法来检测入侵行为的系统只需要采集网络数据就可以了，这对系统负担有了显著的减小。模式匹配方法在入侵行为检测上拥有很高的准确率，但是它的缺点也很明显：模式匹配方法不能检测到未知的入侵行为。如果要检测出新的入侵行为需要不断地升级知识库。

8.3.2 基于统计分析的入侵检测技术

统计分析方法是异常检测最常用的方法。它主要是由探测器观察主体长期或者短期的活动，得出这些活动主体正常行为的特征轮廓。通过观察系统审计日志得出主体行为的当前特征轮廓，并将它与预先设计好的主体正常行为特征轮廓进行比较来判断是否发生入侵行为。系统中存储的主体正常行为特征轮廓需要根据审计记录不断地更新。并且这种更新时人工静态的。在实际实现时，把系统审计记录中的数据进行统计，得出主体行为的当前特征轮廓。将结果与预定义的主体正常行为特征轮廓进行比较，当两者的偏差超出预先指定的阈值时，就可以怀疑发生了异常行为。

统计模型方法是以概率统计为基础的，在实际应用中很容易被采用并实现。但是，它也存在着不足：首先，阈值难以确定。阈值是用来控制用户行为是否为异常行为的"开关"，如果阈值过低会使系统的误报率会提高，这会导致系统无法正常工作；如果阈值过高的话，可能放异常行为"过关"，把入侵行为当做正常行为处理，检测系统不能成功阻止入侵行为对系统的破坏。其次，统计方法需要有大量的数据源，即需要分析大量的审计记录才能得出用户正常行为的特征轮廓，要想得出正确的行为特征轮廓也是一个问题。

8.3.3 基于完整性分析的入侵检测技术

一旦入侵者成功侵入系统后，为逃避检测和方便下次进入，首要的事就是更换系统文件，代之以后门程序。因此，发现入侵行为很重要的一个方面就是保证数据和系统的完整性。一般对文件完整性的保护采用 32 位 CRC 校验(循环冗余校验)，然而，高级入侵者已经可以使用特殊技术骗过 CRC 校验，需要我们采用更多更安全的方法来检测，如加密等。

文件完整性检查的根本思想就是：将被入侵的系统的状态和未被入侵的系统的状态相比较。在建立了正确安全的初始系统状态后，检查程序定期醒来，根据初始系统状态检查当前系统状态，发现可疑或非法的变动，触发警报和通知系统管理员。另外，正确的系统状态也被经常更新。由此，要实现一个完的检查功能，至少需要以下几部分：正确安全的系统状态、预先定义的被检查项目和一个进行定期检查的程序。单个的工具难以完成这样的功能，需要将各部分整合成一个文件完整性检查系统(FICS)，下面我们将详细讨论这个问题。

如前所述，文件完整性系统的目标在于：保证被保护主机的关键资源不被恶意更改。所谓关键资源是指系统中不应也不能被经常更改的关键成分，如内核、配置文件、可执行程序、库以及那些由第三方提供的可能影响到主机运行的资源等。由于保证的对象是主机上关键资源，又由于必须预定义一个正常安全的系统状态作为基准，所以，一个文件完整性检查系统，使用了基于主机异常的检测技术。

具体对文件检查时，要考察哪些内容呢？这是涉及检查有效性的核心问题。目前文件完整性检查方面的工具有很多，如 Tripwire、AIDE、Site Watcher、Sentinel、L5、Nannie 等，虽然它们有应用平台之分(UNIX 类/WINDOWS 类)，也有开放源码与商业软件之分；但是它们在检查的方式方法上却有共通之处。在借鉴了这些思想的基础上，我们认为检查文件的完整性主要考虑以下内容。

　　(1)文件的摘要。用密码学的方法来检验文件的完整性是大多数软件的共同考虑。在 Unix 系统中，仅用 sum 和 ksum 这两个命令来检验完整性是远远不够的，因为它们是用来检验偶然的修改，不足以阻止入侵者恶意产生特定的校验和行为。常用 MD5、SHA1 等算法对文件产生信息摘要(Message Digest)，由于这些算法中使用的单向散列函数的单向性，入侵者很难逆推，也极难找到两个随机信息使其产生相同的摘要，从而使产生的摘要具有高度安全性。特别是 MD5 算法，它本身的直接安全性、简单性、紧凑性和速度都不错，适合于安全快速地产生摘要。

　　(2)文件权限。文件的权限是系统安全的关键，它决定了文件的状态属性和访问控制。如果文件被赋予不正确的权限，如 shadow 文件可被任何用户读写，将带来严重的安全隐患。因此，记录关键文件的正确权限并定期检查，可以防范一些入侵。

　　文件权限中的 SUID 位(设置用户 ID)和 SGID 位(设置分组 ID)值得特别注意。设置 SUID root 可以让用户以 root 身份运行程序，执行以原有身份不能进行的操作。SGID 文件也是如此。这在给用户带来方便的同时，也引入了极大的安全问题：若入侵者创建并隐藏一个 SUID root 的 shell 拷贝，再调用该后门，就能取得 root 权限。使用 find 命令列出所有 suid 文件，或许能发现可疑的 SUID root 程序，但 find 命令也可能被篡改以逃避检测。所以，根本的解决方法是记录和检查系统中的所有 suid 程序，密切注意其改变情况。

　　(3)文件的其他属性。除权限外，对文件其他属性的逻辑判断也可用来检查文件的非法更改。例如，文件的 atime、ctime、mtime 属性之间，有确定的逻辑关系，ctime 的更改不一定影响 mtime，但文件的 mtime 的更改必使得 ctime 随之改变。如果一个文件的 mtime 晚于 ctime，那么该文件一定存在问题。又如，正常的文件总是有属主的，无属主的文件即使不是非法文件，也不是系统操作的正确结果，可以用 find/-nouser-o-nogroup-print 发现。此外，隐藏非法文件也是入侵者经常采用的方法，被隐藏的文件应特别注意。

8.4　模式串匹配算法

　　现有的 IDS 中存在着比较多的检测方法和技术，其中基于模式匹配的检测方法的理论和技术已经达到了比较成熟的地步。目前，模式匹配已经成为入侵检测领域中极其重要又使用最为广泛的检测方法和机制之一，下面将从原理、特点和实现等方面对基于模式匹配的入侵检测系统进行大概描述。

8.4.1　模式串匹配算法概述

　　模式串匹配算法是一个基础算法，它的解决以及在这个过程中产生的方法对计算机的其他问题都产生了巨大影响。目前已经有上百种算法，它们或在理论上有很好的结果，或在实践中有很好的性能。模式串匹配算法之所以会受到如此的重视，是因为它的广泛应用和在计算机理论算法的基础地位。它是文本处理程序中必不可少的组成部分；网络内容分析和检索

高等学校信息安全专业规划教材

也要用到它,尤其是在 Internet 信息快速增长和网络内容安全日益重要的情况下,对于病毒防护和入侵检测、不良内容的过滤应用中,显得尤为重要。另外一个重要应用就是生物信息学,可以说功能基因组的查找就是字符串的匹配,由于基因序列很长,目前的超级计算机都很难在很短的时间内完成,所以必须研究更加有效的串匹配算法。

当前模式串匹配归属于串处理(String Processing)和组合模式匹配(Combinatorial Pattern Matching)。其研究正处于告诉发展的时期。许多国际会议,如 CPM1989-CPM2002、SPIRE2003 等,都对多模式匹配的理论、体系结构、算法、功能等展开了广泛的讨论。许多学者对模式匹配在不同环境下的快速算法进行了深入研究。

前面的定义只是给出了串匹配的一个定义,可以对它进行扩展。其实,可以把这个匹配过程看成一个信息串(不限字符串)的识别过程,比如二进制串、一个数或者一个更大的有复杂结构的信息单无。如果搜索的范围是多维数组,那么就是多维字符串的匹配问题。比如在一幅图像中搜寻人脸,图像表示为二维数组,要搜索的模式——人脸也是二维数组。如果有多个串要匹配,那么可以把多个串组合在一起搜索,而不是一个一个地搜索,这样可以节省搜索时间,这就是多串匹配。如果引入特殊符号和限制,就可以得到正则表达式匹配、完整单词匹配等。

如果考虑的是不完全匹配问题,那么可以扩展为近似模式串匹配问题。这种情况在基因串的搜索中常常遇到,因为子串完全匹配的概率非常低。如果把文本和模式都做一个变换——压缩,那么就是压缩字符串的搜索。网络上,为了节省传输时间常常把文件压缩后传递,那么要对这类信息进行监控就必须进行压缩字符串搜索。

根据串匹配算法是先对文本还是先对模式进行预处理,可以有两种方案:索引方案和非索引方案。索引方案是先对文本进行预处理,在生成的索引基础上进行匹配。本章中主要考虑的是非索引方案。这种方案不需要对搜索文本进行预处理,比较适用于网络的内容分析。

现在串匹配算法的主要工作思路是这样的:算法依据模式建立一个长度为 m 的窗口(Window),然后扫描待搜索文本。当扫描到文本的 j 位置的时候,比较 j 位置前后的字符和模式窗口中字符,如果全部匹配,则报告发现模式;如果不存在匹配,则充分利用窗口中的信息和文本 j 位置前后的字符信息,尽最大可能向右移动窗口。从左到右重复这个过程,直到到达文本最右边。这种机制称为滑动窗口(Sliding Window)方案。当然除了这种主要方案之外,还有其他方案。在滑动窗口方案中,各种方案的区别主要在于如何最大可能地向右移动窗口。

8.4.2 模式匹配在入侵检测中的应用

匹配问题是计算机科学中最基本的问题之一。模式匹配技术的发展是和它的应用密切相关的。是人们对算法的搜索速度不断追求的结果。最初模式匹配技术应用到了文字检索系统和图书目录查询系统中。后来随着网络技术和生物科学的发展,这些领域需要处理大规模的数据,模式匹配算法也随之应用到这个领域。

入侵检测技术是网络安全问题的一个主要研究方向之一。入侵检测技术的目的是对企图入侵、正在进行的入侵或者已经发生的入侵进行识别的技术。入侵检测系统就是这种能够能够执行入侵检测任务的软件、硬件或者软件与硬件相结合的系统。入侵检测最常用的技术就是"数据监听",这是一种通过监听网络数据或系统日志内容来搜索可能存在的对系统进行非法入侵的行为的技术,这个监听过程就是一个模式匹配过程。入侵检测系统对各种入侵行为的特点建立了一组入侵行为的特征模式集，模式匹配的匹配数据就是这组入侵行为的特征集。入侵检测系统对每种入侵行为都建立了一种安全规则库，库中存放对应入侵行为应该采取的措施。入侵检测系统的主要工作就是监听网络数据和系统日志，匹配特征模式集和安全规则库，最后根据检测到的入侵行为采取相应的措施来避免遭受攻击。模式匹配技术在这里得到应用，并且成为影响入侵检测系统性能的决定因素。

模式串匹配算法按照在匹配过程中同时匹配的模式串个数，可分为单模式匹配算法和多模式匹配算法：单模式匹配算法就是一次只能在文本串中对一个模式串进行匹配的算法，多模式匹配算法是可同时对多个模式串进行匹配的算法。

依据其功能，模式匹配算法可分为精确串匹配算法和正则表达式匹配算法。精确串匹配算法是指在数据序列中查找出与一个或多个特定的模式串完全一致的子串及其出现的位置；正则表达式匹配算法是指根据正则表达式的描述，在数据序列中查找满足正则表达式的所有子串的出现位置。相对精确串匹配来说，正则表达式匹配功能更强大，同时运算成本也更高，速度更慢。所以，通常入侵检测系统首先将待检测数据进行精确串匹配，以便提前处理简单易描述的规则，对具有明显入侵特征的数据包进行处理，然后将顺利通过精确串检测的数据包交由成本更高的正则表达式匹配模块进行匹配。

8.4.3　单模式匹配算法

单模式串匹配问题可描述如下。

已知：有限字符集合 Σ，

模式串 P：$P=p_0p_1\cdots p_{m-1}$，$p_i\in\Sigma(0\leqslant i\leqslant m-1)$；

数据串 T：$T=t_0t_1\cdots t_{n-1}$，$t_j\in\Sigma(0\leqslant j\leqslant n-1)$。

求解：出现位置集合 $O=\{i\}$，$t_{i+k}=p_k(0\leqslant k\leqslant m-1)$。即根据建立在一个有限的字符集合上的模式串和数据串，找到数据串中与模式串完全相等的所有子串的出现位置。

1. Brute Force 算法

BF 算法也叫朴素模式匹配算法，是由 Bruce Force 提出来的，算法基本思想可描述为：

①模式串 Pattern 和文本串 Text 按左对齐，使得 P_0 与 T_0 处于窗口的同一位置。

②比较 P_0 和 T_0，判断两个字符是否相同。如果相同，则比较 P_1 和 T_1；如果不相同，则使模式串 Pattern 向右移一位，重复步骤②；当字符 P_{m-1} 超出文本串的长度时，转向步骤④。

③在步骤②结束后，如果出现了 $P_{0,1,\cdots,m}=T_{0,1,\cdots,m}$，这表示匹配成功，输出结果；否则，匹配失败。

④算法结束。

算法的具体实现用伪代码表示为：

```
BFMatch(char T[],char P[])
{
    int i←0,j←0,pos;
    pos←i;
    while i<n,j<m;//判断文本串中是否包含有模式串
        if(Ti==Pj)then do i++,j++;
        else do i=pos+1,j=0;
        end if
```

```
        end while
        if(j=m)//当前窗口比较结束后结果
        //找到一个模式串,但文本没有结束
            if(i<n)then do i←pos+1 return 1;
            //文本结束,没有模式串
                else do return 0;
            end if
        end if
    }
```

BF 算法的实质是将模式串和文本从左向右逐个搜索。若比较过程中某一位出现失配,则将模式串向右移动一位,继续从模式串的第一位开始从左向右比较。根据这个思想,BF 算法的检测结果是可以给以肯定的,所有与规则库匹配的入侵行为都可以检测出来。同时可以发现,算法的检测效率是比较低的,模式串右移次数在最坏情况下要比较 $m*(n-m+1)$ 次。以实际的例子来分析 BF 算法的匹配过程:

假设,P: chin; T: the chinese are all love china.

匹配过程如下:

①T: the chinese are all love china

　P: chin

首先使模式串 P 和文本串 T 对齐,如步骤①所示。此时 T_0 = "t" 与 P_0 = "c",比较两个字符。比较发现 $T_0 \neq P_0$,根据 BF 算法运算法则,将模式串向右移一位,使得 P_0 与 T_1 对齐,移动结果如步骤②所示。

②T: the chinese are all love china

　P: chin

比较字符 T_1 和 P_0。发现 $T_1 \neq P_0$,继续将模式串右移一位,使得 P_0 与 T_2 对齐,移动结果如步骤③所示。

③T: the chinese are all love china

　P: chin

根据算法要求继续比较,发现 $T_2 \neq P_0$,将模式串右移一位,使得 P_0 与 T_3 对齐,移动结果如步骤④所示。

④T: the chinese are all love china

　P: chin

比较发现 $T_3 \neq P_0$,将模式串右移一位,使得 P_0 与 T_4 对齐,移动结果如步骤⑤所示。

⑤T: the chinese are all love china

　P: chin

通过比较发现 $P_0 = T_4$,让模式串指针和文本串指针同时向右移动一位,比较 P_1 是否等于 T_5;通过比较发现,$P_1 = T_5$ = "h"。根据同样规则发现:$P_2 = T_6$,$P_3 = T_7$。由于这个时候模式串指针值和模式串长度值相等,完成了一次匹配,并且成功地找到了要查找的信息,输出结果反馈给网络管理员。虽然在第⑤步的时候找到了要匹配的结果,但由于文本串还没有匹配完成,因而继续按照上述方式匹配,直到文本串结束为止。

在本例中,模式串需要向右移动 29 次才能与文本串匹配完成,在经过第 28 次移动时又成功找出模式串信息，P 与 T 匹配完成时结果如下所示：

T：the chinese are all love china

P：   chin

至此，文本串和模式串的匹配完成，成功查找到 2 次模式串信息，模式串向右移动 29 次。

根据上述实例分析发现：BF 算法的时间复杂度为 $O(m*n)$，而且在匹配的过程当中，文本串的指针经常需要回溯。从算法角度看，算法回溯次数越多，算法效率就越低下。BF 算法的效率是比较低下，但是，它的出现为后来算法效率的提高提供了现实的依据。

2. Knuth-Morris-Partt 算法

KMP 算法是由 D. E. Knuth、V. R. Partt 和 J. H. Morris 共同提出的。该算法是在分析 BF 算法的基础上进行改进得出的。由于 BF 算法在匹配的过程中经常发生回溯现象，学者们通过对 BF 算法匹配过程的分析，最终由上述三人共同提出了无回溯的 KMP 算法，KMP 算法是无回溯模式匹配算法中的代表，它通过利用模式的特征向量来提高算法的查找效率的，其时间代价是目标串的线性函数，同时模式的特征向量计算与模式本身长度成正比。

KMP 算法的主要思想为：在匹配过程中，若在字符 P_j 处发现不匹配，则模式串的右移量未必是 1；当模式串右移后，重新匹配的首字符也未必为 P_0。算法在失配的情况下是借助一个辅助函数 Next[ ] 来确定模式串 P 的右移量和移动后开始比较的位置。Next 函数的定义可以表示为：

$$Next[j] = \begin{cases} -1, & \text{当 } j=0 \text{ 时;} \\ \max\{k \mid 0 < k < j \text{ 且 } p_{0, 1, \cdots, k-1} = p_{j-k+1, \cdots, j-1}\}, & \text{当集合不空时;} \\ 0, & \text{其他情况.} \end{cases}$$

在匹配的过程中，如果 $P_j \neq T_i$，若 Next[j]>0，则模式串的右移量为 j-Next[j]；若 Next[j] = -1，则将模式串右移 j+1 位，并且使 P_0 与 T_{i+1} 进行比较。

现假设模式串为"abbcabcdcab"，则根据 Next 函数得出 Next[j] 值如表 8-1 所示：

表 8-1　　　　　　　　　　　　模式串中各字符的 Next[ ] 值

j	0	1	2	3	4	5	6	7	8	9	10
模式串	a	b	b	c	a	b	c	d	c	a	b
Next[j]	-1	0	0	1	0	1	2	2	0	1	2

根据上述分析结果可以知道，KMP 算法中的 Next 函数的伪码可表示如下：

```
int Next( char * P, int next[ ])
{
    int j←0, next[0]←-1, k←0;
    while (j<strlen(P)) do
        if(k = -1 | Pj = =Pk)do i++j++next[j] = k
            else do k = next[k]
        end if
```

```
    end while
}
```

在 Next 函数的构造过程中，最重要的步骤是求出子串的最大长度。所以对于任何一个子模式串都是唯一的，它的值只与模式串本身结构有关。

KMP 扫描算法如下：

```
int kmp( char P[ ], char T[ ], int next[ ])
{
    int i, j, x, y;
    x=len(T);
    y=lent(P);
    while(i<m-1&&j<n-1)
        if(j==-1 ‖ T[i]==P[j])
        {
            i++;
            j++;
        }
        else j=next[j];
        if(j>=y-1)return(i-y+1);
        else return(-1);
}
```

以下举例说明了 KMP 算法的应用。

① *T*：C D B C B A B C D B C D B C A C A B C
   P：D B C D B C B C A B C

T[0]不等于 *P*[0]，模式 *P* 向右移动一位。

② *T*：C D B C B A B C D B C D B C A C A B C
   P：D B C D B C B C A B C

子串(DBC)三个字符已经匹配，后面发现不匹配，在匹配部分(DBC)没有重复部分，则向右移动模式 *P*，将 *P*[0]与文本 *T* 中失配的字符对齐。

③ *T*：C D B C B A B C D B C D B C A C A B C
   P：   D B C D B C B C A B C

P[0]与 *T*[4]不匹配，模式 *P* 向右移动一位。

④ *T*：C D B C B A B C D B C D B C A C A B C
   P：   D B C D B C B C A B C

子串(DBCDBC)六个字符已经匹配成功；其中最长的重复部分是(DBCD)；则将模式 *P* 向右移动三个位置，与文本 *T* 重复部分(DBCD)对齐；

⑤ *T*：C D B C B A B C D B C D B C A C A B C
   P：   D B C D B C B C A B C

匹配过程完成。

KMP 算法相比 BF 算法效率有较大的提高，它主要消除了 BF 算法中只要存在一个字符比较不相等就回溯的缺点。KMP 算法在最理想情况下的时间复杂度为 $O(m+n)$，空间复杂

度为 $O(m)$。

3. Boyer-Moore 算法

BM(Boyer-Moore)算法是 Boyer 和 Moore 于 1977 年提出来的。BM 算法从另外一个角度出发，提出一种比较新颖的方法来求解模式匹配问题。

BM 算法的基本思想是首先对模式 P 进行一些预处理，要求计算出两个偏移函数：Badchar 和 Goodsuffix，然后把文本 T 和模式 P 左边对齐，从右到左进行比较，当某一趟匹配失败时，按照两个偏移函数计算出的偏移值，取较大的偏移值，再把文本指针向右移，直到匹配成功或整个文本搜索完毕。

(1)Badchar 函数。Badchar 函数计算出字符集 Σ 中每个字符所对应的偏移量 $\text{skip}(x)$。设 $\text{skip}(x)$ 表示为 P 右移的距离，m 表示为模式串 P 的长度，$\max(x)$ 表示为字符 x 在 P 中的最右位置。$\text{skip}(x)$ 定义如下式：

$$\text{skip}(x) = \begin{cases} m, & x \neq p[j]\,(1 \leqslant j \leqslant m), \quad \text{即 } x \text{ 在 } P \text{ 中未出现；} \\ m - \max(x), & \{k \mid p[k] = x,\ 1 \leqslant k \leqslant m\} \quad \text{即 } x \text{ 在 } P \text{ 中出现.} \end{cases}$$

位移函数 $\text{skip}(B)$：

①当 P 中第 j 个字符和 B 相等，$\text{skip}(x) = m-j$。例子如下：

T：A D F A B D C A D

P：A D B A B

P：　　A D B A B

根据 Badchar 函数计算的偏移量，不匹配字符是 B，B 是在第 3 的位置上，计算的偏移值为：$m=5$，$m-j=2$，模式 P 往右移两位，正好对齐了模式 P 的失配字符 B 和正文 T 的 B 字符。

②当模式 P 中不包含 B，$\text{skip}=m$。例子如下：

T：A D D A B D C A D B

P：A D A C C

P：　　　　　A D A C C

根据 Badchar 函数计算的偏移量，不匹配字符是 B，在模式 P 中不存在：m 为 5，模式 P 往右移 5 位，正好把模式移到了坏字后面。

(2)Goodsuffix 函数。好后缀函数能够计算出模式当中的一个后缀被匹配成功时，它的文本指针能够右移的偏移量 $\text{Shift}(j)$，它利用已成功匹配的字符，将已匹配的部分看做整个模式的子模式，考虑模式串前缀中是否有与此模式相匹配的子串。

设 $\text{Shift}(j)$ 为 P 右移的距离，m 为模式串 P 的长度，j 为当前所匹配的字符位置。$\text{Shift}(j)$ 定义如下式所示：

$\text{Shift}(j) = \min\{s \mid (P[j+1, \cdots, m] = P[j-s+1, \cdots, m-s]) \,\&\&\, (P[j] \neq P[j-s])\ (j>s)\ P[s+1, \cdots, m] = P[1, \cdots, m]\ (j \leqslant s)\}$.

例子：

T：A A B B A C D A D

P：B A C A A C

P：　　B A C A A C

模式 P 中和文本 T 匹配的是 AC，但是模式 P 从右边起第一个已经匹配的字串的前缀是 A，所以不可以匹配。但是 P 中从右边起第二个已经匹配的字串的前缀是 B，需要把模式 P

向右移动，使它们对齐。

如果模式中没有已经匹配的字串或者已经匹配的字串的前缀是 A，就要用模式 P 中的前缀对齐文本 T 的后缀，向右移动过程速度很快。

例子：

T: A C B A C A B

P: A B A A C

P: 　　　A B A A C

从上面例子中能够看出，已经匹配的字串 AB 仅在模式 P 中出现一次，因为它的前缀是 A，所以应该直接将模式 P 向右移动，使它的前缀和文本 T 已经匹配的字串的后缀 v 对齐。

在 BM 算法匹配的过程中，取 $\mathrm{skip}(x)$ 与 $\mathrm{shift}(j)$ 两者中的较大者作为向右移动的距离。

BM 算法实现关键代码如下：

```
int dist(char ch, char * T)//Skip 函数
{
    int k = -1, t1;
    tl = strlen(T);
    for(int i = 0; i<t1-1; i++)
    {
        if(ch = =T[i]&&i<t1)
        k = i+1;
        if(ch = =T[i]&&i = =t1-1)
        k = 0;
    }
    if(k = = -1) k = 0;
    return t1-k;
}
Void BM(char * S, char * T)//BM 算法
{
    int S1, t1;
    Sl = strlen(S);
    tl = strlen(T);
    int j, i=t1;
    while(i<s1)
    {
        j=tl-1;
        while(j>=0&&S[i] = =T[j])
        {
            i--;
            j--;
        }
        if(j = = -1)
```

```
        {
            cout<<"匹配的起始下标为:"<<i+2<<endl;
            break;
        }
    else
            i=i+dist(S[i], T);
    }
    if(i>=s1) cout<<"匹配不成功"<<endl;
}
```

BM 算法预处理阶段时间复杂度为 O($m+s$)，空间复杂度为 O(s)。最好情况下时间复杂度 O(n/m)，最差的情况下时间复杂度为 O($m*n$)。BM 算法使用了两个启发性规则，在进行算法匹配时，文本串指针不需要回溯，从而减少了很多的比较次数，较大地提高了匹配效率。

4. BM-Horspool 算法

经典的 BM 算法经历了几年的发展，不断涌现了多种改进的算法，这些当中要 Horspool 改进的 BMH(BM-Horspool)算法效率最高。而且仅仅采用坏字符启发已经对 BM 算法有比较明显的改进了。

BMH 算法核心思想是：首先左边对齐文本串 T 和模式串 P，从右至左匹配，当匹配失败时，判断 T 中参加匹配的最末位字符 $T[i+m-1]$ 有没有在 P 中出现，如果没有出现，P 向右移动步长 m。否则，右移对齐该字符，其移动步长=匹配串中最右端的该字符到末尾的距离+1。

BMH 算法实现关键代码如下：

```
void BMH(char t[], char p[])
{
    int len_t, len_p;
    int i, j, skip, pos, tem, count, cou;
    len_t=strlen(t);
    len_p=strlen(p);
    skip=0;
    count=0;
    cou=0;
    j=len_p-1;
    i=j;
    for(pos=len_p; i<pos&&pos<=len_t;)
    {
        tem=i;
        while(j>=0)
        {
```

```
            if(t[i]==p[j])
            {
                i--;
                j--;
                //continue;
            }
            else
            {
                skip=compp(t[pos-1], len_p, p);
                break;
            }
        }
        if(j<0)
        {
            count++;
        }
    printf("BMH 成功匹配%d 次:", count);
    printf("BMH 比较了%d 次:", cou);
}
int compp(char x, int y, char b[])//x 为最末尾字符, y 为 p 中不匹配的位置
{
    int a, i, next;
    a=y;
    for(i=a-2; i>=0; i--)
    {
        if(x==b[i])
        {
            next=(a-i-1);
            break;
        }
        Else
        next=a;
    }
    return next;
}
```

BMH 算法举例如下:

设文本串 T = "FOLLOASAMASFLOMESAMPLE", 模式串 P = "SAMPLE", 按照 BMH 模式匹配算法思想, 匹配过程如表 8-2 所示。

表 8-2　　　　　　　　　　　　　　BMH 算法的匹配过程

	0	1	2	3	4	5	6	7	8	9	10	11	12	13	14	15	16	17	18	19	20	21
	F	O	L	L	O	A	S	A	M	A	S	F	L	O	M	E	S	A	M	P	L	E
1	S	A	M	P	L	E																
2							S	A	M	P	L	E										
3									S	A	M	P	L	E								
4															S	A	M	P	L	E		
5																	S	A	M	P	L	E

BMH 算法预处理时间复杂度为 $O(m+\sigma)$，空间复杂度 $O(\sigma)$ 的。查找阶段时间复杂度为 $O(mn)$，在一般情况下，BMH 算法比 BM 具有更好的性能，它只使用了一个数组，简化了初始化过程。

8.4.4　多模式串匹配算法

多模式串匹配问题可描述如下。

已知：有限字符集合 Σ，

　　　模式串 P：$P=\{p_i\}$，$p_i = p_i^0 p_i^1 \cdots p_i^{m_i-1}$，$p_i^j \in \Sigma\,(0 \leqslant i \leqslant m-1)$；

　　　数据串 T：$T = t_0 t_1 \cdots t_{n-1}$，$t_j \in \Sigma\,(0 \leqslant j \leqslant n-1)$；

求解：出现位置集合 $O = \{o_{ij}\}$，使得 $\forall o_{ij} \in O$，$t_{j+k} = p_i^k\,(0 \leqslant k \leqslant m-1)$。

即根据建立在一个有限的字符集合上的模式串和数据串，找到数据串中与模式串完全相等的所有子串的出现位置。

1. 蛮力法

多模式串匹配问题的蛮力法是单模式串匹配蛮力算法的扩展。由于在匹配窗口内需要匹配的模式串不是唯一的，所以多模式串的蛮力算法需要增加一层循环，以便对每一个模式串进行匹配。多模式串的蛮力算法代码如下所示。

```
char * pattern , * text;
int windows_position , offset;
for ( windows_position = 0; windows_position < n - m + 1; windows_position++ )
{
    for ( int iPat = 0; iPat < iPatternNumber; iPat++ )
    {
        Pattern = patternarray[ iPat ];
        for ( offset = 0; offset < m; offset++ )
        {
            if ( text[ windows_position+offset ] ! = pattern[ offset ] ) break;
        }
        if ( offset > = m ) Findat( windows_position, iPat );
    }
}
```

2. Aho-Corasick 算法

Aho-Corasick(AC)算法是 KMP 算法向多模式匹配算法的扩展，它是一种最经典的多模式匹配算法。算法使用一种特殊的自动机，称为 Aho-Corasick 自动机，是有限状态自动机(finite state automata，FSA)的一种。该自动机是 Aho 等人对 trie 结构进行扩展后形成的，自动机的基本结构是由所有模式串 P 所构成的树形结构，只不过它的每个节点比 trie 结构增加了一个转移指针(失效指针)。这个转移指针指向它的失效节点，表示该节点对应子串在 KMP 算法中根据最长前缀计算出的转移节点。转移指针所指向的节点至少比当前节点高一层，绝对不会出现同层或下层的情况。集合 $P = \{atatata, tatat, acgatat\}$ 所构成的 Aho-Corasick 自动机如图 8-6 所示。

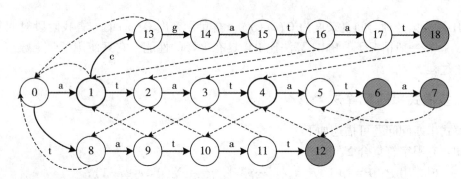

图 8-6 集合 $P = \{atatata, tatat, acgatat\}$ 所构成的 Aho-Corasick 自动机示意图
(实线表示转移状态，虚线表示失效状态，填充圈表示输出状态)

从图 8-6 可以看到，失效指针所指向的状态就是 KMP 算法中根据最长前缀计算出的某一模式的最长转移所到达的状态。例如，状态 16，它的前向字符串为"acgat"，"acgat"中既是最长后缀又是 P 中某个模式的前缀的字符串是 at，所以状态 16 的失效状态就是从根节点开始经 at 所到达的状态，即状态 2。这里需要注意的问题是状态 6 和 12 都到达了状态，这是因为在状态机的搜索过程中有一种特殊情况出现，那就是 P 中的某个模式是另外一个模式的子串或后缀的情况，为了防止这种情况下漏掉待匹配的模式，需要在构建状态机以后把这种后缀或子串的模式的状态添加到长的模式中。在图中就表现为把状态 6 的状态添加到状态 12 中。

AC 算法是 Alfred V. Aho 和 Margaret J. Corasick 于 1974 年(与 KMP 算法同年)提出的一个经典的多模式匹配算法，可以保证对于给定长度为 n 的文本和模式集合 $P = \{p_1, p_2, \cdots, p_m\}$，在 $O(n)$ 时间复杂度内，找到文本中的所有目标模式，而与模式集合的规模 m 无关。正如 KMP 算法在单模式匹配方面的突出贡献一样，AC 算法对于多模式匹配算法后续的发展也产生了深远的影响，而且更为重要的是，两者都是在对同一问题——模式串前缀的自包含问题的研究中，产生出来的，AC 算法从某种程度上可以说是 KMP 算法在多模式环境下的扩展。

要理解 AC 算法，仍然需要对 KMP 算法的透彻理解。对于模式串"abcabcacab"，我们知道非前缀子串"abc(abca)cab"是模式串的一个前缀"(abca)bcacab"，而非前缀子串"ab(cabca)cab"不是模式串"abcabcacab"的前缀，根据此点，我们构造了 next 结构，实现在匹配失败时的跳转。而对于多模式环境，这个情况会发生一定的变化。这里以 AC 论文中的例子加以说明，对于模式集合 $P = \{he, she, his, hers\}$，模式 s(he)的非前缀子串 he，实际上却是模式(he)，(he)rs 的前缀。如果目标串 target[$i \cdots i+2$]与模式 she 匹配，同时也意味着 target[$i+1 \cdots i+2$]与 he、hers 这两个模式的头两个字符匹配，所以此时对于 target[$i+3$]，则不需要回溯目标串的当前位置，而直接将其与 he、hers 两个模式的第 3 个字符对齐，然后直接向后继续执行匹配操作。

经典的 AC 算法由三部分构成：goto 表、fail 表和 output 表。goto 表是由模式集合 P 中的所有模式构成的状态转移自动机，以上面的集合为例，对应的 goto 结果如图 8-7 所示，其中圆圈对应自动机的各个状态，边对应当前状态输入的字符。

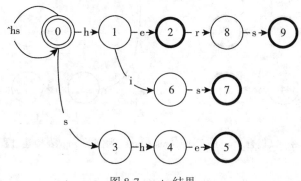

图 8-7　goto 结果

对于给定的集合 $P = \{p_1, p_2, \cdots, p_m\}$，构建 goto 表的步骤是，对于 P 中的每一个模式 $p_i[1 \cdots j]$（$1 <= i < m+1$），按照其包含的字母从前到后依次输入自动机，起始状态 $D[0]$，如果自动机的当前状态 $D[p]$，对于 p_i 中的当前字母 $p_i[k]$（$1 <= k <= j$），没有可用的转移，则将状态机的总状态数 $smax+1$，并将当前状态输入 $p_i[k]$ 后的转移位置置为 $D[p][p_i[k]] = smax$，如果存在可用的转移方案 $D[p][p_i[k]] = q$，则转移到状态 $D[q]$，同时取出模式串的下一个字母 $p_i[k+1]$，继续进行上面的判断过程。这里所说的没有可用的转移方案，等同于转移到状态机 D 的初始状态 $D[0]$，即对于自动机状态 $D[p]$，输入字符 $p_i[k]$，有 $D[p][p_i[k]] = 0$。理论介绍很繁琐，下面以之前的模式集合 $P = \{he, she, his, hers\}$ 说明一下 goto 表的构建过程。

第一步，将模式 he 加入 goto 表，如图 8-8(a)所示。

第二步，将模式 she 加入 goto 表，如图 8-8(b)所示。

第三步，将模式 his 加入 goto 表，如图 8-8(c)所示。

第四步，将模式 hers 加入 goto 表，如图 8-8(d)所示。

对于第一步和第二步而言，两个模式没有重叠的前缀部分，所以每输入一个字符，都对应一个新状态。第三步时，我们发现，$D[0][p_3[1]] = D[0]['h'] = 1$，所以对于新模式 p_3 的首字母 h，不需要新增加一个状态，而只需将 D 的当前状态转移到 $D[1]$ 即可。而对于模式 p_4 其前两个字符 he 使状态机转移至状态 $D[2]$，所以其第三字符对应的状态 $D[8]$ 就紧跟在 $D[2]$ 之后。

goto 表构建完成之后，就要构建 fail 表，所谓的 fail 表就是当我们处在状态机的某个状态 $D[p]$ 时，此时的输入字符 c 使得 $D[p][c] = 0$，那么应该转移到状态机的哪个位置来继续进行呢。以输入文本"shers"为例，当输入到字母 e 时，我们会发现匹配模式(she)rs，对应

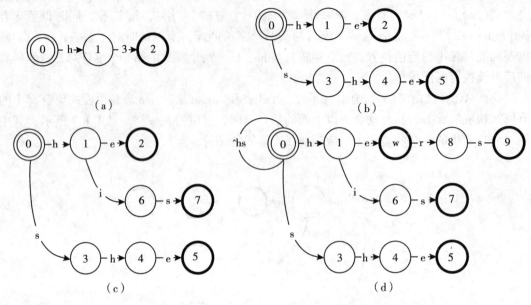

图 8-8　以集合 P = {he，she，his，hers} 为例的 goto 表构建过程图

于状态机的状态 $D[5]$，然后输入字母 r，此时发现 $D[6]['r']=0$，对于字母 r，$D[6]$ 不存在有意义的跳转。此时我们不能跳转回状态 $D[0]$，这样就会丢掉可能的匹配 s(hers)。我们发现 s(he) 的后缀 he 是模式 (he)rs 的一个前缀，所以当匹配模式 she 时，实际也已经匹配了模式 hers 的前缀 he，此时我们可以将状态 $D[6]$ 转移到 hers 中的前缀 he 在 goto 表中的对应状态 $D[2]$ 处，再向后执行跳转匹配。这一跳转，就是 AC 算法中的 fail 跳转，要实现正确的 fail 跳转，还需要满足一系列条件，下面会逐一说明。

对于模式串 she，其在字母 e 之后发生了匹配失败，此时其对应的模式串（回溯到状态 $D[0]$）就是 she。对于 she 来说，它有两个包含后缀（除字符串自身外的所有后缀），he 和 e，对于后缀 he，将其输入自动机 D，从状态 $D[0]$ 可以转移到状态 $D[2]$，对于后缀 e，没有可行的状态转移方案。所以对于状态 $D[5]$，如果对于新输入的字符 c 没有可行的转移方案，则可以跳转到状态 $D[2]$，考察 $D[2][c]$ 是否等于 0。

AC 两人在论文中举出的例子，并不能涵盖在构建 fail 时遇到的所有情况，这里特别说明一下。前面说过，对于 she 的包含后缀 e，没有可行的转移方案，此时如果模式串中还包含一个模式 era，那么 $D[5]$ 可不可以转移到状态 $D[10]$ 去呢？实际上这是不行的，我们需要找到的是当前所有包含后缀中最长的满足条件者，如果 $D[5]$ 对于失败的输入 c 优先转移到 $D[10]$，那么对于文本串 shers，很显然会漏掉可能匹配 hers。那么什么时机才应该转移到 $D[10]$ 呢？当我们处理模式串 hers 时，处理到 $D[2]$ 时对于之前的输入 he，其最长的包含后缀是 e，将 e 输入自动机，可以转移到 $D[10]$，在 $D[2]$ 处发生匹配失败的时候才应该转移到 $D[10]$。所以当我们在 $D[5]$ 处匹配失败时，要先跳转到 $D[2]$ 如果再没有可用的转移，再跳转到 $D[10]$。

这个例子同时说明，对于模式集合 P 的所有模式 p_i，我们需要处理的不仅是 p_i 的所有包含后缀，而是 p_i 的所有非前缀子串。以模式 hers 为例，其在 2、8、9 三个状态都可能发生匹配失败，所以我们要提取出 hers 的所有非前缀子串 {e，er，r，ers，rs，s}，然后按照这些子串的末尾字符所对应的自动机状态分组(上例就可以分组为{e}对应状态2,{er,r}对应状态8,{ers,rs,s}对应状态9),然后分别将这些组中的子串从 $D[0]$ 开始执行状态转移,直到没有可行的转移方案,或者整个序列使状态机最终转移到一个合法状态为止。如果一组中的所有子串都不能使状态机转移到一个合法状态,则这组子串所对应的状态的 fail 值为0;如果存在可行的状态转移方案,则选择其中最长的子串经过转移后的最终状态,令其对应的组的状态的 fail 值与其相等。

举例说明,当我们要处理模式串 hers 的 fail 表,假设已经构建好的 goto 表如图8-9所示,首先我们需要考察状态2,此时 hers 的输入字符是 he,其所有包含后缀只有 e,我们让 e 从 $D[0]$ 开始转移,发现成功转移到 $D[10]$,所以 fail$[2]=10$。然后我们考察状态8,此时 hers 的输入字符是 her,所包含后缀为"er,r"。因为我们要找到可以实现转移的最大包含后缀,则先让 er 从 $D[0]$ 开始转移,发现成功转移到 $D[11]$,所以 fail$[8]=11$,这时虽然后缀 e 也可以成功转移到 $D[10]$,但是不是当前包含后缀分组中的子串所能实现的最长跳转,放弃。然后我们考察状态9,此时 hers 的输入字符串是 hers,所包含后缀为"ers,rs,s",我们依次让其执行状态转换,发现 s 是可以实现转移的最长子串,转移到 $D[3]$,所以 fail$[9]=3$。

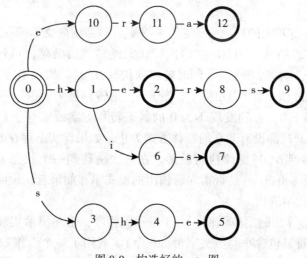

图8-9 构造好的 goto 图

对于长度为 n 的模式串 p 而言,其所有非前缀子串的总数有 $(n^2-n)/2$ 个,如果将这些子串都要经过状态机执行状态转移,时间复杂度为 $O(n^3)$,所以用这种方法,计算包含 m 个模式的模式集合 P 的 fail 表的时间复杂度为 $O(mn^3)$,如果包含 10 000 个模式,模式的平均长度为10,计算 fail 表的运算就是千万级别,严重影响 AC 算法的实用价值。

最后我们来说一下 AC 算法中的 output 表,在构建 goto 表的过程中,我们知道,状态2、5、7、9是输入的4个模式串的末尾部分,所以如果在执行匹配过程中,达到了如下四个状态,我们就知道对应的模式串被发现了。对于状态机 D 的某些状态,对应某个完整的模式串已经被发现,我们就用 output 表来记录这一信息。完成 goto 表的构建后,D 中各状态对应的 output 表的情况如下:

2 he

高等学校信息安全专业规划教材

5 she

7 his

9 hers

但是这并不是我们最终的 output 表。下面以构建状态 5 的 fail 表为例，说明一下 fail 表的构建是如何影响 output 表的。首先根据之前我们的介绍，当我们开始计算 $D[5]$ 的 fail 值时，我们要将模式 she 的所有包含后缀提取出来，包括"he，e"。这里我们需要注意，在 output 表中，状态 5 是一个输出状态。当我们用 he 在状态机中执行转移时，我们会成功转移到 2，这里 output[2] 也是一个输出状态，这就意味着在发现模式串 she 的同时，实际上也发现了模式串 he，所以如果通过某种转换，我们到达了状态 5，则意味着我们发现了 she 和 he 两个模式，此时 fail[5] = 2，所以我们需要将 output[2] 所包含的输出字符串加入到 output[5] 中。完成 goto 表和 fail 表构建后，我们所得到的最终 output 表为：

2 he

5 she，he

7 his

9 hers

这实际上是一个后缀包含问题，也就是模式 p_1 是模式 p_2 的后缀，所以当发现模式 p_2 时，p_1 自然也被发现了。

AC 算法对文本进行匹配的具体步骤是。一开始，将 i 指向文本 $text[1\cdots j]$ 的起始位置，然后用 $text[i]$ 从 goto 表的状态 $D[0]$ 开始执行状态跳转。如果存在可行的跳转方案 $D[0][text[i]] = p$，$p! = 0$，则将 i 增加 1，同时转移到状态 $D[p]$。如果不存在可行的转移方案，则考察状态 $D[p]$ 的 fail 值，如果 fail[p] 不等于 0，则转移到 $D[fail[p]]$，再次查看 $D[fail[p]][text[i]]$ 是否等于 0，直到发现不为 0 的状态转移方案或者对于所有经历过的 fail 状态，对于当前输入 $text[i]$ 都没有非 0 的转移方案为止，如果确实不存在非 0 的转移方案，则将 i 增加 1，同时转移到 $D[0]$ 继续执行跳转。在每次跳转到一个状态 $D[p]$ 时（fail 跳转不算），都需要查看一下 output[p] 是否指向可输出的模式串，如果有，说明当前位置匹配了某些模式串，将这些模式串输出。

下面就是一个 AC 算法的简单示例，由于是示例程序，重在演示实现，所以做了一些简化，这里假设输入字符只包含小写英文字母（26 个）。我用了一个二维数组来保存 goto 表信息，这样可以实现比较直接的跳转，缺点是浪费大量的内存空间。AC 算法中 goto 表状态的数量，可以参考模式中所有的字符数，所以对于上万模式的应用场景，内存空间的占用会很惊人，如何既能存储如此多的状态，又能实现低成本的状态跳转，是一个需要研究的问题。首先是程序中用到的 goto、fail、output 表结构和几个宏的定义：

```
#defineALPHABET_SIZE 26
#define MAXIUM_STATES 100
int _goto[MAXIUM_STATES][ALPHABET_SIZE];
int _fail[MAXIUM_STATES];
set<string>_out[MAXIUM_STATES];  //使用 set 是因为在生成 fail 表，同时更新 out 表的过程
```

中，有可能向同一位置多次插入同一个模式串，然后是计算 goto 表的算法。

```
inline void BuildGoto( const vector<string>& patterns)
{
```

```
    unsigned intused_states;
    unsigned intt;
    vector<string>:: const_iterator vit;
    string:: const_iterator sit;
    for( vit = patterns. begin( ), used_states = 0; vit! = patterns. end( ); ++vit)
    {
        for( sit = vit->begin( ), t = 0; sit! = vit->end( ); ++sit)
        {
            if( _goto[ t][ ( * sit) -'a'] == 0)
            {
                _goto[ t][ ( * sit) -'a'] = ++used_states;
                t = used_states;
            }
            else
            {
                t = _goto[ t][ ( * sit) -'a'];
            }
        }
        _out[ t]. insert( * vit);
    }
}
```

然后是计算 fail 表的算法。

```
inline void BuildFail( const vector<string>& patterns)
{
    unsigned int t, m, last_state;
    unsigned int s[ 20];
    vector<string>:: const_iterator vit;
    string:: const_iterator sit1, sit2, sit3;
    for( vit = patterns. begin( ); vit ! = patterns. end( ); ++vit)
    {//先要找到输入的单词的各字母对应的状态转移表的状态号，由于状态转移表没有记
```
录各状态的前驱状态信息，该步暂时无法略过
```
        t = 0;
        m = 0;
        sit1 = vit->begin( );
        while( sit1 ! = vit->end( )&&_goto[ t][ * sit1-'a']! = 0)
        {
            t = _goto[ t][ * sit1-'a'];
            ++sit1;
            s[ m++] = t;
        }
```

```
        for(sit1=vit->begin()+1; sit1! =vit->end(); ++sit1)
    {
    //此时的[sit2, sit1+1)就是当前模式的一个非前缀子串
        for(sit2=vit->begin()+1; sit2! =sit1+1; ++sit2)
        {
            t=0;
            sit3=sit2;
            //对该子串在goto表中执行状态转移
            while(sit3! =sit1+1&&_goto[t][*sit3-'a']! =0)
            {
                t=_goto[t][*sit3-'a'];
                ++sit3;
            }
            //当前子串可以使goto表转移到一个非0位置
            if(sit3==sit1+1)
            {
                //求出输入当前子串在goto表中所转移到的位置
                last_state=s[sit3-vit->begin()-1];
                //更新该位置的fail值,如果该位置的fail值为0,则用t值替换,因
为对于sit1而言,是按照以其为末尾元素的非前缀
                //子串以由长到短的顺序在goto表中寻找非0状态转移的字母,而满
足条件的t是这里面的最长子串
                if(_fail[last_state]==0)
                {
                    _fail[last_state]=t;
                }
                //如果两者都标识完整的模式串
                if(_out[last_state]. size()>0&&_out[t]. size()>0)
                {
                    //将out[t]内的模式串全部加入out[last_state]中
                    for(set<string>:: const_iterator cit=_out[t]. begin(); cit! =_
out[t]. end(); ++cit)
                    {
                        _out[last_state]. insert(*cit);
                    }
                }
            }
        }
    }
}
```

```
        }
void AC(const string &text, const vector<string>& patterns)
{
        unsigned int t = 0;
        string:: const_iterator sit = text. begin();
        BuildGoto(patterns);
        BuildFail(patterns);
        //每次循环中，t 都是 *sit 的前置状态
        while(sit! = text. end())
        {
                //检查是否发现了匹配模式，如果有，将匹配输出
                if(_out[t]. size()>0)
                {
                        cout<<(sit-text. begin()-1)<<":";
                        for(set<string>:: const_iterator cit = _out[t]. begin(); cit! = _out[t]. end
(); ++cit)
                        {
                                cout<<( * cit)<<",";
                        }
                        cout<<'\ n';
                }
                if(_goto[t][ * sit-'a'] = =0)
                {
                        t =_fail[t];
                        //找到可以实现非 0 跳转的 fail 状态转移
                        while(t! = 0&&_goto[t][ * sit-'a'] = =0)
                        {
                                t =_fail[t];
                        }
                        if(t = =0)
                        {
                                //跳过那些在初始状态不能实现非 0 状态跳转的字母输入
                                if(_goto[0][ * sit-'a'] = =0)
                                {
                                        ++sit;
                                }
                                continue;
                        }
                }
                t =_goto[t][ * sit-'a'];
```

```
        ++sit;
    }
}
```

AC 算法作为最经典的多模式匹配算法被许多 IDS 采用，该算法将待匹配的入侵特征模式串转换为树状有限状态自动机，然后进行扫描匹配，最好情况或最坏情况下，AC 算法模式匹配的时间复杂度都是 $O(n)$。AC 有限状态自动机的存储占用了大量的内存资源，降低了算法的 cache 性能，巨大的存储开销是影响 AC 算法性能的重要因素。

3. Wu-Manber 算法

Wu-Manber 算法将过滤思想和 Boyer-Moore 算法思想结合起来。Boyer-Moore 算法中的不良字符转移机制记录了字符集中所有字符在模式串中出现的最右位置距离模式串串尾的距离。在算法匹配过程中，可以根据这个位置信息安全地移动而不用担心忽略任何可能出现的匹配。但是随着模式串个数的增加，各个字符出现在模式串尾端的概率也相应增加了，相应地与串尾的距离缩小，因而所能跳过的距离也同样变小，所以这种转移机制的效果在多模式串的情况下被极大地削弱了。

Wu-Manber 算法利用块字符扩展了不良字符的转移效果来解决这个问题，同时用散列表来筛选匹配阶段应进行匹配的模式串，减少算法匹配时间。在每一次对匹配情况的考察中，我们不再一个字符一个字符地进行考察，取而代之地，我们一次考察一"块"，即考察 B 个字符。根据这 B 个字符的匹配情况来决定模式串的移动距离。当模式串个数较少时，发生散列冲突的可能性较小，通常取 $B=2$，否则取 $B=3$。

Wu-Manber 算法首先要对模式串的集合进行预处理，预处理阶段将建立三个表格：SHIFT 表、HASH 表和 PREFIX 表。SHIFT 表中存储字符集中所有块字符在文本中出现时的转移距离。HASH 表用来存储匹配窗口内尾块字符散列值相同的模式串。PREFIX 表用来存储匹配窗口内首块字符散列值相同的模式串。在对模式串进行匹配的时候就是利用这三个表完成文本的扫描和寻找匹配的过程。

假设 $B=2$，S 是我们当前正在处理的文本中的 2 个字符组成的字符串。并且 S 映射到 SHIFT 表的第 i 项，即 S 被散列为 i。考虑两种情况：

(1) S 不在任何一个模式串中出现，我们可以将考察的位置向后移动 $m-B+1$ 个字符的距离，于是我们在 SHIFT$[i]$ 中存放 $m-B+1$。

(2) S 在某些模式串中出现，这种情况下，我们考察那些模式串中 S 出现的最右位置。假设 S 在 P_j 中的 q 位置出现，且在其他的出现 S 的模式串中 S 的位置都不大于 q。那么我们应该在 SHIFT$[i]$ 中存放 $m-q$。

下面描述算法匹配的主要过程：

(1) 计算所有模式串中最短的模式串的长度，记为 m，并且我们只考虑每一个模式串的前 m 个字符，即 m 为匹配窗口的大小。

(2) 根据文本当前正考察的 m 个字符计算其尾块字符散列值 h（从 $T_{m-B+1} \cdots T_m$ 开始）。

(3) 检查 SHIFT$[h]$ 的值，如果 SHIFT$[h] > 0$，那么将窗口向右移动 SHIFT$[h]$ 大小位置，返回第 (2) 步，否则，进入第 (4) 步。

(4) 计算文本中对应窗口"前缀"的散列值，记为 text-prefix。

(5) 对符合 HASH$[h] \leqslant p < $HASH$[h+1]$ 的每一个 p 值，检验是否存在 PREFIX$[p] = $ text-prefix。如果相等，对文本和模式串进行完全匹配。

例如，在文本串"All of the students are very cool in this school."中匹配模式串 student、crude 和 school。假设 $B=2$。

（1）计算 $m=5$，即匹配窗口大小为 5，如图 8-10 所示。

All of the students are very cool in this school.

图 8-10　文本匹配示意

（2）计算 SHIFT 表。考虑每一个模式串的前 5 个字符，计算每个块字符与匹配窗口内模式串串尾的距离如图 8-11 所示，此即当该块字符在文本中出现时的转移距离。

student :

st	tu	ud	de
3	2	1	0

crude :

cr	ru	ud	de
3	2	1	0

school :

sc	ch	ho	oo
3	2	1	0

图 8-11　块字符转移距离

合并后的 SHIFT 表如图 8-12 所示，其他未出现在匹配窗口内的块字符的 SHIFT 表值均为 $m-B+1=4$。

st	tu	ud	de	cr	ur	sc	ch	ho	oo	…
3	2	1	0	3	2	3	2	1	0	4

图 8-12　SHIFT 表

（3）计算 HASH 表，如图 8-13 所示。

（4）计算 PREFIX 表，如图 8-14 所示。

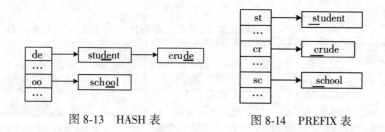

图 8-13　HASH 表　　　　图 8-14　PREFIX 表

（5）匹配过程。如图 8-15 所示，从右向左扫描前 5 个字符，o 在 SHIFT 表中值为 4，可以将考察的位置向后移动 4 个字符的距离。th 在 SHIFT 表中值也为 4，所以也将考察的位置向后移动 4 个字符的距离。st 在 SHIFT 表中值为 3，所以将考察的位置向后移动 3 个字符的距离。de 在 SHIFT 值为 0，转入 HASH 表，在 HASH 表中对应的模式串有 student 和 crude。然后计算当前文本窗口 stude 的 text-prefix，即 st 的散列值，转入 PREFIX 表对应的模式串有

高等学校信息安全专业规划教材

stude nt，最后进行完全匹配。剩余文本匹配过程类似。

All of the stude nts are very cool in this school.

图 8-15　匹配过程

为测试 Aho-Corasick 和 Wu-Manber 两种算法的性能，使用长度为 5 797 998 字节中文语料和长度为 4 296 532 字节英文语料分别对其进行测试。

(1) 测试环境。CPU 是 Intel Pentinum IV 2.4GHz，内存 512M，硬盘 80G，操作系统 Windows 2000 Server，算法实现环境是 Visual C++6.0。

(2) 模式串个数对算法性能的影响。使用英文语料作为测试文本，测试当模式串个数分别为 1、100、500、1 000、5 000 时的算法性能。测试结果如表 8-3 所示。

表 8-3　　　　　　　　　　　测试结果（单位：毫秒）

模式串个数	算法名称	
	AC 算法	Wu-Manber 算法
1	278	10
100	1 593	38
1000	2 391	56
5000	2 372	1 337

从表 8-3 可以看出，Wu-Manber 算法的匹配速度明显要快于 Aho-Corasick 算法，最好情况下快了将近 40 倍左右。对于 Wu-Manber 算法，当模式串增加到 5 000 个时，hash 值相同的模式串个数大量增加，导致进入前缀匹配的模式串的数目增加，最终进入完全匹配的模式串数目增加，因此匹配时间急剧上升。

(3) 模式串长度对算法性能的影响。使用中文语料作为测试文本，测试当模式串个数为 10，模式串长度分别为 1、10、100、500 个汉字时的算法性能。测试结果如表 8-4 所示。

表 8-4　　　　　　　　　　　测试结果（单位：毫秒）

模式串长度 （汉字）	算法名称	
	AC 算法	Wu-Manber 算法
1	256	28
10	294	6
100	362	3
500	416	6

从表 8-4 可以看出，Wu-Manber 算法不仅匹配速度快，而且匹配时间不随模式串长度的增加而有明显的增长，性能很稳定。一般情况下，模式串长度越大，算法的匹配速度越快。

8.4.5 模式匹配算法应用

基于模式匹配的网络入侵检测系统是根据特征检测的规则所作的一个检测系统,该方法发既可用于检测已知攻击技术,也可以分析攻击的具体实现过程,并提取攻击行为的特征,从而建立有关攻击行为的特征库。根据特征库对检测到的数据进行模式匹配,当该攻击行为与已知的入侵行为匹配时,产生警报。

基于模式匹配的网络入侵检测系统基于功能不同可以分成四部分:数据包捕获模块、预处理模块、检测模块(模式匹配)和输出模块。系统的功能示意图如图 8-16 所示。

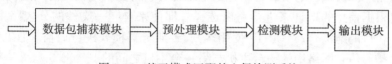

图 8-16 基于模式匹配的入侵检测系统

1. 数据包捕获模块设计

(1)数据包捕获过程。数据包捕获模块利用 WinPcap 的捕获机制尽可能的捕获所有的数据包,为入侵检测系统提供数据源。捕获数据包的过程主要有:

①通过网卡接收数据包,数据包收到后在中间层截取,最后发送到应用层,在应用层进行处理;

②在应用层进行处理后,最后将处理结果送回中间层;

③根据中间层的处理结果,将该数据包丢弃,或将经过处理后的数据包发送到 IP 协议;

④IP 协议及上层应用接收到数据包。

(2)数据包捕获的设计。传统局域网采用总线结构。一台机器发送的数据包以广播方式发往所有连在一起的主机。但是正常情况下,一个网络接口应该只响应与自己硬件地址相匹配的数据帧或者是发向所有机器的广播数据帧。若将网卡模式设置为混杂模式,则无论接收到的数据包中目标地址是什么,主机都将其接收下来。然后对数据包进行分析,就得到了局域网中通信的数据。一台计算机可以监听同一网段所有的数据包,不能监听不同网段的计算机传输的信息。数据包捕获模块根据该特性将网卡的工作模式置于混杂模式,尽可能地捕获所有的数据包,为入侵检测系统提供数据源。根据网络特性,数据包捕获的程序流程图设计如图 8-17 所示。

捕获数据包的过程大致可以分为:获取指定的监听网卡名;建立监听会话;编译过滤规则,设置过滤器;获取数据包;关闭监听会话五个步骤。

2. 预处理模块设计

预处理模块的引入大大扩展了网络入侵检测系统的功能,使得用户和程序员可以很容易地加入模块化的插件。预处理模块在系统检测模块执行前被调用,

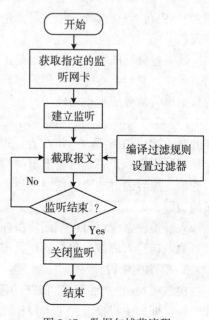

图 8-17 数据包捕获流程

但是在数据包解码完毕之后才进行运行。通过此种机制，数据包可以在进行检测前使用不同的方式来修改或分析，为下一步的检测做铺垫，从而提高检测模块的准确性和速度。预处理模块包括：

(1)协议分析。TCP/IP(传输控制协议/网际协议)是互联网中的基本通信语言或协议。在私网中，它也被用作通信协议。当直接网络连接时，计算机应提供一个 TCP/IP 程序的副本，此时接收所发送的信息的计算机也应有一个 TCP/IP 程序的副本。

TCP/IP 是一个四层的分层体系结构。高层为传输控制协议，它负责聚集信息或把文件拆分成更小的包。这些包通过网络传送到接收端的 TCP 层，接收端的 TCP 层把包还原为原始文件。低层是网际协议，它处理每个包的地址部分，使这些包正确的到达目的地。网络上的网关计算机根据信息的地址来进行路由选择。即使来自同一文件的分包路由也有可能不同，但最后会在目的地汇合。TCP/IP 使用客户端/服务器模式进行通信。TCP/IP 通信是点对点的，意思是通信是网络中的一台主机与另一台主机之间的。

协议解码主要过程包括解包、HTTP 解码、IP 分段重组、TCP 流还原等。

(2)数据包分段重组及 TCP 流重组。对于网络入侵检测系统来说，数据包分段重组是进行检测工作的最为基本的且至关重要的内容。由于网络环境中的 MTU 的限制，一些数据包报文在传输时需要进行分段传输。但是有些带有恶意攻击的信息往往被分段后，只有通过重组才能检查出它的异常。因此对于这些报文进行进一步分析之前需要进行重组。所以数据包分段重组的效率也是直接影响到系统开销及整体性能的一个非常重要的因素。为了最大限度地提高数据包分段重组效率，采用了多线程分散式数据包分段重组机制。

IP 分段技术在攻击中经常用到，链路层具有最大传输单元 MTU 这个特性，它限制了数据帧的最大长度，不同的网络类型都有一个上限值。以太网的 MTU 是 1500，可以用 netstat-i命令查看这个值。如果 IP 层有数据包要传，而且数据包的长度超过了 MTU，那么 IP 层就要对数据包进行分段(Fragmentation)操作，使每一段的长度都小于或等于 MTU。假设要传输一个 UDP 数据包，以太网的 MTU 为 1500 字节，一般 IP 首部为 20 字节，UDP 首部为 8 字节，数据部分的长度最大是 1472 字节。如果数据部分大于 1472 字节，就会出现分段现象。

数据包分段的存在在网络上是正常的现象，特别是在连接到 Internet 以后，不同类型的网络硬件，它们具有的最大传输单元是不同的。这时，为躲过 IDS 的检查，这些具有攻击性的数据包将被分成更小的段。

(3)端口扫描。端口扫描是用来根据与网络连接相关的各种统计信息，检测并报告所发现的非法端口扫描活动，并在适当的时候，进行日志记录。

端口用来标识一台机器上不同的进程，每个进程对应一个端口号，进程之间通过端口进行通信。黑客通过端口扫描发现目标计算机上开放的端口，利用模拟攻击发现目标计算机存在的漏洞，并入侵目标计算机。

入侵检测系统也可以使用攻击探测手段进行端口扫描，发现可能的攻击行为，及时拦截从开放端口进入的数据包，甚至关闭该端口，拒绝任何访问，并向主机报警。

3. 检测模块设计

检测模块(模式匹配)对截获的数据包进行分析和模式匹配，当数据包与攻击模式相匹配时，立即向主机报警，是入侵检测系统的核心。

模式匹配技术的特点是原理非常简单，不需要经过学习，就能高效检测，并且误检测率极低。在网络入侵检测中，检测模块（模式匹配）的地位十分重要，据计算在 IDS 中大约 30%的时间一直在进行模式匹配。检测模块的运行需要占用大量 CPU 时间，同时也需要占用一定的内存空间。因此，就要求我们找到一种时间复杂度和空间复杂度低的模式匹配算法，提高模式匹配效率，从而来提高入侵检测系统的整体性能。

（1）规则库的设计

本系统直接引用 Snort 的规则库，下面简要介绍一下 Snort 的规则格式。Snort 规则是基于单行文本格式的，它分成两个部分，一是规则头（Rule Header），另外是规则选项（Rule Option）。在规则头部，它定义了当符合本规则时要做的行为，并标明所匹配网络数据包所采用的协议、源 IP 地址、目标护地址、源端口和目标端口等信息，规则选项则定义了用来判定此数据包是否为攻击数据包的信息，以及如果是的话应该显示给用户让其查看的警告信息。

比如有如下一条规则：

log tcp 196. 25. 32. 11→172. 19. 12. 88 111（msg："mounted access"；content："｜86 as 00 01｜"；）。

括号左面部分是规则的头部，规则选项在括号的中间部分，选项关键字是冒号前的部分，关键字的值是冒号的后面部分。应该注意的是，所有的选项都要用"；"隔开，综合起来看，各个选项是逻辑与的关系，而规则库中各条规则可以看成是一个大的逻辑或的关系。

①规则头

a. 规则行为。规则行为定义了当符合本规则时要做的行为，即在一个数据包满足规则中指定的模式特征的情况下，系统应该采取的行动。

规则头的第一个部分就是规则行为，如 alert 表示如果模式匹配的话，系统使用警告方法来生成相应信息，并且在指定位置记录这个报文。规则头 log 则表示如果模式匹配的话，系统只记录数据包。而规则头 Pass 则表示如果模式匹配的话，系统可以忽略该数据包。

b. 协议字段。规则中的第二个部分是协议字段，指明了对哪种类型的协议进行分析。在上例中，是对 TCP 协议分析。

c. IP 地址。规则的第三部分是 IP 地址。IP 地址可以是一个任意的 IP 地址，比如 any；也可以是一个 CIDR 块，比如 10. 19. 0. 0/18。在箭头左边的是源 IP 地址，箭头右边的是目标 IP 地址。

d. 端口信息。端口可以是一个任意的端口号，如 any；也可以是一个特定的端口号，如上例中的 111。在箭头左边的是源端口号，箭头右边的是目标端口号。

e. 方向操作符。方向操作符包括→、←和<>三种，它表明规则所适用的流量方向。位于箭尾方向的表示的是源主机，位于箭头方向的 IP 地址和端口号表示的是目的主机。而将任一个地址/端口对视为源地址或者目的地址均可的则使用<>。

②规则选项

a. Msg：输出一个警告信息到警告文件 alert 或日志文件 log 中。

b. Content：这一字段非常重要，用于在报文中搜索某个匹配模式，然后用来进行模式匹配。

以上只是简要列出本文需要的部分，其余的请参阅 Snort 详细的规则库。

（2）检测模块的设计

检测模块将捕获的数据包信息与规则按其载入内存的顺序依次进行匹配。检测模块根据

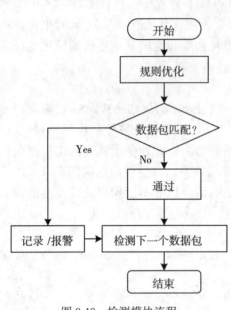

图 8-18　检测模块流程

链表判定树的节点对进来的包用逐渐精确的特征元素进行检验。例如，首先检验一个包是否是 TCP，如果是，就进入树中有 TCP 规则的部分。然后检验包是否匹配规则中的源地址，如果是就进入相应的规则链。直到包匹配了一个攻击特征或经检验为正常这一过程才会结束。工作流程如图 8-18 所示。

4. 输出模块设计

输出模块负责对检测到的入侵行为进行处理。处理方法有静态和动态两种。

静态方法有：记录攻击行为、存储拦截的数据包、向网络系统管理员发报警信息等。动态方法有：关闭入侵者的网络连接、关闭入侵端口，重新设置路由器和防火墙的访问控制列表等。

这个部分的目的就是将报警数据转存储到另一种资源或文件中。通常就是 Log-tcodump 格式、XML 格式和数据库的输出。目的就是便于管理者对网络中情况的了解，便于日后的查找和处理工作。

8.5　新型入侵检测技术

只有入侵检测方法好，入侵检测系统的性能指标才能提高。现在的入侵检测技术一般都是进行入侵检测特征的提取、合并和推理。其中一些是传统的方法，比如模式匹配、统计模型等；有一些是从其他领域移植过来的新技术，如数据挖掘、神经网络、专家系统、免疫系统、支持向量机、模型推理等。

8.5.1　基于数据挖掘的入侵检测技术

数据挖掘是一项通用的知识发现技术，其目的是从海量数据中提取出隐藏着规律性的知识。数据挖掘的优点在于拥有处理大量数据的能力以及数据关联分析的能力，因此基于数据挖掘的检测算法在入侵检测与预警方面存在很大的优势。但对于实时入侵检测，还需要开发出有效的数据挖掘算法和相应的体系。如何从海量数据中提炼出对象行为轮廓，并以此进行异常行为的分析和检测，是一个有挑战性的课题。

Wenke Lee 等人最早将数据挖掘技术引入入侵检测领域，他们的研究主要有：利用数据挖掘方法从审计数据中自动获取进程行为模式；利用改进的 Ripper 算法挖掘进程行为的规律以进行异常检测；利用改进的 Apriori 算法从训练序列中挖掘模式，建立模型来检测入侵。

8.5.2　基于神经网络的入侵检测技术

该方法具有很强的学习能力，入侵检测系统可以使用神经网络技术来学习主机的行为。这种学习算法可以根据用户行为的动态变化进行相应的调整，同时该算法允许模糊数据或背景数据的存在。利用神经网络实施入侵检测的过程分为两个阶段：训练阶段和检测阶段。根据训练阶段用户的正常行为模式决定被检测行为是否异常，常用于异常检测。但神经网络的计算模型比较复杂，其学习和决策过程也较难理解，因此在实际应用的过程中还需要进一步改善。

8.5.3　基于专家系统的入侵检测技术

专家系统可以实现基于知识的推理和自动学习的功能，随着其规则的不断增多，推理能力逐步提高。专家知识库是基于误用的入侵检测系统通常采用的方式，其基本的思想是专家知识库中的每个规则代表一个特定的攻击场景，系统通过模式匹配的方式检测攻击。专家系统的建立依赖于专家知识库的完备性，而入侵特征的抽取与表达是入侵检测专家系统的关键。该方法具有一定的智能，采用规则集和规则关联的方式分析可以较好地提高入侵检测系统的检测效率。基于专家系统的入侵检测系统在检测一些具有明显内在逻辑联系的攻击行为时相当有效，但也面临着诸如推理效率不高、专家知识不够全面等问题。

8.5.4　基于免疫学原理的入侵检测技术

New Mexico 大学的 Forrest 最早将生物学中的人体免疫机制引入到入侵检测领域，他提出可将信息安全问题看成免疫的问题，即如何区分自我与非我。也就是说，入侵检测问题多数情况下可以归结为对自我模式(合法用户、授权用户的行为模式等)和非我模式(非法用户或入侵者的行为模式等)的识别。基于免疫学理论的入侵检测是一种基于异常的入侵检测方法。免疫计算机根据操作系统中由授权程序执行的系统调用短序列区分正常行为和异常行为，只有和正常行为模式数据库相匹配的行为才被视为正常，否则被视为入侵。

8.5.5　基于支持向量机的入侵检测技术

状态机可以用来模拟对象的行为过程，在基于支持向量机的入侵检测方法中，目标系统的状态转换图用来描述入侵行为。检测时，若状态转换图中主体行为从安全状态转移到不安全的状态，则表明当前时刻发生了入侵事件，而已知入侵特征是用条件布尔表达式表示的。但是，系统状态转换分析也存在着一些缺陷：如不能检测复杂形式的攻击；其次，这一方法无法检测如拒绝服务、失败登录等无法由审计事件直接反映或不能用状态转换图表示的入侵类型。

8.5.6　基于模型推理的入侵检测技术

模型推理的原理是首先构建一个入侵行为检测模型，然后根据关联分析的相关方法对多个行为进行相关性分析，从中检测出有关联的入侵行为。入侵者在攻击一个系统时往往会执行一系列的动作，这些动作的执行往往会产生相应的数据流，对这些数据流进行分析推理就可以得到攻击行为特征模式。检测时将观测到的行为与攻击行为特征模式进行匹配，若匹配成功就将该行为标识为攻击。该技术的缺陷主要在于：对每种攻击与每种系统都要建立相应的入侵模型，同时还要事先人为地定义攻击模式与相应的特征参数。由于每种攻击的实现原理和实施手段都可能存在很大的不同，新的攻击也在不断出现，如何自适应地更新攻击模式是一个很大的挑战。

通过前述分析研究可以看出，各种入侵检测技术都有其优缺点。因此要想得到更好的检测效果，还需要采用适当的方法，综合各种入侵检测技术的优势，使其发挥更大的作用。

8.6 入侵检测系统发展趋势

近年来，随着计算机技术的发展和网络的普及，入侵方法和手段的提高，识别入侵的难度也在加大，因此入侵检测技术也需要不断向前发展。今后，入侵检测将主要向高检测速度、高安全性、高准确度、智能化以及分布式方向发展，入侵检测的重点研究方向会包括以下几个。

(1)高检测速度。入侵检测系统的高速可以从两个方面着手，即高速的报文捕获和高效的检测算法。工作在千兆环境下的网络型入侵检测系统，高速的报文捕获可以减少网卡到内存的资源消耗，提高检测速度。而高效的检测算法在基于误用的检测方法和基于异常的检测方法中都是研究的重要方向。对于基于误用的入侵检测系统，模式匹配算法在很大程度上影响着系统的检测速度；而对于基于异常的入侵检测系统，受控对象的正常行为轮廓的提取和更新也极大影响着入侵检测系统的检测速度。

(2)智能化。智能化入侵检测的含义是指使用智能方法与手段来进行入侵检测。智能入侵检测方法在现阶段主要包括机器学习、神经网络、数据挖掘等方法。国内外很多学者已经对各种智能方法在入侵检测中的应用进行了研究，研究的主要目的是降低检测系统的误报率和漏报率，提高系统的学习能力、实时响应能力，同时使得入侵检测系统可以智能地检测出未知攻击。

(3)入侵检测系统之间以及入侵检测系统和其他安全组件之间的安全联动研究。目前，大家越来越认同信息安全是一项系统工程。单独的安全部件即使很优秀也无法完成系统的整体安全防御功能，只有不同安全部件实现互联互动，才能够更好地发挥它们各自的作用，保障网络与信息的安全。入侵检测系统与防火墙的互动技术已经实现，然而与防病毒工具、VPN 等安全产品的协同工作技术尚在探索中，这将是入侵检测系统发展的一个重要方向。

(4)协议分析技术。协议分析利用网络通信协议特有的规则性快速探测攻击的存在，克服了传统模式匹配技术的一些根本性缺陷，是目前比较先进的信息检测技术，也是入侵检测的一个研究热点。采用协议分析可以提高分析效率，同时还可以避免单纯模式匹配带来的误报。基于协议分析的入侵检测所需的计算量相对较少，即使在高负载的网络上也不容易产生丢包现象。

(5)深度包检测(Deep Packet Inspeet，DPI)。DPI 技术在分析包头的基础上，增加了对应用层的分析，是一种基于应用层的流量检测和控制技术。不同的应用通常会采用不同的协议，而各种协议都有其特殊的指纹，这些指纹可能是特定的端口、特定的字符串或者特定的Bit 序列。通过对指纹信息的升级，基于特征字的识别技术可以方便地扩展到对新协议的检测。

(6)分布式。随着网络攻击手段向分布式方向发展，网络攻击的破坏性和隐蔽性也越来越强。相应地入侵检测系统也在向分布式结构发展，采用分布收集信息、协同分析处理的方式，将基于主机的入侵检测和基于网络的入侵检测结合使用，可以构筑面向大型网络和异构系统的入侵检测系统。分布式入侵检测系统不仅可以实现数据收集的分布化，而且可以将入侵检测和实时响应分布化，从而提高系统的健壮性。

8.7 本章小结

解决网络安全问题的主要技术手段有物理隔离、加解密、防火墙、访问控制、身份识别和认证等，它们可以在某些方面、在一定程度上保护系统和网络的安全。但由于现在网络环境变得越来越复杂，攻击者的知识越来越丰富，采用的攻击手法也越来越高明、隐蔽，因此为了保证网络和信息安全，必须综合使用各种安全技术。入侵检测技术作为一种主动防御技术，是信息安全技术的重要组成部分，也是传统安全机制的重要补充。

本章首先介绍了入侵检测的基本概念、系统模型、基本原理与工作模式，然后阐述了入侵检测的几种分类方法，主要包括根据检测方法、数据源、体系结构、时效性等进行分类的方法，介绍了基于模式匹配、统计分析、完整性分析的入侵检测技术，系统地阐述了模式串匹配算法，详细地介绍了几种经典的单模式串匹配算法和多模式串匹配算法。同时，介绍了基于数据挖掘、神经网络、专家系统、免疫学原理、支持向量机、模型推理的入侵检测技术，并指出了入侵检测系统的发展趋势。

习　题

1. 什么是入侵？什么是入侵检测？什么是入侵检测系统？入侵检测系统的作用是什么？并简述入侵检测系统的工作原理及过程。

2. 请简述误用入侵检测系统与异常入侵检测系统各自的特点以及相互之间的区别。

3. 请简述入侵检测系统 CIDF 模型的组成结构。

4. 请分别简述基于模式匹配的入侵检测技术、基于统计分析的入侵检测技术以及基于完整性分析的入侵检测技术原理及特点。

5. 模式串匹配算法包括哪几类？各有什么特点？

6. 请利用 VC++、Java 等编程环境实现 KMP 算法、BM 算法以及 BMH 算法，并分析算法的匹配性能。

7. 请利用 VC++、Java 等编程环境实现 WM 算法与 AC 算法，并分析算法的匹配性能。

8. 请分析单模式、多模式匹配算法中存在的不足，并以其中一至两种算法（如 KMP 算法）为基础对算法进行改进分析与设计。

9. 请根据模式串集合 P = {lunch, lung, lunge, use, gre} 构造一个 AC 算法的树形有限自动机图。

第9章 网络安全技术新发展

在20世纪末21世纪初，随着网络技术的快速发展，新的网络计算技术纷纷出现，如云计算、物联网和P2P技术。这其中，云计算技术、物联网技术已经成为信息领域的热点，已被国家的“十二五”规划确立为七大战略新兴产业之一加以重点推进；而P2P技术则已经大量投入应用并取得令人瞩目的成就。然而，这些新型网络技术都面临着不同的安全问题，这些安全问题已经成为制约其快速发展和广泛应用的重要因素。

9.1 云计算技术及其安全问题

云计算是当前信息技术领域的热点问题之一，代表了IT领域向集约化、规模化与专业化发展的趋势，是继网格计算之后分布式计算技术的又一次重大发展。云计算描述了对组成计算、网络、信息和存储等资源池的各种服务、应用、信息和基础设施等各种组件的一种全新使用模式。然而必须看到，云计算在带给我们规模经济、高应用可用性的同时，其核心技术特点也决定了它在安全性上存在着天然隐患，带来了前所未有的安全挑战。在已经实现的云计算服务中，安全问题一直令人担忧。事实上，安全和隐私问题已经成为阻碍云计算普及和推广的主要因素之一。

9.1.1 云计算技术概述

1. 云计算基本概念与分类

“云计算(Cloud Computing)”是2007年才诞生的一个新名词，目前受到国内外的广泛关注。那么到底什么是云计算呢？目前并没有一个公认的定义。本文给出一种定义：云计算是一种全新的商业计算模型，它将计算任务分布在大量计算机构成的虚拟资源池上，使用户和各种应用系统能够根据需要获取可伸缩的计算力、存储空间和信息服务。

从字面上看，“云”即互联网，也就是网上的各种资源，“计算”则是能力，包括信息的处理、存储、检索和交互等；从技术层面看，云计算最核心的技术是虚拟化，将网络上的软硬件资源整合成网络服务能力；从服务层面看，云计算是一种新的商业模式，云服务提供商利用虚拟化技术为用户提供优质价廉、专业化、规模化的信息服务；从应用层面看，云计算是一种新的用户体验，用户就像家庭用水电般使用互联网服务，像在银行存钱一样在网络上存储自己的信息。

按照使用模式的不同，云计算可以分为三大类，分别是：

(1)基础设施即服务(Infrastructure as a Service，IaaS)：将包括计算机、网络设备、存储设备、操作系统、数据库等在内的软、硬件资源以服务的形式呈现给用户，为用户提供处理、存储、网络以及基础的计算资源；用户可按照实际需求通过网络方便地获得IaaS服务提供商所提供的IT基础设施资源服务。

（2）平台即服务（Platform as a Service，PaaS）：依托基础设施云平台，通过开放的架构为互联网应用开发者提供一个共享超大规模计算能力的有效机制，为应用开发者提供包括统一开发环境在内的一站式软件开发服务。

（3）软件即服务（Software as a Service，SaaS）：以互联网为载体，通过浏览器交互，把应用程序部署在云端供用户使用的新型业务模式。SaaS 提供商为用户提供搭建系统所需要的所有网络基础设施和软硬件运行平台，负责所有的构建、维护等工作；用户只需要根据业务需要向 SaaS 提供商租赁软件服务，无需关注底层细节和管理、维护等工作。

2. 云计算的特点与优势

与传统的分布式计算技术相比，云计算具有以下显著特点：

（1）按需服务：用户可以在需要时自动配置计算能力，例如服务器时间和网络存储容量，根据需要自动计算能力，而无需与服务供应商的服务人员交互；

（2）网络访问：服务能力通过互联网提供，支持各种标准接入手段，包括各种瘦或胖客户端平台（例如移动电话、笔记本电脑、PDA），也包括其他传统的或基于云的服务；

（3）资源池：提供商的计算资源汇集到资源池中，使用多租户模型，按照用户需要将包括存储、处理、内存、网络带宽以及虚拟机等在内的物理和虚拟资源动态地分配或再分配给多个消费者使用；

（4）快速伸缩：云计算服务能力可以快速、弹性地供应，实现快速扩容、快速上线，而且对于用户来说，可供应的服务能力近乎无限，可以随时按需购买；

（5）可衡量：云系统之所以能够自动控制优化某种服务的资源使用，是因为利用了经过某种程度抽象的测量能力（例如存储、处理、带宽或者活动用户账号等），人们可以像使用水电一样精细化地监视、控制资源的使用量，并产生对提供商和用户双方透明的报表。

目前，云计算的发展趋势非常迅猛，在短短几年内已经取得了巨大的成功。Google、Amazon、Microsoft 和 IBM 等公司纷纷积极推动，各国政府先后提出自己的云计算计划。这是因为无论从服务提供商的角度，还是从用户的角度来看，云计算都具有无可比拟的优势。

首先，从服务提供商的角度来看，云计算的优势在于其技术特征和规模效应所带来的压倒性的性价比优势。全球企业的 IT 开销可分为三部分：硬件开销、能耗和管理成本。根据 IDC 所做的调查，从 1996 年到 2010 年，全球企业 IT 开销发展趋势是：硬件开销基本持平，但能耗和管理成本却在迅速增加；管理开销已经远远超过硬件成本；而能耗开销已经接近硬件成本。但是如果使用云计算技术，则系统建设和管理成本将有很大的区别。平均而言，一个特大型数据中心的成本将比中型数据中心的成本节约 5~7 倍。再者，云计算与传统数据中心相比其资源利用率也有很大不同。由于云计算平台规模极大，租用者数量众多，应用类型不同，容易平稳整体负载，其利用率可以提升 6~8 倍左右。可见，由于云计算具有更低廉的成本和更高的利用率，两者相乘至少可以将成本节省 5×6＝30 倍以上。

其次，对于普通的云计算用户而言，云计算的优势也是显而易见的。他们不用学习复杂的计算机编程语言，不需要开发复杂的软件，不用安装昂贵的硬件，不用操心繁琐的系统管理、维护工作，只需要用比以前低得多的使用成本，就可以快速部署应用系统。而且这个系统的规模可以按需动态自由伸缩，可以更容易地共享数据。而租用公共云的企业用户也不再需要自建自己的高性能计算中心或者数据中心，只需要申请账号并按使用量服务就能满足本企业的需求，大大降低了 IT 企业的创业门槛。

3. 云计算的应用与发展

由于云计算的发展理念符合当前低碳经济与绿色计算的总体趋势，并极有可能发展成为未来网络空间的神经系统，它获得了包括我国政府在内的世界各国政府的大力倡导与推动。

目前，云计算的应用已经广泛涵盖应用托管、存储备份、内容推送、电子商务、高性能计算、媒体服务、搜索引擎、Web 托管等诸多领域。云计算技术迅猛发展的趋势已经毋庸置疑。虽然一部分实力较强的企业级用户有足够能力建立自己的超算中心和数据中心，对云计算技术仍处于观望状态，但是云计算体现出来的快速部署、动态可扩展和高性价比的特点仍然吸引了众多的中小型企业用户。IT 市场研究机构 IDC 预期 2012 年市场规模达 420 亿美元，到 2013 年云计算服务开支将占整个 IT 开支增长幅度的近三分之一。

在我国，从 2008 年起，涌现出北京 IBM 大中华区云计算中心、"祥云工程"、上海"云海计划"、苏州"风云在线"、中国移动"Big Cloud"云计算平台等项目，市场规模已超过百亿元。云计算的应用和发展将对我国的信息技术产业发展和社会进步起到重要作用。

9.1.2 云计算关键技术

1. Google 的云计算技术

Google 是云计算技术研究和应用最为成功的公司之一，其关键技术包括 GFS、MapReduce、Chubby、BigTable 等。

（1）MapReduce 并行编程模式

有些计算问题本身比较简单，但是由于规模太大，需要处理的数据量太多，使得在短时间内通过单机或者少量的 CPU 求解困难。为此，Google 的 Jeffrey Dean 设计了一种全新的抽象模型，使编程人员只要执行简单的计算，就可将并行化、容错、数据分布、负载均衡的等杂乱细节放在一个库里，当并行编程时不必关心它们，这就是 MapReduce。

MapReduce 是一个全新的软件架构，是一种处理海量数据的并行编程模式，特别适合于大规模数据集（通常大于 1TB）的并行运算。与传统分布式程序设计相比，MapReduce 封装了并行处理、容错处理、本地化设计和负载均衡等细节，提供了一个简单而强大的接口。通过这个接口，可以把大规模的计算自动地并发和分布执行。

MapReduce 将庞大的原始数据集划分为 n 个子集，然后为每个子集分配一个 Map 操作，如图 9-1 所示：

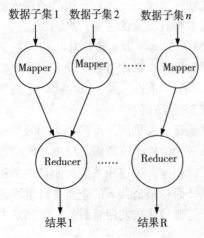

图 9-1　MapReduce 的运行模型

由于每个 Map 操作都是针对不同的原始数据，因此不同的 Map 操作之间都是互相独立的，这使得它们可以充分地并行执行。Map 操作执行获得的并不是最终结果，而是 n 个中间结果。然后，再指派 R 个 Reduce 操作。一个 Reduce 操作对一个或者多个 Map 操作所产生的中间结果进行合并操作，且每个 Reduce 所处理的 Map 中间结果互不交叉。这样所有 Reduce 产生的最终结果经过简单连接就形成了完整的最终结果集。Reduce 也可以在并行环境下执行。

（2）GFS 分布式文件系统

为了解决海量数据存储问题，Google 研发了简单而又高效的 GFS 技术。与以往的文件系统相比，GFS 采

高等学校信息安全专业规划教材

用完全不同的设计理念，包括：

①部件错误不再被当做异常，而是将其作为常见的情况加以处理；

②文件都非常大，长度达几个 GB 的文件是很平常的。因此对大型的文件的管理一定要高效，对小型的文件也必须支持，但不必优化；

③大部分文件的更新是通过添加新数据完成的，而不是改变已存在的数据；

④文件系统主要包括：对大量数据的流方式的读操作，对少量数据的随机方式的读操作和对大量数据进行的连续的向文件添加数据的写操作。

一个 GFS 集群由一个 Master 和大量的 ChunkServer 构成，并被许多客户（Client）访问，如图 9-2 所示。在 GFS 中，文件被分成固定大小的块（典型大小为 64MB）。每个块由一个不变的、全局唯一的 64 位 chunk-handle 标识。ChunkServer 将块当做 Linux 文件存储在本地磁盘，并可以读和写由 chunk-handle 和位区间指定的数据。出于可靠性考虑，每一个块被复制到多个 ChunkServer 上（默认情况下，保存 3 个副本）。

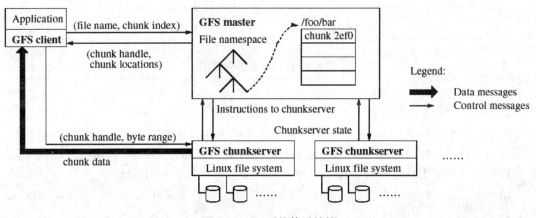

图 9-2　GFS 系统体系结构

Master 维护文件系统所有的无数据（Metadata），包括名字空间、访问控制信息、从文件到块的映射以及块的当前位置。它也控制系统范围的活动，如块租约（Lease）管理、孤化块的垃圾收集、ChunkServer 间的块迁移。Master 定期通过 HeartBeat 消息与每一个 ChunkServer 通信，给 ChunkServer 传递指令并收集它的状态。

与应用相连的 GFS 客户代码实现了文件系统的 API 并与 Master 和 ChunkServer 通信以代表应用程序读和写数据。客户与 Master 的交换只限于对无数据（Metadata）的操作，所有数据方面的通信都直接和 ChunkServer 联系。

（3）Chubby 分布式锁机制

Chubby 系统提供粗粒度的锁服务，并且基于松耦合分布式系统设计可靠的存储。它本质上是一个分布式的文件系统，存储大量的小文件。每一个文件代表一个锁，并且保存一些应用层面的小规模数据。这种锁是建议性的，而不是强制性的锁，具有更大的灵活性。用户通过打开、关闭和读取文件，获取共享锁或者独占锁；并且通过通信机制，向用户发送更新信息。例如，当一群机器选举 mater 时，这些机器同时申请打开某个文件，并请求锁住这个文件。成功获取锁的服务器当选主服务器，并且在文件中写入自己的地址。其他服务器通过读取文件中的数据，获得主服务器的地址信息。

Chubby 系统通过远程过程调用，连接客户端和服务器这两个主要组件。客户端应用程序通过调用 Chubby 代码库，申请锁服务并获取相关信息，同时通过租约保持同服务器的连接。Chubby 服务器组一般由五台服务器组成，如图 9-3 所示。其中一台服务器担任主服务器，负责与客户端的所有通信。其他服务器不断和主服务器通信以获得用户操作。Chubby 服务器组的所有机器都会执行用户操作，并将相应的数据存放到文件系统，以防止主服务器出现故障导致数据丢失。

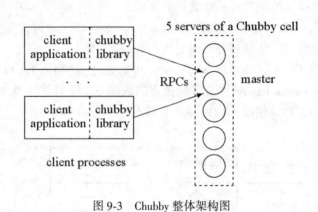

图 9-3　Chubby 整体架构图

（4）其他云计算技术

①分布式数据库 BigTable。Google 需要经常处理海量的服务请求，它每时每刻处理的客户服务请求数量是普通系统根本无法承受的。现有商用数据库无法满足 Google 的需求，因此它根据自己的应用特征自行设计了一种全新的分布式数据库 BigTable。

BigTable 是一个分布式多维映射表，是在 Google 的另外三个云计算组件（WorkQueue、GFS 和 Chubby）之上构建的。BigTable 表中的数据通过一个行关键字（Row Key）、一个列关键字（Column Key）以及一个时间戳（Time Stamp）进行索引。BigTable 对存储在其中的数据不做任何解析，一律看做字符串。

BigTable 通过高效、巧妙的设计，实现了分布式数据库系统的简单性和广泛的适用性，并具有高可用性和很强的可扩展性。

②Google App Engine。Google App Engine 提供一整套开发组件来让用户轻松地在本地构建和调试网络应用，之后能让用户在 Google 强大的基础设施上部署和运行网络应用程序，并自动根据应用所承受的负载来对应用进行扩展，并免去用户对应用和服务器等的维护工作。同时 Google App Engine 提供大量的免费额度和灵活的资费标准。在开发语言方面，现支持 Java 和 Python 两种语言，并为这两种语言提供基本相同的功能和 API。

通过 Google App Engine，即使在重载和数据量极大的情况下，也可以轻松构建能安全运行的应用程序。该环境包括以下特性：动态网络服务，提供对常用网络技术的完全支持；持久存储有查询、分类和事务；自动扩展和载荷平衡；用于对用户进行身份验证和使用 Google 账户发送电子邮件的 API。

2. Amazon 的云计算技术

亚马逊是全球最大的在线图书零售商，在发展主营业务即在线图书零售的过程中，亚马逊为支撑业务的发展，在全美部署 IT 基础设施，其中包括存储服务器、带宽、CPU 资源。

为充分支持业务的发展，IT 基础设施需要有一定富裕。2002 年，亚马逊意识到闲置资源的浪费，开始把这部分富裕的存储服务器、带宽、CPU 资源租给第三方用户。亚马逊将该云服务命名为亚马逊网络服务(Amazon WebServices，AWS)，用户(包括软件开发者与企业)可以通过亚马逊网络服务获得存储、带宽、CPU 资源，同时还能获得其他 IT 服务。

(1)EC2 弹性云

Amazon 弹性计算云(Elastic Compute Cloud，EC2)是 Amazon 云计算环境的基本平台，允许企业和开发者或是其他人处理大规模的海量数据。在 EC2 上，用户可以利用随心定制的计算力来完成诸如数据挖掘或是科学仿真等数据密集型任务。其主要特性包括：

①灵活性：EC2 可自行配置运行的实例类型、数量，还可以选择实例运行的地理位置，可以根据用户的需求随时改变实例的使用数量，为用户提供了很好的灵活性；

②低成本：用户按需购买资源的使用权，各类资源均按小时计费，费用相当低廉；

③安全性：使用 SSH、可配置的防火墙机制、监控等技术，提供了很好的安全性；

④易用性：用户可以根据亚马逊提供的模块自由构建自己的应用程序，同时 EC2 还会对用户的服务请求自动进行负载平衡；

⑤容错性：EC2 使用弹性 IP 技术，发生故障的任务会自动转移到新的节点继续执行，提供较好的容错性。

EC2 的主要架构如图 9-4 所示。其中，机器映像是一个可以将用户的应用程序、配置等一起打包的加密镜像文件；实例是某个机器映像实际运行时的系统；而弹性块存储则是专门为 EC2 设计的一种长期在线存储系统。

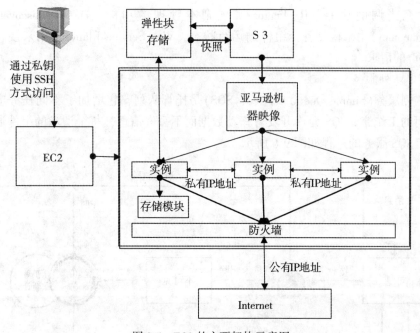

图 9-4　EC2 的主要架构示意图

(2)S3 简单存储服务

S3(Simple Storage System)是 AWS 最老也是最容易使用的服务，可用作图片存储、文件备份和数据存储等，特别适合于上传共享文件和静态内容。S3 是基于桶(Bucket)的存储系统，它把每个被存储的文件当做一个 Object，被存储的 Object 被放到相应的 Bucket 中，如图9-5 所示。

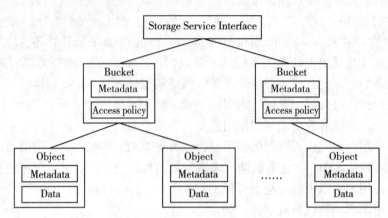

图 9-5　简单存储服务示意图

其中，对象(Object)是 S3 的基本存储单元，包括数据和元数据；键是对象的唯一标示符，每个对象都有一个独一无二的键；桶是存储对象的容器，类似于文件目录，但需要注意的是：桶不能嵌套，且其名称必须全局唯一。

S3 存储架构主要是以 keymap + Bitstore 作为基本的存储功能。其中，Coordinator 和NodePicker 充当调度功能，Replicator 实现副本管理的功能，DFDD (discovery，failure，detection，daemon)用来检测各个组件的运行状态，Web Service Platform 用来接收和处理客户端(Client)的请求。

(3)简单队列服务

简单队列服务(Simple Queue Service，SQS)是托管队列，它增加了不同任务应用在分布式组件之间的工作流。SQS 允许开发者移动数据而不丢失信息，每个请求的组件通常都保持可用状态。SQS 服务的过程如图 9-6 所示。

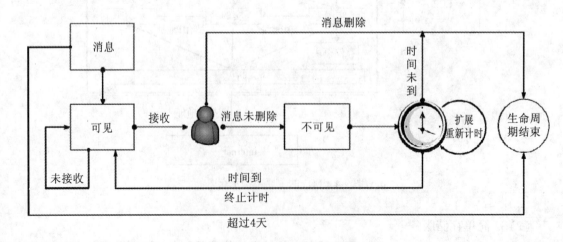

图 9-6　简单队列服务示意图

Amazon 规定每个新用户每月可获得 10 万个 SQS 排队请求；之后，每 1 万请求收取 0.01 美元。而数据传输的花费则根据需求变化。

（4）其他云服务

除了上述云服务外，Amazon 还推出 SimpleDB、RDS、CloudFront 等云服务。

① 简单数据库服务 SimpleDB。简单数据库服务主要用于结构化数据的存储，并提供基本的查找、删除等数据库功能。

② 关系数据库服务（Relational Database Service，RDS）。RDS 在云计算环境下通过 Web 服务提供弹性化的关系数据库服务，以前使用 MySQL 数据库的所有代码，应用和工具都可兼容 Amazon RDS。RDS 可以自动地为数据库软件打补丁并完成定期的计划备份。

③ 内容推送服务 CloudFront。CloudFront 集合了其他的 Amazon 云服务，为企业和开发者提供一种简单方式，以实现高速的数据分发。CloudFront 可以同 EC2 和 S3 最优化地协同工作，使用涵盖了边缘的全球网络来交付静态和动态内容。10TB 范围内每月每 GB 向外传输的起点价格是 0.15 美元。用户可通过 AWS Simple Monthly Calculator（Amazon 简单按月价格计算器）来估算每月的支出。

3. Microsoft 的云计算技术

在过去 30 多年当中，Microsoft 公司一直是软件业的霸主。然而随着云计算的兴起，其霸主地位已经被积极推进云计算技术的 Google 所取代。Microsoft 公司也意识到云计算的发展趋势，并借助其拥有的领先技术、产品和服务，依靠微软成熟的软件平台、丰富的互联网服务经验及多样化的商业运营模式为各种用户提供全面的云计算服务。2008 年 10 月，微软发布了自己的公共云计算平台——Windows Azure Platform，由此拉开了微软的云计算大幕。

微软的云计算战略包括三大部分，目的是为自己的客户和合作伙伴提供多种不同的云计算运营模式：

第一，微软运营。微软自己构建及运营公共云的应用和服务，同时向个人消费者和企业客户提供云服务。例如，微软向最终使用者提供的 Online Services 和 Windows Live 等服务。

第二，伙伴运营。ISV/SI 等各种合作伙伴可基于 Windows Azure Platform 开发 ERP、CRM 等各种云计算应用，并在 Windows Azure Platform 上为最终使用者提供服务。另外一个选择是，微软运营在自己的云计算平台中的 Business Productivity Online Suite（BPOS）产品也可交由合作伙伴进行托管运营。BPOS 主要包括 Exchange Online、SharePoint Online、Office Communications Online 和 LiveMeeting Online 等服务。

第三，客户自建。客户可以选择微软的云计算解决方案构建自己的云计算平台。微软可以为用户提供包括产品、技术、平台和运维管理在内的全面支持。

同时，微软提供两种云计算部署类型，即公共云和私有云。一方面，Microsoft 以 Windows Azure Platform 的方式运营公共云计算平台，为客户提供部署和应用服务的环境，提供基于微软数据中心的随用随付费的灵活的服务模式；另一方面，Microsoft 使用 Windows Server 和 System Center 等成熟工具，帮助企业级用户在客户的数据中心内部部署私有云，提供基于客户个性化的性能和成本要求、面向客户服务的内部应用环境，在其上运行各类基于云的业务应用，如开发测试、办公协作、医疗协作等。

4. Hadoop 云计算技术

Hadoop 是一个分布式系统基础架构，是目前最著名的云计算开源项目，由 Apache 基金会开发，实际上是 Google 云计算的一个开源实现。目前许多著名的云计算应用都构建于

Hadoop 平台之上,包括 Google、ebay、Amazon、Facebook 和百度、淘宝、腾讯等中外知名的 IT 公司。

Hadoop 允许用户在不了解分布式底层细节的情况下,充分利用集群的优势,开发高效的分布式程序。用户可以轻松地在 Hadoop 上开发和运行处理海量数据的应用程序。它主要有以下几个优点:

(1)高可靠性:Hadoop 按位存储和处理数据的能力值得人们信赖;

(2)高扩展性:Hadoop 是在可用的计算机集簇间分配数据并完成计算任务的,这些集簇可以方便地扩展到数以千计的节点中;

(3)高效性:Hadoop 能够在节点之间动态地移动数据,并保证各个节点的动态平衡,因此处理速度非常快;

(4)高容错性:Hadoop 能够自动保存数据的多个副本,并且能够自动重新分配失败的任务。

Hadoop 由多元素构成。其最底部是 Hadoop Distributed File System(HDFS),它管理 Hadoop 集群中所有存储节点上的文件,如图 9-7 所示。

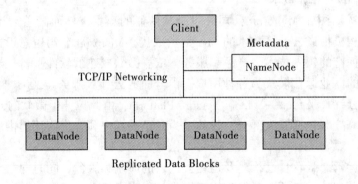

图 9-7 Hadoop 集群的简化视图

HDFS 的主要目的是支持以流的形式访问写入的大型文件。对外部客户机而言,HDFS 就像一个传统的分级文件系统,可以创建、删除、移动或重命名文件等。HDFS 的架构是基于一组特定的节点构建的,这些节点包括:一个 NameNode,它在 HDFS 内部提供无数据服务;数量众多的 DataNode,它们为 HDFS 提供存储块。

在 HDFS 中数据文件被分成块(通常为 64MB),并且复制到多个 DataNode 中(缺省配置为 3)。块的大小和复制块的数量在创建文件时可以由客户机决定。HDFS 内部的所有通信都基于标准的 TCP/IP 协议。

如果缓存的数据大于所需的 HDFS 块大小,创建文件的请求将发送给 NameNode。NameNode 将以 DataNode 标识和目标块响应客户机。同时也通知将要保存文件块副本的 DataNode。当客户机开始将临时文件发送给第一个 DataNode 时,将立即通过管道方式将块内容转发给副本 DataNode。客户机也负责创建保存在相同 HDFS 名称空间中的校验和(Checksum)文件。在最后的文件块发送之后,NameNode 将文件创建提交到它的持久化无数据存储。

HDFS 的上一层是 MapReduce 引擎,该引擎由 JobTrackers 和 TaskTrackers 组成。此外,Hadoop 族群还包括一系列以 Hadoop 为基础的开源项目,包括 HBase、Pig、Hive、ZooKeeper

高等学校信息安全专业规划教材

等项目，为用户提供各种强大而方便的云计算工具。

9.1.3　云计算面临的安全问题

云计算的出现使得公众客户获得低成本、高性能、快速配置和海量化的计算服务成为可能。但云计算在带给用户规模经济、高应用可用性益处的同时，其特有的数据和服务外包、虚拟化、多租户和跨域共享等特点，也给用户带来了前所未有的安全挑战。在已经实现的云计算服务中，安全问题一直令人担忧。

所谓云安全，主要包含两个方面的含义。第一是云自身的安全保护，也称为云计算安全，包括云计算应用系统安全、云计算应用服务安全、云计算用户信息安全等。云计算安全是云计算技术健康可持续发展的基础。第二是使用云的形式提供和交付安全，即云计算技术在安全领域的具体应用，也称为安全云计算，就是通过采用云计算技术来提升安全系统的服务效能的安全解决方案，如基于云计算的防病毒技术、挂马检测技术等。

目前，对云安全研究最为活跃和目前比较认可的组织是云安全联盟(Cloud Security Allialice，CSA)。2009年CSA发布了一份云计算服务的安全实践手册《云计算安全指南》，总结了云计算的技术架构模型、安全控制模型以及相关合规模型之间的映射关系。2010年3月CSA又发表了其在云安全领域的最新研究成果《云计算的七大安全威胁》，获得了广泛的引用和认可，其主要内容如下：

(1)云计算的滥用、恶用、拒绝服务攻击。与合法消费者相同，攻击者也可以花费极低的成本使用云的优势进行强大的安全攻击行为；

(2)不安全的接口和API。API用于允许功能和数据访问，但其可能存在潜在风险或不当使用时，容易让程序受到攻击；

(3)恶意的内部员工。云供应商的员工可能滥用权力访问客户数据/功能，而为了减少内部进程的可见性可能会妨碍探测这种违法行为；

(4)共享技术产生的问题。公共的硬件、运行系统、中间件、应用栈和网络组件可能有着潜在风险；

(5)数据泄露。由于不合适的访问控制或弱加密造成数据破解，或者因为多租户结构导致数据的高风险；

(6)账号和服务劫持。对客户或云进行流量拦截和/或改道发送，或者偷取凭证以窃取或控制账户信息/服务；

(7)未知的安全场景。对安全控制的不确定性可能让顾客陷入不必要的风险。

事实上，安全和隐私问题已经成为阻碍云计算普及和推广的主要因素之一。2011年1月21日，来自研究公司ITGI的消息称，考虑到自身数据的安全性，很多公司正在控制云计算方面的投资。在参与调查的21家公司的834名首席执行官中，有半数的官员称，出于安全方面的考虑，他们正在延缓云的部署，并且有三分之一的用户正在等待。云计算环境的隐私安全、内容安全是云计算研究的关键问题之一，它为个人和企业放心地使用云计算服务提供了保证，从而可促进云计算持续、深入的发展。

由于云计算环境下的数据对网络和服务器的依赖，隐私问题尤其是服务器端隐私的问题比网络环境下更加突出。客户对云计算的安全性和隐私保密性存在质疑，企业数据无法安全方便地转移到云计算环境等一系列问题，导致云计算的普及面临诸多顾虑。云计算的特点及其面临的主要安全威胁的对应关系如表9-1所示。

高等学校信息安全专业规划教材

表 9-1 云计算的特点及其面临的主要安全威胁

云计算的特点	安全威胁
数据和服务外包	(1)隐私泄露 (2)代码被盗
多租户和跨域共享	(1)信任关系的建立、管理和维护更加困难 (2)服务授权和访问控制变得更加复杂 (3)反动、黄色、钓鱼欺诈等不良信息的云缓冲 (4)恶意 SaaS 应用
虚拟化	(1)用户通过租用大量的虚拟服务使得协同攻击变得更加容易,隐蔽性更强 (2)资源虚拟化支持不同租户的虚拟资源部署在相同的物理资源上,方便了恶意用户借助共享资源实施侧通道攻击

9.1.4 云计算安全技术

传统安全技术,如加密机制、安全认证机制、访问控制策略通过集成创新,可以为隐私安全提供一定支撑,但不能完全解决云计算的隐私安全问题。需要进一步研究多层次的隐私安全体系、全同态加密算法、动态服务授权协议、虚拟机隔离与病毒防护策略等,为云计算隐私保护提供全方位的技术支持。

对于云计算的安全保护,通过单一的手段是远远不够的,需要有一个完备的体系,涉及多个层面,需要从法律、技术、监管 3 个层面进行。

1. 云安全服务

云安全服务为各类云应用提供共性信息安全服务,是支撑云应用满足用户安全目标的重要手段,包括:

(1)云用户身份管理服务。主要涉及身份的供应、注销以及身份认证过程。在云环境下,实现身份联合和单点登录可以支持云中合作企业之间更加方便地共享用户身份信息和认证服务,并减少重复认证带来的运行开销。

(2)云访问控制服务。云访问控制服务的实现依赖于如何妥善地将传统的访问控制模型(如基于角色的访问控制、基于属性的访问控制模型、强制/自主访问控制模型等)和各种授权策略语言标准(如 XACML、SAML 等)扩展后移植入云环境。

(3)云审计服务。由于用户缺乏安全管理与举证能力,要明确安全事故责任就要求服务商提供必要的支持。因此,由第三方实施的审计就显得尤为重要。云审计服务必须提供满足审计事件列表的所有证据以及证据的可信度说明。

(4)云密码服务。由于云用户中普遍存在数据加、解密运算需求,云密码服务的出现也是十分自然的。除最典型的加、解密算法服务外,密码运算中密钥管理与分发、证书管理及分发等都可以基础类云安全服务的形式存在。

2. 云计算安全的技术手段

(1)动态服务授权与控制。云计算系统中,服务资源通常来自跨域管理的服务提供商,服务过程主要表现为多个服务联合组成的动态协作模型。在这种动态服务环境中,不同服务提供商可能采用不同的安全及隐私保护策略,需要采用动态的授权与控制机制来保障服务提供商的安全和用户的安全,如图 9-8 所示。

高等学校信息安全专业规划教材

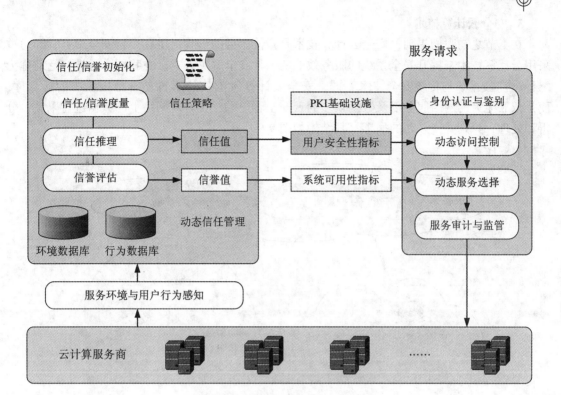

图 9-8　云计算中的访问控制

(2)数据的隐私保护。数据变成密文时丧失了许多其他特性，导致大多数数据分析方法失效。密文处理研究主要集中在秘密同态加密算法设计上。早在 20 世纪 80 年代，就有人提出多种加法同态或乘法同态算法。但是由于被证明安全性存在缺陷，后续工作基本处于停顿状态。而近期，IBM 研究员 Gentry 利用"理想格（Ideal Lattice）"的数学对象构造隐私同态（Privacy Homomorphism）算法（或称全同态加密），使人们可以充分地操作加密状态的数据，在理论上取得了一定突破，使相关研究重新得到研究者的关注，但目前与实用化仍有很长的距离。

(3)虚拟机安全。在云计算系统中大量使用到虚拟机，虚拟机本身的安全至关重要。一方面可以通过在物理机、虚拟机和虚拟机管理程序三个方面增加功能模块来加强虚拟机的安全，包括云存储数据隔离加固技术和虚拟机隔离加固技术等；另一方面也可以设计适合虚拟环境的软件防火墙来保证虚拟机安全。

(4)法律法规。云计算安全并不仅仅是技术问题，它还涉及标准化、监管模式、法律法规等诸多方面。

首先，政府的政策需要改变，以响应云计算带来的机会和威胁。这可能集中于个人数据和隐私的保护，无论数据是由第三方保存或转移到海外的另一个国家控制。其次，云计算所带来的服务/数据外包模式意味着失去对服务/数据的根本控制。虽然从安全角度这不是个好办法，然而企业为了减轻管理负担和节约成本仍将继续增加这些服务的使用。安全管理人员需要与他们公司的法律工作人员合作，以确保适当的合同条款到位，保护企业数据，并提供可接受的 SLA。最后应该强调的是，数据的拥有者仍然完全负责遵守法规。那些采用云计算的人必须记住，是数据的拥有者而不是服务提供者负责确保宝贵的数据的安全。

3. 安全云计算技术

在本节之初我们提到，安全云计算技术是指使用云的形式提供和交付安全服务，即通过采用云计算技术来提升安全系统的服务效能的一种安全解决方案。在我国，这被广泛地称为"云安全"技术。与传统安全技术不同，安全云计算所依赖的不再是本地硬盘中的病毒库，而是依靠庞大的网络服务以及数量众多的云安全客户端，实时对网络上的数据进行采集、分析和处理，识别并查杀新的病毒，其结构如图 9-9 所示。

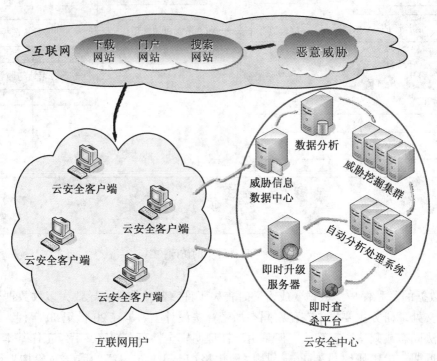

图 9-9　安全云计算服务体系结构示意图

在传统的反病毒系统架构下，反病毒厂商对病毒样本进行分析，确定病毒类型和查杀方法，并以升级病毒特征库的方式将这些数据提供给用户。而在安全云技术中，每个云安全客户端相当于反病毒厂商部署在网络中的"云探针"，将遭受到的疑似安全攻击行为及时报告给反病毒厂商的威胁信息数据中心，再由该厂商利用云平台强大的计算能力进行数据挖掘和自动分析处理，并找到防范方法，然后通过即时升级服务器和即时查杀平台提供给所有用户。

可见，安全云计算技术或者云安全技术的最大革新是改变被动杀毒的现状，使得安全软件在安全威胁面前更为主动，涉及面更广，查毒能力更强。而且用户数量越多，则安全云计算防范病毒的能力就越强大。

9.1.5　云存储安全

由于云存储具有传统数据存储模式不具备的诸多优势，越来越多的中小企业正在将自己的数据中心逐渐转移至云端。而大型企业除了租用公共云存储服务以外，也开始着手建立自己的私有云存储数据中心。但是，云存储要想得到广泛应用，其安全性还有待进一步完善和改进，尤其是需要解决来自服务提供方的安全威胁。

1. 云存储基本概念

云存储（Cloud Storage）是在云计算（Cloud Computing）概念上延伸和发展出来的一个新的概念。云存储是一种基于网络的存储技术，是一个以数据存储和管理为核心的云计算系统，旨在通过互联网为用户提供更强的存储服务。它是指通过服务器集群应用、网格或分布式文件系统等技术，将网络中大量的处于不同计算机、不同类型的存储设备通过网络和应用软件集合起来协同工作，共同对外提供数据存储和业务访问功能的一个系统。

根据 IDC 调查数据预测，到 2013 年，云存储服务的增长率预计为 14%，将超过所有其他云服务，云存储的市场规模将接近 62 亿美元。目前典型的云存储服务商主要包括 Amazon S3、EMC Atmos、Google storage、Microsoft SkyDrive、Dropbox 和国内的新浪微盘、QQ 硬盘、360 云盘、中国电信 e 云、联想网盘、金山快盘等。

当前云存储的发展仍面临许多关键性问题，而其中数据的安全性和隐私性问题首当其冲。权威调查结果显示，70% 以上的受访企业的 CTO 认为近期不采用云存储的首要原因在于存在数据安全性与隐私性的忧虑。64% 的受访者并不放心将他们的秘密数据保存至第三方远程云存储系统，担心数据被窃取是他们首要的安全顾虑。而大量的事实也证明云存储服务还存在许多安全问题，并且随着云存储的不断普及，安全和隐私问题的重要性呈现逐步上升趋势，已成为制约其发展的重要因素。

2. 云存储的结构模型

云存储系统的核心由云存储控制服务器和后端存储设备两大部分组成，其平台整体架构可划分为 4 个层次，如图 9-10 所示。

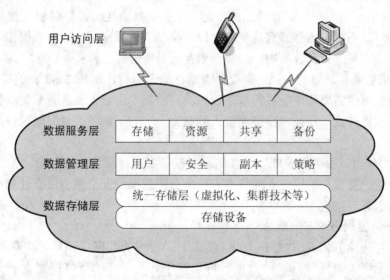

图 9-10 云存储结构模型示意图

（1）最底层是数据存储层，包括实际的物理存储设备和利用虚拟化、集群技术等构建在物理设备之上的统一存储层；

（2）第二层是数据管理层，实现用户管理、安全管理、副本管理和策略配置等关键功能；

（3）第三层是数据服务层，系统通过服务封装技术将数据管理层的功能以服务的形式向上提供，包括存储服务、资源服务、数据共享和备份服务等；

（4）最上层是用户访问层，用户可通过各种终端获得数据服务层提供的服务。

从功能上来讲，云存储系统一般包括两种类型的节点，分别是：

（1）云存储控制节点。云存储控制器负责整个系统无数据和实际数据的管理和索引，提供超大容量管理，实现后端存储设备的高性能并发访问和数据冗余等功能。云存储控制服务器是整个系统的统一管理平台，管理员可以在其中监视系统运行情况、管理系统中用户和各项策略等。

（2）存储节点。云存储系统采用高性能应用存储设备，可内嵌云存储系统访问协议包、存储节点认证许可等。设备采用高密度磁盘阵列设备，每套设备通过网络接入到云存储系统中，进入云存储存储池后进行分配。对数据存储可实现多副本、多物理设备分别保存，当容量或带宽需要扩展时，通过增加存储节点来实现，根据实际需要灵活扩张，在系统运行中进行在线的容量和性能增加。

3. 云存储的特点与优势

与传统存储模式相比，云存储在以下几个方面明显不同：

（1）功能需求：云存储系统面向多种类型的网络在线存储服务，而传统存储系统则面向如高性能计算、事务处理等应用；

（2）性能需求：数据的安全性、可靠性、效率等技术挑战比传统存储系统更大；

（3）数据管理：云存储系统不仅要提供传统文件访问，还要能够支持海量数据管理并提供公共服务支撑功能，以方便云存储系统后台数据的维护。

与传统存储系统相比，云存储系统的优势非常明显，主要包括以下几个方面：

（1）更易于管理：用户可以将数据的创建与维护全权委托给云存储服务提供商，而只是租用其服务即可，不必考虑存储容量、存储设备类型、数据存储位置等底层细节，也不需要专门的系统管理人员进行系统维护、升级等繁杂的日常管理工作；

（2）成本更低廉：就目前来说，企业在数据存储上所付出的成本相当大，因为企业要建立一套存储系统不仅需要购买硬件等基础设施，还需要专门的人员进行系统维护；采用云存储则避免了购买硬件设备及技术维护而投入的精力，节省下来的大量时间可以用于更多的工作业务发展；

（3）数据更安全，服务不中断：云存储服务提供商无需关注业务细节，他们可以仅仅关注数据服务质量，更容易聘用专业的技术人员来保障数据的安全性、可靠性和可用性，以提供专业的数据服务。

4. 来自服务提供方的安全威胁

在以云存储为典型代表的"数据外包"模式下，传统的数据存储系统中数据拥有者与数据之间原有的紧密关系被"解耦"，数据不再是置于其拥有者的直接控制之下；而用户与服务提供方之间的关系也发生了很大变化，这种关系已经从传统的"客户端/服务端"关系演变成为"顾客/商家"关系。其根本区别在于："服务端"与"客户端"之间的目标在一般情况下都是基本一致的，而"商家"和"顾客"之间却存在利益冲突。

可见，这种新型关系使得用户的数据安全面临比以往更严峻的威胁，除了需要解决来自第三方的攻击威胁，甚至还需要解决来自服务提供方本身的主动安全威胁，其原因主要是：

（1）服务提供方极有可能从自身的利益出发，主动地危害其用户的数据安全。代表服务提供方的系统管理员的权限很大,而且没有严格的监管机制。当他发现更改某个数据或者收集某方面的用户信息会给其带来巨额利益,且该利益将远远超过他有可能受到的惩罚时,他将很有可能铤而走险滥用其权力,依靠系统赋予的管理权限实施对数据安全有害的行为。根据媒体报道,2010 年 Google 曾曝出工程师利用职务之便偷窥用户 Gmail 邮件信息的丑闻。

(2)系统提供方的故障不可避免,这些故障对数据安全可能产生负面影响,客观上造成用户的安全受到侵害。在云存储环境中大量使用的是廉价的商业计算机,随着系统规模的扩大,系统中局部出现故障将是不可避免的现象。例如 Google 云计算平台由超过 45 万台普通 PC 级别的廉价服务器构成,这些计算机单独来看可靠性并不高,在任何时刻都有可能有一些计算机出现硬件故障,导致某些系统宕机,其上的数据资源短期或者永久不可用。虽然提供云服务的是专业的 IT 公司和管理团队,但仍然不能避免故障的发生。2011 年 2 月 27 日上午 3 点,Gmail 服务出现一些故障,影响了大约 0.08% 的 Gmail 用户,导致了大约 15 万名 Gmail 用户的旧邮件丢失。3 月 11 日,Facebook 在官方博客里承认,由于服务器硬盘出现故障,导致 Facebook 丢失了至少 10%~15% 的用户上传照片。4 月 21 日早晨,亚马逊旗下的 EC2 及 RDS 服务出现了网络延迟和连接错误等问题,导致 Foursquare、Quora、Reddit、Paper.li 等网站出现间歇性无法访问,有国外媒体甚至称半个美国互联网受到了影响。

5. 云存储安全问题

综上所述,云存储服务提供商应根据云存储系统中可能存在的安全威胁和安全需求,来制定相应的安全策略,使得用户能够放心地将自己的敏感信息和个人隐私数据交给云存储服务提供商保存。为此,需要解决以下几个关键性技术难题。

(1)数据的存在性验证问题

在云存储应用中,用户将自己的数据以外包的方式存放在第三方云存储平台上,自身并不保留数据内容。为了打消用户对于数据安全的疑虑,云存储平台必须随时向数据所有者证明该数据的存在性和完整性。

由于大规模数据所导致的巨大通信代价,用户不可能将数据下载后再验证其正确性。因此,云用户需在取回很少数据的情况下,通过某种知识证明协议或概率分析手段,以高置信概率判断远端数据是否完整。

目前主要有两种解决方案。第一种是 Juels 等人提出的基于挑战-响应(Challenge-response)模式的 POR 及改进的 Compact POR 技术。其主要过程如下:证实者 Verifier(例如客户端)将某个大文件 F 分片并插入一些不可区分的"哨兵(Sentinel)"块,然后将其加密后结合纠错编码技术存入验证者 Prover(例如云存储服务提供商)一方;当 Verifier 需要验证 F 完整存在时,Prover 根据某些数据分片计算获得一个高度压缩的证据并提供给 Verifier;Verifier 通过对比验证之前保留的信息可以确定 F 是否完整可用,或者在 F 被少量修改的情况下可以正确地恢复原 F。第二种是 Ateniese 等人提出的基于密码学原理的 PDP 技术。其主要原理是:令 N 为一个 RSA 模数,F 为代表文件的大整数,检查者保存 $k = F \bmod \varphi N$;在挑战中,检查者发送 Z_N 中的随机元素 g,服务器返回 $s = g^F \bmod N$;检查者验证是否存在 $g^k \bmod N = s$,从而确定原始文件是否存在。此外,还有一些研究人员针对上述方案只能处理静态数据、通信/计算开销较大、效率不高等问题,分别提出了一些改进方案。

此外,一些云存储平台承诺为用户的每份数据保留若干数量的副本。但是在信任受限的条件下,由于系统故障、声誉问题或者经济因素等方面的问题,云存储平台可能不愿意或者不能够按照预先承诺维持足够数量的副本。因此还需要研究针对数据多个副本的存在性证据判定问题。

（2）基于模糊查询的密文快速检索技术

为了防止怀有恶意的云存储服务提供商窃取敏感数据内容、滥用数据或者泄露数据给其他用户，用户可以将数据以密文方式存入云端。数据变成密文时丧失了许多其他特性，导致大多数数据分析方法失效。其中，如何对这些加密数据进行快速、有效的检索是一个挑战性问题。密文检索有两种典型的方法：

①基于安全索引的方法。该方法通过为密文关键词建立安全索引，检索索引查询关键词是否存在。基于密文扫描的方法对密文中每个单词进行比对，确认关键词是否存在，并统计其出现的次数。由于某些场景（如发送加密邮件）需要支持非属主用户的检索，研究人员提出支持其他用户公开检索的方案。另外，哈佛大学和斯坦福大学的研究人员分别提出了预建字典、基于索引的检索方案和基于安全索引的检索方案。

②基于密文扫描的方法。该方法对密文中每个单词进行比对，确认关键词是否存在以及统计其出现的次数。例如伊利诺伊理工大学的研究人员于 2010 年提出了一种基于通配符（Wildcard-based）的云端加密数据的模糊关键字检索技术，其技术是以编辑距离 $ed(w_1, w_2)$ 来衡量模糊度，关键字 w_i 模糊度为 d 的模糊集 $S_{w_i, d} = \{S^i_{w_i, 0}, S^i_{w_i, 1}, \cdots, S^i_{w_i, d}\}$，例如关键字 CASTLE，模糊度为 1 的模糊集为：$S_{CASTLE, 1} = \{CASTLE, *CASTLE, *ASTLE, C*ASTLE, C*STLE, \cdots, CASTL*, CASTLE*\}$。然后将每个单词的模糊集存储起来，构成索引文件，最后通过索引文件进行检索。

密文处理研究主要集中在秘密同态加密算法设计上。早在 20 世纪 80 年代，就有人提出多种加法同态或乘法同态算法。但是由于被证明安全性存在缺陷，后续工作基本处于停顿状态。而近期，IBM 研究人员利用"理想格"的数学对象构造隐私同态（Privacy Homomorphism）算法，或称全同态加密，使人们可以充分地操作加密状态的数据，在理论上取得了一定突破，使相关研究重新得到研究者的关注，但目前与实用化仍有很长的距离。

（3）数据访问行为安全技术

在云存储系统中，用户将数据加密后外包存储给云存储平台，在使用时通过云存储系统提供的接口管理和访问数据。然而，别有用心的系统管理方虽然不知道数据的具体内容，但是他可以利用自己的管理权限收集并处理所有用户的访问行为并进行特征分析，从中发现或者挖掘出秘密信息或者对解密有帮助的信息。

特别是对于某些极度敏感的应用而言，用户需要将自己的数据访问行为向包括服务器在内的所有观察者保密，不希望包括服务提供方在内的任何人通过对自己访问行为、访问模式和历史访问记录的特征分析与处理，从中发现秘密信息或者对解密有帮助的信息。这就需要使用到数据访问行为安全技术。一些研究人员设计了一种基于无链 B+ 树的索引结构，并基于该结构提出掩护搜索、缓冲搜索和洗牌等技术，对系统隐藏用户的真实访问意图，并不断调整索引节点与数据块之间的对应关系，有效保障了用户的访问行为安全。

（4）数据删除

在许多情况下，用户希望彻底删除自己存储在云中的敏感数据，不希望保留任何的残余信息以引起数据泄露。问题是，云存储提供方告知用户：数据已经完全删除。这时候，用户能否肯定地知道：云存储提供方确实完全、彻底地删除了该数据，不再保留其任何可用副本呢？

为此，需要对云存储平台的存储操作进行重新设计，包括将删除操作设计成即时一致的，即一个成功执行的删除操作将删除所有相关数据项的引用，使得它无法再通过存储 API 访问。正如一般的计算机物理设备一样，所有被删除的数据项在之后被立即垃圾回收，相应的存储数据块为了存储其他数据而被重用的时候会被覆盖掉。

9.2　物联网技术及其安全问题

作为一次新的技术变革，物联网必将引起企业间、产业间甚至国家间竞争格局的重大变化。随着相关技术的发展和成熟，物联网逐渐被人们认识和应用，并给人们带来诸多便利。然而，物联网在让一切变得智能的同时，也带来更多的危险。

9.2.1　物联网概述

物联网是指通过各种信息传感设备，如传感器、射频识别(RFID)技术、全球定位系统、红外感应器、激光扫描器、气体感应器等各种装置与技术，实时采集任何需要监控、连接、互动的物体或过程，采集其声、光、热、电、力学、化学、生物、位置等各种需要的信息，与互联网结合形成的一个巨大网络。其目的是实现物与物、物与人，所有的物品与网络的连接，方便识别、管理和控制。

可见，物联网的实质是在计算机互联网的基础上，利用 RFID、传感器技术、无线数据通信等技术，构造一个覆盖世界上万事万物的"Internet of Things"。在这个网络中，物品(商品)能够彼此进行"交流"，而无需人的干预，通过计算机互联网实现物品(商品)的自动识别和信息的互联与共享。

一般认为，物联网有以下 3 个特征：

(1)全面感知。利用泛在化部署的 RFID、传感器、二维码等设备，随时随地获得物体的各种信息。

(2)可靠传递。通过各种电信网络与互联网的融合，将采集到的物体信息实时、准确地传递出去。

(3)智能处理。利用计算机技术，及时地对海量的数据进行信息控制，真正达到人与物的沟通、物与物的沟通，而且不是单一地在某一点独立采集信息进行处理，而是利用云计算等技术对海量数据和信息进行分析和处理，对物体实施智能化控制。

因此，物联网大致被公认为有 3 个层次，底层是用来感知数据的感知层，第二层是数据传输的网络层，最上层则是针对各种实际应用场景的应用层，如图 9-11 所示。

对应地，物联网的工作步骤一般包括如下 3 个步骤：

(1)对物体属性进行标识，属性包括静态和动态属性，静态属性可以直接存储在标签中，动态属性需要先由传感器实时探测；

(2)需要识别设备完成对物体属性的读取，并将信息转换为适合网络传输的数据格式；

(3)将物体的信息通过网络传输到信息处理中心，由处理中心完成物体通信的相关计算。

9.2.2　物联网关键技术

物联网主要有 4 个关键性的应用技术：RFID 技术、WSN 技术、智能技术和纳米技术。其中 RFID 侧重于识别，能够实现对目标的标识和管理；WSN 侧重于组网，实现数据的传

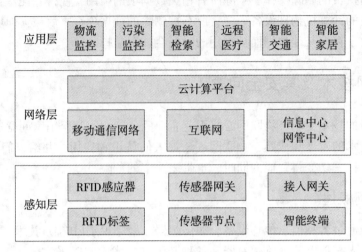

图 9-11 物联网层次体系结构

递；智能技术侧重于对数据的处理，实现人与物、物与物之间的交互，能够增强物联网的能力；纳米技术则意味着物联网当中体积越来越小的物体能够进行交互和连接，也是物联网的一项重要关键技术。

1. RFID 技术

RFID(Radio Frequency Identification)即射频识别技术，俗称电子标签，通过射频信号自动识别目标对象，并对其信息进行标志、登记、储存和管理。RFID 是 20 世纪 90 年代开始兴起的一种自动识别技术，是目前比较先进的一种非接触自动识别技术。

在物联网的构想中，RFID 标签中存储着规范而具有互用性的信息，通过无线数据通信网络把它们自动采集到中央信息系统，实现物品(商品)的识别，进而通过开放性的计算机网络实现信息交换和共享，实现对物品的"透明"管理。近年来，随着电子、通信与信息技术的飞速发展，RFID 技术步入了商业化广泛应用的阶段，已成为一项被广泛应用于物流、交通运输、图书管理、零售、医疗、门禁、防伪等领域的成熟技术，被认为是 21 世纪最有发展前景的信息技术之一。

RFID 的组成主要包括 3 个部分：

(1)电子标签。由芯片和标签天线或线圈组成，通过电感耦合或电磁反射原理与读写器进行通信。

(2)读写器：读取标签信息的设备，在读写卡中还可以向电子标签中写入信息。

(3)天线。可以内置在读写器中，也可以通过同轴电缆与读写器天线接口相连。

2. WSN 技术

传感器是指能感受规定的被测量并按照一定的规律转换成可用信号的器件或装置，通常由敏感元件和转换元件组成。无线传感器网络(Wireless Sensor Network)是由大量传感器节点通过无线通信方式形成的一个多跳的、自组织的网络系统。在传感器网络中，节点可以通过飞机布撒或者人工布置等方式大量部署在被感知对象内容或者附近，这些节点通过自组织方式构成无线网络，以协作的方式实时感知、采集和处理网络覆盖区域中感知对象的信息，并通过多跳网络经由 sink 节点(接收发送器)链路将整个区域内的信息传送到远程控制管理中心。另一方面，远程控制管理中心也可以对网络节点进行实时控制和操作。

在传感网中，传感器具有两方面的功能：第一，数据的采集和处理；第二，数据的融合和路由，对本节点采集的数据和其他节点发送来的数据进行综合，然后转发路由到 sink 节点。需要指出的是：sink 节点在整个传感网中数量有限，能用多种方式与外界通信，并能及时补充能量；但传感网中的普通传感器节点由于其数量庞大，很难进行能量的补充。当能量耗尽，该传感器节点就不能使用，从而影响整个传感网。因此传感器的能量补充成为传感网要解决的首要问题。

MSN 可实现数据的采集量化、处理融合和传输应用，网络节点的基本组成主要包括 4个基本单元，如图 9-12 所示。

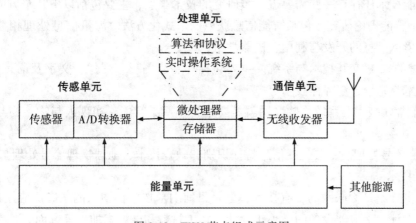

图 9-12 WSN 节点组成示意图

(1) 传感单元：包括传感器和 A/D 转换功能模块；
(2) 处理单元：包括 CPU、存储器、嵌入式操作系统等；
(3) 通信单元：无线通信模块，天线；
(4) 能量单元：包括电源或电池等其他能源。

WSN 具有极其广泛的应用，如感知战场状态(军事应用)、环境监控(气候、地理、污染变化监控)、物理安全监控、城市道路交通监控、安全场所视频监控等。目前，面向物联网的传感器网络技术研究主要包括：
(1) 先进测试技术及网络化测控；
(2) 智能化传感器网络节点研究；
(3) 传感器网络组织结构及底层协议研究；
(4) 对传感器网络自身的检测与控制；
(5) 传感器网络安全。

与传统的无线网络相比，WSN 具有以下几个方面的明显不同：
(1) WSN 是集成了监测、控制以及无线通信的网络系统，节点数目更为庞大(上千甚至上万)，节点分布更为密集；
(2) 由于环境影响、能量耗尽或者节点故障，节点更容易出现故障，从而引起网络拓扑结构的频繁变化；
(3) 与无线网络中的计算机节点相比，传感器节点的能量、处理能力、存储能力和通信能力等都比较有限；

（4）传统无线网络的首要设计目标是提高服务质量和高效率带宽利用，其次才考虑节约能源，而 WSN 的首要设计目标就是能源的高效使用，这也是 WSN 和传统网络最重要的区别之一。

3. 智能技术

智能技术是为了有效达到某种预期的目的，利用知识所采用的各种方法和手段。通过在物体中植入智能系统，可以使得物体具备一定的智能性，能够主动或被动地实现物体与用户的沟通。在目前的技术水平下，智能技术主要是通过嵌入式技术实现的，智能系统也主要是由一个或者多个嵌入式系统组成的。

目前智能技术还存在一些需要进一步研究的技术难点，主要包括以下几个方面：

（1）人工智能理论研究。包括智能信息获取的形式化方法、海量信息处理相关理论与方法、网络环境下信息的开发与利用、机器学习；

（2）先进的人-机交互技术与系统。主要包括声音、图形、图像、文字及语言处理技术，虚拟现实技术与系统，多媒体技术等；

（3）智能控制技术与系统。物联网就是要给物体赋予智能，实现人与物、物与物之间的沟通与对话；

（4）智能信号处理。主要包括信息特征识别和融合技术、地球物理信号处理与识别。

4. 纳米技术

纳米技术并不是物联网的专有技术，但是目前纳米技术在物联网中广泛应用在 RFID 设备的微小化设计、感应器设备的微小化设计、加工材料和微纳米加工等方面。

纳米技术是研究尺寸在 $0.1 \sim 100$nm 的物质组成系统的运动规律和相互作用及可能的实际应用中的技术问题的科学。其中，纳米物理学和纳米化学是纳米科学的理论基础，而纳米电子学是纳米科学最重要的内容，也是纳米技术的核心。

为了能够制造出更低功率消耗、更低成本、更小尺寸、更加稳定和性能更好的半导体芯片，将电子器件逼近到纳米器件的领域，纳米电子技术应运而生，从而解决了微电子技术的问题。纳米电子器件不仅仅是微电子期间尺寸的进一步减小，更重要的是它们的工作将依赖于器件的量子特性，具有更高的响应速度和更低的功耗。

纳米技术的发展不仅为传感器提供了优良的敏感材料，而且为传感器的制作提供了许多新型方法。与传统传感器相比，纳米传感器尺寸减小，精度提高，性能大大改善。

纳米技术能将微小的物体加入物物相联的网络，进行信息交互，使得物联网真正做到了万物的相联。可见，纳米技术必然在物联网中扮演重要的角色，对物联网技术的发展意义重大。不过种种迹象已经表明：纳米物质具有与常规物质完全不同的毒性，在人类健康、生态环境、可持续发展等方面会引发诸多问题。所以，提高纳米技术的安全性对纳米技术的研究提出了新的挑战。

9.2.3 物联网安全

物联网相较于传统网络，其感知节点大多数部署在无人监控的环境，具有能力脆弱、资源受限等特点，并且由于物联网是在现有传输网络基础上扩展了感知网络和智能处理平台，传统网络安全措施不足以提供可靠的安全保障，从而使得物联网的安全问题具有特殊性。

1. 物联网安全架构

物联网主要由传感器、传输系统以及处理系统 3 个要素构成，因此，物联网的安全形态也体现在这 3 个要素上。第一是物理安全，主要是传感器的安全，包括对传感器的干扰、屏蔽、信号截获等，是物联网安全特殊性的体现；第二是运行安全，存在于各个要素中，涉及传感器、传输系统及处理系统的正常运行，与传统信息系统安全基本相同；第三是数据安全，也是存在于各个要素中，要求在传感器、传输系统、处理系统中的信息不会出现被窃取、被篡改、被伪造、被抵赖等性质。其中传感器与传感网所面临的安全问题比传统的信息安全更为复杂，因为传感器与传感网可能会因为能量受限的问题而不能运行过于复杂的保护体系。因此，物联网除面临一般信息网络所具有的安全问题外，还面临物联网特有的威胁和攻击。与图 9-11 中物联网的层次结构相对应地，图 9-13 显示了物联网在不同层次可以采取的安全。

从图 9-13 中可以看出，以密码技术为核心的信息安全基础核心平台及基础设施建设是物联网安全，特别是数据隐私保护的基础，安全平台同时包括安全事件应急响应中心、数据备份和灾难恢复设施、安全管理等。信息安全防御关键技术主要是为了保证信息的安全而采用的一些方法，如攻击检测、内容分析、病毒防治、访问控制、应急反应等。在网络环境安全技术方面，主要针对网络环境安全，如 VPN、路由等，实现网络互联过程的安全，旨在确保通信的机密性、完整性和可用性。而应用环境安全技术主要是指针对用户的可信终端、身份认证、访问控制与审计问题，以及应用系统在执行过程中产生的安全问题等提出的关键技术。

应用环境安全技术
（可信终端、身份认证、访问控制、安全审计等）
网络环境安全技术
（无线网安全、虚拟专用网、传输安全、安全路由、防火墙、安全域策略、安全审计等）
信息安全防御关键技术
（攻击监测、内容分析、病毒防治、访问控制、应急反应、战略预警等）
信息安全基础核心技术
（密码技术、高速密码芯片、PKI 公钥基础设施、信息系统平台安全等）

图 9-13　物联网安全技术架构

2. 物联网面临的安全威胁

物联网在感知层中易受到的安全威胁包括如下几个方面：

（1）物理俘获。由于物联网的应用可以取代人来完成一些复杂、危险和机械的工作，物联网感知节点或设备多数部署在无人监控的场景中，并且有可能是动态的。这种情况下攻击者就可以轻易地接触到这些设备，使用一些外部手段非法俘获传感节点，从而对它们造成破坏，甚至可以通过本地操作更换机器的软硬件。

（2）传输威胁。首先物联网感知层节点和设备大量部署在开放环境中，其节点和设备能量、处理能力和通信范围有限，无法进行高强度的加密运算，导致缺乏复杂的安全保护能力；其次物联网感知网络多种多样，如温度测量、水文监控、道路导航、自动控制等，它们的数据传输和消息没有特定的标准，因此无法提供统一的安全保护体系，严重影响了感知信息的采集、传输和信息安全，这些会导致物联网面临中断、窃听、拦截、篡改、伪造等威胁，例如可以通过节点窃听和流量分析获取节点上的信息。

(3)自私性威胁。物联网网络节点表现出自私行为，为节省自身能量拒绝提供转发数据包的服务，造成网络性能大幅下降。

(4)拒绝服务威胁。由于硬件失败、软件瑕疵、资源耗尽、环境条件恶劣等原因造成网络的可用性被破坏，网络或系统执行某一期望功能的能力被降低。

(5)感知数据威胁。由于物联网感知网络与节点的复杂性和多样性，感知数据具有海量、复杂的特点，因而感知数据存在实时性、可用性和可控性的威胁。

物联网在网络层和应用层中易受到的攻击类型包括：

(1)阻塞干扰。攻击者在获取目标网络通信频率的中心频率后，通过在这个频点附近发射无线电波进行干扰，使得攻击节点通信半径内的所有传感器网络节点不能正常工作，甚至使网络瘫痪，是一种典型的 DOS 攻击方法。

(2)碰撞攻击。攻击者连续发送数据包，在传输过程中和正常节点发送的数据包发生冲突，导致正常节点发送的整个数据包因为校验和不匹配被丢弃，是一种有效的 DOS 攻击方法。

(3)耗尽攻击。利用协议漏洞，通过持续通信的方式使节点能量耗尽，如利用链路层的错包重传机制使节点不断重复发送上一包数据，最终耗尽节点资源。

(4)非公平攻击。攻击者不断地发送高优先级的数据包从而占据信道，导致其他节点在通信过程中处于劣势。

(5)选择转发攻击。物联网是多跳传输，每一个传感器既是终节点又是路由中继点。这要求传感器在收到报文时要无条件转发(该节点为报文的目的时除外)。攻击者利用这一特点拒绝转发特定的消息并将其丢弃，使这些数据包无法传播，采用这种攻击方式，只丢弃一部分应转发的报文，从而迷惑邻居传感器，达到攻击目的。

(6)陷洞攻击。攻击者通过一个危害点吸引某一特定区域的通信流量，形成以危害节点为中心的"陷洞"，处于陷洞附近的攻击者就能相对容易地对数据进行篡改。

(7)女巫攻击。物联网中每一个传感器都应有唯一的标识与其他传感器进行区分，由于系统的开放性，攻击者可以扮演或替代合法的节点，伪装成具有多个身份标识的节点，干扰分布式文件系统、路由算法、数据获取、无线资源公平性使用、节点选举流程等，从而达到攻击网络目的。

(8)洪泛攻击。攻击者通过发送大量攻击报文，导致整个网络性能下降，影响正常通信。

(9)信息篡改。攻击者将窃听到信息进行修改(如删除、替代全部或部分信息)之后再将信息传送给原本的接收者，以达到攻击目的。

3. 物联网安全问题对策

在传统的网络中，网络层的安全和业务层的安全是相互独立的，而物联网的特殊安全问题很大一部分是由于物联网是在现有网络基础上集成了感知网络和智能处理平台所带来的。传统网络中的大部分机制仍然可以适用于物联网并能够提供一定的安全性，如认证机制、加密机制等，其中网络层和处理层可以借鉴的抗攻击手段相对多一些，但因物联网技术与应用特点造成其对实时性等安全特性要求比较高，传统安全技术和机制还不足以使物联网的安全需求得到满足。

对物联网的网络安全防护可以采用多种传统的安全措施，如防火墙技术、病毒防治技术等。同时针对物联网的特殊安全需求，目前可以采取以下几种安全机制来保障物联网的安全：

(1)加密机制和密钥管理：是安全的基础，也是实现感知信息隐私保护的手段之一，可以满足物联网对保密性的安全需求，但由于传感器节点能量、计算能力、存储空间的限制，要尽量采用轻量级的加密算法。

(2)感知层鉴别机制：用于证实交换过程的合法性、有效性和交换信息的真实性，主要包括网络内部节点之间的鉴别、感知层节点对用户的鉴别和感知层消息的鉴别。

(3)安全路由机制：保证网络在受到威胁和攻击时，仍能进行正确的路由发现、构建和维护，解决网络融合中的抗攻击问题，主要包括数据保密和鉴别机制、数据完整性和新鲜性校验机制、设备和身份鉴别机制以及路由消息广播鉴别机制等。

(4)访问控制机制：确定合法用户对物联网系统资源所享有的权限，以防止非法用户的入侵和合法用户使用非权限内资源，是维护系统安全运行、保护系统信息的重要技术手段，包括自主访问机制和强制访问机制。

(5)安全数据融合机制：保障信息保密性、信息传输安全和信息聚合的准确性，通过加密、安全路由、融合算法的设计、节点间的交互证明、节点采集信息的抽样、采集信息的签名等机制实现。

(6)容侵容错机制：容侵就是指在网络中存在恶意入侵的情况下，网络仍然能够正常地运行，容错是指在故障存在的情况下系统不失效，仍然能够正常工作，容侵容错机制主要是解决行为异常节点、外部入侵节点带来的安全问题。

4. 传感器网络安全

传感器网络是物联网信息获取的基础。与现有网络相比，传感器网络(简称 WSN)具有如下显著的特点：WSN 无中心管理点，网络拓扑结构在分布完成前是未知的；一般分布于恶劣环境、无人区域或敌方阵地，无人参与值守，传感器节点的物理安全不能保证，且不能够更换电池或补充能量；WSN 中的传感器都使用嵌入式处理器，其计算能力十分有限；WSN 一般采用低速、低功耗的无线通信技术，其通信范围、通信带宽均十分有限；传感器网络节点属于微器件，代码存放空间非常小。这些特点对 WSN 的安全与实现均构成挑战。

WSN 的安全需求主要有以下几个方面：
(1)机密性：要求对 WSN 节点间传输的信息进行加密；
(2)完整性：要求节点收到的数据在传输过程中未被插入、删除或篡改；
(3)健壮性：WSN 必须具有很强的适应性，使得单个节点或者少量节点的变化不会威胁整个网络的安全；
(4)真实性：包括点到点的消息认证和广播认证，分别解决一个节点向另一节点发送消息和单个节点向一组节点发送统一通告时的认证安全问题；
(5)新鲜性：要求接收方收到的数据包都是最新的、非重放的；
(6)可用性：要求 WSN 能够按预先设定的工作方式向合法的用户提供信息访问服务；
(7)访问控制：WSN 必须建立一套符合自身特点，综合考虑性能、效率和安全性的访问控制机制。

WSN 所面临的安全威胁以及对应的安全防御方法包括以下几个方面：

（1）节点的捕获。在开放环境中大量分布的传感器节点易受物理攻击。例如，攻击者破坏被捕获传感器节点的物理结构，或者基于物理捕获从中提取出密钥，撤除相关电路，修改其中的程序，或者在攻击者的控制下用恶意的传感器来取代它们。这类破坏是永久性的、不可恢复的。

防御方法：在静态分布的 WSN 中，可以定期进行邻居核查。当 WSN 感觉到一个可能的攻击时实施自销毁，包括破坏所有的数据和密钥。

（2）违反机密性攻击。WSN 的大量数据能被远程访问加剧了机密性的威胁。攻击者能够以一种低风险、匿名的方式收集信息，它可以同时监视多个站点。通过监听数据，敌方容易发现通信的内容（消息截取），或分析得出与机密通信相关的知识（流量分析）。

防御方法：针对消息截取可采用对称密码加密，也有些研究人员认为密码分组链接模式是传感器网络最适合的密码操作模式，也有人推荐采用 RC6 进行加解密。但由于 WSN 节点资源受限，一般不使用非对称密码加密。而对抗流量分析的方法是使用随机转发技术，即偶尔转发一个数据包给一个随机选定的节点。为了增强其对抗时间相关攻击的能力，可使用不规则传播策略。

（3）拒绝服务攻击。针对 WSN 的拒绝服务攻击有许多种类型，包括：物理层的拥塞、物理篡改；链路层的碰撞、资源耗尽；网络层的方向误导、黑洞、汇聚节点攻击；传输层的不同步和泛洪攻击等，它们直接威胁 WSN 的可用性。

防御方法：在物理层可以使用调频、消息优先权、区域映射等技术防止拥塞，用隐藏技术防御物理篡改；在链路层可采用纠错编码防止碰撞，用 MAC 请求速率限制防止资源耗尽；在网络层使用出口过滤、认证、监视等技术防御方向误导，用认证和冗余防御黑洞攻击，用加密避免汇聚节点攻击；在传输层则使用认证和客户端谜题分别解决不同步和泛洪攻击问题。

（4）假冒的节点和恶意的数据。入侵者加一个节点到系统中，向系统输入伪造的数据或阻止真正数据的传递，或插入恶意的代码，消耗节点的珍贵能量，潜在地破坏整个网络。更糟糕的是，敌方可能控制整个网络。

防御方法：可以采用身份认证和消息认证技术。例如，链路层安全体系结构 TinySec 能发现注入网络的非授权的数据包，提供消息认证和完整性、消息机密性、语义安全和重放保护等基本安全属性，也支持认证加密和唯认证。

（5）Sybil 攻击。Sybil 攻击是指恶意的节点向网络中的其他节点非法地提供多个身份。Sybil 攻击利用多身份特点，威胁路由算法、数据融合、投票、公平资源分配和阻止不当行为的发现。如对位置敏感的路由协议的攻击，依赖于恶意节点的多身份产生多个路径。

防御方法：要对付 Sybil 攻击，网络必须有某种机制来保证一个给定物理节点只能有一个有效地址。例如通过无线资源检测来发现 Sybil 攻击，并使用身份注册和随机密钥预分发方案建立节点间安全连接来防止。

（6）路由威胁。WSN 路由协议的安全威胁分为两个方面：一是外部攻击，包括注入错误路由信息、重放旧的路由信息、篡改路由信息。攻击者通过这些方式能够成功地分离一个网络或者向网络中引入大量的流量，引起重传或无效的路由，消耗系统有限的资源。二是内部攻击。一些内部被攻陷的节点可以发送恶意的路由信息给别的节点。这类节点由于能生成有效的签名，因此要发现内部攻击更困难。

防御方法：建立低计算、低通信开销的认证机制以阻止攻击者基于泛洪节点执行 DoS 攻击、安全路由发现、路由维护、避免路由误操作和防止泛洪攻击。

物联网作为正在兴起的、支撑性的多学科交叉前沿信息领域，还处于起步阶段，大多数领域的核心技术正在不断发展中，物联网所面临的安全挑战比想象的更加严峻，物联网安全尚在探索阶段，而网络安全机制还需要在实践中进一步创新、完善和发展，关于物联网的安全研究仍然任重而道远。我们既要迎接挑战，更要抓住这个机遇，充分利用现有的网络安全机制，在原有安全机制基础上通过技术研发和自主创新进行调整和补充，以满足物联网的特殊安全需求，同时还要通过技术、标准、法律、政策、管理等多种手段来构建和完善物联网安全体系。

9.3　P2P 技术及其安全问题

P2P(Peer-to-Peer，即对等网络)是近年来广受 IT 业界和学术界关注的一个概念。在此网络中的参与者既是资源(服务和内容)提供者，又是资源(服务和内容)的获取者。与传统的 C/S 模式相比，P2P 网络具有负载均衡性好、健壮性、可扩展性、匿名性及高性价比等优点，但同时也带来了新的安全风险。

9.3.1　P2P 基本概念及分类

P2P 是这样一种分布式网络，其中的参与者共享它们所拥有的一部分硬件资源(处理能力、存储能力、网络连接能力、打印机……)，这些共享资源需要由网络提供服务和内容，能被其他 peer 直接访问。由于 P2P 网络允许节点之间直接连接进行资源和服务的交换，而不需要通过服务器，消除了中间环节，因此使得网络中的通信变得更直接、更便捷。

从应用的角度来看，目前 P2P 网络可以分为以下几种：

(1)提供音乐、文件和其他内容共享的 P2P 网络，例如 Napster、Gnutella、CAN、eDonkey、BitTorrent 等；

(2)挖掘 P2P 对等计算能力和存储共享能力的系统，例如 SETI@ home、Avaki、Popular Power 等；

(3)基于 P2P 方式的协同处理与服务共享平台，例如 JXTA、Magi、Groove、. NET My Service 等；

(4)即时通信交流平台，包括 ICQ、OICQ、Yahoo Messenger 等；

(5)安全的 P2P 通信与信息共享系统，例如 CliqueNet、Crowds、Onion Routing 等。

而从结构上来看，则可以划分为以下 3 类：

(1)非结构化 P2P 系统。这类系统的特点是文件的发布和网络拓扑松散相关。该类方法包括 Napster、KaZaA、Morpheus 和 Gnutella 等。Napster 是包含有中心索引服务器的最早的 P2P 文件共享系统，存在扩展性和单点失败问题；Gnutella、Morpheus 则是纯 P2P 文件共享系统，后者如今并入前者中；KaZaA 是包含有超级节点的混合型 P2P 文件共享系统。

这些系统采用广播或者受限广播来进行资源定位，具有较好的自组织性和扩展性，适用于互联网个人信息共享；缺点是稀疏资源的召回率比较低。

(2)结构化 P2P 系统。这类系统的特点是文件的发布和网络拓扑紧密相关。在这类系统中，文件按照 P2P 拓扑中的逻辑地址精确地分布在网络中，在访问时通过分布式哈希表

（Distributed Hash Table，DHT）定位。这类系统包括 CAN、TAPESTRY、CHORD、PASTRY，以及基于这些系统的一些其他文件共享和检索方面的研究实验系统。

在这类系统中，每个节点都具有虚拟的逻辑地址，并根据地址使所有节点构成一个相对稳定而紧致的拓扑结构。系统在此拓扑上构造一个保存文件存储地址信息的 DHT 表，文件根据自身的索引存储到哈希表中；每次检索也是根据文件的索引在 DHT 中搜索相应的文件。生成文件的索引的方法有 3 种：根据文件本身的信息生成哈希值，如 CFS，OCEANSTORE，PAST，Mnemosyne 等；根据文件包含的关键字生成关键字索引；还有根据文件的内容向量索引，如 PSearch。

（3）松散结构化 P2P 系统：此类系统介乎结构化系统和非结构化系统之间。系统中的每个节点都分配有虚拟的逻辑地址，但整个系统仍然是松散的网络结构。文件的分布根据文件的索引分配到相近地址的节点上。随着系统的使用，文件被多个检索路径上的节点加以缓存。

典型的松散结构 P2P 系统包括 Freenet、Freehaven 等。这种系统非常强调共享服务的健壮性和安全性。

9.3.2　P2P 网络的特点

与其他网络模型相比，P2P 具有分散化、可扩展、健壮性、隐私性和高性能等特点。

（1）分散化。P2P 网络中的资源和服务分散在所有节点上，信息的传输和服务的实现都直接在节点之间进行，无需中间环节和服务器的介入，避免了可能的瓶颈。

即使是在非结构化 P2P 系统中，虽然在查找资源、定位服务或安全检验等环节需要集中式服务器的参与，但主要的信息交换最终仍然在节点中间直接完成。这样就大大降低了对集中式服务器的资源和性能要求。

分散化是 P2P 的基本特点，由此带来了其在可扩展性、健壮性等方面的优势。

（2）可扩展性。在传统的 C/S 架构中，系统能够容纳的用户数量和提供服务的能力主要受服务器的资源限制。为了支持互联网上的大量用户，需要在服务器端使用大量高性能的计算机，铺设大带宽的网络，并使用集群等技术。在此结构下，集中式服务器之间的同步、协同等处理产生了大量的开销，限制了系统规模的扩展。

而在 P2P 网络中，随着用户的加入，不仅服务的需求增加了，而且系统整体的资源和服务能力也在同步地扩充，始终能较容易地满足用户的需要。即使在诸如 Napster 等非结构化 P2P 架构中，由于大部分处理直接在节点之间进行，大大减少了对服务器的依赖，因而也能够方便地扩展到数百万个以上的用户。而对于结构化 P2P 系统来说，整个体系是全分布的，不存在瓶颈，因此理论上其可扩展性几乎可以认为是无限的。

P2P 可扩展性好这一优点已经在一些应用实例中得以证明，如 Napster、Gnutella、Freenet 等。

（3）健壮性。在互联网上随时可能出现异常情况，网络中断、网络拥塞、节点失效等各种异常事件都会给系统的稳定性和服务持续性带来影响。

在传统的集中式服务模式中，集中式服务器成为整个系统的要害所在，一旦发生异常就会影响到所有用户的使用。而 P2P 架构则天生具有耐攻击、高容错的优点。由于服务是分散在各个节点之间进行的，部分节点或网络遭到破坏对其他部分的影响很小。而且 P2P 模型一般在部分节点失效时能够自动调整整体拓扑，保持其他节点的连通性。

事实上，P2P 网络通常都是以自组织的方式建立起来的，并允许节点自由地加入和离开。一些 P2P 模型还能够根据网络带宽、节点数、负载等变化不断地做自适应式的调整。

(4)隐私性。随着互联网的普及和计算(存储)能力飞速增长，收集隐私信息正在变得越来越容易。隐私的保护作为网络安全性的一个方面越来越被大家所关注。目前的 Internet 通用协议不支持隐藏通信端地址的功能。攻击者可以监控用户的流量特征，获得 IP 地址，甚至可以使用一些跟踪软件直接从 IP 地址追踪到个人用户。

在 P2P 网络中，由于信息的传输分散在各节点之间进行而无需经过某个集中环节，用户的隐私信息被窃听和泄露的可能性大大缩小。此外，目前解决 Internet 隐私问题主要采用中继转发的技术方法，从而将通信的参与者隐藏在众多的网络实体之中。在传统的一些匿名通信系统中，实现这一机制依赖于某些中继服务器节点。而在 P2P 中，所有参与者都可以提供中继转发的功能，因而大大提高了匿名通信的灵活性和可靠性，能够为用户提供更好的隐私保护。

(5)高性能。随着硬件技术的发展，个人计算机的计算和存储能力以及网络带宽等性能依照摩尔定理高速增长。而在目前的互联网上，这些普通用户拥有的节点只是以客户机的方式连接到网络中，仅仅作为信息和服务的消费者，游离于互联网的边缘。对于这些边际节点的能力来说，存在极大的浪费。

性能优势是 P2P 被广泛关注的一个重要原因。采用 P2P 架构可以有效地利用互联网中散布的大量普通节点，将计算任务或存储资料分布到所有节点上，充分利用其中闲置的计算能力或存储空间，达到高性能计算和海量存储的目的。这与当前高性能计算机中普遍采用的分布式计算的思想是一致的，但是显然这种方式的成本要低得多。

9.3.3　P2P 网络的安全问题

P2P 网络既有传统 C/S 模式下的安全问题，包括：身份识别认证、授权、数据完整性、保密性和不可否认性等问题，又有自己特有的新的安全问题亟待解决，包括节点信息人问题、节点通道安全问题、版权问题、系统安全问题和病毒安全问题等。

1. 节点信任问题

网络实体的存在很大程度上是依赖于稳定标识的存在，而 P2P 由于其自身特性不存在信任第三方提供实体标识保证，节点在加入系统的过程中是随机分配标识符，且由于节点加入和退出的不可预知性，从而使得 P2P 在具有传统网络安全问题的同时又产生出很多独有的安全问题。

P2P 网络中的节点不需要通过服务器就可以直接连接，进行资源和服务的交互，而且这些节点可以随时的加入或者退出。这种特点使得 P2P 网络缺乏传统 C/S 模式下集中的安全管理机制和认证机构，导致节点之间难以建立一种信任关系。针对这种信任关系所产生的安全问题很多，主要有以下几种。

(1)路由攻击。P2P 查找协议的路由主要功能是维护路由表，然后根据路由表把节点的请求发送给相应的节点。由于每个节点的路由表都是和其他节点相交互而得到的，因此攻击者可以向其他节点发送不正确的路由信息来破坏其他节点的路由表，或者把节点的请求转发到一个不正确的或不存在的节点，从而达到破坏路由的目的。

(2)分隔攻击。攻击者把自己的节点构建成为一个虚假的 P2P 网络，如果一个新的节点初始化时使用的是这个虚假网络中的节点，那么这个新的节点将会落入这个虚假网络，与真正的网络分隔开来。

（3）行为不一致攻击。攻击者选择对网络中距离比较远的节点进行攻击，而对自己相邻的节点保持正常。这样远方的节点就能发现它是一个攻击者，而相邻的节点却认为它是正常的节点。

（4）目标节点过载攻击。攻击者通过向目标节点发送大量的垃圾分组消息来消耗目标节点的处理能力。由于目标节点无法响应系统，所以在一段时间后，系统会认为目标节点已经失效退出，从而将目标节点从系统中删除。

（5）Sybil攻击。很多P2P网络都存在恶意节点的攻击和节点失效问题，为了解决这个问题，P2P系统往往采用冗余备份机制。如果P2P网络不能保证节点的唯一性，那么可能会出现以下情况：当一个节点备份其内容，所选择的一组节点可能表面上看似不同，实则被恶意节点所欺骗，从而导致备份于同一个节点，破坏了冗余备份的有效性。

为使P2P技术能在更多的商业环境里发挥作用，必须考虑网络节点之间的信任问题，从模型和方法等角度解决上述各种攻击带来的安全风险。传统C/S模式下的集中式节点信任管理既复杂又不一定可靠，所以在P2P网络中应该考虑对等诚信模型。对等诚信的一个关键是量化节点的信誉度，或者说需要建立一个基于P2P的信誉度模型，通过预测网络的状态来提高分布式系统的可靠性。

2. 节点通信安全问题

匿名性和隐私保护在很多应用场景中是非常关键的。在P2P网络中，节点之间的通信安全主要是保护传输信息的机密性和保护传输信息的完整性。机密性指的是保护传输的信息不被非法用户所窃取；完整性则指的是确保传输的信息能够完整地从源节点到达目的节点，没有丢失和被修改。

P2P节点通信所受到的攻击也很多，常见的攻击包括：

（1）信息窃取。P2P的目的是共享各种资源，网络中的节点在获取其他节点资源的同时，也将自己的资源开放，允许其他节点访问。这种情况下可能会发生重要信息在网络上共享，被其他节点获取的问题。研究表明，在P2P文件共享网络中，有许多文件带有敏感信息(财务信息、账户信息等)，而其中有的是由于用户无意间共享了文件夹所导致，也有的是一些P2P软件扫描本地文件夹所导致。

（2）存取攻击。攻击者正确地进行路由转发并且正确地执行路由查找协议，但是否认本身节点上保存的数据，或者宣称它保存这些数据，但拒绝提供，使其他的节点无法得到数据。

（3）节点故障问题。当某个正常节点路由发生故障或者路由表发生错误时，向这个节点发送的资源请求将得不到响应，P2P网络则可能认为此节点是恶意节点，从而隔离此节点，导致节点之间的数据通信终止。

（4）虚假资源问题。P2P具有一个很明显的特征就是整合资源，系统中的每个节点都会为系统带来一定量的资源(如文件共享、计算能力和存储空间等)。然而正是由于资源来源丰富，资源提供者的可信程度也不相同，对资源可靠性验证也存在很大难题。恶意节点为了某种目的往往假称能够提供所需要求的资源，因此需要从大量资源中分离出不合格资源。最典型的一个安全问题就是存在于Napster、Gunutella等文件共享应用中，由于缺少相应机制的约束，用户经常下载到很多名不副实的文件。

要解决节点之间的通信安全问题，目前仍然是使用传统的信息安全相关技术，例如

IPSec、SSL 等，解决节点之间的双向认证、节点通过认证之后的访问权限、认证的节点之间建立安全隧道和信息的安全传输等问题。

信息通信的安全性，是指对等体在进行彼此间消息传输过程中的传输安全。这与传统的分布式传输安全无甚差异，可采取安全的管道传输、加密传输等安全的通信机制。消息的安全性，即系统内传送的消息的安全性，通常包括 CIA，即消息的机密性、完整性和安全性。这也与传统的安全问题是一样的。

3. 版权问题

在 P2P 共享网络中普遍存在着知识产权保护问题。由于 P2P 文件共享没有文件存储中心，所以文件共享的集中可控制性、可管理性下降，导致大量非授权和盗版文件在普通用户之间交互传播。从客观上来看，P2P 共享软件的繁荣加速了盗版媒体的分发，提高了知识产权保护的难点。

P2P 得到关注起初是由 Napster 所支持的网络上音乐共享，虽然 Napster 在之后的官司斗争中衰落，但是现在的 P2P 共享软件较 Napster 更具有分散性，也更加难以控制，数字产权的问题也一直存在。美国唱片工业协会（Recording Industry Association of America，RIAA）与这些共享软件公司展开了漫长的官司拉锯战，著名的 Napster 便是这场战争的第一个牺牲者。另一个涉及面很关的战场则是 RIAA 和使用 P2P 来交换正版音乐的平民。从 2004 年 1 月至今 RIAA 已提交了 1 000 份有关方面的诉讼。尽管如此，至今每个月仍然有超过150 000 000的歌曲在网络上被自由下载。后 Napster 时代的 P2P 共享软件较 Napster 更具有分散性，也更难加以控制，即使 P2P 共享软件的运营公司被判违法而关闭，整个网络仍然会存活，至少会正常工作一段时间。

其实网络社会与自然社会一样，其自身具有一种自发地在无序和有序之间寻找平衡的趋势。P2P 技术为网络信息共享带来了革命性的改进，而这种改进如果想要持续长期地为广大用户带来好处，必须以不损害内容提供商的基本利益为前提。这就要求在不影响现有 P2P 共享软件性能的前提下，一定程度上实现知识产权保护机制。目前，已经有些 P2P 厂商和其他公司一起在研究这样的问题，国内外一些专家和学者提出了数字版权保护技术。这也许将是下一代 P2P 共享软件面临的挑战性技术问题之一。

4. 系统安全问题

P2P 由于其完全分布式架构，具有比传统的 Client/Server 网络更好的健壮性和抗毁性。然而要建立健壮的 P2P 网络，仍然需要解决以下问题：

（1）故障诊断。在一般的 P2P 网络中，由于没有集中控制节点，主要的故障最终都归结为节点失效，失效的原因可能是该用户退出网络或是相关网路中的路由错误等。发现节点失效的方法通常比较简单，可以在发起通信时检测，或采用定时握手的机制。

一些系统进一步监测网络通信状态，如通信延迟、响应时间等，以此来指导节点自适应地调整邻接关系和路由、提高系统性能。

在要求更高的场合，有时还需要发现网络攻击和恶意节点等安全威胁。由于 P2P 网络中节点的加入往往具有很大的自由性，而且缺少全局性的权限管理中心或信任中心，对恶意节点的检测一般通过信誉机制来实现。

（2）容错。在节点失效、网络拥塞等故障发生后，系统应保证通信和服务的连续性。最简单的办法是重试，这在暂时性的网络拥堵时是有效的。对于经常出现的节点失效问题，则需要调整路由以绕开故障节点和网络。在 Hybrid 型的 P2P 网络中，中心索引节点可以提供失效节点的替代节点；在 Gnutella 等广播型的 P2P 网络中，部分节点的失效不会影响整个网络的服务；在 Chord、Freenet 等内容路由型 P2P 网络中，其路由中的每一步都有多个候选，通过选择相近的路由可以很容易地绕过故障节点，由于其以 n 维空间的方式进行编址，中间路径的选择不会影响最终到达目标节点。

除了通信外，一些 P2P 网络还提供内容存储和传输等服务，这些服务的容错能力通过信息的冗余来保证。与广播机制或内容路由算法相结合，可以在目标节点失效后很快定位到相近的、存储有信息副本的节点。

（3）自组织。自组织性指系统能够自动地适应环境的变化来调整自身结构。对于 P2P 网络来说，环境的变化既包括节点的加入和退出、系统规模的大小，也包括网络的流量、带宽和故障以及外界的攻击等影响。

目前的 P2P 系统大多能够适应系统规模的变化。典型的方法是以一定的策略更新节点的邻接表并将邻接表限制在一定的规模内，使整个网络的规模不受节点的限制。

在一些对邻接关系有一定要求的网络中，则需要随节点的变更动态调整系统拓扑。如 CliqueNet 和 Herbivore 等基于 DC-net 的匿名网络，通过自动分裂/合并机制将邻接节点限制在一定数量范围内以保证系统的性能。

5. 病毒问题

在 P2P 环境下，方便的共享和快速的选路机制，为某些网络病毒提供了更好的入侵机会。通过 P2P 系统传播的病毒，波及范围大，覆盖面广，从而造成的损失会很大。对于 DOS 攻击和病毒的传播问题，也没有一个很好的解决方法。随着 P2P 技术的发展，将来会出现各种专门针对 P2P 系统的网络病毒。因此，网络病毒的潜在危机对 P2P 系统安全性和健壮性提出了更高的要求，迫切需要建立一套完整、高效、安全的防毒体系。

P2P 网络提供了方便的共享和快速的选路机制，为病毒传播提供了更好的入侵机会。一旦系统中有一个节点感染病毒，通过内部共享和通信机制将病毒扩散到附近的邻居节点，从而造成网络拥堵或者瘫痪，甚至通过网络病毒可以控制整个系统。由于 P2P 网络中每个节点是独立的，不可能通过构建系统级防御体系来阻止病毒传播，加上各节点防御病毒的能力是不同的，从而使得系统安全难以保障。

6. P2P 特有的安全问题

（1）自私行为。在任何 P2P 系统中总会存在一些自私节点，它们与恶意节点的目标并不相同。它们的目的并不在于对系统进行破坏，而是希望能够不停从系统中获取所需要的资源，但它们却很少甚至根本不为系统提供任何资源。这种节点虽然在短时间内不会给系统带来影响，但是它们的存在及蔓延不仅会使得 P2P 系统资源的减少，也会降低系统性能，长此以往甚至造成系统的瘫痪。研究表明：在一个 P2P 系统中往往只有 30% 的节点提供了整个系统的资源，更多的节点在享受系统带来的资源时而不提供任何资源。

共享资源的使用安全涉及很常见的"Free Riding"问题，即用户希望以极少的付出或零付出来获得系统的大量资源或服务。这种现象在 P2P 环境下相当普遍，也将严重降低系统的性能，使得系统更加脆弱。解决"Free Riding"问题通常是为系统建立一个合理的激励机制，为对等体的提供共享的行为扣分，对其下载使用服务的行为进行相应的负分审计。这种方法虽然可以解决"Free Riding"问题，但实际上也有违 P2P 系统为对等体们提供便利环境的宗旨。

（2）否认和不正确反馈。恶意节点在 P2P 系统中执行了一定操作，事后对这一操作给出不正确反馈。这种情况常见于信誉系统的设计中，恶意节点为了抬高或降低另外一方信誉值往往给出错误的反馈，使得另外一方的信誉值不能正确得到反映。此外，还有一种问题是节点成功地执行了查找操作或资源共享，但事后却对所作操作进行否认。

（3）基于 P2P 的 Internet 隐私保护与匿名通信技术。利用 P2P 无中心的特性可以为隐私保护和匿名通信提供新的技术手段。匿名性和隐私保护在很多应用场景中是非常关键的：在使用现金购物，或是参加无记名投票选举时，人们都希望能够对其他的参与者或者可能存在的窃听者隐藏自己的真实身份；在另外的一些场景中，人们又希望自己在向其他人展示自己身份的同时，阻止其他未授权的人通过通信流分析等手段发现自己的身份，例如为警方检举罪犯的目击证人。事实上，匿名性和隐私保护已经成为了一个现代社会正常运行所不可缺少的一项机制，很多国家已经对隐私权进行了立法保护。

然而在现有的 Internet 世界中，用户的隐私状况却一直令人担忧。目前 Internet 网络协议不支持隐藏通信端地址的功能。能够访问路由结点的攻击者可以监控用户的流量特征，获得 IP 地址，使用一些跟踪软件甚至可以直接从 IP 地址追踪到个人用户。SSL 之类的加密机制能够防止其他人获得通信的内容，但是这些机制并不能隐藏是谁发送了这些信息。

但是，匿名通信技术如果被滥用将导致很多互联网犯罪而无法追究到匿名用户的责任。所以提供强匿名性和隐私保护的 P2P 网络必须以不违反法律为前提，而在匿名与隐私保护和法律监控之间寻找平衡又将带来新的技术挑战。当然，前提是相关的法律法规必须进一步完善。

9.3.4　P2P 安全未来研究方向

尽管 P2P 网络的安全问题在近年来得到了迅速的发展，但仍然存在很多问题，这些问题也制约着 P2P 未来应用的普及性和可行性，因此需要进一步的深入研究。

1. 安全 P2P 体系结构

传统 P2P 网络体系结构延续了结构分层原则，能够较为全面地覆盖 P2P 技术和原理，在一定程度上指引着 P2P 的发展。然而随着 P2P 应用的兴起，安全问题的显现无疑对传统的体系结构产生了冲击。在原有体系结构下安全只是一个附加属性，这就意味着安全并不是系统设计本身需要注意的问题，只有系统需要安全时才会考虑。但是随着安全越来越多的挑战，原有体系结构在解决这类问题时往往不能找到合适的位置，只能在层次中添加相应的安全机制。D. Clark 在文献[27]中指出在下一代互联网的设计过程中应该将安全作为网络的主要属性进行考虑。因此，在未来的 P2P 网络发展中针对安全问题能有新型机制去解决它，而且这些机制在从一开始设计 P2P 网络体系结构时就已经设计好。

当然，P2P 安全体系结构并不能设计成一个固定模式，而是需要设计一个柔性的体系结构。首先由于用户的行为多种多样、千变万化，我们无法预知未来所存在的安全问题，网络中也不太可能存在"one-size-fit-all"的技术。其次在设计体系结构时所采取措施不恰当或眼光不长远，只注重解决 P2P 当前存在的安全问题，则可能会妨碍 P2P 网络将来的发展，制约 P2P 应用的普及，防火墙的引入就是一个典型问题。在 P2P 网络中，用户需要对自己的安全负责，因此用户使用防火墙来保护自身不被他人攻击。然而用户在加入 P2P 系统时会受到系统制约，这样防火墙配置设定就带矛盾问题，到底是由用户设置自身策略还是要根据 P2P 系统要求重新设定。因此安全 P2P 体系结构必须是柔性的，能够根据特定场合适应特定需求，同时随着 P2P 网络的发展，它能实时地容纳新型 P2P 安全问题，并能有效地去应对这种问题。

2. 安全信誉系统设计

信誉机制的引入为 P2P 应用提供了更大的发展空间，它从一定程度上缓解了 P2P 网络中由于缺少集中服务器管理带来的相互之间不信任的问题。信誉系统的建立能够有效地保证 P2P 系统中资源可靠性，减少系统中自私行为和恶意行为造成的危害，对系统的正常运行起到良好的作用。

目前已经设计了很多信誉系统，然而这些系统或多或少都存在一些问题，这也是在未来的信誉系统设计中需要解决的。

节点标识问题：信誉系统的基础是建立在双方有着稳定标识的基础之上，这样服务提供方的信誉值才能获取到并能保存。现在很多信誉系统并没有给出这种稳定标识产生的方法，只是假设在这种稳定标识已经存在的基础上进行设计。对于一个信誉系统来说，网络节点绑定其标识的时间越长，越有利于信誉系统的运行。一般在信誉系统中，通常对新标识节点赋予较低的声誉或者对其征收一定费用，使得恶意节点无法轻易通过更换节点标识来达到欺骗的目的。然而对于一个结构化 P2P 网络来说，每次节点加入该系统时都会哈希出一个新的标识，在这种情况下，节点原有信誉值也就不能得到恢复。因此可以考虑采用公私钥对，节点每次加入系统虽然标识不同，但通过利用与系统中某个 CA 中心的认证从而获取其原有信誉值，但是这种中心节点的引入带来了潜在的性能瓶颈和故障点。

信誉信息的内涵属性：在收集服务提供方相关信誉信息的过程中，如果多个服务提供方的信誉计算结果接近，此时可以考虑根据其信誉信息表达出来的节点多个特性来选择，比如从信誉信息中反映出来的延时、带宽、传输速度等参数来决定最后的选择。现在很多信誉系统并没有考虑信誉信息的内涵属性，当然信誉信息的所包含的信誉值也一定程度上是这些参数综合反映的结果，但是如果信誉信息能够更加详细地反映出这些参数分别的具体结果，那么节点在选择服务提供方时能够根据具体需求进行选择。

对信誉系统的攻击：很多信誉系统对恶意节点在 P2P 系统中产生的各种各样的攻击提出了解决方案并进行了详细设计，然而他们却忽视了恶意节点对信誉系统本身的攻击，这主要包括对节点信誉值的恶意篡改、对信誉信息传输过程中的攻击（包括信息篡改、信息不正当路由），等等。当然，传统网络中解决此类问题的方法可以引入来进行防范。如果是针对信誉信息的不正当路由这种 P2P 系统中存在的典型问题，需要结合安全路由技术，保证信誉信息能够安全进行转发。

当然，信誉系统的主体设计是为了防止恶意节点和自私节点对系统正常运行造成的破坏，这其中包含了很多具体的安全问题。我们不可能设计出一个信誉系统能够保证解决所有这些问题，因此在设计信誉系统需要对系统需要解决的问题进行一个评估，在解决这些问题的情况下尽量减少其他安全问题带来的影响。

3. 安全路由

Chord、Pastry、Tapestry、CAN 等典型的路由协议自从 2001 年提出后就成为结构化 P2P 网络中最基本通用的路由机制。它们的实现方法大致类似，如都采用了 SHA-1 哈希函数来获得标识符，采用路由表机制进行路由转发等。随着基于此类路由机制的 P2P 应用的广泛普及，由恶意节点存在带来的不正当路由问题也日益突出，给 P2P 系统安全运行带来了很大威胁。

在过去的几年中，针对路由的研究主要集中在对上述路由协议的优化，并没有新型路由协议的产生。安全路由也集中在研究如何在这些协议的基础上，通过控制节点号分配、路由表维护、路由消息转发等来尽量减少恶意节点在系统中造成的破坏。未来安全路由的研究工作需要在此基础上进行完善。新路由机制的提出也是未来结构化 P2P 网络所需关注的新点，新的路由机制在考虑实现结构化 P2P 网络所需的路由功能外，在设计时就要将 P2P 安全作为需求，从系统的根本上解决不正当路由造成的安全威胁。

4. 安全理论与实际的融合

任何一项技术的提出首先需要进行理论上的分析和验证，随后需要经过实践的检验，P2P 技术也不例外。从 P2P 技术提出开始，基于 P2P 技术所开发出来的系统经过了几年的发展已经取得了不小的成功，P2P 应用也得以普及。从最初的 Napster 所支持的网上音乐共享系统到现今流行的 emule、BT 等文件共享软件，其中所包含的技术也越来越完善。最近几年对 P2P 安全的研究也有了很多相应成果，但是这些研究成果并没有在这些共享软件中得以体现。

安全问题的解决方案在引入到软件中来时势必会增加软件实现的复杂度，降低软件执行效率，同时用户在加入到系统中和在系统中的行为也将受到很大程度的约束。然而 P2P 应用正是由于其廉价性、简单性和易部署性才得到广泛应用，这就带来了一个扭斗现象，用户需要在简单易行性和安全性之间进行权衡。在设计 P2P 安全问题的解决方案时尽可能地简化其复杂度，尽量在不给原有软件带来复杂性和不给用户使用困难的前提下将 P2P 安全研究理论引入到实践中来。同时，用户在面临这种扭斗现象时也要拥有选择的权利，在实际应用中应将安全等级进行划分，让用户从中去选择适合自己的配置。

P2P 中的安全问题并不可能通过一种方式能够全盘解决。在实际应用过程中，需要针对具体的应用系统给出相应的解决方案，而且不同方案可能侧重的问题并不相同。目前针对具体问题的安全体系结构很多，而目前针对互联网体系结构的改造也得到广泛关注，如何将 P2P 体系结构和当前互联网体系结构改造结合起来是未来所要解决的问题。从技术角度看，未来工作需要对当前技术存留的问题进行补充和完善，当然更需要将新技术引入到 P2P 安全工作中来。对 P2P 安全的管理需要的不仅是系统运营商和 P2P 技术开发者，也需要用户在其中共同努力，从而实现 P2P 系统的真正安全。

9.4 本章小结

伴随着计算机技术、通信技术、新型计算技术的发展，网络安全的新技术也层出不穷。本章阐述了几种新型网络的技术基础与安全问题，主要包括云计算技术及其安全问题、物联网技术及其安全问题、P2P 技术及其安全问题等。

习 题

1. 什么是云计算技术？云计算面临怎样的安全问题？

2. 云安全服务有哪些？分别加以解释。

3. 什么是安全云计算？其基本原理是什么？与传统杀毒技术相比，安全云计算具有哪些优势？

4. 什么是云存储？云存储中有哪些特有的安全问题？

5. 什么是物联网？包括哪些关键技术？

高等学校信息安全专业规划教材

6. 物联网包括哪些安全威胁？

7. 传感器网络面临哪些特有的安全威胁？如何解决？

8. 什么是 P2P 系统？P2P 系统具有哪些特点？

9. P2P 网络面临哪些安全问题？如何解决 P2P 节点之间的信任问题？

10. 请说明与传统网络中的病毒相比，P2P 网络中的病毒具有哪些特点？请认真思考，给出可能的防范措施。

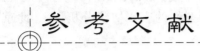

参 考 文 献

[1]牛冠杰，笋大伟，李晨旸，等．网络安全技术实践与代码详解［M］．北京：人民邮电出版社，2007．

[2]William Stallings. Cryptography and Network Security Principles and Practices, Fourth Edition［M］. Beijing：Publishing House of Electronics Industry, 2006.

[3]马臣云，王彦．精通 PKI 网络安全认证技术与编程实现［M］．北京：人民邮电出版社，2008．

[4]邓林．网络信息安全防护理论与方法的研究［D］．合肥：合肥工业大学博士学位论文，2008．

[5]郎风华．基于人工智能理论的网络安全管理关键技术的研究［D］．北京：北京邮电大学学位论文，2008．

[6]韦勇．网络安全态势评估模型研究［D］．合肥：中国科学技术大学学位论文，2009．

[7]郑瑞娟．生物启发的多维网络安全模型及方法研究［D］．哈尔滨：哈尔滨工程大学学位论文，2007．

[8]田李．面向网络安全监控的数据流关键技术研究［D］．长沙：国防科学技术大学学位论文，2008．

[9]韩锐生，徐开勇，赵彬．P2DR 模型中策略部署模型的研究与设计［J］．计算机工程，2008，34(8)：180-183．

[10]李永先，齐亚双，袁淑艳．基于 PDRR 模型的数字图书馆信息保障体系研究［J］．情报科学，2011，29 (7)：998-1001．

[11]潘洁，刘爱洁．基于 APPDRR 模型的网络安全系统研究［J］．电信工程技术与标准化，2009，(7)：27-30．

[12]杨斌，李光．基于以太网的动态网络安全模型研究［J］．舰船电子工程，2010，30(9)：123-125．

[13]何翔，薛建国，汪静．动态网络安全模型的应用［J］．计算机工程，2007，33(23)：173-175．

[14]罗东，秦志光，马新新．电子采购系统动态身份认证策略研究［J］．电子科技大学学报，2007，36(6)：1315-1318．

[15]陈性无，杨艳，任志宇．网络安全通信协议［M］．北京：高等教育出版社，2008．

[16]杨云江．计算机网络管理技术［M］．第 2 版．北京：清华大学出版社，2010．

[17]刘晶．SSL/TLS 协议在电子商务中的应用研究［D］．昆明：云南大学学位论文，2011．

[18]张瑞康．基于 SNMP 的网络监控系统设计与实现［D］．成都：电子科技大学学位论文，2011．

[19]文远．PGP 安全电子邮件系统研究与实现［D］．北京：北京邮电大学学位论文．2007．

[20]周倜，李梦君，李舟军．安全协议逻辑程序不停机性快速预测的动态方法[J]．计算机学报，2011，34（7）：1275-1283.

[21]卿斯汉．安全协议20年研究进展[J]．软件学报，2003，14（10）：1740-1752.

[22]程正杰，陈克非，来学嘉．基于细粒度新鲜性的密码协议分析[J]．北京大学学报，2010，（5）：763- 770.

[23]王思俊．一种基于BAN类逻辑的安全协议分析方法及其自动化实现[D]．杭州：浙江大学学位论文，2011.

[24]孔政，姜秀柱．DNS欺骗原理及防御方案[J]．计算机工程，2010，36（3）：125-127.

[25]张尚韬．基于Web的DNS欺骗技术研究[J]．大连大学学报，2012，33（3）：24-29.

[26]袁理．Web服务攻击分析与安全技术研究[D]．北京：北京理工大学学位论文，2011.

[27]王良．基于插件技术的漏洞扫描系统设计与应用[D]．上海：上海交通大学学位论文，2012.

[28]刘宝旭，杨泽明，卢志刚．面向下一代互联网的网络漏洞扫描系统研究[J]．电信网技术，2012，（9）：61-65.

[29]张文凤，许盛伟，池亚平，等．移动互联网Web应用渗透测试模型的设计[J]．北京电子科技学院学报，2012，20（4）：46-52.

[30]宋舜宏，陆余良，杨国正，等．一种应用主机访问图的网络漏洞评估模型[J]．小型微型计算机系统，2011，32（3）：483-488.

[31]朱明．网络漏洞评估技术研究[D]．长沙：国防科学技术大学学位论文，2010.

[32]柏青，苏旸．基于聚类分流算法的分布式蜜罐系统设计[J]．计算机应用，2013，33（4）：1077-1080，1084.

[33]石乐义，李婕，刘昕，等．基于动态阵列蜜罐的协同网络防御策略研究[J]．通信学报，2012，33（11）：159- 164.

[34]梁海英，罗琳，于晓鹏．基于BGP/MPLS VPN技术的跨域校园网仿真分析[J]．吉林大学（信息科学版），2013，31（2）：177-182.

[35]卿苏德，廖建新，朱晓民，等．网络虚拟化环境中虚拟网络的嵌套映射算法[J]．软件学报，2012，23（11）：3045-3058.

[36]姚琳琳，何倩，王勇，等．基于分布式对等架构的Web应用防火墙[J]．计算机工程，2012，38（22）：114-118.

[37]李晶皎，陈勇，许哲万，等．入侵检测中字符匹配系统的FPGA实现[J]．东北大学学报（自然科学版），2013，34（3）：339-343.

[38]俞能海，郝卓，徐甲甲，等．云安全研究进展综述[J]．电子学报，2013，41（2）：371-381.

[39]杨光，耿贵宁，都婧，等．物联网安全威胁与措施[J]．清华大学学报（自然科学版），2011，51（10）：1335-1339.

[40]李致远，王汝传．一种移动P2P网络环境下的动态安全信任模型[J]．电子学报，2012，40（1）：1-7.